U0150298

本书由大连市人民政府资助出版

中国水资源绿色效率研究

孙才志 赵良仕 马奇飞 著

科 学 出 版 社

北 京

内 容 简 介

水资源绿色效率研究可为缓解水贫困提供决策依据。基于此背景，本书以中国水资源绿色效率为研究对象，在明确了相关概念和基本理论的基础上，对中国水资源经济、环境、绿色效率等方面进行深入探究，进而提出水资源绿色效率的驱动机理，并探讨了水资源绿色效率的提升机制与保障体系的构建。

本书适合地理学、水文学与水资源学、区域经济学、资源环境科学、生态学等学科领域的科研人员和高校师生参考，也可为政府及其相关部门管理人员提供借鉴。

审图号：GS〔2019〕5030 号

图书在版编目（CIP）数据

中国水资源绿色效率研究/孙才志，赵良仕，马奇飞著. —北京：科学出版社，2020.5

ISBN 978-7-03-064727-6

Ⅰ．①中⋯ Ⅱ．①孙⋯ ②赵⋯ ③马⋯ Ⅲ．①水资源－研究－中国 Ⅳ．①TV211

中国版本图书馆 CIP 数据核字（2020）第 047160 号

责任编辑：孟莹莹 程雷星/责任校对：彭珍珍
责任印制：吴兆东/封面设计：无极书装

科 学 出 版 社 出版
北京东黄城根北街 16 号
邮政编码：100717
http://www.sciencep.com

北京厚诚则铭印刷科技有限公司 印刷
科学出版社发行 各地新华书店经销

*

2020 年 5 月第 一 版 开本：720×1000 1/16
2024 年 1 月第三次印刷 印张：21 插页：2
字数：420 000

定价：149.00 元
（如有印装质量问题，我社负责调换）

前　　言

　　水资源是全国乃至世界经济和社会发展不可缺少的自然资源，是维持人类及一切生物生存必不可少的重要物质，而高质量的水资源在当今社会发展中的地位也越来越重要。改革开放和现代化推动我国从农业社会向工业社会转变，而工业化引发的资源配置和环境污染对水资源利用提出了更高的要求。

　　中国水资源总量占全球的 6%，位于世界第 4 位，但人均水资源占有量只有世界平均水平的 1/4，可利用的淡水资源已经接近合理利用水量的上限，目前水资源开发难度极大；日趋严重的水资源生态环境恶化不仅限制了水体的使用功能，还进一步加剧了水资源的供需矛盾；在粗放型的经济增长模式下，一些地区存在着水资源利用效率与效益低下的现象，制约着中国经济社会可持续发展。在目前水资源经济效率低下、产业结构布局不尽合理、科学合理的水价机制也尚未完全形成、水资源不可持续利用的背景下，必须合理配置现有的水资源，避免浪费，减少污染，提高用水效率和效益，实现全社会的水资源可持续利用。

　　水资源利用效率研究已经成为水科学研究的热点，在中国经济快速发展、水资源危机成为制约中国社会经济可持续发展的重要因素的情况下，提高水资源利用效率是解决中国水资源当前问题和实现可持续利用的根本出路。因此，本书以中国水资源绿色效率为研究对象，在梳理了国内外研究现状和趋势的基础上，对相关概念和基本理论进行了深入挖掘；在对中国水足迹测算研究的基础上，以数据包络分析（data envelopment analysis，DEA）法为核心展开对水资源经济效率、环境效率和绿色效率的测算，丰富了水资源效率测度的理论和方法；利用地理加权回归（geographic weighted regression，GWR）模型对中国水资源绿色效率驱动机理进行研究；最后对水资源绿色效率提升机制和保障体系进行研究，为水资源可持续利用提供参考和借鉴，推动了水资源绿色效率理论的发展。

　　本书是在课题组成员多年从事水资源绿色效率研究的基础上撰写而成的。全书由孙才志、赵良仕、马奇飞统稿，课题组研究生姜坤、郜晓雯、张灿灿、白天骄等在部分研究专题中进行了相关问题的计算工作与资料整理、编排工作。本书的出版获得国家社会科学基金重点项目"中国水资源绿色效率测度及提升机制研究"（19AJY010）、国家自然科学基金青年科学基金项目"中国区域水资源两阶段DEA 绿色效率测算及提升路径研究"（41701616）、辽宁省"兴辽英才计划"哲学社会科学领军人才项目（XLYC1904009）及大连市人民政府资助。同时感谢科学出版社工作人员在著作出版过程中给予的配合与支持。

　　限于作者水平，关于理论模型很多方面有待深入研究，书中疏漏与不足之处敬请读者批评指正。

作　者
2019 年 9 月

目　　录

前言
第1章　绪论 ·· 1
　1.1　研究背景与研究意义 ··· 1
　　1.1.1　研究背景 ··· 1
　　1.1.2　研究意义 ··· 4
　1.2　国内外研究进展 ··· 5
　　1.2.1　水足迹研究 ··· 5
　　1.2.2　绿色发展研究 ··· 9
　　1.2.3　水资源利用效率研究 ·· 13
第2章　水资源绿色效率研究相关理论基础 ······························ 18
　2.1　相关概念的内涵 ·· 18
　　2.1.1　水资源经济效率 ·· 18
　　2.1.2　水资源环境效率 ·· 18
　　2.1.3　水资源绿色效率 ·· 18
　　2.1.4　三大效率之间的区别与联系 ·································· 19
　　2.1.5　水资源利用效率的收敛 ······································ 20
　　2.1.6　水资源利用效率的空间溢出效应 ······························ 20
　2.2　内生增长理论 ·· 20
　2.3　资源配置理论 ·· 22
　2.4　资源环境约束理论 ·· 25
　2.5　比较优势理论 ·· 28
　2.6　可持续发展理论 ·· 31
第3章　水资源绿色效率相关研究方法与数据来源 ························ 33
　3.1　研究方法 ··· 33
　　3.1.1　水足迹测算方法 ·· 33
　　3.1.2　数据包络分析法 ·· 35
　　3.1.3　Malmquist 生产率指数模型 ·································· 47
　　3.1.4　共同前沿与群组前沿模型 ···································· 47
　　3.1.5　空间马尔可夫模型 ·· 49

　　　3.1.6　向量自回归模型 ··· 52
　　　3.1.7　地理加权回归模型 ··· 53
　　　3.1.8　地理探测器模型 ··· 54
　　　3.1.9　探索性空间数据分析方法 ······································· 56
　　　3.1.10　空间计量模型 ·· 58
　　3.2　数据来源及指标选取与处理 ··· 65
　　　3.2.1　数据来源 ··· 65
　　　3.2.2　指标选取与处理 ··· 65
第4章　中国水资源特征 ·· 68
　　4.1　水资源基本特征 ·· 68
　　　4.1.1　我国水资源拥有量现状及原因 ··································· 68
　　　4.1.2　我国水资源分布现状 ··· 69
　　　4.1.3　水资源污染和浪费现状 ·· 70
　　4.2　水资源利用现状 ·· 71
　　　4.2.1　我国水资源开发利用的区域差异 ································ 71
　　　4.2.2　2016年水资源开发利用情况 ····································· 71
　　　4.2.3　供水总量、用水总量及其变化情况 ··························· 72
　　　4.2.4　供水结构、用水结构及其变化情况 ··························· 74
　　　4.2.5　水资源利用效率现状 ··· 75
　　4.3　水资源利用面临的问题和挑战 ·· 75
　　　4.3.1　水资源开发利用中存在的主要问题 ··························· 75
　　　4.3.2　中国在水资源领域面临的挑战 ··································· 78
第5章　水足迹测算与分析 ·· 83
　　5.1　水足迹测算结果 ·· 83
　　　5.1.1　农畜产品水足迹 ··· 83
　　　5.1.2　工业产品水足迹 ··· 86
　　　5.1.3　灰水足迹 ··· 89
　　　5.1.4　生活和生态水足迹 ··· 92
　　　5.1.5　水足迹计算结果 ··· 96
　　5.2　水足迹强度分析 ·· 100
第6章　中国环境约束下两阶段水资源利用效率 ··························· 104
　　6.1　两阶段水资源利用效率分析 ··· 105
　　　6.1.1　指标选取 ··· 105
　　　6.1.2　环境约束下两阶段的水资源利用效率评价 ·················· 106
　　6.2　基于空间Durbin模型的两阶段水资源利用效率溢出效应分析 ······· 114

6.3　本章小结 ··· 118
第7章　中国水资源经济效率 ·································· 120
7.1　单要素水资源利用效率测度 ···························· 120
7.1.1　评价指标体系的构建 ······························ 120
7.1.2　研究方法简介 ···································· 121
7.1.3　单要素水资源利用效率结果分析 ···················· 122
7.2　全要素水资源经济效率测度 ···························· 126
7.2.1　水资源经济效率时空演变特征 ······················ 129
7.2.2　水资源经济效率空间自相关特征 ···················· 131
第8章　中国水资源环境效率 ·································· 135
8.1　中国水资源环境效率测度 ······························ 135
8.2　中国水资源环境效率空间关联格局分析 ·················· 138
8.2.1　全局空间自相关分析 ······························ 139
8.2.2　局部空间自相关分析 ······························ 140
8.3　中国水资源环境效率收敛机制研究 ······················ 141
8.3.1　收敛模型构建 ···································· 142
8.3.2　条件变量选择及数据来源 ·························· 143
8.3.3　条件变量的平稳性检验 ···························· 144
8.3.4　模型估计结果及分析 ······························ 146
8.4　中国水资源环境效率溢出效应测度 ······················ 149
8.4.1　水资源环境效率的溢出效应模型设定 ················ 150
8.4.2　解释变量的平稳性检验 ···························· 153
8.4.3　模型估计结果及分析 ······························ 155
第9章　中国水资源绿色效率 ·································· 159
9.1　中国水资源绿色效率测度 ······························ 160
9.2　中国水资源绿色效率变动研究 ·························· 162
9.2.1　水资源绿色效率的时空演变特征 ···················· 163
9.2.2　社会发展指数对水资源绿色效率的影响 ·············· 165
9.2.3　水资源绿色效率全要素生产率及其分解动态演变分析 ···· 167
9.3　中国水资源绿色效率时空演变分析 ······················ 172
9.3.1　水资源绿色效率空间相关性分析 ···················· 172
9.3.2　水资源绿色效率核密度分析 ························ 173
9.3.3　水资源绿色效率空间溢出效应 ······················ 175
9.4　资源配置视角下中国水资源绿色效率研究 ················ 178
9.4.1　相关研究方法 ···································· 179

9.4.2　水资源绿色效率各投入要素比较优势分析 ················· 180

9.4.3　资源配置视角下的水资源绿色效率分析 ·················· 185

9.5　群组前沿下中国水资源绿色效率研究及收敛性分析 ·············· 194

9.5.1　共同前沿与群组前沿下水资源绿色效率对比分析 ············ 195

9.5.2　群组前沿下中国水资源绿色效率空间格局变化特征 ·········· 197

9.5.3　群组前沿下水资源绿色效率收敛性分析 ················· 199

9.6　中国水资源绿色效率 TFP 变化趋势预测 ··················· 204

9.6.1　平稳性检验 ····························· 205

9.6.2　滞后阶数的确定 ·························· 206

9.6.3　协整性检验及模型稳定性检验 ··················· 207

9.6.4　脉冲响应分析 ·························· 209

9.6.5　方差分解分析 ·························· 215

第 10 章　中国水资源绿色效率驱动机理研究 ················· 217

10.1　"四化"对中国水资源绿色效率的驱动效应研究 ··········· 217

10.1.1　计量模型、变量及数据 ····················· 217

10.1.2　实验结果与分析 ·························· 220

10.2　基于 GWR 模型的中国水资源绿色效率驱动机理研究 ········· 228

10.2.1　水资源绿色效率的驱动因素指标选取 ··············· 228

10.2.2　中国水资源绿色效率空间异质性分析 ··············· 229

10.2.3　中国水资源绿色效率空间差异的影响因素分析 ············ 231

第 11 章　中国水资源绿色效率决定力及提升机制分析 ············ 246

11.1　中国水资源绿色效率决定力分析 ··················· 247

11.1.1　水资源绿色效率与各因子空间耦合匹配分析 ············ 247

11.1.2　全国因子决定力分析 ······················ 254

11.1.3　作用方向分析 ·························· 255

11.1.4　因子决定力动态分析 ······················ 257

11.1.5　全国交互探测结果分析 ····················· 259

11.1.6　分地区因子决定力分析 ····················· 262

11.1.7　分地区交互探测结果分析 ···················· 266

11.2　中国水资源绿色效率提升机制分析 ·················· 271

第 12 章　中国水资源绿色效率保障体系研究 ················· 278

12.1　水资源绿色效率保障体系构建的基本原则 ·············· 278

12.1.1　全面协调可持续的科学发展观 ·················· 278

12.1.2　水资源和水环境的可持续发展能力 ················ 280

12.1.3　绿色发展理念 ·························· 282

12.1.4　创新发展理念与创新驱动发展战略 ···················· 283

12.1.5　多种安全体系的有机结合 ···························· 285

12.1.6　工程措施与非工程措施的结合 ························ 287

12.2　水资源绿色效率保障体系的构建 ···························· 288

12.2.1　水资源供给保障体系 ································ 288

12.2.2　水资源需求保障体系 ································ 290

12.2.3　水资源贸易保障体系 ································ 291

12.2.4　水资源政策保障体系 ································ 294

12.2.5　水资源技术保障体系 ································ 296

12.2.6　水资源法律保障体系 ································ 297

12.2.7　水务一体化管理体系 ································ 298

12.2.8　基础设施建管体系 ·································· 300

12.2.9　资金保障体系 ······································ 301

12.2.10　社会保障体系 ····································· 302

12.2.11　科教宣传体系 ····································· 303

参考文献 ··· 305

彩图

第1章 绪 论

1.1 研究背景与研究意义

1.1.1 研究背景

水资源是经济和社会发展不可缺少的自然资源，是维持人类及一切生物生存环境必不可少的重要物质（王熹等，2014）。随着时代进步，水资源的内涵也在不断丰富和发展，因为水资源类型众多、各类水体互相转化的特性以及水资源的用途广泛等，水资源的概念表现既简单又繁杂。因此，不同角度的认识和体会使得人们对水资源的理解产生差异。然而，对水资源广泛认同的概念可以理解为人类长期生存、生活和生产活动中所需要的既要有数量要求、又要有质量保证的水量。

中国是一个水资源严重缺乏的国家，水资源总量排在巴西、俄罗斯、加拿大之后，位居世界第4位，人均水资源占有量约为2200m³，仅为世界平均水平的1/4，是全世界13个人均水资源最贫乏的国家之一。并且空间分布极不平衡，中国人口占世界人口的20%，而水资源仅占全球的6%，中国31个（区、市）（不含港澳台）中有16个省（区、市）面临水资源短缺问题，10个主要河流体系中有近1/3水质较差，地下水监测站有60%的站点显示污染严重，600多个城市中有2/3面临严重水资源短缺。世界资源研究所（the World Resources Institute，WRI）基于全国300多个地级行政单位的取水量数据以及高空间分辨率的网格数据，发现中国水压力位于较高和极高分类的地区占比从2001年的28%上升至2010年的30%，共有6.78亿人口受到影响。由于中国是农业大国，农业需水量大，2016年中国农业部门的用水量占用水总量的62.4%，而一些发达国家农业用水比例在50%以下，一些欧洲国家仅占38%，中国农村水资源短缺对农业生产的制约越来越明显。据水利部门预测，到2030年中国人口将达到16亿[①]，届时人均水资源占有量仅有1750m³，相比目前，人均水资源占有量将大大减少。在充分考虑节约用水政策的引导下，预计用水总量将上升到7000亿～8000亿m³，同时要求供水能力比当前值增长1300亿～2300亿m³，然而实际上可利用的淡水足迹量已经接近合理利用水量的上限，目前水资源开发难度极大（王瑗等，2008；庞鹏沙和董仁杰，2004；洪国斌，2003）。

---

① 中国可持续发展水资源战略研究综合报告. 中国水利，2000（8）：5-17.

　　我国水资源具有总量多、人均占有量少、河川径流年际年内变化大以及生态用水问题突出等特点，这些特点引发了四个突出的水问题：①水多，即洪涝灾害频繁，防洪局势较为严峻，据统计，近十几年年均洪涝灾害损失 1100 亿元，占同期国内生产总值（gross domestic product，GDP）的 1%～2%，是美国、日本等发达国家的 10～20 倍。②水少，即水资源短缺制约经济社会发展，我国年均因旱减产粮食 245 亿 kg，占粮食总产量的 5% 左右，因旱造成国民经济直接损失 2800 亿元，占 GDP 的 2%～3%，是美国、日本等发达国家的 20～30 倍，甚至更高，有 2/3 的城市处于缺水状态，地下水超采引发的河流及泉水干涸、湿地萎缩、地面沉降、海水入侵等生态环境问题十分突出。③水脏，即水污染加剧了水资源供需矛盾，据《中国水资源公报》数据，2016 年全国废污水排放总量 765 亿 t，而 1997 年全国废污水排放总量约 584 亿 t，2016 年比 1997 年增加 31.0%。中国七大水系的 26% 为 V 类和劣 V 类水，九大湖泊中有 7 个是 V 类和劣 V 类水，目前江河超Ⅲ类水以上河段达 41%，即有一半江河水不能作为生活用水，有 3 亿农民饮水不安全。农村 80% 的疾病与水质不好有关，城市周边的地表水有 90% 被污染，水体污染造成国民经济直接损失 2700 亿元。④水浑，即与水相关的生态恶化不容忽视，2016 年水土流失面积 356 万 km²，占国土面积的 37%，每年流失的地表土 50 亿 t。每年人为造成土石移动 392 亿 t，因此形成水土流失面积 1.5 万 km²。江河淤积、湖泊萎缩、土地退化及沙化，已成为我国的头号环境问题。

　　日趋严重的水资源生态环境恶化不仅限制了水体的使用功能，还进一步加剧了水资源的供需矛盾。据有关部门监测，全国多数城市的地下水遭受不同程度的点状污染和面状污染，且有逐年加重的趋势，对中国正在实施的经济社会的水资源可持续利用战略产生了严重影响。水资源短缺和水生态环境恶化是制约中国水资源利用的两大主要问题。另外，在粗放型的经济增长模式下，个别地区存在着水资源利用效率与效益低下的现象，这也成为中国经济社会可持续发展的瓶颈。因此，为了实现水资源的可持续利用，水资源利用效率研究成为水科学研究的热点。在中国经济的快速发展下，水资源危机成为制约中国社会经济可持续发展的重要因素，提高水资源利用效率是解决中国水资源当前问题和实现可持续利用的根本出路。目前全国普遍存在水资源利用效率低下、产业结构布局不尽合理、科学合理的水价机制尚未完全形成等问题，在此背景下必须合理配置现有的水资源，避免浪费，减少污染，提高用水效率和效益。

　　我国的洪涝灾害、干旱缺水、水污染和水土流失等水问题日趋严重，国家已采取综合措施着力解决水资源问题。解决水多问题靠的是防汛，调整思路，从控制洪水向管理洪水转变，特别重视给洪水以出路和洪水资源化；解决水少的对策统称抗旱，从时间和空间上来讲是修水库和调水（南水北调），还有合理开发利用水资源、节水等措施；解决水脏问题总体上是促进各行各业推行循环经济，严格控制污染物排放，做好水资源保护工作，对水质进行监督和实行排污权管理，应急调水释污；解决水浑问题的办法是水土保持措施的实施，主要对策就是以水土资源的可持续利用和生态环境的可持续发展为根本目标，监督、修复、治理、测评四管齐下，当前重点是充分依靠大自然的修复能力，同时注意保护饮水安全和建设美好家园。

水资源问题一直都是关系国家安全和经济发展的重大问题，国家的相关制度政策也给予高度的重视，2012 年 1 月国务院发布《国务院关于实行最严格水资源管理制度的意见》，对实行最严格水资源管理制度进行了全面部署。"十二五"期间，在党中央、国务院正确领导下，在各有关部门、地方各级人民政府共同努力下，全面完成了水资源管理控制目标和各项指标任务，取得了明显成效。2015 年 3 月 24 日中共中央政治局会议首次提出"绿色化"概念，明确提出"协同推进新型工业化、信息化、城镇化、农业现代化和绿色化"，从而将"绿色化"上升为国家战略。2015 年 10 月 29 日中国共产党十八届五中全会通过的《中共中央关于制定国民经济和社会发展第十三个五年规划的建议》强调"坚持绿色发展，着力改善生态环境"，进一步将"绿色发展"作为关系我国发展全局的一个重要理念。在该发展理念部分，中共中央提出要"全面节约和高效利用资源"。2016 年是"十三五"开局之年，按照中央最新要求，水利部等 9 部门印发了《"十三五"实行最严格水资源管理制度考核工作实施方案》，启动"十三五"考核。习近平在 2018 年 5 月 18～19 日的全国生态环境保护大会上强调，要自觉把经济社会发展同生态文明建设统筹起来……加大力度推进生态文明建设、解决生态环境问题，坚决打好污染防治攻坚战，推动我国生态文明建设迈上新台阶……加快推进生态文明顶层设计和制度体系建设，加强法治建设，建立并实施中央环境保护督察制度，大力推动绿色发展，深入实施大气、水、土壤污染防治三大行动计划，率先发布《中国落实 2030 年可持续发展议程国别方案》，实施《国家应对气候变化规划（2014～2020 年）》，推动生态环境保护发生历史性、转折性、全局性变化[①]。上述会议中的政策、改革和规划表明，我国资源环境约束趋紧、生态系统退化、人口资源环境之间的矛盾日益突出等问题已经成为经济社会可持续发展重大瓶颈。在此时代背景下，党对经济社会发展规律认识的深化，为本书研究提供了理论依托。

改革开放和现代化推动了我国从农业社会向工业社会转变，而工业化引发的资源配置和环境污染问题对水资源利用提出了更高的要求。随着我国城市化、工业化与农业现代化的推进，水资源固有的基础性自然资源和战略性经济资源的属

---

① 习近平出席全国生态环境保护大会并发表重要讲话. 滚动新闻. 中国政府网. http://www.gov.cn/xinwen/2018-05/19/content_5292116.htm.

性特征得到完全体现。但我国在水资源开发利用中存在着如下三个明显的问题：首先，我国水资源短缺与利用效率低下共存，我国水资源产出率仅为世界平均水平的 62%，而人均水资源占有量仅为世界平均水平的 25%。其次，我国水环境恶化与水生态失衡共存，湿地丧失和退化的速度仍没有得到有效遏制，这进一步恶化了水资源短缺状况。最后，制度建设能力无法满足水资源可持续利用的需求。我国目前的水危机实质上是治理危机，是治水模式长期滞后于水问题变化和社会经济需求的累积结果。上述问题的核心是水资源利用效率及其相关制度建设，因此本书研究的内容也是当前政府和学术界共同高度关注的问题。

此外，当前是我国全面建成小康社会的关键时期，而全面建成小康社会的首要任务是反贫困。我国贫困地区多是水资源禀赋条件差、水资源利用效率低下的地区。目前中共中央已经向全党、全国各族人民发出了全面打赢脱贫攻坚战的伟大号召。绿色发展是一种模式创新，在建设资源节约型和环境友好型社会的同时，实现经济、社会和环境的可持续发展，其实质是"以人为本"的发展。水资源绿色效率研究将为有效缓解水贫困，进而为实现反贫困目标提供决策依据，这就体现了本书研究的必要性与紧迫性。

1.1.2 研究意义

在这一背景下进行水资源绿色效率测度评价及提升机制研究是很有必要的，这对于节水型社会的建设具有重要的现实指导意义。基于以上认识，有必要建立科学合理的水资源利用效率评估指标体系和效益评价模型，以期对中国范围内不同行业、不同省份进行水资源利用效率和效益评估，为政府行政主管部门提供水资源科学管理的决策依据，并对合理的产业结构调整、促进节水技术和产品的推广、实现水资源可持续利用等提供参考和借鉴。具体意义如下。

现实意义：我国目前正处于全面建成小康社会的关键时期，而缓解资源约束是实现全面建成小康社会目标的重要保证，本书研究对于践行绿色发展观、全面节约和高效利用水资源、实现水资源利用总量和强度双控目标具有重要的现实意义。

理论意义：本书将在梳理水资源利用效率内涵的基础上，将内生增长、资源配置、资源环境约束与人文发展有机地融合起来，重新诠释水资源效率的内涵，构建水资源绿色效率测度模型，丰富水资源效率测度的理论和方法。在考虑空间效应视角下，探究水资源绿色效率的驱动机理，研究水资源绿色效率提升机制，研究成果具有一定的理论意义。

实践意义：目前尚未发现水资源绿色效率的研究成果，因此期望本书可以起到抛砖引玉的作用，吸引更多的学者加入该领域的研究，研究成果具有一定的推广价值与实践意义。

1.2　国内外研究进展

1.2.1　水足迹研究

如何准确测度人类占用的水资源数量，如何测度人类对水资源的利用效率，研究各地区水资源利用效率的差异变化趋势，是当今水资源问题解决中的重要工作。为了补充完善传统水资源消费的统计指标，Hoekstra 和 Hung（2002）提出了"水足迹"概念。Chapagain 等（2006）将水足迹定义为生产某一国家或者区域内人口所消费商品和服务所需要的淡水资源总量。水足迹这一概念与 20 世纪 90 年代提出的生态足迹概念相类似，一个区域的生态足迹是指维持一个人、地区、国家或者全球的生存所需要的以及能够吸纳人类所排放的废物、具有生态生产力的地域面积（Rees，1992）。二者之间的不同之处在于，生态足迹侧重于衡量维持区域人口生活所需要的地域面积；水足迹侧重于衡量在一定的物质生产标准下，生产一定人群消费的产品和服务所需要的水资源的数量。水足迹所代表的是维持人类产品和服务消费所需要的真实的水资源量（Hoekstra and Hung，2002）；水足迹从消费角度将水资源利用与人类消费模式联系起来，真实测度了人类对水资源系统的直接占用。水足迹概念将水资源问题的解决思路从单纯的自然资源领域拓展到了社会经济等研究领域，成为当前测度人类生活和生产活动对水资源生态环境系统影响的有效的指标之一（王新华等，2005a，2005b）。

随着经济社会的快速发展，水资源需求量急剧上升和水资源短缺之间的矛盾逐步显现，世界各国对于真实衡量人类社会对水资源实际使用情况的需求越来越强烈，水足迹概念受到水资源学界的广泛关注和研究。目前，国际学术界对水足迹的研究主要集中于单个产品水足迹含量计算、水足迹影响因素研究、区域或者国家层面水足迹测算、水足迹结构分析等，水足迹将水资源短缺、水环境危机、粮食危机及生态环境压力等问题的解决联系在一起，起到了桥梁与纽带的作用。Chapagain 等（2006）先后测算出了棉花水足迹、茶和咖啡在荷兰所占的水足迹，Ridoutt 等（2010）测算出澳大利亚的芒果水足迹，Gerbens-Leenes 和 Hoekstra（2011）、Ercin 等（2011）、Bocchiola 等（2013）、Jenerette 等（2006）、Hubacek 等（2012）分别对甜味剂和生物乙醇中的水足迹、一种含糖碳酸饮料中的水足迹、作物产量和玉米中的水足迹、中国和美国的城市水足迹和生态足迹做了研究；在对地区水足迹的研究中，龙爱华等（2003）对 2000 年西北四省（区）的水足迹进行了计算，Hoekstra 和 Chapagain（2007a）研究了人类社会消费模式对水足迹的影响，并以美国、中国、印度、日本四国为例进行了水足迹对比分析，并通过对地区水足迹的计算为解决各地区水资源缺乏、创新水资源管理体制提供了新思路；在水足迹结构方面的研究中，Yu 等（2010）以大不列颠及北爱尔兰联合王国、英格兰东南部和东北部为例，运用输入-输出模型分析了水足迹相关因素，谢鸿宇等（2009）、贾佳等（2012）、谭秀娟和郑钦玉（2009）、焦雯珺等（2011）分别计算了中国农畜产品水足迹、工业水足迹、生态水足迹、水污染足迹；龙爱华等（2006）、孙才志等（2010a）对中国水足迹强度的研究成果较为丰富，分析了水足迹强度的影响因素、中国各省（区、市）水足迹强度差异及成因，但是上述文献的计算中都忽略了生活用水污染足迹。

另外，灰水足迹（grey water footprint，GWF）的研究在近几年水足迹研究中备受关注，成为水足迹研究的重要分支，灰水足迹的概念由 Hoekstra 和 Chapagain 于 2008 年首次提出，在《水足迹评价手册》中将其定义为以自然本底浓度和现有的水质标准为基准，将一定的污染物负荷吸收同化所需的淡水体积（Hoekstra et al.，2012）。该方法将水污染从水量角度进行评价，为水污染与水资源数量相结合的综合研究提供了新的研究方法。

国内外的灰水足迹研究正在迅速发展，目前主要集中在农业产品、工业产品、区域和流域的灰水足迹研究四个方向，其中大部分为农业产品的灰水足迹研究。国外学者对灰水足迹的研究起步早，研究范围广，Ene 和 Teodosiu（2011）在灰水足迹这一概念提出的初期，对灰水足迹评价及其实施面临的挑战进行了分析；Vanham 和 Bidoglio（2014）对欧洲河流流域农业产品的灰水足迹进行了测算和评价；Ruini 等（2013）量化分析了大型食品公司面食生产的灰水足迹；Bulsink 等（2010）对印度尼西亚各省与农业产品消费相关的灰水足迹进行了定量分析。

国内研究则多集中于灰水足迹的测算和评价，如张郁等（2013）对基于化肥污染造成的黑龙江垦区粮食生产灰水足迹进行了实证分析；秦丽杰等（2012）对吉林西部玉米生产灰水足迹动态变化的试验数据进行了研究；付永虎等（2015）在分析洞庭湖区粮食生产灰水足迹及其时空变化特征的基础上，预测了其对水环境的压力。此外，也存在少量对灰水足迹驱动因素的研究，如孙克和徐中民（2016）基于 STIRPAT 模型研究了人文驱动因素对灰水足迹的影响；韩琴等（2016）定量分析了效率效应、结构效应等驱动因素对中国省际灰水足迹效率的影响。

为了进一步分析水足迹研究发展的现状，笔者将水足迹研究开展十几年来的中外研究文献加以梳理，试图通过对相关文献的梳理，厘清水足迹发展的脉络。鉴于水足迹的研究建立在虚拟水研究的基础之上，在检索相关的研究文献时，将外文文献检索条目确定为"water footprint"和"virtual water"，数据样本选取自 Web of Science 数据库中 Web of Science™ 核心合集，"主题" = "water footprint" 或 "virtual water" 和 "文献类型" = "article"，选择检索时间范围为 1993～2015 年。将中文文献检索的条目确定为"水足迹"和"虚拟水"，数据样本选取自中国学术期刊出版总库（中国知网总库），使用高级检索，"主题"或者"关键词"="水足迹"或"虚拟水"，选择时间为 1993～2015 年，精确匹配检索。将检索所得结果去重、删除不相关条目后，得到 637 篇英文文献、802 篇中文相关文献。

将检索所得文献按照发文年份进行文献数量的统计，得到研究期间水足迹领域中外文文献发文数量折线图（图 1-1）。对中外文文献数量进行对比分析可知，中文文献起步晚，但是数量增长很快，年发文量仅一年就已超过外文文献发文量，究其原因，主要是在水足迹概念兴起之初，研究主要集中于地区与产品水足迹的测算，而中国地域辽阔、产业类型众多，因此在这一时期水足迹发文数量较多。而随着地区与产品水足迹测算文献的饱和，水足迹中文文献的发文量增长速度逐渐减缓，其后水足迹研究范围不断扩大，外文文献开始转入水足迹与食品安全、环境变化等相关问题的研究，中文文献则更加侧重于水足迹空间差异及成因的探讨。

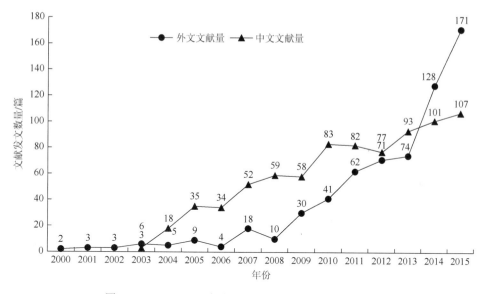

图 1-1 2000～2015 年水足迹领域中外文文献发文数量

关键词代表了文章的核心观点，是作者对文章主题的高度概括，笔者将上述检索出的相关文献的关键词进行提取，选择中外文文献中出现频次较高的关键词，如表 1-1 所示。由表中的高频关键词可知，水足迹外文文献中出现频次较高的关键词是 water footprint、virtual water、consumption、resource、trade、footprint。通过对相关关键词出现频次的分析，可以发现，在水足迹相关的外文文献中，水资源并不仅仅是作为一种资源存在的，水资源在相关的经济贸易以及水权的确定中也扮演着重要的角色。water footprint 和 virtual water 是水足迹研究领域的两大绝对热点，这两个关键词的中心度最高,出现频次最大,与之相关联的各个分支属于水足迹研究领域未来的研究重点和新兴的发展方向,应当引起该领域相关科研工作者的关注。在研究内容上,水足迹外文文献的研究范围较为明确,研究内容较为具体,大多与社会经济生活相关,多涉及贸易、资源、消费等方面,国际上对于水资源消费和水资源贸易的研究较为集中,对于虚拟水贸易的关注度很高。另外,气候变化、环境影响、食品安全、土地利用等高频关键词的出现,说明水足迹研究与这些方面息息相关。随着人类对水资源研究的深入,对生命周期评估、生物燃料、投入产出分析的研究也逐渐增多,这也是可持续发展理念越来越受到科学研究重视的结果。

表 1-1　　2003～2015 年水足迹中外文文献高频关键词

外文			中文		
序号	被引频次	关键词	序号	被引频次	关键词
1	273	water footprint	1	453	虚拟水
2	223	virtual water	2	285	水足迹
3	185	consumption	3	131	水资源
4	184	resource	4	122	虚拟水贸易
5	136	trade	5	92	虚拟水战略
6	102	footprint	6	40	农产品
7	96	China	7	28	粮食安全
8	77	impact	8	26	生态足迹
9	72	flow	9	24	水资源管理
10	70	product	10	23	投入产出分析

水足迹中文文献中主要的相关研究包括"虚拟水贸易""虚拟水战略""虚拟水消费""水资源承载力""粮食安全""可持续发展"等;"水足迹"是仅次于"虚拟水"的第二大高频关键词,与之相关的研究主要包括"水资源""农产品"等。出现频次较高的关键词主要有"虚拟水""水足迹""水资源""虚拟水贸易""虚拟水战略""农产品""粮食安全"等。由此可见,"虚拟水"与"水足迹"所涉及的并不仅仅是一种自然资源研究,更是一种社会经济研究,它将对于水资源问题的研究从单纯的自然资源领域拓展到社会经济领域,拓宽了关于水资源问题的解决思路,使得可持续发展的观念在水资源问题方面的应用变得更加多元化。

结合图 1-1 中显示的发文数量增长情况,把水足迹领域的研究成果数量增长情况(中文文献)划分为 3 个时间段:2003～2005 年的迅猛增长阶段,2005～2012 年的曲折上升阶段,2012～2015 年的增长趋缓阶段。从 3 个时间段来看,"虚拟水"和"水足迹"的出现频率都位于前列,是该研究领域内的绝对重点,同时,"水资源"和"虚拟水贸易"这两个关键词的出现频率也相当靠前。由此得知,"虚拟水"

和"水足迹"的研究对解决水资源问题有很大的帮助。在水足迹领域中，对水资源的应用性研究逐渐成为热点，在虚拟水研究中，虚拟水战略、虚拟水消费、水资源承载力、可持续发展逐渐代替虚拟水贸易和生态足迹，成为该领域内的研究热点。

对比中外文文献高频关键词，可以看出，外文文献研究多集中于贸易、消费等方面，而中文文献的研究更偏重于粮食安全、水资源评价等方面，主要原因在于中国是一个人口众多的农业大国，粮食安全关乎国家安全，且中国水资源时空分布很不均匀，严重限制了中国各地区均衡发展。

目前国内外水足迹研究中，较少涉及的方面以及今后可能的研究热点主要有以下几方面。

（1）以往的水足迹研究中，对人口因素的关注较少，未能消除各地人口数量差异对水足迹数量的影响。

（2）水足迹主要是由一定数量的人口消费的商品和服务所含的虚拟水产生的，包括农畜产品、工业产品、生态生活用水、灰水足迹等，而以往对水足迹驱动效应的研究中，缺乏生产要素对其影响的分析。

（3）在后续水资源经济生产率和人均水足迹的研究中，还应结合城镇化、工业化、产业结构等的演变规律及经济发展、社会发展的阶段特征进行分类型、分阶段深入探讨。

（4）我国对水足迹的研究起步较晚，在水足迹的测算方面仍缺乏统一标准，同时大多数的水足迹研究以省级行政区为研究测算的基础单元，即从宏观上对中国省际水足迹的时空分布和空间演化规律进行了研究。但中国的水资源管理多以流域为单位，水资源和水环境评价通常以流域的集水区为研究区域，本书以中国31 个省级行政区（不含港澳台）为研究单元，其研究结果可能会产生不同的意义。在未来的研究中，可以以流域为单位划定研究区域，探讨流域水足迹的相关问题。

1.2.2　绿色发展研究

进入 21 世纪以来，人类面临着气候变暖、环境污染和资源浪费严重等的挑战，同时在经济长期高速发展以后逐渐出现了一系列资源枯竭和社会矛盾突出等问题。传统经济的发展模式逐步进入瓶颈，各国政府、学者开始不断研究和探索新的发展方式，绿色发展逐渐成为研究热点。

绿色发展的最早说法是"绿色经济"，由经济学家皮尔斯提出。他认为社会应该建设自然环境和人类自身可以承受的经济。2008 年全球金融危机爆发，为了将应对金融危机和气候变化危机结合起来，绿色经济的讨论引起了国际上广泛关注。2012 年联合国可持续发展大会提出，可持续发展和消除贫困背景下的绿色经济是实现可持续发展的重要工具之一，这种绿色经济有助于消除贫困，同时促进经济持续增长、增进社会包容、改善人类福祉，也可维持地球生态系统的健康运转（王海芹和高世楫，2016）。学术界关于绿色发展的含义迄今为止未有一个精准的定义，每个学者都有不同的理解，并不断丰富其内涵。侯伟丽（2004）认为，绿色发展就是在满足自然资本承载力的前提下尽量以人造资本来替代自然资本，依靠科技使经济增长更加低耗、高效。马平川等（2011）提出绿色发展是低碳的、高效的、可持续的发展，依靠科技进步与创新、提高资源利用率和调整产业结构等方式实现。胡鞍钢和周绍杰（2014）认为绿色发展的基础是经济的绿色增长，同时还要求把全球加入到绿色发展中。绿色发展从概念内涵与外延的学术研究层面走向国家和国际发展战略与策略研究层面。

1. 绿色发展战略研究

绿色经济概念被引入以后，中国学者主要从绿色发展的战略、政策及其驱动/制约因素等方面进行了广泛研究（刘纯彬和张晨，2009；胡鞍钢，2012；季铸，2012）。张叶和张国云（2010）从制度层面提出了有利于绿色经济发展的路径与政策建议，对我国绿色经济发展进行了富有启发性的分析与讨论。杨朝飞和里杰兰德（2012）首先肯定了我国"十一五"时期以来在实施节能减排措施方面取得的积极成果；其次对制约我国经济向绿色发展的因素，如经济快速增长、结构性特征、制度和监管障碍以及全球化带来的外部压力等进行了分析；最后对我国面临的诸如持续工业化、城市化和农业现代化等困难和挑战进行了探讨。2012年环境保护部针对我国全面建设小康社会关键阶段的经济模式、环境问题、经济结构以及消费模式等，提出需要调整经济结构、改变消费模式，在以保护环境的基本国策基础上优化经济发展，力争实现经济发展与环境保护的双赢。2011年，我国《中华人民共和国国民经济与社会发展的第十二个五年规划纲要》提出，要持续推进并解决那些严重制约经济社会中长期发展的重大问题，积极寻找和破解转变经济发展方式的路径和方向，制定切实可行的举措以改善宏观经济环境，持续推进产业结构优化调整，实现国民经济与社会发展的绿色转型。2012年，中国共产党在十八大报告中提出"要把资源消耗、环境损害、生态效益纳入经济社会发展评价体系"[①]，明确提出构建包括生态文明在内的五位一体的新布局，进一步奠定了绿色经济和绿色转型的发展方向。孙伟和周磊（2012）认为未来我国发展绿色经济应该增加金融扶持、加大绿色科技研发力度、培育绿色消费市场并将市场调节与政府调控结合起来，在积极改造传统产业的同时还要重视发展绿色经济新兴产业，加强绿色发展战略实践。

---

① 把资源消耗、环境损害、生态效益纳入经济社会发展评价体系. 人民网-理论频道.http://theory.people.com.cn/n/2012/1218/c352852-19931877.html.

2. 绿色发展的财税政策研究

国内外一系列绿色经济发展经验表明，促进绿色经济转型，国家必须要加强宏观调控、深化财税改革、积极推进绿色财政体系建设，各级政府加大支持力度形成有利于推动绿色转型的金融服务体系、政策导向和机制体制（金英姬等，2008；苏立宁和李放，2011；李宁宁，2011）。秦承敏（2011）在介绍国外有关绿色财政政策的基础上，提出建立绿色 GDP 核算体系，建立和完善生态补偿与绿色补贴政策，加大政府绿色采购力度以及开征环境保护税等建议；曹东等（2012）系统地归纳总结了国际上发展绿色经济的普遍经验以及中国发展绿色经济面临的主要问题和挑战，认为解决中国发展绿色经济所面临的资源环境制约问题，必须调整现行以 GDP 为导向的地方政府和官员绩效考核体系以及对现有税收、金融等财政体系进行改革等，提出了具有适应性和包容性的发展策略；王琳和唐瑞（2012）在阐述绿色经济发展配套改革措施的基础上，分析了当前我国经济责任审计工作中存在的问题，对绿色经济约束下的经济责任审计评价进行了相关研究；李佳（2012）以江西省构建"鄱阳湖生态经济区"目标为切入点，分析了该省试行环境税改革对绿色发展的作用和影响，建议进一步调整并优化绿色税目与税率，通过不断完善有关税收收入管理方式等促进绿色税收体系建设；许昌和高源（2012）认为绿色税收政策可以通过改变资源产品之间的相对价格关系对生产和消费环节进行调节和控制，从而鼓励资源的再生利用、清洁生产等，推动绿色经济发展与转型；刘莎莎（2012）通过实证分析得出"经济高速发展推动能源需求，导致资源消耗量、污染气体排放量与废气治理设施及投入三者之间呈正相关关系"的结论，认为绿色财政的意义不局限于实际的财政收支，其意义更在于对环境保护的导向作用；张帆和赵鹏（2013）认为绿色审计和绿色会计是发展绿色经济的两大助手，要想建立完善的绿色经济发展模式，就必须要设计出与之配套的绿色审计和绿色会计制度，同时要从立法上完善，注重人才的培养，借鉴外国的先进经验；魏娜（2013）借鉴国内外运用"绿色财政政策"发展绿色经济的成功案例，结合辽宁省在发展绿色经济实践中的成果和遇到的问题，针对"绿色财政政策"中亟须解决的问题提出了具体对策和建议。

3. 绿色发展的驱动与制约因素研究

杨朝飞（2015）认为政府意志、支持绿色投资的巨大财政实力以及广阔的市场规模是促进绿色发展的重要驱动力，能够促使中国在绿色转型过程中将挑战变成机遇，从而积极推进中国在"绿色创新中心"的战略目标下实现跨越式发展；陈琪和金康伟（2007）基于绿色经济所蕴含的注重环境保护和资源有效利用理念，在绿色经济视野下对当前新农村建设中发展绿色经济的必要性、障碍性因素及其动力源进行了探究；郭戈英和郑钰凡（2011）通过对国内外绿色转型推进路径的历史考察和比较分析，认为市场失灵和社会化组织程度不足决定了当前我国以可持续发展战略为主线的绿色转型只能作为一种政府行为自上而下驱动；张小刚（2011）通过对城市群绿色经济发展评价体系的研究，分析了"长株潭"地区绿色经济发展的制约因素，并有针对性地提出了"长株潭"城市群绿色经济发展的空间布局、发展载体优化及保障措施等；刘薇（2012）从创新驱动的视角出发研究了北京市的绿色发展模式，提出创新驱动与绿色发展相互促进机制主要表现在市场需求带动、政府全程推动以及广泛的公众参与等方面，认为投资和融资政策不足、产权制度不明晰、引导政策不明确、市场培育政策不健全等因素阻碍了北京以创新驱动绿色发展。

　　绿色发展是"十三五"中国五大发展理念之一。未来绿色将成为经济社会发展的主色调。受国际发展理念和趋势的影响，从解决自身发展所面临的实际问题出发，我国与时俱进地实行了一系列促进人与自然和谐共生、经济发展与生态环境保护双赢的多种形式的绿色发展政策。特别是党的十八大提出将生态文明建设纳入社会主义建设事业"五位一体"总体布局，党的十八届五中全会又明确提出破解发展难题"必须牢固树立并切实贯彻创新、协调、绿色、开放、共享的发展理念"，并指出"坚持绿色发展，必须坚持节约资源和保护环境的基本国策，坚持可持续发展，坚定走生产发展、生活富裕、生态良好的文明发展道路，加快建设资源节约型、环境友好型社会，形成人与自然和谐发展现代化建设新格局，推进美丽中国建设，为全球生态安全作出新贡献"[①]。这体现出中国共产党和全体人民对物质财富增长和自然环境保护关系的认识在实践中不断深化，对中国特色社会主义建设事业的目标、任务和发展规律的认识也不断深化。我国绿色发展政策在一定程度上缓解了城镇化、工业化进程中的资源环境压力，并逐步成为转变经济发展方式、提高经济发展质量的促成条件，使我国绿色发展步伐不断加快。

　　水资源可持续发展是一个国家或地区可持续发展过程中的重要组成部分。随着人口的增长和经济社会的快速发展，我国水资源短缺和水生态恶化等问题日趋严重，当下水资源的可持续发展也亟须以绿色发展理念为指导，坚持绿色发展，着力改善生态环境是当前水资源可持续发展的根本策略。"十三五"规划建议中涉及水资源的内容很多，其中关于水资源可持续发展的主要内容有：明确对用水总量加以控制；实行最严格的水资源管理制度，以水定产、以水定城，建设节水型社会；合理制定水价，编制节水规划，实施雨洪资源利用、再生水利用、海水淡化工程，建设国家地下水监测系统，开展地下水超采区综合治理；推进多污染物综合防治和环境治理，实行联防联控和流域共治，深入实施大气、水、土壤污染防治行动计划；

---

① 中国共产党第十八届中央委员会第五次全体会议公报.新华网.http://www.xinhuanet.com//politics/2015-10/29/c_1116983078.htm.

筑牢生态安全屏障，坚持保护优先、自然恢复为主，实施山水林田湖生态保护和修复工程，构建生态廊道和生物多样性保护网络，全面提升森林、河湖、湿地、草原、海洋等自然生态系统稳定性和生态服务功能；加强水生态保护，系统整治江河流域，连通江河湖库水系，开展退耕还湿、退养还滩；推进荒漠化、石漠化、水土流失综合治理；强化江河源头和水源涵养区生态保护等。因此，随着新形势下国家对绿色发展、水资源可持续发展的高度重视，开展水资源绿色效率的研究可为解决水资源发展中的问题、国民经济和社会的持续健康发展提供参考。

1.2.3 水资源利用效率研究

"水资源"一词最早由美国地质调查局下设的水资源处于 1894 年提出，而"效率评价"直到 1957 年才被 Farrell 提出，这是由于水资源的可再生性，在生产和生活过程中水资源的稀缺性始终不能得以表现，直接导致了人们对水资源的不重视和经常做出一些浪费水资源、污染水资源等不正确的行为。随着社会经济的快速发展，生产、生活对水资源的需求量大幅度增加，以及日益严重的水资源污染，水资源的稀缺性逐渐体现出来，人们逐渐认识到提高用水效率是从根本上解决水资源供需矛盾的关键所在。这吸引国内外诸多专家与学者致力于水资源利用效率方面的研究，为实现水资源的合理开发利用寻求解决方案。

就水资源利用效率的评价方法而言，一般分为单要素评价法和全要素评价法。

单要素水资源利用效率评价，通常是指水资源投入量与其产出量的比值，即单位水资源对该产业或行业带来的经济效益、社会效益或环境效益。单要素评价法通常采用指标体系法和比值分析法对水资源利用效率进行评价，常用于农业领域。例如，Bouman（2007）构建了作物水生产率的基本研究框架；Li 和 Barker（2004）、蔡守华等（2004）考察了灌溉水的生产率；Renault 和 Wallender（2000）采用单位水资源投入所生产的农作物营养价值（如能量、葡萄糖、维生素等）作为水生产率；张金萍和郭兵托（2010）以宁夏平原区为例，研究了单位水投入的农作物数量；Gregg 和 Gross（2007）建立了农业水资源投入量与农业产品产量比值的单要素水资源效率指标，以此来衡量水资源利用的经济价值。在宏观层面上，学者们利用地区（国家）经济产出与水资源消耗的比值作为水资源利用效率，如 Statyukha 等（2009）以此来衡量某个地区或产业的水资源利用效率；许新宜等（2004）基于参考作物蒸散量与农业用水总量的比值比较了我国农业 2004 年水资源利用效率；朱显成和刘则渊（2006）基于 E. Weizsaecker 的四倍数思想，将 P. Ehrlich 提出的 IPAT（I 即 impact，环境冲击，以环境指标表示，如资源、能源消耗、废物排放等；P 即 population，人口，人数表示；A 即 affluence，富裕度，以人均年 GDP 表示，即 A = GDP/P；T 即 technology，技术，以单位 GDP 形成的环境指标表示，即 T = I/GDP）方程进行转换，建立水资源效率模型，对大连市水资源利用效率进行评价；李世祥等（2008）运用主成分分析法对中国各地区水资源利用效率差异进行分析，得出经济发达的东部地区水资源利用效率较高，经济欠发达的中、西部地区水资源利用效率较低的结论；国家统计局也采用每万元 GDP 用水量、每万元工业增加值用水量等指标来测度不同地区和行业的用水效率。

全要素水资源利用效率评价，是指在水资源利用过程中，整个系统的总产出量与全部生产要素（资本、劳动力、水资源量）真实投入量之比。水资源作为一种自然资源，本身并不具备生产能力，只有和其他生产要素（如资本、劳动力等）结合在一起，才能带来真正意义上的产出（如经济、社会、环境效益等）。因此，全要素水资源利用效率测度的是水资源的配置效率，是生产中水资源与其他投入要素一起参与生产的有效程度。全要素评价法通常有随机前沿分析（stochastic frontier analysis，SFA）法和数据包络分析（data envelopment analysis，DEA）法两种水资源利用效率评价法，区别在于是否已知生产函数的具体形式。

SFA 法是根据已知生产函数的具体形式，在一定的技术水平下，分析各种比例投入所对应的最大产出集合，其最大优点是考虑了随机因素对于产出的影响。在基于 SFA 法的全要素水资源利用效率研究方面，Karagiannis 等（2003）最先建立了 SFA 模型，将影响水资源利用效率的因素纳入模型中对水资源利用效率进行评价；之后，Kaneko 等（2004）在 SFA 法框架下，研究了中国农业生产中的水资源利用效率问题，结果表明中国农业用水效率偏低，与生产技术效率之间还有很大差距，提升潜力较大；Filippini 等（2008）运用 SFA 法测度了斯洛文尼亚的水资源分配效率；孙爱军等（2007）运用 C-D SFA 法测度了中国省际水资源利用效率，并对其空间分布格局和影响因素进行了分析；陈关聚和白永秀（2013）运用随机前沿技术测度了中国工业全要素水资源利用效率；范群芳等（2007）通过随机前沿生产函数对农业用水效率进行了定量研究，同时将"最优人均生活用水"指标引入生活用水利用效率的研究中，以此衡量生活用水利用效率的高低；Geng 等（2014）使用 SFA 法测度了灌溉中水资源利用效率问题；雷玉桃和黄丽萍（2015）基于我国 2002～2013 年的面板数据，运用 SFA 法计算出我国 31 个省（自治区、直辖市）的工业用水效率，并对东、中、西部地区进行了影响因素分析；而 Carvalho 和 Marques（2016）运用 SFA 法研究了水利部门的效率和规模经济的问题。

DEA 法是由美国运筹学家 Charles、Cooper 和 Rhodes 于 1978 年根据 Farrell 的非参数分析理论提出的一种系统分析方法，由于 DEA 法在处理多指标投入和多指标产出方面无须事先确定函数关系，避免了主观因素的影响，能实现多投入多产出的水资源利用效率测度，深受国内外研究者的青睐。例如，Yunos 和 Havdon（1997）基于 DEA-Malmquist 生产率指数模型综合评价了马来西亚发电厂的利用效率；Sanders（1999）选用 DEA 法对美国的水资源利用效率进行了研究；Anwandter（2000）首先分析了墨西哥的水资源状况，然后运用非参数的 DEA 法对其水资源利用效率进行了测算。在国内，孙才志等（2009a）利用改进的 DEA 法对中国 31 个地区 1997～2007 年的水资源利用效率进行了测度，并运用探索性空间数据分析法对中国水资源利用效率的时空差异变化特征进行了探索；赵良仕等（2014）基于省际水足迹和灰水足迹等的面板数据，分别利用考虑和不考虑非期望产出的 DEA 模型对中国 31 个地区 1997～2011 年的水资源利用效率进行了测度，并在此基础上构建经济-空间距离函数的空间权重矩阵，对水资源利用效率的空间自相关关系进行了分析；廖虎昌和董毅明（2011）综合运用 DEA-Malmquist 生产率指数模型对西部 12 个省份的水资源利用效率进行了分析和评价；赵晨等（2013）基于水足迹理论，运用 DEA 法中的 CCR 模型和 BCC 模型对江苏省的水资源利用效率进行了评价。此外，马海良等（2012a，2012b）、陈磊等（2015）一大批学者从不同角度运用 DEA 模型对水资源利用效率进行了评价。

从水资源利用效率的研究对象来看，多集中在农业、工业、城市生活以及综合水资源利用效率评价等方面，并随着研究的不断深入，一些学者开始对水资源利用效率的驱动因素和影响机理进行探索。例如，在农业方面，武翠芳等（2015）运用 DEA 法，从微观农户的角度出发，对张掖市甘州区农业水资源利用效率进行了研究；刘渝和王岌（2012）采用全要素水资源调整目标比率测算方法，选择中国 29 个地区 1999～2006 年的面板数据，运用 DEA 法对中国农业水资源利用效率进行了实证分析；王昕和陆迁（2014）基于投入导向 DEA 模型，对 2003～2010 年的中国省际农业水资源利用效率进行了测算；杨骞和刘华军（2015）应用 DEA 法构建了非径向方向性距离函数模型，采用全要素水资源利用效率的测度思路，对污染排放约束下中国分省份及区域的农业水资源利用效率进行了测度。在工业方面，买亚宗等（2014）在全要素生产框架下，基于 DEA 法建立了工业水资源利用效率评价模型，对中国 30 个省（区、市）工业水资源利用效率进行了实证研究；由沙丘（2017）剖析了工业绿色全要素水资源利用效率的内部机理，然后对工业绿色全要素水资源利用效率的影响因素进行了理论分析；姜蓓蕾等（2014a）认为工业发展规模、资源环境、工业结构、技术投入以及环境和经济杠杆等是影响我国工业用水效率的重要因素；李静和马潇璨（2014）将工业用水效率一系列影响因素作为控制变量，着重研究工业水资源价格对工业用水效率的影响。在城市生活方面，邱琳等（2005）运用 DEA 模型对城市供水效率进行了研究；吴华清等（2009）运用 DEA 模型对中国省域城市水资源利用效率进行了评价；宋国君和何伟（2014）基于正态分布函数特征和影响城市水资源利用效率的客观因素，构建了全国地级以上城市总体和分类别的水资源利用效率标杆；董毅明和廖虎昌（2011）运用 DEA 模型对西部 12 个地区省会城市的水资源利用效率进行了分析和评价。在综合水资源利用效率评价方面，杨丽英等（2009）认为影响水资源利用效率的因素主要是自然因素、技术因素、配置因素和制度因素，并阐述了这几大因素之间的作用关系；马海良等（2012a）基于 Tobit 模型考察了经济水平、产业结构、水资源禀赋、水资源价格和政府影响力等因素对我国用水效率的影响；魏楚和沈满洪（2014）基于文献评述，认为地区和行业差异、价格因素、结构因素和技术水平是我国用水效率的主要驱动因素；孙才志等（2018a）着重研究了"四化"对中国水资源绿色效率的驱动效应。

就指标的选取而言，水资源利用效率评价在投入指标的选取上存在着一定的共性，即投入指标一般选取水资源、资本和劳动力三个要素，而产出指标的选取不尽相同。早期，部分学者把 GDP 作为唯一产出要素，计算以最少的水资源投入得到最大的经济效益，如李志敏和廖虎昌（2012）、陈关聚和白永秀（2013）、苏时鹏等（2012），然而这并不符合社会发展的实际生产过程，因为在水资源的生产过程中，其除了带来经济效益以外，还会带来污水、废气等非期望产出。因此，后来部分学者将污染物作为非期望产出纳入水资源利用效率评价体系中，使评价系统更加完善合理，并得到了广大学者的认同，如孙才志等（2009b，2014）、马海良等（2012a，2012b，2017）、汪克亮等（2017）。随着"绿色发展"理念的提出，经济-社会-环境的协同发展逐渐深入人心。因此，在"绿色化"时代背景下，孙才志等通过构建能够反映社会发展状况的指标体系，将其作为期望产出纳入水资源利用效率测度体系中，从而赋予水资源利用更多的社会内涵，使水资源利用效率评价系统不断趋于完善。

目前，水资源利用效率研究已成为探索经济、社会与生态环境协调发展，实现经济效益、社会效益和生态环境效益三赢的有效工具，也成为衡量地区可持续发展的重要指标。以往研究虽然研究视角、方法各异，但普遍认同水资源利用效率的核心思想是以最少的水资源损耗和环境污染成本得到最大的经济效益和社会效益，这与建设生态文明、发展循环经济、实现可持续发展的目标不谋而合。但就以往研究成果来看仍有以下不足之处：第一，在研究方法上，指标体系评价法简单易行，灵活性较好，可随着评价系统的变化而进行调整，但主观性较强；比值分析法中万元工业增加值用水量、农业万元 GDP 用水量、万元 GDP 用水量等指标仅涉及直接利用的农业、工业、居民生活等方面的水资源消耗量，不能反映人类真实的水资源消费量；SFA 法往往只处理单输出的情况，而对于多输入多输出的经济系统处理起来十分复杂。第二，在指标的选取上，大多数人选择固定资产投资作为资本投入（孙才志等，2010a；董毅明和廖虎昌，2011；赵晨等，2013），然而这一指标仅能代表当期的资本投入量，并不能表示研究期间整个社会系统的实际资本投入量，导致测度结果不符合实际。第三，上述研究大多是把我国作为一个整体研究对象，认为全国各地区具有相同的技术前沿。然而，我国是一个区域资源要素禀赋差异极大的国家（范斐等，2012），各地区在资本禀赋、劳动力禀赋、水资源禀赋等各方面存在较大差异，因而不同地区可能面对着不同的技术生产前沿,如果不能将地区差异考虑进去,继续采用总体样本对水资源利用效率进行评价,势必会对各地区真实的水资源利用效率测度造成误差。第四,对水资源利用效率驱动因素的研究目前尚没有统一的标准,广大学者多根据自身的研究目的和研究背景制定相应的驱动因素指标,指标选取带有很强主观性,从而不够全面。第五,上述研究仅是对我国当前的用水效率进行测度,其结果没有对未来水资源利用效率的发展趋势做出预测,因此其结果具有一定的时限性,不符合可持续发展的要求。第六,当前学者对水资源利用效率的研究,仅停留在经济效益和环境效益层面,然而在以"绿色发展"为理念的今天,仅考虑经济效益、环境效益的水资源利用效率研究已不符合当今社会发展的要求,"以人为本"的绿色发展理念,要求实现"经济-社会-生态系统"的协同发展,因此把社会发展指数纳入评价体系中显得尤为重要。

第 2 章　水资源绿色效率研究相关理论基础

2.1　相关概念的内涵

2.1.1　水资源经济效率

早期的水资源利用效率研究单纯考虑水资源利用所带来的经济效益，即把 GDP 作为唯一产出，以最少的水资源投入得到最大的经济效益，因此传统的水资源利用效率也称为水资源经济效率。

2.1.2　水资源环境效率

1957 年 Farrell 从投入角度最早提出了技术效率概念，他认为技术效率是指在相同的产出下生产决策单元理想的最小可能性投入与实际投入的比率。与传统技术效率概念不同，环境技术效率不仅反映投入、产出和污染之间的关系，还能够包含在环境规制下污染生态环境排放对期望得到的好产出的影响，进而能较全面地描述现实资源利用与理想状态的差距。Fare 等（2007）提出了环境方向性距离函数，他将好产品产出和副产品产出进行既区分又联系的分析，提供了合理的替代框架，更好地体现了好产品产出增加和副产品产出同时减少的思想。水资源环境效率不仅反映了一个地区水资源利用与生态环境之间的协调状况，还衡量了该地区水资源开发利用的合理性。把考虑非期望产出的水资源利用效率研究称为水资源环境效率。本书涉及的环境规制下的水资源环境效率是一种相对效率。

2.1.3　水资源绿色效率

水资源效率是水资源等相关生产要素投入和带来的产出的比率。绿色发展的本质是降低资源消耗，减少环境污染，加强生态治理和环境保护，实现经济、社会、生态环境全面协调可持续发展（马建堂，2012）。依照沈满洪和陈庆能（2008）对水资源效率的界定，根据实际情况，结合绿色发展理念，水资源绿色效率是指水资源等生产要素投入和带来的经济、社会和生态环境的产出的比率。水资源绿色效率侧重于水资源服务或者水资源的社会效益，在此基础上实现"经济-社会-生态环境"的三赢。

水资源绿色效率内涵主要包括以下三方面：一是经济内涵，即在一定时期内、一定生产力水平下，以最小的经济投入实现最大的经济产出或者是用相同或者更少的水资源获得更多经济产出；二是社会内涵，即以人为本，对水资源的利用，以不断地满足人类发展对物质消费和精神消费的需求为目的，实现共享、公平分配，提高社会福利水平，增强人类福祉和幸福感，实现社会的包容性发展，这也是人类社会发展的内涵；三是生态环境内涵，即要求水资源的利用要建立在保护与改善自然环境、维护生态平衡的基础上，逐步减少实际生产过程中非期望产出对生态环境的破坏。

2.1.4 三大效率之间的区别与联系

水资源利用效率的研究在生产生活过程中不断得到发展与完善，由此衍生出不同的水资源利用效率类型。根据发展历程，本书将其总结为三大类型（表 2-1），其区别主要在于产出的不同。早期的水资源利用效率研究单纯考虑水资源利用所带来的经济效益，即把 GDP 作为唯一产出，以最少的水资源投入得到最大的经济效益，因此传统的水资源利用效率也称为水资源经济效率。然而，水资源在生产过程中，除了带来经济效益外，还会带来污水、废气等非期望产出，因此，把非期望产出纳入水资源利用效率的研究范畴，更加符合社会发展的实际生产过程。把考虑非期望产出的水资源利用效率研究称为水资源环境效率。随着"绿色发展"理念的提出，仅考虑经济效益、环境效益的水资源利用效率研究已不符合当今社会发展的要求，而"以人为本"的绿色发展理念，要求实现经济-社会-环境的协同发展，因此把社会发展指数纳入评价体系中显得尤为重要，这也是水资源绿色效率的核心思想。

表 2-1 水资源利用效率类型界定

定义	投入指标	产出指标
水资源经济效率	水足迹、劳动力、资本存量	GDP
水资源环境效率	水足迹、劳动力、资本存量	GDP、灰水足迹
水资源绿色效率	水足迹、劳动力、资本存量	GDP、社会发展指数（social development index, SDI）、灰水足迹

水资源经济效率、水资源环境效率和水资源绿色效率三者之间既有区别又有联系，水资源经济效率、水资源环境效率是水资源绿色效率的发展根源和基础，水资源绿色效率则是水资源经济效率和水资源环境效率的丰富与完善，三者一脉相承，层层递进，使水资源利用效率评价系统不断趋于完善。

2.1.5　水资源利用效率的收敛

直观地讲，将地区之间的水资源利用效率差异随着时间推移而缩小的现象称为收敛；反之，如果随着时间推移这种差距扩大就称为水资源利用效率的提高在发散。根据收敛条件的不同，分为 σ 收敛、绝对 β 收敛、条件 β 收敛等。

2.1.6　水资源利用效率的空间溢出效应

溢出效应是指一个地区或者组织在进行某项生产活动时，不仅会得到活动所预期的效果，还会对该地区或者组织之外的人、地区、社会产生影响。水资源利用效率的空间溢出效应是指一个地区水资源利用技术向地理空间距离或经济距离较近的周边地区溢出。

2.2　内生增长理论

内生增长理论产生于 20 世纪 80 年代中期。内生增长理论的核心是内生的技术进步才是经济持续增长的决定性因素，而不是通过外力的推动（刘耀彬和杨新梅，2011；严红，2017），强调不完全竞争和收益递增。内生增长理论分析经济增长率存在差异的原因并且解释经济持续增长的可能性。新古典经济增长理论为了说明经济持续增长的原因，加入了外生技术进步和人口的增长率，但并没有从理论上说明持续经济增长的问题。内生增长理论作为在新古典经济增长理论上发展起来的理论，放松了新古典增长理论的假设并且把变量内生化，这也是内生增长理论的突破。

根据各学者强调内生增长方式的驱动因素的不同，大致可将内生增长理论分为 4 类。

（1）知识积累。罗默针对新古典增长外生技术进步的假定，提出知识积累的内生增长理论，并通过这个理论来解释技术进步的原因。他认为获得知识的方法不光是时间的推移，还需要学习，通过不断的经验积累。例如，一个企业在生产过程中会积累生产经验以及生产知识，这些积累起来的经验以及知识会提高企业的生产效率。这些积累的经验不光对本企业适用，对相关企业也可以起到指导的作用，所以一个产业的生产率可以当作整个经济总投资的函数。总的来说，知识来源于投资与生产，反过来知识又促进了经济生产率提高，经济生产率提高了，生产过程也随之递增收益。罗默的知识驱动模型包括三个部门：研究部门、中间产品部门、最终产品部门。研究部门主要通过人力以及知识储备来设计新产品，与此同时，一个厂商的知识及经验又能被其他厂商所用。所以，知识具有非他性。中间产品部门通过向研究部门购买生产新产品的专利，利用购买的专利以及其他投入品来生产中间产品。不同于研究部门，对中间产品部门来说，新知识具有排他性。最终产品部门则利用中间产品以及人力等来生产消费品，能做到产品的多样化，对消费品的生产者来说也是一种外部的经济。罗默假定中间产品部门与最终产品部门具有相同的生产技术，又不同于研究部门的生产技术，所以这个模型就是两部门模型，就不像罗默认为的三部门模型，罗默的知识驱动模型认为知识积累引起收益递增。知识具有两种外部性：一个是产品的多样化提高了消费品生产者的生产率，使最终的产品呈现收益递增；另一个就是知识的积累提高了研究厂商的生产率，并且降低了生产成本。如果知识不存在溢出，经济便不能持续增长，主要是因为成本会增加，从而看出知识溢出是经济持续增长必不可少的条件。除此之外，政府可以通过向研究者提供福利、向中间生产部门提供补贴、向最终产品生产者提供补助等方法来促进经济的增长。

（2）人力资本的积累。人力资本指的是人所拥有的知识、经验、技能等因素的综合，它存在于人的身上，是相对于物力的一种资本的形态。舒尔茨在经济增长中引入了人力资本，从而解释了一些传统的经济理论无法解释的问题，由于人力资本成为人的一部分，而且可以带来收入或者满足，这种资本才能称为资本。过去，人们一直认为资本是那种看得见的物质性的，但是舒尔茨指出人本身也是资本，其通过各个方面来促进经济增长。通过打破人们的固有思想，人们在考虑经济增长因素的同时把人力资本考虑进去。卢卡斯在《论经济发展的机制》中提出了三个模型：基于物质资本积累和技术进步的新古典增长模型、通过教育积累人力资本的内生增长模型和通过"干中学"积累特定人力资本的增长模型，并且比较了这三个模型。卢卡斯认为，人力资本可以反映一个人的技术水平，如社会知识和技术、个人知识和技能。卢卡斯的模型说明国家之间经济发展程度不同主要是在于人力资本的不同。人力资本又分为内部效应和外部效应，前者是指人力资源能增加个人的收益，后者则指的是增加社会效益。两者同时作用，促进了经济的不断发展，同时深化了资本。

（3）人口增长和劳动供给。劳动力会因为各种因素在各地区之间流动，所以流动人口的数量很难测量。但是，自然灾害发生导致的死亡率下降或者其他原因造成的出生率波动都会影响人口的自然增长。布劳恩模型表明总产出的增长率由人口增长率所决定，人口增长率越高，经济增长率也就越高。但在罗默的模型中，经济的增长是由外生的人口变化率所决定的，有时经济很可能不增长甚至呈倒退的趋势。罗默"干中学"模型在技术进步内生化的条件下表明，经济的均衡增长率取决于人口增长率，人口增长率越高，经济增长率也越高。但罗默模型中的人口假设是外生变量，经济增长由外生的人口变化率决定，经济增长极有可能不增长，甚至出现负增长。Becker 和 Barro（1988）构建了专门的经济增长模型，将人口变化率内生化。在此模型中做出两个假设：若子女数量增加，父母的边际作用就会降低；父母对子女的养育与人力、物力等资本有关系，这些资本越高，养育的成本也越高。

（4）政府作用。罗默认为政府可以影响经济的增长，但是不能决定经济的增长与否。罗默的知识积累模型认为政府的适度干预可以使经济的增长率处在一个很好的阶段。他的技术进步内生模型也提到，政府增加投入会促进技术的进步。Barro（1990）最早提出专门研究政府功能的内生增长模型。此模型认为，政府的支出直接影响经济的稳定增长速率，政府的生产性支出起初与经济增长率呈正比关系，但最终会呈反比关系。Barro 和 Sala-i-Martin（1992）的模型中没有说明政府对知识以及人力资本的积累或者技术进步的影响。

随着内生增长模型的兴起，一些经济学家将环境污染、自然资源等纳入内生增长模型之中，他们将资源环境等因素也纳入内生增长模型之中，如果技术进步机制有效的话，人均产出也可能有最好的正增长率。王海建（2000）利用 Lucas 的人力资本积累内生经济增长模型，将耗竭性资源纳入生产函数来探讨模型的平衡增长解以及在耗竭资源可持续利用的条件下的含义，考虑了环境外在性对跨时效用的影响；彭水军和包群（2006）将不可能再生而且有限的自然资源纳入生产函数，从而搭建了一个四部门的内生增长模型，描绘了自然资源耗竭、人口持续增长、经济可持续增长和研发创新的内在联系，得出这样一个结论：转变传统增长方式，才能维持具有可持续意义的经济增长模式。传统的经济增长方式以高投入、高消耗等为特征，并不能使经济持续健康增长；陶磊等（2008）建立了一个内生增长模型，模型包含可再生资源。模型采用最优控制理论来得出模型的稳态增长解，得出这样一个结论：加强对资源的可再生利用，光靠技术的进步是不够的。

水资源对我国的发展极其重要，但是我国正面临严峻的水资源形势，包括水源价格升高等会引发一系列的问题，所以我国必须要提高水资源利用效率。将内生增长理论应用于水资源利用过程中，为持续提高水资源利用效率提供了新的思路，使得打破"资源诅咒"效应成为可能。

2.3　资源配置理论

资源配置（resource allocation），顾名思义，是指短缺的资源在不同用途上要做出选择。资源从广义上来说，是指包括自然资源、资本、劳动力等生产要素和经济要素的资源，从狭义上来说指的就是自然资源。社会经济的发展就是以资源为基本条件，代表了人力、物力和财力（尹敬东和周绍东，2015）。之所以要进行资源配置，是因为人力和物力都是有限的，并不是取之不尽、用之不竭的。美国经济学家萨缪尔森认为，能生产各种产品的资源的稀缺就导致了产品的稀缺，进而影响人们在购买商品时有所选择，这就是配置。经济社会在决定生产什么之前，必须决定何种资源（包括人力、物力等）被分配到生产这些商品上。因此，资源配置问题，就是在稀缺的或有限的资源中进行选择以求达到最好的目标的问题。不管处在什么时期，人们对各种需求的欲望是无限的，但是为满足人们的这些欲望所用到的各种资源确实很有限。不管经济社会的发展处于什么阶段，资源与人们日益增长的物质、文化需求之间的矛盾总是存在的。资源是有限的，这就要求在生产、生活活动中必须有效地将资源分配到各个领域之中，从而实现资源的最大利用率。社会会对其拥有的各种资源进行分配，但实际上就是社会总劳动时间在各个部门之间的分配（吴凤平等，2013；王福林，2013）。如果资源配置得好，对国家发展绝对是积极的作用；反之，若配置不合理，则会延缓国家的发展。资源得到合理分配，经济发展就会充满活力，持续健康增长。如果分配不合理，经济效益就会很明显地下降。

稀缺资源合理配置的两种方式：市场和计划。

（1）市场又被称为"看不见的手"，是买者和卖者共同作用而且共同决定商品以及劳务价格的一个机制。亚当·斯密（Adam Smith）认为每个人在经济活动中，都会受到"看不见的手"的驱使，并且从自己的利益出发。也就是说，市场的作用会推动经济社会有条不紊地发展下去。市场其实是在市场经济活动中，经济人在理性原则的支配下个人与企业的理性选择。供求关系会影响价格是上升还是下降，同时价格的波动也会反过来影响供求关系，也就是会影响资源在各企业以及部门间的分配，这是相互影响、相互制约的一个过程。与此同时，竞争关系的存在也会促进资源优化配置。但是这也存在一些问题，如市场具有盲目性和滞后性，这就会造成产业结构不合理、供求关系失衡以及市场秩序混乱等。

（2）计划的方式配置主要通过政府干预来实现，除此之外还有经济计划。计划需要按照社会的需要来进行，用计划配额和行政命令来通管资源以及分配资源。计划配置的方式是按照马克思主义创始人的设想，生产资料将不由少数人占有，而是全社会占有，社会主义社会中商品的关系将不存在，从而货币的概念也随之消失。所以，资源配置的主要方式是通过计划，也就是通过社会的统一计划来决定资源如何配置。市场配置资源中的公共产品以及收入分配不公平等问题，期望政府通过计划的手段来配置资源从而解决。政府的宏观调控以及经济上的干预会解决市场的滞后性和盲目性。但是，如果信息不足或者误导会导致政府决策的错误，政府资源配置也存在各种问题，会导致政府行为的失灵。

市场经济体制下，市场是决定资源配置的基础性力量，也可说是资源配置的最好方式。但是市场要充分发挥其资源配置的作用，还会受到很多因素的制约。

例如，需要完全的竞争以及信息，还需要完全的理性以及不存在外部性等，这些是不可能完全实现的，所以市场配置资源还是有缺陷，就是这些缺陷会导致政府失灵以及产业结构不合理等问题。这时国家可以通过财政政策，从整体利益上协调经济发展，集中力量完成重点工程项目，或把资源分配到最需要的地方，从而解决经济结构不合理的问题（赵鹏，2007；王浩和游进军，2008）。例如，在地区结构的调整中，东西部发展存在着严重的不平衡，这时就需要大力发展西部，使东西差距缩小直至平衡。例如，在产业结构的调整中，要加强第一产业、提高第二产业以及发展第三产业。这时候资源配置得合理的话，就会使产业结构升级并且能节约资源，减少不必要的浪费。社会的进步，时代的发展，都离不开资源的依托，但是资源确实是有限的，如果不能做到资源配置合理，经济发展便不会取得很快的增长，甚至会出现负增长。

合理配置的最终目标其实是优化配置，即人们在生产过程中，利用资源、配置资源而后完成生产等一系列活动。如果给一项产品配置的资源增加必会导致给另一项产品资源的减少，资源是有限的，这样就逼迫人们在可替代的资源中选择最合适的那一种，从而来获得最大的经济效益，以及人类社会的巨大满足。所以从这个角度来看，人类社会的发展其实就是人们不断地追求资源优化配置，提高资源利用率，满足自己的生存需要的一个过程。一方面，市场经济中，主要是通过市场来调节生产资料的分配以及人员在各岗位部门上的合理配置；另一方面，国家的宏观调控在指定国民经济发展的目标以及规划经济发展等生产力布局方面需要发挥作用。从整个社会的发展来看，不管什么方式的调节，其目的都是提高资源的利用率，避免不必要的浪费，使社会生产活动平稳地进行下去（王浩和汪林，2004；王云中，2004）。

水资源是国民经济发展中非常重要的一个因素。水资源的优化配置指的是，在一个特定的流域或者区域，通过工程手段或者非工程手段对水资源进行合理的分配，进而促进社会经济以及环境等的可持续发展。水资源的优化配置问题其实也是提高水资源的配置问题。这个问题又包括两方面：其一，要提高各种水资源的利用效率，通过政策或者相关法律法规提高各行业部门的水资源利用率。其二，要提高水资源的分配效率，随着社会经济的发展，农业用水终将被工业用水等取代，随之而来的是各部分水竞争的矛盾，合理解决好水资源的合理分配问题就显得尤其重要。水资源在供水方面要协调各单位，也可以通过工程手段来解决用水不平衡的问题。在需水方面可以调整产业结构，积极地发展节水产业，从而适应水资源不利的情况。

水资源作为一种自然资源，必须和其他生产要素相结合才能带来真正的产出。我国是一个区域资源要素禀赋差异极大的国家，各种资源要素在空间上分布极不均衡（范斐等，2012），优化资源配比关系是五大发展理念和市场配置资源理论的共同要求（沈大军，2007）。因此，本书对水资源绿色效率各投入要素的配比关系进行研究，对合理配置资源、提高水资源绿色效率具有极为重要的意义。

2.4 资源环境约束理论

"资源"是相对人类的生产过程而言的，只要是可以用于生产且能够满足人们需要的商品、物质和服务都是资源。广义上来说，资源是指所有能够为社会提供服务、财富和供给的各种物质要素的总称，包括自然资源、信息资源、人力资源、资本资源等；从狭义上来说，资源一般就是指自然资源，是指已经被人类发现的并能够为人类提供和创造社会供给的天然物质，包括阳光、空气、土地、石油、水等自然资源（刘宇，2012；刘金朋，2013）。资源作为一个庞大系统的总称，包含的种类非常多，不同资源具有自己的基本情况与特性，但作为资源的组成部分，也具有一定的共性。首先，资源具有一定的使用特性，能够在一定的社会环境、技术水平下满足人类利用资源的某些特定需求。其次，资源具有一定的稀缺性，资源受时间发展、空间变化及开发使用情况影响，其总量及发展速度是有限的。然后，资源具有一定的分布不均性，由于资源的形成特点、条件要求不同，资源的空间分布差异较大，也直接影响着资源的空间供给、需求问题。最后，资源具有一定的流动性，通过资源运输、资源贸易、资源交换等形式，进行有效的资源调节与配置，实现不同区域的资源供需协调发展。水资源作为资源的一个重要组成部分，具有资源的普遍共性（刘金朋，2013）。

"环境"一词的含义则十分广泛，根据不同的研究对象，在不同的学科领域其有特定的内涵和意义。环境由两部分因素构成，有以大气、水、土壤、植物、动物、微生物为主的自然物质因素和以观念、制度、行为准则为内容的社会文化因素，环境有生命体和非生命体两种形式。环境是以自然主体或社会主体为核心的，所以，主体的属性不同，所表现出来的环境规模大小和具体内容就是不同的。以人类生产生活为主体的环境是指自然、社会中的一切有机、无机及人工创造的客体。

资源约束是指人们的生产经营因自然资源不足或者过度资源利用而受到限制的现象（姚聪莉，2009；董传岭，2012）。不论是当前还是未来经济社会的发展都会面临资源约束的压力。我国经济的快速发展和人口数量的不断增加，需要消耗更多的自然资源和社会资源。一直以来，传统的粗放的经济增长方式在我国占主导地位，部门行业的投资和建设方面存在盲目和低水平的现象。供给不足和较低的利用效率，使资源对生产和生活的约束越来越严重（刘相锋，2016；张凤丽，2016）。近年来，中国在矿产能源行业的开采和挖掘上投入先进的技术和设备，使能源和矿产的产量得到较大的提高，其产量排名均在世界前列，但从国内实情出发，要满足生产生活的需求还有很大的缺口。同时，国内开采和利用还是以粗放型为主，这些不集约的开采利用方式加剧了供需矛盾。资源和经济发展之间存在着不可分割的关系，经济的发展规模和增长速度由资源决定，资源是经济发展的基础和条件。人们开采、利用资源和能源是为了获得生产生活所需的物质生活资料，但资源数量的有限性就决定了经济发展的规模。有一点需要知道，这种局限性可以分阶段来看，当前阶段经济发展会被一些有限资源所阻碍，但从长远来看，这种情况可以被缓解和替代，在未来经济产业的优化和资源替代的情况下，这种影响就变得没有什么实质性的意义了。各类资源横纵方向上的差异（结构和地区分布不平衡方面）会影响经济产业的发展规模和模式，也就是资源上的结构约束性（李少林，2013；杨雪，2015）。

国家和地区之间资源分布的不均衡性，直接影响其产业结构的规模、大小和形式，如果一个地区想要发展开采业就不能缺少矿产资源，想要发展海洋养殖业就不能缺少海洋资源。一般来讲，资源的约束力越大，该生产力水平越低，反之亦然。发展中国家的生产力水平不高，而发达国家的生产力水平高，所以，发展中国家的产业布局很大程度上由本国的资源布局所决定，而发达国家在高效利用本国资源的同时，以及考虑两国间距离成本问题的基础上，还可以进口发展中国家较低成本的资源用于本国的发展（姚聪莉，2009）。

中国经济高速增长，其已成为世界制造工厂的中心，但资源人均占有量低下和传统的粗放型经济发展模式等各种因素相互影响，使经济社会的可持续发展受到资源和环境变化的压力作用越来越突出，表现在两个方面：自然资源（土地、水、能源）供应不足和环境承载力的矛盾，以及其与社会可持续发展的矛盾。为了保证现有耕地面积的使用量，国家设置了 18 亿亩（1 亩≈666.7m²）耕地红线。但伴随着城市化和工业化进程的加快，现有耕地的使用量越来越趋近这个红线值。中国作为一个缺水大国，年均缺水量达到 400 亿 m³。全国 600 多个城市中一半以上的城市都存在缺水问题，其中 1/3 的城市属于严重缺水城市。同时，地表水和地下水存在不同程度的污染，更严重的是一些城市的水质和水量已经影响到了城市的生产生活。在资源供需矛盾严重的情况下，中国的开采和利用方式造成了本来就稀缺的资源更严重的浪费，主要体现在不集约的资源利用方式，包括土地使用、水资源的开采使用、矿产能源的开采等。这无疑加速了中国进入中度缺水国家的行列，加大了资源对国家发展的约束（何安华等，2012；刘宇，2012）。

水资源的利用由三部分构成：生活用水、农业用水和工业用水。中国在水资源用量方面远远高于发达国家的原因是，这三部分的用水都存在严重的浪费现象。在农业用水方面，在输送的过程中农田基础设施的不完善会导致输送水资源量的大量蒸发和渗漏；农田用水过程中采用大水漫灌的形式，大部分的农田（超过 70%）没有采用任何的节水技术，耗水量超过 7000m³/hm²。中国农田的有效灌溉率、农田灌溉水利用系数远远低于发达国家。中国的农业灌溉区水资源利用率在 20%～40%，而发达国家在 70%～80%，并且发达国家单位粮食的耗水量比中国要低 1/3～1/2。在工业用水方面，由于国内工业产业结构存在不合理的现象，高耗水低产值的工业较多，加剧了工业领域水资源的浪费。相比发达国家（美国、日本）万元工业产值较低的用水，中国的万元工业 GDP 用水量均为 $10m^3$。发达国家的工业重复用水利用率比中国要高出 30%。在居民生活用水方面，城市基础设施建设的落后，导致水管在输水和送水的过程中发生泄漏，中国 408 个城市中超过 1/5 的城市存在输水网管损坏的现象，导致城市生活用水的大量流失（100 亿 m^3/a）。发达国家城市水资源的利用率要比中国高将近 40 个百分点。

　　与资源约束一样，环境约束也是阻碍社会发展的主要因素。环境压力和经济增长之间的关系是一个长期争论的话题。早期，环境问题并没有进入人们的视野，人们认为资源是"取之不尽和用之不竭"的。随着经济持续、高速的增长，人类生活的环境变得每况愈下。环境状况的恶化开始直接影响人类生活的质量，甚至威胁人类的生存。1968 年，环境污染问题被来自全球（主要是欧洲）的 100 多位学者、名流列为人类面临的五大严重问题之一。1972 年，震动世界的研究报告《增长的极限》发表。同年，联合国人类环境会议在斯德哥尔摩举行。环境问题引起人们越来越多的关注。经济增长是否可持续而不受环境的约束、收入的增加与环境质量二者的关系如何持续、快速的经济增长和环境质量的高标准之间是否存在平衡，这些问题实际上都是关于经济发展与环境关系的问题（王建军，2008）。

　　环境约束是社会发展的一个必然现象，对于整个社会中存在的主体——生产者、消费者，环境制约其生产生活，从而影响经济的发展。所以，人类作为环境中的主体，人类的发展进步离不开对周围环境的依赖，通过与周围环境的物质能源交换，获得自身经济生产的发展。如果在这个过程中，注重对生态环境的保护，从长远来看就会获得更大的经济收益；反之，不顾生态环境的质量，只顾谋求经济效益，污染物的投放一旦超过环境承载力的范围，会对人们的生产生活、经济活动造成严重的影响（刘宇，2012）。所以，在发展经济的过程中，一定要注意经济发展和生态环境的有机统一，千万不可用生态环境的质量来换取经济效益，二者要同时兼顾，要考虑资源环境的约束力。

　　我国人均水资源只占世界平均水平的 1/4，水资源本就匮乏。中国水资源总量的 1/3 是地下水，然而，对全国 118 个城市地下水监测的数据表明，超过一半城市的地下水水质处于严重污染的状态。根据 2006 年国家地表水监测断面数据，Ⅳ～Ⅴ类和劣Ⅴ类水质占比分别达到 32%和 28%；根据全国水资源综合规划评价成果，84 个湖泊中常年呈现富营养化状态的湖泊有 48 个，占比达到 57.1%；根据 2000 年评价的 633 个水库，61.6%为中营养水库，37.8%为富营养水库，贫营养水库还不及 1%。在今后相当长一段时间内，水资源短缺和污染问题不会得到快速解决，局部的水污染还有可能加重。水资源短缺和用水效率低下的双重压力，已成为我国社会经济可持续发展的主要制约因素，严重威胁着我国经济社会的健康发展（冷淑莲和冷崇总，2007；刘华军和杨骞，2014）。

资源环境约束是一个综合性的问题，在我国广袤的土地上，自然资源（土地、水资源、矿产资源和能源资源）数量多，但由于中国人口众多，各地区资源分布不同，周围环境对生产生活的承载力存在差异，中国社会的经济发展会受到资源和环境的影响。本书分别从对资源环境的需求、利用、配置、管理四个方面，来具体地阐述资源对经济社会生产、生活活动约束的原因。在资源环境的需求方面，社会资源环境的存量是有限的，生产、生活对资源环境需求的不断增长（工业化和城市化，居民消费结构的变化，经济的发展对资源、生态和环境带来的影响）导致了其对社会可持续发展目标的约束，这也是首要原因。在资源环境的利用方面，政府认为实现社会可持续发展最重要的就是资源利用方式和经济发展模式的优化与调整。但事实与理想的状况总是相违背，地区生产总值是衡量地区经济发展的重要指标，传统的生产模式主要以粗放的生产经营模式为主，缺少先进的生产技术，造成资源的大量浪费，注重发展的速度和数量，而忽略了效益和生态环境的协调统一。资源利用效率低下，成为加剧资源环境对经济社会约束的主要原因。在市场经济条件下，价格是合理配置资源和保护环境的重要手段，因为在传统观念上，资源和环境存在即可得，没有与市场经济结合起来，其价值没有被确定，一直被当作是一种自由和低价的使用物品。这样资源供需的矛盾就被缩小了，不足以对生产者和消费者构成威胁，也就不能提高他们的保护意识了，由价格扭曲所导致的配置失灵是加剧资源环境对经济社会约束的重要原因。在资源环境的管理方面，我国已经颁布实施了《中华人民共和国矿产资源法》《中华人民共和国水法》《中华人民共和国节约能源法》等法律，但我国一些法律的内容不能与社会生产生活的活动联系起来，原则和理论知识高于社会实践和可操作性。执行和监管的不到位也是因为法律法规不能对当前资源环境的真实情况加以保护和约束，管理不到位造成了资源和环境的进一步浪费。

2.5　比较优势理论

比较优势理论最早源于亚当·斯密的绝对优势理论，亚当·斯密是古典对外贸易理论的创始人，他以分工为研究的逻辑起点，认为分工是提高劳动生产率的重要因素之一（郭浩淼，2013；王影，2013）。他在《国民财富的性质和原因的研究》一书中以家庭的例子推及国家，认为一件商品如果在本国制造比在他国制造所花费的成本高，就应放弃在本国制造，选择从他国进口，而这种建立在绝对优势基础上的国际分工和商品自由交换能使各国的福利都提高（万金，2012；关嘉麟，2013）。在国际贸易中，每个国家都应该充分利用本国的土地、气候、资源等自然有利条件和后天的获得性优势，以生产出具有绝对优势的产品，即生产成本绝对低于其他国家的产品，然后以此互相展开贸易（张玉柯和马文秀，2001；王元颖，2005）。亚当·斯密的绝对优势理论的政策含义在于各国只要按照各自在产品生产上的绝对成本优势进行分工、生产并出口，同时进口其不具有绝对成本优势的产品就会实现社会福利的最大化，而政府的角色仅是做好市场经济的"守夜人"，自由放任的经济政策是最优之选（李小萌，2010）。依照亚当·斯密的绝对优势理论，两国分工并交换的前提条件是两国各自都拥有具有绝对优势的产品，然而这与现实的状况不符。现实中确实存在着一些国家在生产所有产品上都具有绝对优势，而另外一些国家在生产任何一种产品上都不具有绝对优势的状况。亚当·斯密的理论无法解释现实中上述两类国家间存在大量贸易往来的事实，这也是绝对优势理论的局限性（李小萌，2010；张洁，2011）。

大卫·李嘉图后来提出比较优势理论，对亚当·斯密的绝对优势理论进行了修正。因为按照亚当·斯密的绝对优势理论，并不是每个国家都能生产出一种生产成本绝对低的产品。如果可以，那国际分工和贸易应如何进行？亚当·斯密的绝对优势理论不能解释这个问题（王瑞祥和穆荣平，2003；梁小民，2012）。因此，大卫·李嘉图于1817年在《政治经济学及赋税原理》中提出了比较优势理论。该理论认为，如果一国特定产品与本国其他产品的劳动生产率差异，相对于他国各产品的劳动生产率差异具有相对优势，该国根据劳动生产率生产相对有利的产品可以在贸易中获得比较利益（林毅夫和李永军，2003；刘拥军，2005；耿伟，2006）。每个国家都应根据"两利相权取其重，两弊相权取其轻"的原则，集中生产并出口其具有"比较优势"的产品，进口其具有"比较劣势"的产品（李应中，2003；王军，2005）。比较优势理论是在绝对优势理论的基础上发展起来的，根据比较优势理论，一国在两种商品生产上较另一国均处于绝对劣势，但只要处于劣势的国家在两种商品生产上劣势的程度不同，处于优势的国家在两种商品生产上优势的程度不同，则处于劣势的国家在劣势较轻的商品生产方面具有比较优势，处于优势的国家则在优势较大的商品生产方面具有比较优势（林毅夫和李永军，2003；吕政，2003；彭述华，2006）。两个国家分工专业化生产和出口其具有比较优势的商品，进口其处于比较劣势的商品，则两国都能从贸易中得到利益。这就是比较优势理论，也就是说，两国按比较优势参与国际贸易，通过"两利取重，两害取轻"，两国都可以提升福利水平。

从绝对优势理论发展到比较优势理论，大卫·李嘉图很好地解释了贸易基础和贸易所得，但是存在一个严重的缺陷，大卫·李嘉图的劳动生产率比较优势理论假定仅有一种生产要素（劳动），实际上它是假定了而不是解释了比较优势产生的原因，在多种要素存在的情形下较难解释比较优势的来源（张二震，2003；汤萌和木明，

2003；魏后凯，2004）。因此，20 世纪 30 年代初在批评大卫·李嘉图劳动生产率比较优势理论的基础上，赫克歇尔和俄林提出了要素禀赋比较优势理论，认为不同的商品生产需要不同的生产要素比例，而不同国家拥有不同的生产要素，"两国资源禀赋差异才是比较优势的成因"。要素禀赋比较优势理论中，将比较优势归结于先天的或外生的资源禀赋，因此，要素禀赋比较优势理论也被称为外生资源禀赋比较优势理论。要素禀赋比较优势理论是对比较优势理论的完整化，它在假定规模收益不变和各国技术可获得性相同的前提下，认为大卫·李嘉图强调的是各国间劳动生产率的差异，而忽略了各国和各地区间生产要素禀赋的差异（李小萌，2010；关嘉麟，2013）。

目前，常用的测度综合比较优势的方法有 1965 年 Balassa 提出的显示性比较优势（revealed comparative advantage，RCA）指数，以及由此衍生出的附加显示性比较优势（additive revealed comparative advantage，ARCA）指数和标准显示性比较优势（normalized revealed comparative advantage，NRCA）指数，其计算公式如下：

$$RCA = (X_j^i / X^i) / (X_j / X) \tag{2-1}$$

$$ARCA = X_j^i / X^i - X_j / X \tag{2-2}$$

$$NRCA = X_j^i / X^i - X_j X^i / XX \tag{2-3}$$

式中，X_j^i 为国家 i 产品 j 的出口额；X^i 为国家的出口总额；X^j 为世界 j 产品的出口总额；X 为世界出口总额。

在上面公式中，若 RCA＞1，表示该国 j 产品有比较优势；若 RCA＜1，表示该国 j 产品不具有比较优势。若 ARCA（或 NRCA）＞0，表示该国 j 产品有比较优势；若 ARCA（或 NRCA）＜0，表示该国 j 产品不具有比较优势。

在上述 3 种方法中，NRCA 计算方法可以弥补传统比较优势理论计算方法在时空比较方面和结果不对称方面的缺陷。其主要优点如下。

（1）某个国家或某种商品的 NRCA 总和为 0，这就意味着如果一个国家在一种商品上获得比较优势，则另一个国家必然在这种商品上显示比较劣势；如果一个国家在某些商品上获得了比较优势，则它必然在另一些商品上显示比较劣势。这很好地诠释了比较优势的概念。

（2）比较范围广。可以在不同的时间和空间范围内做优势比较，也可以在不同的国家和商品之间做优势比较。与 ARCA 指数计算出的数据相比 NRCA 更具有连续性，特别是 ARCA 指数计算出的数据由于不连续，在不同的国家或不同商品之间不可比较。

（3）计算结果对称，数值分布在−1/4～1/4，以 0 为中心点。而 RCA 指数的中心点是 1，计算结果不对称，且在单个的国家或不同商品之间不可比较。

鉴于此，本书选取 NRCA 模型对中国 31 个省（区、市）（不含港澳台）水资源绿色效率投入要素的比较优势进行了分析。

2.6　可持续发展理论

可持续发展理论是人类在生存发展的过程中,对生存发展经验的总结所提出的满足自身永续生存的理论指导。第二次世界大战结束后,在三次科技革命完成的背景下,全球经济飞速发展。然而,随之而来的是人口膨胀、资源短缺、环境恶化和生态发展不平衡等一系列危及人类生存发展的问题。1962 年美国卡逊《寂静的春天》的发表,阐述了自工业革命以来所发生的重大公害事件,首次将环境污染这一严肃问题摆在世人面前,震惊了全球。随后,20 世纪 70 年代的《增长的极限》认为为防止世界大系统崩溃,必须放慢经济增长速度及停止人口膨胀。

20 世纪 70 年代人类开始正式认识到环境问题的重要性,代表著作是在瑞典首都斯德哥尔摩通过的《人类环境宣言》和《斯德哥尔摩宣言》。这两本书都表明了资源和环境之间的重要关系,但因为理论提出的时间早,缺少实践的证明,大多数民众对资源环境之间的关系还不太了解(牛文元,2012a),不过也说明这个问题已经有人注意到了。到 80 年代初期,人们对资源和环境关系的认识逐渐深入,在《世界自然保护战略:为了可持续发展的生存资源保护》一书中首次出现"可持续发展"一词,该书中表明只有对地球上的资源和生产力进行保护,人类社会才会得到可持续的发展。在这期间还成立了保护资源和环境的机构:世界环境与发展委员会,主要制定环境保护政策,以此为指导进行国际贸易合作。世界环境与发展委员会在发布《我们共同的未来》的报告中指出:社会的可持续发展问题要与环境问题结合起来。该报告第一次定义了可持续发展理论,即"既满足当代的需要又不对后代满足其发展的能力造成危害"(齐晔和蔡琴,2010)。20 世纪 90 年代,国际社会对可持续发展的研究更加深入,对保护环境的规则做了详细的分析,对其行动进行多方面的阐述。最重要的是 1992 年在巴西通过的《21 世纪议程》,这是首次对可持续发展理论行动做出的详细计划,从多个圈层(大气圈、生物圈、岩石圈)和多个层面展开,其贡献是独一无二的。随后的《里约宣言》确定了各个国家应该遵守的义务和可以执行的权利,该宣言还拟定了有关气候、森林、生物的多条公约。《21 世纪议程》将环境和经济发展规划为一个整体,是人类史上具有里程碑意义的成果。其中包括 2000 多条具体方针和建议,包括生产生活的多个方面,而后在关于社会发展、粮食和人口安全的若干次会议上对这些建议进行了加强和补充。进入 21 世纪以来,关于可持续发展理论每一步的行动都更加具体,把解决粮食危机和水危机的计划提上议程,全球的各个委员会之间将可持续发展所需的行动落实并执行。

可持续发展理论是建立在人口、资源、环境和社会协调统一的基础上,既满足当前人的发展利益，又不对后代人的利益造成威胁的一种科学发展理论（牛文元，2012b），主要包括三方面的和谐统一，经济、生态和社会的可持续发展。在人类社会的发展过程中要达到人类社会的全面发展，要在经济发展的过程中提高其效率，在社会发展的过程中保护好生态环境，在人类发展的过程中努力达到社会公平（牛文元，2014）。

在经济方面的可持续发展，不能走极端的可持续经济增长路线，放弃经济发展用来保护环境是不可取的。因为国家提高实力和增加财富都需要经济社会的发展提供有力的支撑，可持续经济的发展方式不同于以往传统的经济发展模式，更注重效益和质量，生产方式和生产模式走的是低成本、低消耗、低污染的道路，以此来提高经济效益，节约生产成本，减少污染。

在生态方面的可持续发展，要在自然环境容量允许的情况下发展经济，不能破坏地球的生态环境，要舍弃原来粗放型的经济增长方式，要有节制地开发利用资源和环境，在生产和发展的同时，要注重对自然的保护，这样才更有利于人类生产生活的可持续发展，在生产发展的开始就把环境保护与发展结合起来，实现人类社会生产的可持续发展。

在社会方面的可持续发展，强调社会公平对环境可持续发展目标得以实现的重要作用。每个国家国情和发展现状的不同，导致了当前每个国家不同的发展阶段，但各个国家共同的目标是追求高层次的生活水平和高质量的文化教育环境，享有自由公平和免受暴力的社会环境权利。

在整个可持续发展系统中，经济方面的可持续是整个可持续发展系统的基础，生态方面的可持续是整个系统的重要条件，社会方面的可持续是整个系统的最终目的。以人为中心的可持续发展，最终目的是实现自然-经济-社会的协调发展。

中国学者在国外研究的基础上，也对可持续发展理论进行了补充和创新，探求了一条符合中国特色社会主义的可持续发展道路。在开采资源用于生产发展的过程中，要注意生产方式的转变，节约资源和保护环境，维持生态环境的可持续发展，要认识到发展是可持续的中心问题，在谋求发展的同时要与本国的实际发展水平和国民素质状况联系起来，对人口、资源和环境问题的解决既不能太极端，也不能太缓慢。我国实施的可持续发展模式，是中国新时代的一种创新，符合时代发展潮流，是用新型节约的生产方式代替传统的生产方式，实现生产发展的良性循环。可持续发展最重要的是要在资源环境的良性关系中进行生产发展，这也是实施可持续发展最重要的一点。此外，人口增长的数量要保持一定的额度，转变经济发展模式用来提高资源的利用效率，注重开发利用过程中生态环境的保护，重新思考人类生产发展与自然环境的关系，运用新时代的新观点来促进生产方式的有效创新，消费观念、行动和思维方式都要与生态环境达到协调统一等，也是可持续发展的具体实现路径。

第3章 水资源绿色效率相关研究方法与数据来源

3.1 研 究 方 法

3.1.1 水足迹测算方法

水足迹数量的测算是水资源绿色效率研究的一个重要内容。近年来,国内外学者对水足迹测算的研究主要集中在对国家或地区水足迹的计算与分析、水足迹测算方法的改进、某种产品水足迹含量的计算以及基于水足迹测算的对水足迹安全的影响等方面(Barro and Sala-i-Martin,1992;Chapagain et al.,2006;张燕等,2008;van Oel et al.,2009;Chapagain and Orr,2009;Yu et al.,2010;孙才志等,2010a;Zhao et al.,2011;Ertug et al.,2011)。目前国内对水足迹测算的研究还处于初级阶段,研究方面主要涉及水足迹的计算方法和针对国家、省级区域尺度上的水足迹计算与分析。

目前,学术界关于水足迹测算的计算方法和相应水资源分类没有达成统一意见,Chapagain 等(2006)将水足迹分为蓝水足迹、绿水足迹和灰水足迹;王新华等(2005)将水资源分为地下水资源和地表水资源两个分类。按照用途,水资源可分为生活用水、生产用水和生态环保用水三类。其中,生活用水是指居民日常生活饮用、洗漱等环节水资源消耗量,按照城镇居民生活用水和农村居民生活用水进行分类统计;生产用水包括三大产业用水,第一产业用水主要涵盖农、林、牧、渔业用水,第二产业用水涵盖工业产品生产用水和基础设施建设用水,而第三产业用水主要是指商业用水和服务业用水;生态环保用水则包括城市环境用水、湿地补水、环境改善用水等。按照所涉及范围,可将水足迹分为国家或区域水足迹、城市水足迹和个人水足迹等(Hoekstra,2003;Chapagain et al.,2006;Hubacek et al.,2009;Maite et al.,2010;Gerbens-Leenes and Hoekstra,2011)。目前在国内外水足迹研究中,对水足迹的测算所使用的方法主要有以下三种:①自上而下的要素分析方法,这种计算方法由地区居民消费的所有商品和服务的水足迹累加得到,是一种数据密集型的分析方法。这种水足迹的计算方法容易因数据的多样性和可靠性而受到质疑,适用于个人、公司等进出口水量无法获得情形下的水足迹分析。②自下而上的平衡分析方法,这种分析方法将国家水足迹分为内部水足迹和外部水足迹进行计算,这种计算方法适用于快速分析国家等较大尺度的水足迹，但是在贸易的虚拟水量无法获得时不能使用，不适用于个人等较小尺度的水足迹分析。③投入产出的模型分析方法，该方法是对经济-生态模型的扩展，在原有产业部门投入的基础上增加了水资源投入量，以衡量部门产出所消耗的水资源，但这种方法只是一种粗略的估计算法，适用于核算各产业部门直接水资源流动量，明确高耗水部门，为产业结构优化提供依据（黄凯等，2013）。

本书中水足迹数量的测算采用自下而上的分账户的测算方法，具体的计算公式如下：

$$WF = WF_{cs} + WF_{ip} + WF_{wp} + WF_{de} \qquad (3-1)$$

式中，WF、WF_{cs}、WF_{ip}、WF_{wp}、WF_{de}分别为总水足迹、城乡居民消费的农畜产品水足迹、消费的工业产品水足迹、灰水足迹、生活和生态水足迹。其中各分账户水足迹数量的具体测算方法如下。

1. 农畜产品水足迹

农畜产品水足迹包括粮食和农畜产品的虚拟水含量，粮食主要包括以下5类：水稻、小麦、玉米、大豆、薯类，农畜产品主要包括蔬菜、肉类、蛋类、奶类、食用油、水产品、果类、白酒、啤酒，具体计算是采用单位农畜产品的虚拟水含量与地区人口对该产品的总消费量相乘累加得到。

中国各省（区、市）不同地区的气候、农业生产条件和管理水平等方面存在差异，不同地区的农产品单位虚拟水含量存在明显的差别，同时粮食虚拟水含量在总水足迹中所占比重较大，因此本书对粮食的虚拟水含量进行分区处理。具体测算方法是首先根据各省（区、市）水稻、小麦、玉米、大豆、薯类产量数据得到中国各省（区、市）单位农产品虚拟水含量计算结果，然后根据五种粮食比重采用加权平均的方法分别测算出中国各省（区、市）的粮食的虚拟水含量；而对于占比较小的其他农畜产品虚拟水含量则采取全国统一的单位虚拟水含量。

2. 工业产品水足迹

由于工业产品品种繁多，并且受到数据统计资料的限制，工业产品的虚拟水含量的计算十分复杂。本书采用下面的方法计算工业产品水足迹：工业产品水足迹 = 年工业用水量–出口工业产品虚拟水含量 + 从国外进口工业产品的虚拟水含量，其中年工业用水量为工业增加值与万元工业增加值用水量的乘积（孙才志等，2013）。

3. 灰水足迹

灰水足迹可定义为一定人口消耗的产品和服务所排放的超出水体承载能力的

污染物对水资源的需求量（孙才志等，2013）。由于造成水污染的途径很多，主要计算工业废水和生活污水中的化学需氧量（chemical oxygen demand，COD）和氨氮的污染足迹，然后取两者中的较大值。采用如下公式：

$$WF_{wp} = \max\left(\frac{P_c}{NY_c}, \frac{P_n}{NY_n}\right) \tag{3-2}$$

式中，P_c 和 P_n 分别为 COD 和氨氮的排放量；NY_c 和 NY_n 分别为水体对 COD 和氨氮的平均承载力。COD 和氨氮的平均承载力采用《污水综合排放标准》（GB 8978—1996）中的二级排放标准，COD 和氨氮的达标浓度分别为 120mg/L 和 25mg/L。

4. 生活和生态水足迹

生活用水主要包括城镇生活用水和农村生活用水，其中城镇生活用水由居民用水和公共用水（含第三产业及建筑业等用水）组成，农村生活用水除了居民生活用水外，还包括牲畜用水。

3.1.2　数据包络分析法

1. 基于 DEA 理论的水资源利用效率测算方法

1978 年，美国得克萨斯州立大学教授、知名的运筹学家 Charnes、Cooper 和 Rhodes 在权威的 *European Journal of Operational Research* 上正式提出了运筹学的一个新领域——数据包络分析，其模型简称 C^2R 模型。DEA 法是一种基于线性规划的用于评价同类型组织或项目工作绩效相对有效性的特殊工具手段，是线性规划模型的应用之一，常被用来测度拥有相同目标的决策单元的相对效率。DEA 法对处理多投入，特别是多产出问题的能力具有绝对优势。作为测算具有相同类型投入和产出的若干部门相对效率的有效方法，DEA 法是目前水资源利用效率最常用的评价方法。

在 DEA 法中称被衡量绩效的组织为决策单元（decision making unit，DMU）。设 $K(j=1,2,\cdots,K)$ 个决策单元，每个决策单元有相同的 $N(i=1,2,\cdots,N)$ 项投入，每个决策单元有相同的 $M(r=1,2,\cdots,M)$ 项产出，x_{ij} 表示第 j 决策单元的第 i 项投入，y_{rj} 表示第 j 决策单元的第 r 项产出，θ 衡量第 j_0 决策单元 DEA 法是否有效。C^2R 模型基于固定规模报酬，按投入和产出的主导类型分为输入导向型和输出导向型。基于投入的技术效率，即在一定产出下，以最小投入与实际投入之比来估计，即决策者追求倾向的是输入的减少，即求 θ 的最小值；基于产出的技术效率，即在一定的投入组合下，以实际产出与最大产出之比来估计，即决策者追求倾向的是输出的增大。基于输入导向型的 C²R 模型如下：

$$\min \theta$$

$$\text{s.t.} \begin{cases} \sum_{j=1}^{K} X_j \lambda_j \leqslant \theta X_0 \\ \sum_{j=1}^{K} Y_j \lambda_j \geqslant Y_0 \\ \lambda_j \geqslant 0, \ j = 1, 2, \cdots, K \end{cases} \tag{3-3}$$

基于输出导向型的 C²R 模型如下：

$$\max z$$

$$\text{s.t.} \begin{cases} \sum_{j=1}^{K} X_j \lambda_j \leqslant X_0 \\ \sum_{j=1}^{K} Y_j \lambda_j \geqslant z Y_0 \\ \lambda_j \geqslant 0, \ j = 1, 2, \cdots, K \end{cases} \tag{3-4}$$

式中，$X_j = (x_{1j}, x_{2j}, \cdots, x_{Nj})^{\text{T}}$；$Y_j = (y_{1j}, y_{2j}, \cdots, y_{Mj})^{\text{T}}$；$X_0 = (x_{1j_0}, x_{2j_0}, \cdots, x_{Nj_0})^{\text{T}}$；$Y_0 = (y_{1j_0}, y_{2j_0}, \cdots, y_{Mj_0})^{\text{T}}$；$\lambda_j$ 为权重；z 为目标函数，即第 j_0 个决策单元技术效率。

1984 年 Banker、Charnes 和 Cooper 为生产可能集合建立射线无限制性质、无效率性质、最小外插性质和凸性性质 4 项公理，通过增加对权重 λ 的约束条件 $\sum_{j=1}^{K} \lambda_j = 1$，建立如下的在规模报酬可变条件下的模型，即基于输入导向型的 BCC（为 Banker、Charnes 和 Cooper 三位学者的名字缩写）模型：

$$\min \theta$$

$$\text{s.t.} \begin{cases} \sum_{j=1}^{K} X_j \lambda_j \leqslant \theta X_0 \\ \sum_{j=1}^{K} Y_j \lambda_j \geqslant Y_0 \\ \sum_{j=1}^{K} \lambda_j = 1 \\ \lambda_j \geqslant 0, \ j = 1, 2, \cdots, K \end{cases} \tag{3-5}$$

Hu 等（2006）在基于 DEA 模型构造的生产前沿上构建了一个水调整目标比率指数，得到了全要素框架下的生活和生产用水效率，分析水资源利用效率的区域差异，发现了水资源利用效率与人均收入之间存在"U"形曲线关系；马海良等（2012b）利用 DEA 模型，测算出各省全要素水资源利用效率，通过 Malmquist 生产率指数测算出技术效率、技术进步和全要素生产率，测度了技术效率和技术进步对水资源利用效率的影响；孙才志等（2010b）利用改进的 DEA 法计算出我国 31 个省（区、布）1997～2007 年水资源利用相对效率，并且运用探索性数据分析法对我国水资源利用效率的时空差异变化特征、规律与影响因素进行了探索。Hu 和 Wang（2006）采用 DEA 模型找到中国每个省（区、市）的目标能源输入，分析了各省（区、市）的能源效率，以劳动力、资本存量、能源消耗和全部农田播种区域作为生物能源的四个输入，GDP 作为单独产出。

2. 考虑环境因素的 DEA 模型

由于水资源和环境因素的价格较难获取和统一，传统生产率或利用效率核算方法无法对水资源利用效率进行直接的测算处理。如何合理地将水资源和环境因素整合到水资源利用效率的分析框架中一直以来都被学术界广为关注（Luenberger，1995；Chung et al.，1997；刘文兆，1998；宋松柏等，2003；董斌等，2003；Mo et al.，2005；王晓娟和李周，2005；陈晓光等，2007；张燕等，2008；杨正林和方齐云，2008；孙才志等，2009b；Oh，2010）。现有文献中对水资源的处理方法较为一致，通常将水资源看作一种新的投入要素，资本、劳动力等常规投入要素一并作为经济增长的源泉，而单独将 GDP 作为期望产出（牟海省和刘昌明，1994；Kuykendtiema et al.，1997；Messner et al.，1999；谭少华，2001；夏军和朱一中，2002；朱一中等，2003；吴九红和曾开华，2003；Kaneko et al.，2004；段爱旺，2005；Garrett et al.，2007；陈东景，2008；陈颢等，2011）。关于环境因素（如污染物）在生产率分析中的处理有些复杂，由于缺乏污染物的市场定价，把环境因素直接纳入生产成本比较困难，因此长期以来生产率的研究通常忽略了环境污染。但是在很多生产过程中，除了获得所期望的好产品产出，也包含了带有污染的非期望产出，如废水、烟尘、废气、固体排放物等污染物，即非期望产出，这些产出对资源环境造成了严重破坏。在借助于传统的 DEA 模型测度考虑非期望产出的效率时，必须对传统 DEA 模型进行修正。根据处理非期望产出的方法不同，基于 DEA 理论的考虑非期望产出方法可以分为非期望产出作为投入的评价法和倒数转换法、双曲线测度评价法、非期望产出的线性变换法、距离函数法、基于松弛测度的 SBM（slack based model）方法。

1）非期望产出作为投入的评价法和倒数转换法

此种方法是在传统的 DEA 模型中把非期望产出作为投入变量或作为产出的

倒数进行处理，这样可以尽可能地减少非期望产出，而提高扩大期望产出。Hailu 和 Veeman（2001）使用固定规模报酬（constant return to scale，CRS）、非期望产出作为投入处理的 DEA 模型如下：

$$\min \theta$$

$$\text{s.t.} \begin{cases} \sum_{j=1}^{K} X_j \lambda_j \leqslant X_0 \\ \sum_{j=1}^{K} Y_j^g \lambda_j \geqslant Y_0^g \\ \sum_{j=1}^{K} Y_j^b \lambda_j \leqslant \theta Y_0^b \\ \lambda_j \geqslant 0, \ j = 1, 2, \cdots, K \end{cases} \tag{3-6}$$

式中，$X_j = (x_{1j}, \cdots, x_{Nj})^{\mathrm{T}}$ 为 N 项投入；$Y_j^g = (y_{1j}^g, \cdots, y_{Mj}^g)^{\mathrm{T}}$ 为 M 项期望产出；$Y_j^b = (y_{1j}^b, \cdots, y_{Ij}^b)^{\mathrm{T}}$ 为 I 项非期望产出；(X_0, Y_0^g, Y_0^b) 为第 j_0 个决策单元投入产出向量；θ 为目标函数，即第 j_0 个决策单元技术效率；λ_j 为权重。

把非期望产出数据进行倒数处理，尽管其仍然是产出量，但与作为投入变量处理类似，Zhu（2003）和 Scheel（2001）将非期望产出变换为 $1/Y_j^b$ 在 CRS 条件下的模型如下：

$$\min \theta$$

$$\text{s.t.} \begin{cases} \sum_{j=1}^{K} X_j \lambda_j \leqslant X_0 \\ \sum_{j=1}^{K} Y_j^g \lambda_j \geqslant Y_0^g \\ \sum_{j=1}^{K} \frac{1}{Y_j^b} \lambda_j \geqslant \theta Y_0^b \\ \lambda_j \geqslant 0, \ j = 1, 2, \cdots, K \end{cases} \tag{3-7}$$

以上两种方法在处理非期望产出时，存在一个明显的缺点：不能反映生产过程的实质，都没有考虑实际的生产过程或违背了时间生产过程，其技术效率的计算是有偏和不准确的（刘勇等，2010）。

2）双曲线测度评价法

Fare 等（1989）提出了一个双曲线形式的非线性规划办法处理非期望产出，基本思想是减少污染等非期望产出必须牺牲期望产出。在实际环境效率评价问题中，期望产出越大越好，而非期望产出越小越好。双曲线测度弥补了径向测度的不足，对各种产出采取了非对称的处理方法。在规模报酬可变（variable return to scale，VRS）假设下，双曲线测度的非线性规划基于强可处置条件的模型如下：

$$\min \theta$$

$$\text{s.t.}\begin{cases} \sum_{j=1}^{K} X_j \lambda_j \leqslant X_0 \\ \sum_{j=1}^{K} Y_j^g \lambda_j \geqslant \theta Y_0^g \\ \sum_{j=1}^{K} Y_j^b \lambda_j \geqslant \dfrac{1}{\theta} Y_0^b \\ \sum_{j=1}^{K} \lambda_j = 1 \\ \lambda_j \geqslant 0, \; j=1,2,\cdots,K \end{cases} \tag{3-8}$$

在弱可处置条件下的模型如下：

$$\min \theta$$

$$\text{s.t.}\begin{cases} \sum_{j=1}^{K} X_j \lambda_j \leqslant X_0 \\ \sum_{j=1}^{K} Y_j^g \lambda_j \geqslant \theta Y_0^g \\ \sum_{j=1}^{K} Y_j^b \lambda_j = \dfrac{1}{\theta} Y_0^b \\ \sum_{j=1}^{K} \lambda_j = 1 \\ \lambda_j \geqslant 0, \; j=1,2,\cdots,K \end{cases} \tag{3-9}$$

双曲线测度效率评估方法模型是一种基于非线性规划的技术效率评价方法，尽管 Fare 等（1989）做出了一种近似线性规划的求解技术方法，但仍然无法保证解的精确性。

3）非期望产出的线性变换法

Seiford 和 Zhu（2002）提出了一个解决非期望产出的方法，对非期望产出乘以–1，新的非期望产出向量记作 $Y_j^{-b} = -Y_j^b + w > 0$，使所有负的非期望产出变成正值，在此基础上构造一个 VRS 条件下处理非期望产出的 DEA 法：

$$\min \theta$$

$$\text{s.t.} \begin{cases} \sum\limits_{j=1}^{K} X_j \lambda_j \leqslant X_0 \\ \sum\limits_{j=1}^{K} Y_j^g \lambda_j \geqslant \theta Y_0^g \\ \sum\limits_{j=1}^{K} Y_j^{-b} \lambda_j \geqslant \theta Y_0^b \\ \sum\limits_{j=1}^{K} \lambda_j = 1 \\ \lambda_j \geqslant 0, \, j = 1, 2, \cdots, K \end{cases} \tag{3-10}$$

以上这种方法较好地解决了非期望产出存在的效率平均问题，然而该方法加入了一个很强的凸性约束 $\sum\limits_{j=1}^{K} \lambda_j = 1$，使得只能在 VRS 假设条件下求解技术效率，一旦取消了这个条件上面线性规划问题就可能无解。

4）距离函数法

2003 年 Fare 等根据 1995 年 Luenberger 短缺函数（shortage function）的思想（焦雯珺等，2011），构造了方向性环境距离函数，该函数能很好地解决包含非期望产出效率评价问题。假设每一个决策单元［即省（区、市）］使用 N 种投入 $x = (x_1, \cdots, x_N) \in R_+^N$，得到 M 种期望产出 $y = (y_1, \cdots, y_M) \in R_+^M$ 和 I 种非期望产出 $b = (b_1, \cdots, b_I) \in R_+^I$。首先定义一个生产可能性集合：

$$P^t(x) = \{(y,b) : x\text{生产}(y,b), y \in R_+^M, b \in R_+^I\}, \quad x \in R_+^N \tag{3-11}$$

式中，$P^t(x)$ 为第 $t(t = 1, 2, \cdots, t)$ 时期的生产可能性集合，即环境生产技术。

Fare 等（2007）指定集合 P^t 应满足以下 3 条标准公理：

（1）对于所有 $x \in R_+^N$，$0 \in P^t(x)$，即非活动的生产在环境技术集合里。

（2）对于 $x \in R_+^N$，$P^t(x)$ 是紧的，即有限的投入只能带来有限的产出。

（3）如果 $x' \geqslant x$，则 $P^t(x) \subseteq P^t(x')$，即输入是自由可处置的。

为了特别规定为环境技术集合，P^t 应满足以下两个环境公理，即产出弱可处置和零联结公理：

（1）给定 $(y,b) \in P(x), 0 \leqslant \theta \leqslant 1$，蕴含着 $(\theta y, \theta b) \in P(x)$。

（2）给定 $(y,b) \in P(x), b = 0$，蕴含着 $y = 0$。

在此基础上，Fare 等（2007）构造了方向性环境距离函数，如下定义：

$$\vec{D}_0^t(x^t, y^t, b^t; g) = \max \beta$$

$$\text{s.t.} \begin{cases} \sum_{j=1}^{K} X_j \lambda_j \leqslant X_0 \\ \sum_{k=1}^{K} Y_k^g \lambda_k \geqslant (1+\beta)Y_0^g \\ \sum_{j=1}^{K} Y_j^b \lambda_j = (1-\beta)Y_0^b \\ \lambda_j \geqslant 0, \ j=1,2,\cdots,K \end{cases} \quad (3\text{-}12)$$

在给定投入 x 的情况下，产出中的期望产出和非期望产出成比例地扩大和缩小，然而 β 就是期望产出扩大和非期望产出缩小的最大的可能性值。

类似传统技术效率的定义，环境技术效率（environmental technological efficiency，ETE）定义为一个在 0~1 的指数：

$$\text{ETE} = \frac{1}{1+\vec{D}_0^t(x^t, y^t, b^t; y^t, -b^t)} \quad (3\text{-}13)$$

为了增强决策单元技术效率之间的可比性，Oh（2010）将全局生产技术集定义为所有当期生产技术集的并集，即 $P^G(x) = P^1(x^1) \bigcup P^2(x^2) \bigcup \cdots \bigcup P^T(x^T)$，在单一的生产前沿下，计算出的全局环境技术效率在各决策单元间和各时期间都具有可比性，计算方法与上面类似。

Fare 和 Grosskopf（2004）使用方向性距离函数测算了 92 家发电厂污染排放的环境技术效率；Pekka 和 Korhonen（2004）使用方向性环境距离函数考察了全球 59 个国家生产率的增长和收敛状况，研究发现引入 SO_2、CO_2 等非期望产出，生产效率要低于不包含非期望产出情况下的生产效率，其中一些地区和国家的生产率下降较多，这说明发展较快的地区和国家以牺牲环境为代价进行发展；孙才志和赵良仕（2013）采用带有"非期望产出"的径向性 DEA 法测算了中国 31 个省（区、市）2000~2015 年水资源环境技术效率，得到了有意义的结论，然而没有考虑投入产出的松弛问题。

上面的方向性环境距离函数较好地解决了非期望产出的效率测度评价问题，在实证分析中得到了广泛应用，但是由于方向向量角度的选择具有主观性，容易对实际效率评价产生偏差影响。

5）基于松弛测度的 SBM 模型方法

以上考虑非期望产出测度效率的方法本质上属于径向和产出角度的 DEA 模型。为了克服传统径向和角度的 DEA 模型测度的效率值存在的缺陷，Tone（2001）提出了解决这个问题的非径向和非角度的 SBM 模型。为了考虑非期望产出，Tone（2003）给出了强可处置性下的包含非期望产出的 SBM 模型，该模型通过将各投入产出的松弛变量直接纳入目标函数中，解决了松弛变量对测度值的影响，使水资源利用效率测度值更加准确（盖美等，2014；任宇飞和方创琳，2017）。该方法计算公式如下：

$$\rho = \min \frac{1 - \frac{1}{N}\sum_{n=1}^{N} s_n^x / x_{k'n}^{t'}}{1 + \frac{1}{M+I}\left(\sum_{m=1}^{M} s_m^y / y_{k'm}^{t'} + \sum_{i=1}^{I} s_i^b / b_{k'i}^{t'}\right)}$$

$$\text{s.t.} \begin{cases} \sum_{k=1}^{K} z_k^t x_{kn}^t + s_n^x = x_{k'n}^{t'}, & n=1,2,\cdots,N \\ \sum_{k=1}^{K} z_k^t y_{km}^t - s_m^y = y_{k'm}^{t'}, & m=1,2,\cdots,M \\ \sum_{k=1}^{K} z_k^t b_{ki}^t + s_i^b = b_{k'i}^{t'}, & i=1,2,\cdots,I \\ z_k^t \geqslant 0, \ s_n^x \geqslant 0, \ s_m^y \geqslant 0, \ s_i^b \geqslant 0, \ k=1,2,\cdots,K \end{cases} \quad (3\text{-}14)$$

式中，N、M、I 分别为投入个数、期望产出个数、非期望产出个数；(s_n^x, s_m^y, s_i^b) 为投入产出的松弛向量；$(x_{k'n}^{t'}, y_{k'm}^{t'}, b_{k'i}^{t'})$ 为第 k' 个生产单元 t' 时期的投入产出值；z_k^t 为决策单元的权重。目标函数 ρ 关于 s_n^x、s_m^y、s_i^b 严格单调递减，且 $\rho=1$；当 $\rho=1$ 时，即 $s_n^x=0, s_m^y=0, s_i^b=0$，生产单元完全有效；当 $\rho<1$ 时，生产单元是无效率的，即存在效率损失，可以通过优化投入量、期望产出及非期望产出量来改善水资源利用效率。与传统的 CCR 模型和 BCC 模型的设定条件的不同之处在于，SBM 模型把松弛变量直接加入到了所要求的目标函数中，这样就可以解决投入产出的松弛性问题，同时也避免了径向向量和角度选择的差异设定带来的偏差和影响，因此该模型更能体现效率测度评价的本质。鉴于以上认识，本书采用考虑非期望产出的基于松弛变量的 SBM 模型对水资源利用效率进行测度。

6）两阶段 DEA 的水资源利用效率评价模型

中国各省（区、市）的水资源利用系统可以分为第一阶段水资源利用和第二阶段污水处理，其具体结构如图 3-1 所示。

图 3-1 说明了两阶段系统生产过程，每个决策单元生产过程由两个子阶段过程组成，第一子阶段投入 X 形成期望产出 Y 和非期望产出 F，第二子阶段加入处理投入 R 把非期望产出 F 进行处理，得到产出 H。

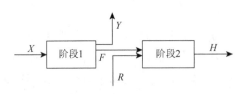

图 3-1 考虑非期望产出处理的两阶段网络过程

假设有 N 个 DMU，分别为 $\mathrm{DMU}_j(j=1,2,\cdots,N)$，一方面，每个 DMU 在第一子阶段有 m 个投入，为 $X=(X_{1j},X_{2j},\cdots,X_{mj})^{\mathrm{T}}$，生产出 s 个期望产出，为 $Y=(Y_{1j},Y_{2j},\cdots,Y_{sj})^{\mathrm{T}}$，直接从系统中输出，同时生产出 d 个非期望产出，为 $F=(F_{1j},F_{2j},\cdots,F_{dj})^{\mathrm{T}}$；另一方面，非期望产出 F 通过第二子阶段 p 个投入，为 $R=(R_{1j},R_{2j},\cdots,R_{pj})^{\mathrm{T}}$，处理得到 g 个期望产出，为 $H=(H_{1j},H_{2j},\cdots,H_{gj})^{\mathrm{T}}$。

令 DMU_0 为被评价的决策单元，第一子阶段和第二子阶段的评价效率值分别为 E_0^1 和 E_0^2。在生产过程中，决策者一般希望以最小的投入获取最大的产出，同时排放出最少的非期望产出，生产利用系统的效率评价必须以兼顾投入和非期望产出最小化以及期望产出最大化为目标。在生产利用过程中，较多的期望产出，意味着较多的投入和较多的非期望产出；反之，则较少。

本书在非期望产出、固定规模报酬下建立两阶段生产利用系统的生产可能集合（production possibility set，PPS），定义为

$$\left.\begin{aligned}
& X_0 \geqslant X\lambda^1 \\
& Y_0 \leqslant Y\lambda^1 \\
& \left.\begin{aligned} F_0 \geqslant F\lambda^1 \\ F_0 \geqslant F\lambda^2 \end{aligned}\right\} \text{连接两个子系统} \\
& R_0 \geqslant R\lambda^2 \\
& H_0 \leqslant H\lambda^2 \\
& \lambda^1 \geqslant 0, \lambda^2 \geqslant 0
\end{aligned}\right.
\tag{3-15}$$

式中，λ^1 和 λ^2 分别为两个阶段的强度向量。第 1～第 3 个不等式用来限制第一阶段生产可能，第 4～第 6 个不等式用来限制第二阶段生产可能。

基于以上 PPS，本书研究两个阶段不同状态下的生产系统效率。其中，中间变量 F 是第一阶段的非期望产出，同时也是第二阶段的处理投入。当评价第一阶段的生产利用效率时，利用基于松弛变量的 SBM 模型，中间变量 F 作为第一阶段的非期望产出在最优解之间可能存在意味着无效率的松弛。记两个阶段投入、产出和非期望产出的松弛变量为 $s^x \geqslant 0, s^y \geqslant 0, s^f \geqslant 0, s^r \geqslant 0, s^h \geqslant 0$。

定义 3.1　称两个生产系统中的 $\mathrm{DMU}_k(X_k,Y_k,F_k,R_k,H_k)$ 投入产出（input-output，IO）有效，当且仅当在 PPS 里没有其他的 $\mathrm{DMU}(X_j,Y_j,F_j,R_j,H_j), j \in N$ 时，至少有一个不等式严格满足 $X_j \leqslant X_k, Y_j \geqslant Y_k, F_j \leqslant F_k, R_j \leqslant R_k, H_j \geqslant H_k$。

本书在 Tone 提出的非径向、非角度基于松弛变量的 SBM 模型和考虑非期望产出的 SBM 模型的基础上，基于 PPS 建立如下固定规模报酬、非期望产出的两个生产系统的 IO 有效模型，该模型是基于非径向的投入产出松弛双导向的 SBM 模型：

$$E_0 = \min \frac{1 - \dfrac{1}{m+p}\left(\sum_{i=1}^{m}\dfrac{s_i^x}{X_{i0}} + \sum_{i=1}^{p}\dfrac{s_i^r}{R_{i0}}\right)}{1 + \dfrac{1}{s+g}\left(\sum_{i=1}^{s}\dfrac{s_i^y}{Y_{i0}} + \sum_{i=1}^{g}\dfrac{s_i^h}{H_{i0}}\right)}$$

$$\text{s.t.}\begin{cases} X_0 = X\lambda^1 + s^x \\ Y_0 = Y\lambda^1 - s^y \\ F_0 \geqslant F\lambda^1 \\ F_0 \geqslant F\lambda^2 \\ R_0 = R\lambda^2 + s^r \\ H_0 = H\lambda^2 - s^h \\ s^x \geqslant 0, s^y \geqslant 0, s^r \geqslant 0, s^h \geqslant 0 \\ \lambda^1 \geqslant 0, \lambda^2 \geqslant 0 \end{cases} \quad (3\text{-}16)$$

式中，$s^x \geqslant 0, s^y \geqslant 0, s^r \geqslant 0, s^h \geqslant 0$ 为两个阶段投入产出松弛向量，分别表示投入过度和产出不足。相比径向、基于投入产出模型，由于该模型同时考虑了投入和产出的松弛性，本书提出的基于松弛的非径向 SBM 模型更加符合真实生产利用过程。上面模型式（3-16）可以通过下面的 Charnes-Cooper 变换变成线性模型。把模型式（3-16）中的目标函数分子、分母同乘以一个正数 t，调整 t 的大小，使得分母等于 1，把这个等式移到约束条件中，变成下式：

$$E_0 = \min t - \frac{1}{m+p}\left(\sum_{i=1}^{m}\frac{S_i^x}{X_{i0}} + \sum_{i=1}^{p}\frac{S_i^r}{R_{i0}}\right)$$

$$\text{s.t.}\begin{cases} 1 = t + \dfrac{1}{s+g}\left(\sum_{i=1}^{s}\dfrac{S_i^y}{Y_{i0}} + \sum_{i=1}^{g}\dfrac{S_i^h}{H_{i0}}\right) \\ tX_0 = X\Lambda^1 + S^x \\ tY_0 = Y\Lambda^1 - S^y \\ tF_0 \geqslant F\Lambda^1 \\ tF_0 \geqslant F\Lambda^2 \\ tR_0 = R\Lambda^2 + S^r \\ tH_0 = H\Lambda^2 - S^h \\ S^x \geqslant 0, S^y \geqslant 0, S^r \geqslant 0, S^h \geqslant 0 \\ \Lambda^1 \geqslant 0, \Lambda^2 \geqslant 0 \end{cases} \quad (3\text{-}17)$$

式中，$S_i^x = t s_i^x; S_i^r = t s_i^r; S_i^y = t s_i^y; S_i^h = t s_i^h; \Lambda^1 = t\lambda^1; \Lambda^2 = t\lambda^2$。

定义 3.2　称生产利用系统第一阶段中 $\mathrm{DMU}_k(X_k, Y_k, F_k)$ 是有效的，当且仅当没有其他的生产可能 $\mathrm{DMU}(X_j, Y_j, F_j), j \in N$ 时，其中至少有一个不等式严格满足 $X_j \leqslant X_k, Y_j \geqslant Y_k, F_j \leqslant F_k$。

在保持模型式（3-16）中的投入产出松弛测度不变的条件下，本书应用下面模型得到第一阶段中非期望产出的松弛测度：

$$\max \sum_{i=1}^{d} \frac{s_i^{f1}}{F_{i0}}$$

$$\mathrm{s.t.} \begin{cases} X_0 = X\lambda^1 + s^{x*} \\ Y_0 = Y\lambda^1 - s^{y*} \\ F_0 = F\lambda^1 + s^{f1*} \\ s^f \geqslant 0, \lambda^1 \geqslant 0 \end{cases} \tag{3-18}$$

式中，s^{x*} 和 s^{y*} 为由求解模型式（3-16）得到的常量；变量 s^{f1} 为第一阶段的非期望产出松弛测度。通过非期望产出的松弛测度，可以知道有多少非期望产出可以降低。在模型式（3-16）中投入产出松弛 s^{x*}、s^{y*} 和模型式（3-18）中非期望产出松弛 s^{f1*} 的计算基础上，基于松弛的水资源利用第一阶段效率定义如下：

$$E_0^1 = \frac{1 - \dfrac{1}{m}\displaystyle\sum_{i=1}^{m}\frac{s_i^{x*}}{X_{i0}}}{1 + \dfrac{1}{s+d}\left(\displaystyle\sum_{i=1}^{s}\frac{s_i^{y*}}{Y_{i0}} + \displaystyle\sum_{i=1}^{d}\frac{s_i^{f1*}}{F_{i0}}\right)} \tag{3-19}$$

如果 $E_0^1 = 1$，水资源利用第一阶段是有效的。如果 $E_0^1 < 1$，水资源利用第一阶段是无效的，然而 E_0^1 越大，越有效。E_0^1 表示被评价的第一阶段水资源利用有效性，即考虑非期望产出的水资源利用效率。显然，模型式（3-19）只考虑水资源利用生产系统的外部投入与产出，忽略了其内部污染处理阶段对整体效率的影响。若只用模型式（3-19）评价该阶段的效率，则无法有效刻画系统效率的内部影响要素，因此，需要在考虑系统内部结构的前提下，分析水资源利用生产阶段的水资源利用效率及污染物排放处理效率。

定义 3.3　称生产利用系统第二阶段 $\mathrm{DMU}_k(F_k, R_k, H_k)$ 是有效的，当且仅当没有其他的生产可能 $\mathrm{DMU}(F_j, R_j, H_j), j \in N$ 时，其中至少有一个不等式严格满足 $F_j \leqslant X_k, R_j \leqslant F_k, H_j \geqslant Y_k$。

在保持模型式（3-16）中的投入产出松弛测度不变的条件下，本书应用下面模型得到第二阶段中非期望产出处理的松弛测度：

$$\max \sum_{i=1}^{d} \frac{s_i^{f2}}{F_{i0}}$$

$$\text{s.t.} \begin{cases} F_0 = F\lambda^2 + s^{f2*} \\ R_0 = R\lambda^2 + s^{r*} \\ H_0 = H\lambda^2 - s^{h*} \\ s^{f2} \geqslant 0, \lambda^2 \geqslant 0 \end{cases} \qquad (3\text{-}20)$$

式中，s^{r*} 和 s^{h*} 为由求解模型式（3-16）得到的常量；变量 s^{f2} 为第二阶段的非期望产出作为投入的松弛测度。通过非期望产出作为投入的松弛测度，可以知道有多少非期望产出可以处理。在模型式（3-16）中投入产出松弛 s^{r*}、s^{h*} 和模型式（3-20）中非期望产出松弛 s^{f2*} 的计算基础上，基于松弛的第二阶段水资源利用效率定义如下：

$$E_0^2 = \frac{1 - \dfrac{1}{d+p}\left(\sum_{i=1}^{d} \dfrac{s_i^{f2*}}{F_{i0}} + \sum_{i=1}^{p} \dfrac{s_i^{r*}}{R_{i0}}\right)}{1 + \dfrac{1}{g}\sum_{i=1}^{g} \dfrac{s_i^{h*}}{H_{i0}}} \qquad (3\text{-}21)$$

如果 $E_0^2 = 1$，第二阶段水资源处理是有效的；如果 $E_0^2 < 1$，第二阶段水资源处理是无效的，然而 E_0^2 越大，越有效。

当两个阶段水资源利用是 IO 有效时，仅仅说明整个投入产出是无松弛的；当每个子阶段有效时，仅仅说明该阶段投入产出和中间变量是无松弛的。因此，一个整体有效的状态应考虑整个系统的投入产出、各阶段的投入产出和中间变量的松弛问题，下面给出整个系统有效的定义。

定义 3.4 称如果两个阶段水资源利用整体有效，当且仅当两个阶段分别有效。

在模型式（3-16）、式（3-18）、式（3-20）中投入产出松弛 s^{x*}、s^{y*}、s^{f1*}、s^{r*}、s^{h*}、s^{f2*} 的计算基础上，基于松弛的水资源利用整体效率定义如下：

$$\text{GE}_0 = \frac{1 - \dfrac{1}{m+d+p}\left(\sum_{i=1}^{m} \dfrac{s_i^{x*}}{X_{i0}} + \sum_{i=1}^{d} \dfrac{s_i^{f1*}}{F_{i0}} + \sum_{i=1}^{p} \dfrac{s_i^{r*}}{R_{i0}}\right)}{1 + \dfrac{1}{s+d+g}\left(\sum_{i=1}^{s} \dfrac{s_i^{y*}}{Y_{i0}} + \sum_{i=1}^{d} \dfrac{s_i^{f2*}}{F_{i0}} + \sum_{i=1}^{g} \dfrac{s_i^{h*}}{H_{i0}}\right)} \qquad (3\text{-}22)$$

根据以上定义，两个阶段整体有效时应该满足在所有投入产出和中间变量均没有松弛，两个阶段 IO 有效是整体有效的必要非充分条件。利用本书提出的模型，水资源两个子系统 3 种类型的有效状态被测度，每个阶段的有效状态被识别。相比单投入产出系统，如 CCR 模型，本书提出的模型能给出每个阶段的有效状态评价，可以为决策制定者提供参考。相比 Wu 等（2015a）、An 等（2015）、王有森等（2016）、Fare 等（1992）、Tone（2001）提出的两阶段网络 DEA 模型，本书提出的模型可以在考虑非期望产出情况下测度两阶段系统的投入产出及中间变量的无效性。

3.1.3　Malmquist 生产率指数模型

Malmquist 生产率指数是由 Malmquist 于 1953 年提出的，Fare 等（1992）将其与 DEA 理论相结合，构造了跨期变动的 Malmquist 生产率指数 TFP_t^{t+1}，用以客观衡量技术效率变化（technical efficiency change，TEC）、技术变化（technical change，TC）和全要素生产率（total factor productivity，TFP）指数之间的关系。

$$\text{TFP}_t^{t+1} = \left[\frac{D^t(x^{t+1}, y^{t+1}, b^{t+1})}{D^t(x^t, y^t, b^t)} \times \frac{D^{t+1}(x^{t+1}, y^{t+1}, b^{t+1})}{D^{t+1}(x^t, y^t, b^t)} \right]^{\frac{1}{2}} \tag{3-23}$$

TFP 指数可以分解为技术效率变化和技术变化，若在 SBM 模型中引入约束条件 $\sum_{\kappa=1}^{K} \lambda_\kappa = 1$，则式（3-14）转变为规模报酬可变的 SBM 模型，该模型可将技术效率变化进一步分解为纯技术效率变化（pure technical efficiency change，PEC）和规模效率变化（scale efficiency change，SEC）。因此式（3-23）又可以变化为

$$\text{TFP}_t^{t+1} = \frac{P^t(x^t, y^t, b^t)}{P^t(x^{t+1}, y^{t+1}, b^{t+1})} \times \frac{S^t(x^{t+1}, y^{t+1}, b^{t+1})}{S^t(x^t, y^t, b^t)}$$

$$\times \left[\frac{D^t(x^{t+1}, y^{t+1}, b^{t+1})}{D^{t+1}(x^{t+1}, y^{t+1}, b^{t+1})} \times \frac{D^t(x^t, y^t, b^t)}{D^{t+1}(x^t, y^t, b^t)} \right]^{\frac{1}{2}} \tag{3-24}$$

式中，TFP_t^{t+1} 为决策单元的全要素生产率变化指数，表示水资源绿色效率的跨期动态变化情况；P^t、S^t、D^t 分别为纯技术效率变化、规模效率变化、技术变化。上述全要素生产率及其分解指数大于 1，表示相应的全要素生产率及其分解呈现上升趋势；反之，若小于 1，则表示相应效率呈下降趋势。

3.1.4　共同前沿与群组前沿模型

1. 共同前沿与群组前沿

共同前沿与群组前沿最早由 Battese 等（2004）提出，主要是为了解决区域差

异性而导致的工业技术效率的偏差问题，经过后人的丰富与发展，其内容在不同领域得到广泛应用。共同前沿是指所有 DMU 的潜在技术水平，群组前沿指每组 DMU 的实际技术水平，二者的主要区别在于所参照的技术集合不同（潘美玲，2010；李静和马潇璨，2014）。由于我国各地区在资本禀赋、劳动力禀赋、水资源禀赋等各方面存在较大差异，不同地区将面对不同的技术生产前沿面。如果不考虑地区差异的影响，继续采用总体样本对水资源绿色效率进行评价，势必会对各地区真实的水资源绿色效率测度值造成误差。因此，本书在前人研究的基础上，构建出共同前沿和群组前沿，分别计算各地区不同前沿下的水资源绿色效率，以期能够真实反映我国水资源绿色效率的变化情况。

假设 x 为 N 维投入列向量，y 为 M 维产出列向量，依据 Battese 等（2004）共同前沿模型，定义水资源绿色效率共同技术集合如下：

$$T^m = \{(x,y): x \geqslant 0, y \geqslant 0\} \tag{3-25}$$

其对应的生产可能性集合（即共同边界）为

$$P^m(x) = \{y : (x,y) \in T^m\} \tag{3-26}$$

因此，与共同技术集合有关的共同距离函数可以表示如下：

$$D^m(x,y) = \sup\{\theta > 0 : (x/\theta) \in P^m(x,y)\} \tag{3-27}$$

根据我国水资源利用情况的区域差异性，将我国分为东部、中部、西部三大群组[①]，其群组技术集合如下：

$$T^i = \{(x_i, y_i) : x_i \geqslant 0, y_i \geqslant 0\} \quad i = 1,2,3 \tag{3-28}$$

群组对应的生产可能性集合为

$$P^i(x_i) = \{y_i : (x_i, y_i) \in T^i\} \quad i = 1,2,3 \tag{3-29}$$

此时，群组距离函数可以表示为

$$D^i(x_i, y_i) = \sup\{\theta > 0 : (x_i/\theta) \in P^i(x_i, y_i)\} \quad i = 1,2,3 \tag{3-30}$$

由于共同前沿技术（T^m）包含全部群组生产前沿（T^i），因此满足式 $T^m = T^1 \cup T^2 \cup T^3$。

2. 技术落差比率

本书中，技术落差比率（technical gap ratio，TGR）指的是共同前沿下水资源绿色效率值相对于群组前沿下水资源绿色效率值的比率（吴凡等，2016），取值范

---

① 根据《中国统计年鉴》分类标准，我国划分为东部、中部、西部三大地区（港澳台单独统计，未计入此 31 个行政区），其中东部包括辽宁、北京、天津、河北、山东、江苏、上海、浙江、福建、广东、海南 11 个省（市）；中部包括山西、黑龙江、吉林、安徽、河南、江西、湖北、湖南 8 个省份；西部包括内蒙古、广西、陕西、甘肃、青海、宁夏、新疆、四川、重庆、云南、贵州、西藏 12 个省（区、市）。

围为[0,1]。技术落差比率有两方面的含义：一方面，TGR 能够表示群组生产水平偏离共同生产技术水平的程度，TGR 越大，表示群组的生产水平距离共同生产技术水平越近；相反，TGR 越小，则表示群组的生产水平距离共同技术生产水平越远。另一方面，TGR 可以用来判断区域划分的必要性与合理性，TGR 均值越小，越能说明分组的合理性与必要性；反之，TGR 均值越大，越说明分组的不科学性。群组 i 中被评价单元的技术落差比率可以用下式表示：

$$\text{TGR}_i = T^m / T^i \tag{3-31}$$

3.1.5　空间马尔可夫模型

1. 时间马尔可夫状态转移矩阵

按照随机过程的分布函数（或概率密度）的不同特性，随机过程可分为独立随机过程、马尔可夫过程、独立增量过程和平稳随机过程等。其中，马尔可夫过程的特点是当过程在时刻 t_0 所处的状态已知时，过程在时刻 t（$t > t_0$）所处的状态仅与 t_0 时刻状态有关，与 t_0 之前的状态无关，这种特性被称为无后效应。如果对时间 t 的任意 n 个数值（$n \geqslant 3$），在条件 $X(t_i) = x_i (i = 1, 2, \cdots, n-1)$ 下，$X(t_n)$ 的分布函数恰好等于在条件 $X(t_{n-1}) = x_{n-1}$ 下 $X(t_n)$ 的分布函数，则有

$$F(x_n; t_n \mid x_{n-1}, x_{n-2}, \cdots, x_1; t_{n-1}, t_{n-2}, \cdots, t_1) = F(x_n; t_n \mid x_{n-1}; t_{n-1})(n = 3, 4, \cdots)$$

$$\tag{3-32}$$

此时称 $X(t_n)$ 为马尔可夫过程，简称马氏过程。马尔可夫过程的统计特性完全由它的初始分布和转移概率所确定。马尔可夫链是一种状态和时间参数均为离散、随机的过程。在实际应用中，首先将连续的数据离散为 k 个状态，用 $E_1, E_2, \cdots, E_k$ 表示，然后计算相应状态的概率分布及其在时间序列中的变化情况，以近似逼近区域演变的整个过程。通常将 t 年份内区域状态的概率分布表示为一个 $1 \times k$ 的状态概率向量 $\boldsymbol{P}_t$，则 $\boldsymbol{P}_t = [P_{1,t}, P_{2,t}, \cdots, P_{k,t}]$，因此不同年份区域状态之间的转移可用一个 $k \times k$ 的马尔可夫转移矩阵 $\boldsymbol{M}$ 表示：

$$\boldsymbol{M} = \begin{bmatrix} m_{11} & m_{12} & \cdots & m_{1k} \\ m_{21} & m_{22} & \cdots & m_{2k} \\ \vdots & \vdots & & \vdots \\ m_{k1} & m_{k2} & \cdots & m_{kk} \end{bmatrix} \quad m_{ij} = \frac{n_{ij}}{N_i} \tag{3-33}$$

式中，$m_{ij}(i = 1, 2, \cdots, k; j = 1, 2, \cdots, k)$ 为 t 时刻区域类型 E_i 在 $t+1$ 时刻转移类型 E_j 的概率；n_{ij} 为在整个研究期内有 t 时刻类型为 E_i 的区域在 $t+1$ 时刻转移类型 E_j 的区域总数；N_i 为所有时段内区域类型为 E_i 的数量之和。

如果区域类型在 t 时刻处于状态 E_i，n 步转移之后，在 t_n 时刻处于状态 E_j，则将这种转移的可能性数量称为 n 步转移概率，记为 $F = (x_n = j \mid x_0 = i) = F_i^{(n)}$，相应的矩阵表达式为

$$F(n) = \begin{bmatrix} F_{11}^{(n)} & F_{12}^{(n)} & \cdots & F_{1k}^{(n)} \\ F_{21}^{(n)} & F_{22}^{(n)} & \cdots & F_{2k}^{(n)} \\ \vdots & \vdots & & \vdots \\ F_{k1}^{(n)} & F_{k2}^{(n)} & \cdots & F_{kk}^{(n)} \end{bmatrix} \tag{3-34}$$

本书首先将水资源绿色效率划分为 5 种区间类型，即 0.001~0.200、0.201~0.400、0.401~0.600、0.601~0.999、1，然后计算相应的水资源绿色效率类型的概率转化。若某个区域水资源绿色效率类型在 t 时刻为 E_i，而在 $t+1$ 时刻水资源绿色效率类型提升至 E_i+1，则称区域向上转移；若仍保持不变，则区域保持平稳；E_i-1 时，区域向下转移。

2. 空间马尔可夫状态转移矩阵

区域本身是一个复杂的巨系统，区域之间的相互作用与相互联系，如贸易往来、资本技术的流动、知识的扩散与传播等是缩小区域差异、区域协调可持续发展的重要动力（Rey and Montouri，1999；蒲英霞等，2005；王少剑等，2015）。一个地区若以效率为高水平的类型区为邻，其水资源绿色效率提升的可能性会增加；若以低水平类型区为邻，则其提升的可能性将减小。传统的马尔可夫链方法虽然可以用于区域趋同或分异演变分析，但由于将不同区域视为"孤岛"，忽视了区域空间的相互作用，不能揭示区域趋同的空间特征，同时也忽视了区域背景在区域类型动态演变过程中所产生的溢出效应（Rey，2001；Le Gallo，2004）；而区域条件的马尔可夫链方法虽然考虑了区域之间的空间依赖，但割裂了时间联系，不能揭示区域演变的特征。空间马尔可夫链是传统的马尔可夫方法与"空间滞后"这一概念相结合的产物，其基本思想是基于空间自相关理论，引入空间权重矩阵计算邻近单元的加权平均属性值（空间滞后）（覃成林和唐永，2007；周丽和谢舒蕾，2016），进而判断区域单元的空间邻域状态（空间滞后条件），解决了空间单元之间的邻域关系，从而为定量分析区域邻域环境对区域水资源绿色效率发展产生的溢出效应提供了理论基础和现实基础，同时将区域趋同的时间特征和空间特征完全结合在了一起，能进一步探讨区域发展状况与区域背景之间存在的内在联系（陈培阳和朱喜钢，2013）。

空间马尔可夫状态转移矩阵以区域 i 在 t 时刻的空间滞后类型（k 个类型）为条件，将传统马尔可夫链分解为 k 个 $k \times k$ 条件转移概率矩阵，用矩阵 M' 表示：

$$
M' = \begin{bmatrix}
m_{11|1} & m_{12|1} & \cdots & m_{1k|1} \\
m_{21|1} & m_{22|1} & \cdots & m_{2k|1} \\
\vdots & \vdots & & \vdots \\
m_{k1|1} & m_{k2|1} & \cdots & m_{kk|1} \\
m_{11|2} & m_{12|2} & & m_{1k|2} \\
m_{21|2} & m_{22|2} & \cdots & m_{2k|2} \\
\vdots & \vdots & & \vdots \\
m_{k1|2} & m_{k2|2} & \cdots & m_{kk|2} \\
\vdots & & & \vdots \\
m_{11|k} & m_{12|k} & & m_{1k|k} \\
m_{21|k} & m_{22|k} & & m_{2k|k} \\
\vdots & \vdots & & \vdots \\
m_{k1|k} & m_{k2|k} & \cdots & m_{kk|k}
\end{bmatrix}
\tag{3-35}
$$

式中，元素 $m_{ij|l}(i,j,l=1,2,\cdots,k)$ 为对于区域在 t 时刻的空间滞后类型，l 为条件，该时刻属于类型 i，而下一时刻为类型 j 的空间转移概率。

一个区域的空间滞后类型由其属性值的空间滞后值来分类确定。空间滞后值是该区域周边地区属性值的空间加权平均，通过区域属性值和空间权重矩阵的乘积获得（Anselin，1995；张伟丽和张翠，2015），公式如下：

$$
\text{Lag} = \sum_{j=1}^{n} Y_j w_{ij}
\tag{3-36}
$$

式中，w_{ij} 为空间权重矩阵 W 第 i 行第 j 列的元素，即区域与周边单元邻近关系的矩阵；Y_j 为区域 j 的属性值（$j=1,2,\cdots,n$）。本书采用公共边原则即 Rook 原则确定空间权重矩阵，即区域 i 与区域 j 相邻时，$w_{ij}=1$；反之为 0。

此外，式（3-35）可用于分析不同区域背景下，某个区域状态转移变化情况。例如，要了解区域背景为较低水平类型时某个区域状态变化情况，可以分析式（3-35）中空间滞后条件 $l=2$ 时的状态转移矩阵，其中，$m_{21|1}$、$m_{22|1}$、$m_{2k|1}$ 则分别表示周围邻居的水资源绿色效率为较低水平时，某个水资源绿色效率在 t 时刻为较低水平类型的区域在 $t+1$ 时刻状态发生向下转移、保持平稳、向上转移的概率。类似地，还可以分析其他背景下区域状态转移情况。而且，通过比较传统马尔可夫链元素［式（3-33）］与空间马尔可夫链元素［式（3-35）］，可以了解一个区域状态转移概率的大小与区域背景之间的关系，从而探讨区域背景对区域转移概率的影响。例如，若 $m_{12}>m_{12|1}$，则表明一个低水平类型区（不考

虑区域背景）向上转移的概率大于以低水平类型为背景时向上转移的概率；若 $m_{12} < m_{12|k}$，则表明一个低水平类型区（不考虑区域背景）向上转移的概率小于以最高类型为背景时向上转移的概率。因此，当区域背景对某个区域类型状态转移概率不重要时，则有以下关系成立：

$$m_{ij|1} = m_{ij|2} = \cdots = m_{ij|l} = m_{ij} \quad \forall i,j,l = 1,2,\cdots,k \tag{3-37}$$

3.1.6　向量自回归模型

向量自回归（vector auto-regressive，VAR）模型于 1980 年首次被 Sims 提出，该模型是一种非结构化模型，即变量之间的关系并不是以经济理论为基础的。VAR 模型把系统中每一个内生变量作为系统中所有内生变量滞后值的函数来构造模型，与单变量方程模型（single equation models）相比，可以通过脉冲响应分析几个变量之间的相互作用，从而将单变量自回归模型推广到由多元时间序列变量组成的"向量"自回归模型（高铁梅，2006；Allen and Morzuch，2006；李云峰和李仲飞，2011）。此外，该模型利用所有当期变量对其若干滞后期变量进行回归，因此，常用来估计相互联系的时间序列系统以及分析随机扰动与变量系统的动态关系（王舒健和李钊，2007）。目前，该模型已经广泛应用于经济体制改革（邓朝晖等，2012；王军等，2013；雷明和虞晓雯，2015）、财政与税收（吴洪鹏和刘璐，2007；张志栋和靳玉英，2011）、环境科学与资源利用（吴丹和吴仁海，2011；刘金培等，2016；王泽宇等，2017）、海洋科学（杨林等，2014；殷克东等，2016；孙才志等，2017a）及其他相关领域（李鹏和张俊飚，2013；汪行和范中启，2017；郑德凤等，2018a）。其一般形式为

$$\boldsymbol{y}_t = \boldsymbol{A}_1\boldsymbol{y}_{t-1} + \boldsymbol{A}_2\boldsymbol{y}_{t-2} + \cdots + \boldsymbol{A}_p\boldsymbol{y}_{t-p} + \boldsymbol{B}_0\boldsymbol{x}_t + \cdots + \boldsymbol{B}_r\boldsymbol{x}_{t-r} + \boldsymbol{\varepsilon}_t \quad t = 1,2,\cdots,n \tag{3-38}$$

式中，$\boldsymbol{y}_t$ 为 k 维内生变量向量；$\boldsymbol{y}_{t-i}(i=1,2,\cdots,p)$ 为滞后内生变量向量；$\boldsymbol{x}_{t-i}(i=0,1,\cdots,r)$ 为 d 维外生变量向量或滞后外生变量向量；p、r 分别为内生变量和外生变量的滞后阶数；$\boldsymbol{A}_t(i=1,2,\cdots,p)$ 为 $k\times k$ 维系数矩阵；$\boldsymbol{B}_t(i=0,1,\cdots,r)$ 为 $k\times d$ 维系数矩阵；$\boldsymbol{\varepsilon}_t$ 为由 k 维随机误差项构成的向量，它们可以同期相关，但不与自己的滞后值相关及不与等式右边的变量相关（朱慧明等，2005；樊重俊，2010；张延群，2012）。同时，该模型不关心方程回归系数是否显著，检验重点是模型整体的稳定性水平，只有在 VAR 系统稳定的基础上，才能利用脉冲响应和方差分解来研究随机扰动对变量系统的动态冲击（朱慧明和刘智伟，2004；樊欢欢等，2014）。VAR 模型转化为矩阵为

$$\begin{bmatrix} y_{1t} \\ y_{2t} \\ \vdots \\ y_{kt} \end{bmatrix} = A_1 \begin{bmatrix} y_{1t-1} \\ y_{2t-1} \\ \vdots \\ y_{kt-1} \end{bmatrix} + A_2 \begin{bmatrix} y_{1t-2} \\ y_{2t-2} \\ \vdots \\ y_{kt-2} \end{bmatrix} + \cdots + BX_t + \begin{bmatrix} \varepsilon_{1t} \\ \varepsilon_{2t} \\ \vdots \\ \varepsilon_{kt} \end{bmatrix} \tag{3-39}$$

式（3-39）中每个方程的右边均为前定变量，并没有非滞后的内生变量，且每个方程右边的变量均相同，因此普通最小二乘法（ordinary least squares，OLS）估计方法可得到与 VAR 模型参数一致且有效的估计量。

应用 VAR 模型进行估计主要由以下步骤完成（吴胜男等，2015；赵丹丹和胡业翠，2016；韩增林等，2017；张振龙和孙慧，2017）：

（1）变量平稳性检验。平稳性检验是 VAR 模型应用的基础，数据变量不平稳会产生"伪回归"的问题，只有确保模型中的数据变量具有平稳性，才能对变量进行下一步的估计。

（2）滞后阶数的确定。滞后阶数的选择直接影响模型的协整性检验，这是因为协整性检验的最优滞后期为 VAR 模型的最优滞后期减去 1，因此，在做协整性检验之前首先要确定 VAR 模型的最大滞后阶数。

（3）协整性检验。协整性检验可以鉴别变量间是否具有长期且稳定的相关关系，主要包括适用于两个变量间的 Granger 协整检验和适用于多个变量间的 Johansen 协整检验。

（4）脉冲响应函数。脉冲响应是 VAR 模型动态系统的一个重要方面，表示某一变量受到另一变量的冲击而做出的反应。本书应用脉冲响应函数表达水资源绿色效率 TFP 受到自身及其分解指数冲击后所做出的反应变化，以探明其相互影响的发展趋势。

（5）方差分解。方差分解刻画了各分量对内生变量的影响程度，用贡献度来表示，以此表明各变量相对于内生变量的重要性。

3.1.7　地理加权回归模型

地理加权回归（geographical weighted regression，GWR）是 Fotheringham 等于 1997 年提出的一种新的空间分析方法，该模型通过将数据的空间位置信息嵌入线性回归模型中，采用局部加权最小二乘法进行逐点的系数估计，进而根据各点空间位置上的系数估计随空间位置的变化情况来探索空间关系的非平稳性。由于该方法简单易行，估计结果有明确的解析表示，且具备完整的理论体系和统计推断方法，得到广泛应用。

地理加权回归模型是对普通线性回归模型的扩展，设随机变量 y 与确定性变量 $x_1, x_2, \cdots, x_n$ 的普通线性回归模型为

$$y = \beta_0 + \beta_1 x_1 + \beta_2 x_2 + \cdots + \beta_n x_n + \varepsilon \qquad (3\text{-}40)$$

式中，y 为因变量；$x_1, x_2, \cdots, x_n$ 为自变量；β_0 为回归常数；$\beta_1, \beta_2, \cdots, \beta_n$ 为回归系数；ε 为随机误差项。

对于一个实际问题，当获取 p 组观测数据 $(x_{i1}, x_{i2}, \cdots, x_{in}; y_i), i = 1, 2, \cdots, p$ 时，则普通线性回归模型可表示为

$$\begin{cases} y_1 = \beta_0 + \beta_1 x_{11} + \beta_2 x_{12} + \cdots + \beta_n x_{1n} + \varepsilon_1 \\ y_2 = \beta_0 + \beta_1 x_{21} + \beta_2 x_{22} + \cdots + \beta_n x_{2n} + \varepsilon_2 \\ \qquad\qquad\qquad\qquad\vdots \\ y_p = \beta_0 + \beta_1 x_{p1} + \beta_2 x_{p2} + \cdots + \beta_n x_{pn} + \varepsilon_p \end{cases} \qquad (3\text{-}41)$$

写成矩阵形式为

$$\begin{bmatrix} y_1 \\ y_2 \\ \vdots \\ y_p \end{bmatrix} = \begin{bmatrix} 1 & x_{11} & x_{12} & \cdots & x_{1n} \\ 1 & x_{21} & x_{22} & \cdots & x_{2n} \\ \vdots & \vdots & \vdots & & \vdots \\ 1 & x_{p1} & x_{p2} & \cdots & x_{pn} \end{bmatrix} \times \begin{bmatrix} \beta_0 \\ \beta_1 \\ \vdots \\ \beta_n \end{bmatrix} + \begin{bmatrix} \varepsilon_1 \\ \varepsilon_2 \\ \vdots \\ \varepsilon_p \end{bmatrix} \qquad (3\text{-}42)$$

将样本数据的地理位置嵌入回归参数之中，即

$$y_i = \beta_0(u_i, v_i) + \sum_{k=1}^{n} \beta_k(u_i, v_i) x_{ik} + \varepsilon_i \qquad i = 1, 2, \cdots, p \qquad (3\text{-}43)$$

式中，y_i 为 i 地区的水资源绿色效率；x_{ik} 为水资源绿色效率的第 k 个解释变量在第 i 点的取值，k 为解释变量个数，i 为样本的计数；ε_i 为第 i 个研究单元的随机误差；(u_i, v_i) 为第 i 个样本的空间坐标；$\beta_0(u_i, v_i)$ 为第 i 个样本点上的常数项；$\beta_k(u_i, v_i)$ 为连续函数在 i 点的取值。

上式可以简写为

$$y_i = \beta_{i0} + \sum_{k=1}^{n} \beta_{ik} x_{ik} + \varepsilon_i \qquad i = 1, 2, \cdots, p \qquad (3\text{-}44)$$

若 $\beta_{1k} = \beta_{2k} = \cdots = \beta_{nk}$，则地理加权回归模型就退变为普通线性回归模型。

3.1.8　地理探测器模型

地理探测器模型是探测空间分异性，以及揭示其背后驱动力的一组统计学方法，2010 年由中国科学院地理科学与资源研究所王劲峰等开发，用以探寻地理空间分区因素对疾病风险的影响机理。其基于这样的假设：如果某个自变量对某个因变量有重要影响，那么自变量和因变量的空间分布应该具有相似性（王劲峰和徐成东，2017）。以往的水资源利用效率驱动因子分析中主要采用传统分析方法如回归模型，这些传统计算模型的使用需要满足诸多假设且数据要求较多，如同方

差性和正态性，而地理探测器模型在应用时没有过多的假设条件，且避免多重共线性，可以克服传统方法处理数据的局限。地理探测器模型的另一个独特优势是探测两因子交互作用于因变量（吕晨等，2017；李颖等，2017；王劲峰和徐成东，2017）。交互作用一般的识别方法是在回归模型中增加两因子的乘积项，检验其统计显著性。然而两因子交互作用不一定就是相乘关系。地理探测器模型通过分别计算和比较各单因子 q 值及两因子叠加后的 q 值，可以判断两因子是否存在交互作用，以及交互作用的强弱、方向、线性还是非线性（方叶兵等，2017；董玉祥等，2017；王劲峰和徐成东，2017）。因此，近年来地理探测器模型作为一种探测某种要素的成因和机理的重要方法，被广泛应用于社会、经济、自然等相关问题的研究中（通拉嘎等，2014；丁悦等，2014；湛东升等，2015；毕硕本等，2015；李涛等，2016；刘彦随和李进涛，2017）。

风险探测：用于判断两个子区域间的属性均值是否有显著的差别，用 t 统计量来检验，即

$$t_{\bar{Y}_{h=1}-\bar{Y}_{h=2}} = \frac{\bar{Y}_{h=1}-\bar{Y}_{h=2}}{\left[\dfrac{\mathrm{Var}(\bar{Y}_{h=1})}{n_{h=1}} + \dfrac{\mathrm{Var}(\bar{Y}_{h=2})}{n_{h=2}}\right]^{1/2}} \tag{3-45}$$

式中，$\bar{Y}_h$ 为子区域 h 内的属性均值，如发病率或流行率；n_h 为子区域 h 内样本数量；Var 为方差（王劲峰和徐成东，2017）。

因子探测：用以探测因子 X_i 多大程度上解释了 Y 的空间分异，用 q 值度量，表达式为

$$q = 1 - \frac{\sum_{h=1}^{L} N_h \sigma_h^2}{N\sigma^2} \tag{3-46}$$

式中，q 为影响因素对水资源绿色效率的影响力探测值；N 为全区区域个数；N_h 为次一级区域样本数；L 为次一级区域个数；σ 为全区水资源绿色效率方差；σ_h 为次一级区域水资源绿色效率方差。

交互探测：可以定量表征两个影响因子对水资源绿色效率的作用关系。探测的方法是首先分别计算两个因子 X_i 和 X_j 对 Y 的 q 值——$q(X_i)$ 和 $q(X_j)$，并且计算它们交互时的 q 值——$q(X_i \cap X_j)$，并对 $q(X_i)$、$q(X_j)$ 和 $q(X_i \cap X_j)$ 进行比较（王劲峰和徐成东，2017）。两因子交互作用类型如表 3-1 所示。

表 3-1　两因子交互作用类型

判据	交互作用
$q(X_i \cap X_j) < \min(q(X_i), q(X_j))$	非线性减弱
$\min(q(X_i), q(X_j)) < q(X_i \cap X_j) < \max(q(X_i), q(X_j))$	单因子非线性减弱

续表

判据	交互作用
$q(X_i \cap X_j) > \max(q(X_i), q(X_j))$	双因子增强
$q(X_i \cap X_j) = q(X_i) + q(X_j)$	独立
$q(X_i \cap X_j) > q(X_i) + q(X_j)$	非线性增强

地理探测器软件使用步骤包括：

（1）数据的收集与整理。这些数据包括因变量 Y 和自变量数据 X。自变量应为类型量，如果自变量为数值量，则需要进行离散化处理。离散可以基于专家知识，也可以直接等分或使用分类算法（如 k-means 等）。

（2）将样本 (Y, X) 读入地理探测器软件，然后运行软件，结果主要包括 4 个部分：比较两区域因变量均值是否有显著差异；自变量 X 对因变量的解释力；不同自变量对因变量的影响是否有显著的差异；这些自变量对因变量影响的交互作用（杨忍等，2016；李进涛等，2018）。

地理探测器探测两变量 Y 和 X 的关系时，对于面数据（多边形数据）和点数据有不同的处理方式。对于面数据，两变量 Y 和 X 的空间粒度经常是不同的。例如，因变量 Y 为疾病数据，一般以行政单元记录；环境自变量或其代理变量 X 的空间格局往往是循自然因素或经济社会因素而形成的，如不同水文流域、地形分区、城乡分区等。因此，为了在空间上匹配这两个变量，首先将 Y 均匀空间离散化，再将其与 X 分布叠加，从而提取每个离散点上的因变量和自变量值（Y，X）。格点密度可以根据研究的目标而提前指定，如果格点密度大，计算结果的精度会较高，但是计算量也会较大。因此，在实际操作时必须要考虑精度与效率的平衡。对于点数据，如果观测数据是通过随机抽样或系统抽样而得到的，并且样本量足够大，可以代表总体，则可以直接利用此数据在地理探测器软件中进行计算。如果样本有偏，不能代表总体，则需要用一些纠偏的方法对数据进一步处理之后再在地理探测器软件中进行计算（杨忍等，2015；王录仓等，2017；周亮等，2017；宋涛等，2017）。

3.1.9　探索性空间数据分析方法

探索性空间数据分析（exploratory spatial data analysis，ESDA）方法是一系列空间数据分析技术和方法的集合，是空间计量经济学和空间统计学的基础研究领域，用来描述数据的空间分布规律并用可视化的方法表达，识别空间数据的异常值，检测某些现象的空间集聚效应，探讨数据的空间结构，以及揭示现象之间的空间相互作用机制（Anselin，1995；Messner et al.，1999）。空间自相关分析是 ESDA

技术的核心内容之一，它是以空间关联测度为核心，通过对数据的空间依赖性和空间异质性研究，来帮助解决水足迹强度的空间关联格局问题（孙才志等，2013）。全局 Moran's I 指数是常用的空间自相关指数，用来判断要素的属性分布是否有统计上显著的聚集现象或分散现象，局部 Moran's I 指数可以描述同类型或不同类型要素的空间集聚程度。结合 Moran 散点图和局部 Moran's I 指数做出的局部空间自相关（local indicators of spatial association，LISA）集聚地图可以直观地显示不同要素的集聚类型和显著性水平。

1. 全局 Moran's I 指数

全局 Moran's I 指数计算公式是

$$I = \frac{\sum_{i=1}^{n} \sum_{j \neq i}^{n} W_{ij} z_i z_j}{\sigma^2 \sum_{i=1}^{n} \sum_{j \neq i}^{n} W_{ij}} \tag{3-47}$$

式中，n 为观察值的数目；z_i 为 x_i 的标准化变换，x_i 为在位置 i 的观察值，$z_i = \frac{x_i - \bar{x}}{\sigma}$，$\bar{x} = \frac{1}{n}\sum_{i=1}^{n} x_i$；$\sigma^2 = \frac{1}{n}\sum_{i=1}^{n}(x_i - \bar{x})^2$；$W_{ij}$ 为空间单元 i 和 j 的权重。全局 Moran's I 指数值介于 $-1 \sim 1$，$[-1, 0)$、0 和 $(0,1]$ 分别为负相关、不相关和正相关。按照假定的空间数据分布可以计算全局 Moran's I 指数的期望值和期望方差。

对于随机分布假设：

$$E(I) = -\frac{1}{n-1} \tag{3-48}$$

$$\text{Var}(I) = \frac{n[(n^2 - 3n + 3)s_1 - ns_2 + 3s_0^2] - k[(n^2 - n)s_1 - 2ns_2 + 6s_0^2]}{s_0^2(n-1)(n-2)(n-3)} \tag{3-49}$$

式中，$s_0 = \sum_{i=1}^{n} \sum_{j=1}^{n} W_{ij}$；$s_1 = \frac{1}{2}\sum_{i=1}^{n} \sum_{j=1}^{n}(W_{ij} + W_{ji})^2$；$s_2 = \sum_{i=1}^{n}\left(\sum_{j=1}^{n} W_{ij} + \sum_{j=1}^{n} W_{ji}\right)^2$；$k = \left[\sum_{i=1}^{n}(x_i - \bar{x})^4\right]\Big/\left[\sum_{i=1}^{n}(x_i - \bar{x})^2\right]^2$。原假设是没有空间自相关，根据下面标准化统计量参数正态分布表可以进行假设检验：

$$Z = \frac{I - E(I)}{\sqrt{\text{Var}(I)}} \tag{3-50}$$

通过行标准化的空间权重矩阵计算的全局 Moran's I 指数值介于 $-1 \sim 1$，

[−1, 0)、0 和(0,1]分别为空间负相关、空间不相关和空间正相关。全局 Moran's I 指数如果是正的而且显著,表明具有正的空间相关性,即在一定范围内各位置的值是相似的;如果是负值而且显著,则具有负的空间相关性,数据之间不相似;接近于 0 则表明数据的空间分布是随机的,没有空间相关性。

2. 局部 Moran's I 指数

全局 Moran's I 指数只能判断观测值在整个研究范围的关联程度与差异程度,不能判断研究范围内部的具体空间集聚特征及其显著性。局部 Moran's I 指数的提出解决了这一问题。每个区域单元的 LISA 是描述该区域单元周围显著的相似值区域单元之间空间集聚程度的指标,所有区域单元 LISA 总和与全域的空间自相关指标成比例。对某个空间位置 i 的局部 Moran's I 指数(Anselin,1995)定义是

$$I_i(d) = z_i \sum_{j \neq i}^{n} W_{ij}' z_j \qquad (3\text{-}51)$$

该指数是正值,表示同样类型要素属性值的地区相邻近,负值表示不同类型要素属性值的地区相邻近,该指数值的绝对值越大邻近程度越大。用 Z 统计量可以检验局部 Moran's I 指数的显著性。

3.1.10　空间计量模型

空间经济计量学(spatial econometrics)由荷兰经济计量学家 Paelinck 提出,后经 Anselin 等发展,最终形成了学科框架体系。空间经济计量学主要应用于空间效应的设定、模型的估计、模型的检验以及预测等,目前空间经济计量学广泛应用于区域科学、地理经济学、城市经济学和发展经济学等领域。随着空间经济计量学的发展,其已经形成了一系列有效的理论和实证研究方法。该方法不仅在上述领域的研究日益拓深,还为人文地理学、自然地理学、社会学、环境科学、公共卫生学、犯罪学等学科提供了重要分析工具,开拓了新的研究思路。

作为计量经济学的一个分支,空间经济计量学研究的是在横截面数据和面板数据的回归模型中处理空间相互作用(即空间依赖性)和空间结构(即空间异质性)。主流经济学分析往往忽略了空间相关性问题,普遍使用忽略了空间效应的普通最小二乘法(ordinary least squares,OLS)进行模型估计,于是存在偏差的模型的设定问题,进而得出的各种计算结果和推论分析不够完整和科学,缺乏应有的解释力(吴玉鸣,2007)。空间经济计量学改变了传统经济计量学空间区域数据无关联和匀质性的假定,将空间关联权重矩阵纳入回归分析模型中,考虑了空间依赖性对区域经济活动的影响,使得模型估计更加贴近客观事实。空间依赖性体

现出的空间效应,可以用以下两种基础模型来表征和刻画:当变量间的空间依赖性对模型显得非常关键而导致了空间相关时,即为空间滞后模型;当模型的误差项在空间上相关时,即为空间误差模型。

1. 空间经济计量学方法

空间经济学最早来源于地理学,随后发展成为一门独立的学科——空间经济学,经过与计算机技术、运筹学等学科融合衍生成为空间经济计量学。空间经济计量学是基于对地理学思想的吸收,并运用运筹学、计算机技术和统计学等知识来处理空间截面数据和面板数据,研究区域之间经济行为在空间上交互作用的一门综合学科。地区之间的经济地理行为之间一般都存在一定程度的空间交互作用,即空间效应,包括空间依赖性和空间异质性。Anselin(1988)对此给予了更详细的解释。

在地理空间数据的现实经济研究中,普遍忽视空间效应,需要深入研究。一般而言,空间依赖性和空间异质性是在经济研究中出现不恰当的模型识别和设定所忽略的空间效应主要的两个来源(Anselin,1988)。

1) 空间依赖性

空间依赖性也称空间自相关性,是空间效应识别的第一个来源,它产生于空间组织观测单元之间缺乏依赖性的考察。而且,Anselin 进一步区别了真实空间依赖性和干扰空间依赖性的不同。真实的空间依赖性反映现实中存在的空间交互作用,如区域创新的扩散、经济要素的流动、技术的溢出等,它们是区域间经济或创新差异演变过程中的真实成分,是确实存在的空间交互影响,如劳动力、资本流动等耦合形成的经济行为在空间上相互影响、相互作用,研发的投入产出行为及政策在地理空间上的示范作用和激励效应。相反,干扰空间依赖性可能来源于测量问题,例如,创新研究过程中的空间模式与观测单元之间边界的不匹配,造成相邻地理空间单元出现测量误差。测量误差是在调查过程中,数据的采集与空间单位不同造成的。例如,数据一般是按照省级行政区划统计的,这种空间单元与研究问题的实际边界可能不一致,这样就很容易产生测量误差。空间依赖性不仅意味着空间上的观测值缺乏独立性,还意味着存在于这种空间相关中的数据结构,也就是说,空间相关的强度及模式由绝对位置和相对位置共同决定。空间相关性表现出的空间效应可以用空间误差模型和空间滞后模型来刻画(Anselin,1988)。

2) 空间异质性

空间异质性是空间经济计量学模型识别的第二个来源。空间异质性指地理空间上的地区缺乏均质性,存在发达地区和落后地区经济地理结构,从而导致经济社会发展和创新行为存在较大的空间上的差异性。空间差异性反映了经济实践中空间观测单元之间经济行为关系的一种不稳定性。对于空间异质性,需要考虑单元的特性,大多可以通过经典的空间异质性来估计。但是,当空间异质性与空间依赖性同时存在时，经典的经济计量学方法不再有效。这种情况下，问题变得复杂，区分空间依赖性和空间异质性比较困难。

如表 3-2 所示，空间经济计量学始于计量革命及区域经济学者对空间概念重要性的认识。

表 3-2　空间经济计量学发展时间表

代表人物及时间	主要观点
Moran（1950）	首次引出空间自相关测度
Matheron（1963，1967）	提出地理统计的克里金方法
Cliff 和 Ord（1974，1982）	明确定义"空间自相关"概念，提出了空间依赖度统计评估步骤，奠定了空间回归模型的基础
Paelinck（1974）	在荷兰统计协会年会上首次提出"空间经济计量学"（spatial econometrics）这一名词
Paelinck 和 Klaassen（1979）	进一步定义空间经济计量学的 6 个研究领域
Tobler（1979）	提出地理学第一定律
Anselin（1988）	发表的《空间经济计量学方法和模型》成为空间经济计量学发展的里程碑
Getis 和 Ord（1992）	提出 G 统计量聚焦于空间异质性的局域统计
Anselin（1995）	提出 LISA 空间自相关的局域指标
Florax 和 Folmer（1992）	提出空间依赖的简单诊断测试（simple diagnostic tests for spatial dependence）
Getis 和 Ying（1997）	提出空间滤波（spatial filter）
Kelejian 和 Prucha（2007）	提出 GM 广义矩估计
LeSage（1999）	开发出 Web book + MATLAB 代码
Andrews 和 Marmer，Baltagi，Lee，Pesaran 和 Timmermann，Robinson（21 世纪初期）	计量经济学著作中开始出现空间经济计量学的正规介绍
Anselin（2003），Fingleton（2003），Audretsch（2003）	前沿动态指向了空间外部性及其溢出的分析
Anselin，Elhorst，LeSage，Baltagi（21 世纪初期）	空间计量拓展到传统的面板数据模型中

2. 空间权重矩阵设定

空间权重矩阵的设定直接影响空间计量模型的估计，在空间计量领域具有重要意义。定义一个二元对称空间权重矩阵 W 来表达 n 个空间对象的空间邻近关系，可根据邻接性标准或空间距离标准来度量。对中国各省（区、市）水资源利用效率的空间依赖性或空间自相关的测度研究是基于各省（区、市）之间的权重假设进行的。常用邻接性关系由 0 和 1 两个值表达，两个省（区、市）邻接关系为 0 表示不相邻，1 表示相邻。基于邻接标准的空间权重矩阵的元素定义如下：

$$W_{ij} = \begin{cases} 1\,(i\,与\,j\,相邻) \\ 0\,(i = j\,或\,i\,与\,j\,不相邻) \end{cases} \tag{3-52}$$

这种 0-1 邻接关系忽略了两个省（区、市）实际地理距离产生的影响，文献（孙才志等，2013；赵良仕和孙才志，2013）使用了基于距离函数的空间邻接关系，这种定义下的空间权重矩阵考虑到两个省份空间距离近的相互影响较大，而相离较远的相互影响较小。基于距离函数的空间权重矩阵的元素定义如下：

$$W_{ij}^* = \begin{cases} 0\,(i = j) \\ 1\,/\,d_{ij}\,(i \neq j) \end{cases} \tag{3-53}$$

式中，d_{ij} 为省份 i 和省份 j 重心点之间的距离。空间权重矩阵 W^* 是对称的，从建模角度来看这种对称性权重假设是方便的，但是并不能完全体现各个省份之间经济上的相互影响。

各省（区、市）的经济水平都不相同，两个省（区、市）之间经济上的相互关系不可能完全一样，因此现实中的两个省（区、市）非对称性的权重假设更为合理。本书使用 GDP 来衡量一个省（区、市）对另一个省（区、市）的权重大小，这样构造非对称性权重的一个原因是 GDP 可能影响水资源利用效率的溢出效应。基于非对称的经济-距离函数的空间权重矩阵 W 的元素定义如下：

$$W_{ij} = \begin{cases} 0\,(i = j) \\ \left(\dfrac{\mathrm{GDP}_i}{\mathrm{GDP}_j}\right)^{1/2} \cdot \dfrac{1}{d_{ij}}\,(i \neq j) \end{cases} \tag{3-54}$$

式中，GDP_i 和 GDP_j 分别为省（区、市）i 和省（区、市）j 的 GDP；$\dfrac{\mathrm{GDP}_i}{\mathrm{GDP}_j}$ 为省（区、市）i 对省（区、市）j 的经济权重，由此可见 W 是非对称的。以下本书中涉及的空间权重矩阵 W 是把上面基于经济-距离函数定义的空间权重矩阵进行标准化处理，即每一行的元素和为 1。

3. 空间计量模型及估计方法

1）空间滞后模型

为了研究各变量在一个地区是否有扩散现象（溢出效应），采用空间滞后模型。其空间固定效应模型表达式为

$$y_{it} = \rho \sum_{j=1}^{N} W_{ij} y_{jt} + X_{it}\beta + \mu_i + \varepsilon_{it} \tag{3-55}$$

或者记为

$$Y = \rho(I_T \otimes W_N)Y + X\beta + \mu + \varepsilon \tag{3-56}$$

式中，Y 为因变量；X 为 $NT \times K$ 个外生解释变量矩阵；ρ 为空间自回归系数，反映了样本观测值中的空间依赖作用，即相邻区域的观测值对该地区观测值 Y 的影响方向和大小；β 为回归系数；W_N 为 $N \times N$ 阶的空间权重矩阵；$(I_T \otimes W_N)Y$ 为空间滞后因变量；I_T 为 T 阶单位矩阵；$\otimes$ 为两个矩阵的克罗内克乘积；μ 为与个体有关与时期无关的随机误差扰动项；ε 为与时期和个体均无关的随机误差扰动项。

参数 β 反映了自变量 X 对因变量 Y 的影响，空间滞后因变量 $(I_T \otimes W_N)Y$ 是一个内生变量，反映了空间距离对区域行为的作用。区域行为受到文化环境及与空间距离有关的迁移成本的影响，具有很强的地域性。由于空间滞后模型与时间序列中自回归模型相类似，也被称为空间自回归模型。

由于空间面板数据计量模型中包含了空间滞后项，固定效应模型估计变得复杂（Anselin, 2006）。首先由于 $\sum_{j=1}^{N} W_{ij} y_{jt}$ 的内质性拒绝了标准回归模型 $\sum_{j=1}^{N} W_{ij} y_{jt} = 0$ 的假设。其次每个观测点的空间依赖性影响了固定效应的估计。对于空间面板数据计量模型的估计，Elhorst（2003）推导了面板数据的空间滞后计量模型的极大似然函数，具体的估计过程如下。

第一步，把面板数据记作横截面数据，令 $Y = [y_{11}, \cdots, y_{N1}, \cdots, y_{1T}, \cdots, y_{NT}]^T$ 为 y_{it} 整合的 $NT \times 1$ 矩阵；X 为 x_{it} 整合的 $NT \times k$ 矩阵；$y_{it}^* = y_{it} - \frac{1}{T}\sum_{t=1}^{T} y_{it}$，$x_{it}^* = x_{it} - \frac{1}{T}\sum_{t=1}^{T} x_{it}$；$Y^* = [y_{11}^*, \cdots, y_{N1}^*, \cdots, y_{1T}^*, \cdots, y_{NT}^*]^T$ 为 y_{it}^* 整合的 $NT \times 1$ 矩阵；X^* 为 x_{it}^* 整合的 $NT \times k$ 矩阵。

第二步，令 b_0 和 b_1 分别为 Y^* 和 $(I_T \otimes W)Y^*$ 在 X^* 上的 OLS 估计，e_0 和 e_1 分别为相应的残差向量。ρ 的极大似然估计可以由下面的极大似然函数得到：

$$\ln L = C - \frac{NT}{2}\ln[(e_0^* - \rho e_1^*)^T (e_0^* - \rho e_1^*)] + T\ln|I_N - \rho W| \tag{3-57}$$

式中，C 为一个不依赖 ρ 的常量。这个最大化问题仅仅能从数量上计算，因为关于 ρ 的一个闭包解不存在。这个集中对数似然函数关于 ρ 是凹的，这个数量解是唯一的（Anselin and Hudak, 1992）。

第三步，计算 β 和 σ^2 的估计值，给出 ρ 的数量估计。

$$\beta = b_0 - \rho b_1 = (X^{*T}X^*)^{-1}X^{*T}[Y^* - \rho(I_T \otimes W)Y^*] \tag{3-58}$$

$$\sigma^2 = \frac{1}{NT}(e_0^* - \rho e_1^*)^T (e_0^* - \rho e_1^*) \tag{3-59}$$

第四步，计算回归参数的渐进方差矩阵。根据 Elhorst 和 Freret（2007）提出的形式，这个矩阵可以构造如下：

$$
\text{AsyVar}(\beta, \rho, \sigma^2)
$$

$$
= \begin{bmatrix}
\dfrac{1}{\sigma^2} \boldsymbol{X}^{*\text{T}} \boldsymbol{X}^* & & \\
\dfrac{1}{\sigma^2} \boldsymbol{X}^{*\text{T}} (\boldsymbol{I}_T \otimes \widetilde{\boldsymbol{W}}) \boldsymbol{X}^* \beta & \begin{array}{l} \text{tr}(\widetilde{\boldsymbol{W}}\widetilde{\boldsymbol{W}} + \widetilde{\boldsymbol{W}}^{\text{T}} \widetilde{\boldsymbol{W}}) \\ + \dfrac{1}{\sigma^2} \beta^{\text{T}} \boldsymbol{X}^{*\text{T}} (\boldsymbol{I}_T \otimes \widetilde{\boldsymbol{W}}^{\text{T}} \widetilde{\boldsymbol{W}}) \boldsymbol{X}^* \beta \end{array} & \\
0 & \dfrac{T}{\sigma^2} & \dfrac{NT}{2\sigma^4}
\end{bmatrix}^{-1}
$$

$$\tag{3-60}$$

式中，$\widetilde{\boldsymbol{W}} = \boldsymbol{W}(\boldsymbol{I}_N - \rho\boldsymbol{W})^{-1}$；tr 指一个矩阵的迹。

2）空间误差模型

固定效应的空间误差模型（spatial error model，SEM）的数学表达式为

$$
\begin{aligned}
y_{it} &= X_{it}\beta + \mu_i + \phi_{it} \\
\phi_{it} &= \lambda \sum W_{ij}\phi_{it} + \varepsilon_{it}
\end{aligned}
\tag{3-61}
$$

或者记为

$$
\begin{aligned}
\boldsymbol{Y} &= \boldsymbol{X}\beta + \mu + \boldsymbol{\phi} \\
\boldsymbol{\phi} &= \lambda(\boldsymbol{I}_T \otimes \boldsymbol{W}_N)\boldsymbol{\phi} + \varepsilon
\end{aligned}
\tag{3-62}
$$

式中，μ 为与个体有关而与时期无关的随机误差扰动项；ε 为与时期和个体均无关的随机误差扰动项；λ 为因变量向量的空间误差系数；ϕ 为正态分布的随机误差向量。SEM 中参数 β 反映了自变量 $\boldsymbol{X}$ 对因变量 $\boldsymbol{Y}$ 的影响，参数 λ 衡量了样本观察值中存在于扰动误差项之中的空间依赖性，度量了邻近地区关于因变量的误差冲击对本地区观察值的影响程度。由于空间误差模型与时间序列中的序列相关问题类似，也被称为空间自相关模型。

Anselin 和 Hudak（1992）给出了如何从一个线性回归模型到包含空间误差项的空间误差计量模型的参数 β、ρ、σ^2 的极大似然函数估计方法。与空间滞后模型估计方法类似，空间误差模型的对数极大似然函数为

$$
\ln L = -\frac{NT}{2}\ln(2\pi\sigma^2) + T\ln|\boldsymbol{I}_N - \rho\boldsymbol{W}|
$$

$$
- \frac{1}{2\sigma^2} \sum_{i=1}^{N} \sum_{t=1}^{T} \left\{ y_{it}^* - \lambda\left(\sum_{j=1}^{N} W_{ij}y_{jt}\right)^* - \left[X_{it}^* - \lambda\left(\sum_{j=1}^{N} W_{ij}X_{jt}\right)^*\right]\beta \right\}^2
\tag{3-63}
$$

给定了 ρ、β 和 σ^2 的估计值，可以从它们的一阶最大化条件中求解，如下：

$$\beta = \{[\boldsymbol{X}^* - \lambda(\boldsymbol{I}_T \otimes \boldsymbol{W})\boldsymbol{X}^*]^{\mathrm{T}}[\boldsymbol{X}^* - \lambda(\boldsymbol{I}_T \otimes \boldsymbol{W})\boldsymbol{X}^*]\}^{-1} \tag{3-64}$$
$$\times [\boldsymbol{X}^* - \lambda(\boldsymbol{I}_T \otimes \boldsymbol{W})\boldsymbol{X}^*]^{\mathrm{T}}[\boldsymbol{X}^* - \lambda(\boldsymbol{I}_T \otimes \boldsymbol{W})\boldsymbol{X}^*]$$

$$\sigma^2 = \frac{\boldsymbol{e}(\rho)^{\mathrm{T}}\boldsymbol{e}(\rho)}{NT} \tag{3-65}$$

式中，$\boldsymbol{e}(\rho) = \boldsymbol{Y}^* - \lambda(\boldsymbol{I}_T \otimes \boldsymbol{W})\boldsymbol{Y}^* - [\boldsymbol{X}^* - \lambda(\boldsymbol{I}_T \otimes \boldsymbol{W})\boldsymbol{X}^*]\beta$。

最后，计算回归参数的渐进方差矩阵，如下：

$$\mathrm{AsyVar}(\beta, \rho, \sigma^2)$$

$$= \begin{bmatrix} \dfrac{1}{\sigma^2}\boldsymbol{X}^{*\mathrm{T}}\boldsymbol{X}^* & & \\ 0 & \mathrm{tr}\left(\widetilde{\widetilde{\boldsymbol{W}}}\widetilde{\widetilde{\boldsymbol{W}}} + \widetilde{\widetilde{\boldsymbol{W}}}^{\mathrm{T}}\widetilde{\widetilde{\boldsymbol{W}}}\right) & \\ & + \dfrac{1}{\sigma^2}\boldsymbol{\beta}^{\mathrm{T}}\boldsymbol{X}^{*\mathrm{T}}(\boldsymbol{I}_T \otimes \widetilde{\boldsymbol{W}}^{\mathrm{T}}\widetilde{\boldsymbol{W}})\boldsymbol{X}^*\boldsymbol{\beta} & \\ 0 & \dfrac{T}{\sigma^2}\mathrm{tr}(\widetilde{\widetilde{\boldsymbol{W}}}) & \dfrac{NT}{2\sigma^4} \end{bmatrix}^{-1} \tag{3-66}$$

式中，$\widetilde{\widetilde{\boldsymbol{W}}} = \boldsymbol{W}(\boldsymbol{I}_N - \rho\boldsymbol{W})^{-1}$。

4. 空间计量模型的假设检验

1）Hausman 检验

通过 Hausman 检验可以确定空间计量模型采取固定效应或随机效应（Baltagi et al.，2007）。原假设记为 $H_0 : h = 0$，即应采取随机效应。

$$h = d^{\mathrm{T}}[\mathrm{var}(d)]^{-1}d \tag{3-67}$$

$$d = \hat{\beta}_{\mathrm{FE}} - \hat{\beta}_{\mathrm{RE}} \tag{3-68}$$

$$\mathrm{Var}(d) = \hat{\sigma}_{\mathrm{RE}}^2(\boldsymbol{X}^{\mathrm{T}}\boldsymbol{X})^{-1} - \hat{\sigma}_{\mathrm{FE}}^2(\boldsymbol{X}^{*\mathrm{T}}\boldsymbol{X}^*)^{-1} \tag{3-69}$$

一般计量模型的 Hausman 检验服从 K 个自由度的二次卡方分布。Hausman 检验可以扩展到空间计量模型，因为空间滞后或者误差计量模型多一个额外的解释变量，统计量 $d = [\hat{\beta}^{\mathrm{T}}\hat{\delta}]_{\mathrm{FE}}^{\mathrm{T}} - [\hat{\beta}^{\mathrm{T}}\hat{\delta}]_{\mathrm{RE}}^{\mathrm{T}}$ 服从 $K + 1$ 个自由度二次卡方分布。如果原假设被拒绝，随机效应设定被拒绝，应采用固定效应进行模型估计。

2）LM 检验

由于事先无法根据先验经验推断在空间滞后模型和空间误差模型中是否存在空间依赖性和空间误差性，有必要构建一种判别准则，以决定哪种空间模式更加符合实际。在对一组变量进行分析时，究竟是选用空间滞后模型还是空间误差模型更为合适？Anselin 等（1996）提出如下判别标准，如果在空间依赖性的检验中发现，LMLAG 比 LMERR 在统计上更为显著，且稳健 LMLAG 显著而稳健 LMERR 不显著，则可以断定适合的模型是空间滞后模型；相反，如果 LMERR 比 LMLAG 更显著，且稳健 LMERR 显著而稳健 LMLAG 不显著，则可以断定空间误差模型是适合的。Anselin（2006）把两个 LM 空间滞后检验推广到空间面板数据计量模型，如下：

$$\text{LMLAG} = \frac{[e^{\mathrm{T}}(I_T \otimes W)Y\hat{\sigma}^{-2}]^2}{J} \qquad (3\text{-}70)$$

$$\text{LMERR} = \frac{[e^{\mathrm{T}}(I_T \otimes W)e\hat{\sigma}^{-2}]^2}{TT_W} \qquad (3\text{-}71)$$

式中，$\otimes$ 为克罗内克乘积；I_T 为 T 阶单位矩阵；e 为不带任何空间效应和时间效应的混合回归估计的残差向量。J 和 T_W 定义如下：

$$J = \frac{1}{\hat{\sigma}^2}\{[(I_T \otimes W)X\hat{\beta}]^{\mathrm{T}}[I_{NT} - X(X^{\mathrm{T}}X)^{-1}X^{\mathrm{T}}](I_T \otimes W)X\hat{\beta}TT_W\hat{\sigma}^2\}$$

$$\qquad (3\text{-}72)$$

$$T_W = \text{tr}(WW + W^{\mathrm{T}}W) \qquad (3\text{-}73)$$

空间面板数据计量模型的稳健 LM 空间滞后检验采取以下形式：

$$\text{稳健LMLAG} = \frac{[e^{\mathrm{T}}(I_T \otimes W)Y\hat{\sigma}^{-2} - e^{\mathrm{T}}(I_T \otimes W)e\hat{\sigma}^{-2}]^2}{J - TT_W} \qquad (3\text{-}74)$$

$$\text{稳健LMERR} = \frac{[e^{\mathrm{T}}(I_T \otimes W)e\hat{\sigma}^{-2} - [TT_W / J]e^{\mathrm{T}}(I_T \otimes W)Y\hat{\sigma}^{-2}]^2}{TT_W[1 - TT_W / J]^{-1}} \qquad (3\text{-}75)$$

3.2　数据来源及指标选取与处理

3.2.1　数据来源

本书使用了 2000～2015 年中国 31 个省（区、市）（不含香港、澳门、台湾）的水资源投入与产出数据，所有数据均来源于《中国统计年鉴》《中国环境年鉴》、各地区统计年鉴（2001～2016 年）以及《中国水资源公报》、各地区水资源公报（2000～2015 年）和《新中国六十年统计资料汇编》。

3.2.2　指标选取与处理

具体选取指标说明如下。

（1）水足迹：水足迹体现的是人类对水资源消费的真实占有，也反映了经济-社会-生态环境系统生产投入的真实的水资源量。

（2）劳动力：用三大产业从业人员衡量生产过程中实际投入的劳动量。

（3）资本投入：以 1997 年为基期的资本存量作为资本投入。

（4）GDP：以 1990 年为基期的 GDP 作为期望产出。

（5）SDI：本书参照文献（朱庆芳，2001），建立指标体系如表 3-3 所示，本书将其作为期望产出。

表 3-3　社会维度的指标体系

一级指标	二级指标	指标类型
人口控制 x_1	人口自然增长率	成本型
城市化水平 x_2	非农业人口比例	效益型
政府对科教的重视程度 x_3	科教事业费用占财政支出比例	效益型
高素质人口比例 x_4	大专以上文化程度人口占总人口比例	效益型
医疗资源占有情况 x_5	每万人医生数	效益型

（6）灰水足迹：灰水足迹是指为了稀释社会经济系统排放的污染物以达到相关水质标准的水资源需求量（孙才志等，2016；韩琴等，2016），本书将其作为非期望产出。

个别指标的处理方法如下。

（1）水足迹。本书从消费角度运用自下而上的方法计算水足迹，以反映经济-社会-生态环境系统生产投入的真实的水资源量。

（2）资本存量。本书运用永续盘存法计算资本存量，计算过程参照单豪杰（2008）的算法，采用 10.96% 的折旧率，对于西藏缺失的固定资产投资价格指数数据，把靠近西藏且与西藏经济发展水平相似的新疆和青海的固定资产投资价格指数的算术平均值作为替代指标。

（3）社会发展指数，其计算公式如下：

$$P_i = \sum_{j=1}^{n} \omega_j R_{ij} \tag{3-76}$$

式中，n 为指标的数量；ω_j 为各指标的权重；R_{ij} 为各指标标准化后的比重；P_i 为某年区域系统社会发展状态的指数值，P_i 值越大，社会发展能力就越强，反之越弱。

上述指标采用极值法对其进行标准化处理，而后用熵值法（朱喜安和魏国栋，2015）确定各指标的权重，为避免出现 0 和 1 的边界问题，本书在对指标做归一化处理之前分别将每个指标的最大值提升 10%，最小值降低 10%，对于不同类型的指标，其归一化分别采用如下方法进行处理：

$$效益型指标：x_{ij}^* = \frac{x_{ij} - \min_j}{\max_j - \min_j} \tag{3-77}$$

$$成本型指标：x_{ij}^* = \frac{\max_j - x_{ij}}{\max_j - \min_j} \tag{3-78}$$

式中，x_{ij} 为第 i 项指标的第 j 年原始数值；x_{ij}^* 为 x_{ij} 的归一化值；$\max_j$ 和 $\min_j$ 分别为第 i 项指标在研究期间所有数据的最大值和最小值。

第4章 中国水资源特征

4.1 水资源基本特征

我国江河众多，流域面积在 100km^2 以上的河流有 5 万多条，1000km^2 以上的约有 1500 条。但受气候和地形的影响，河流分布很不均匀，西北内陆因雨水较少，气候干旱，河流也较少，东部季风区湿润且雨水丰沛，因此绝大部分河流分布在我国东部。我国 1km^2 以上的湖泊有 2300 多个，总面积 7187km^2，约占土地面积的 0.8%；湖水总储量约为 7088 亿 m^3，其中淡水量占 32%。我国还有丰富的冰川资源，共有冰川 43 000 余条，集中分布在西部地区，总面积 58 700km^2，占亚洲冰川总量的一半以上，总储量约 52 000 亿 m^3。

4.1.1 我国水资源拥有量现状及原因

国际上对水资源总量的计算有不同方法，国外多以河川径流量作为水资源总量，而我国除河川径流地表水量外，还包括一部分地下水资源量。因此，通常所说的水资源是指陆地表面及表层中短期内可补给更新的淡水资源，它包括地表水资源和地下水资源两部分。地表水资源通常可由地表水体的动态水量即河川径流量来表示，地下水资源一般是以埋藏浅、补给条件好、容易更新、可恢复的浅层地下水资源来表征。

我国平均年降水量为 61 889 亿 m^3，平均降水深 648.4mm，年均河川径流量 27 115 亿 m^3，合径流深 284.1mm。河川径流主要靠降水补给，由冰川补给的只有 500 亿 m^3 左右。我国多年平均年水资源总量为 28 124 亿 m^3，其中多年平均河川径流量为 27 115 亿 m^3，多年平均地下水资源量为 8288 亿 m^3，重复计算水量为 7279 亿 m^3。我国水资源总量不少，仅次于巴西、俄罗斯、加拿大，居世界第 4 位。由于中国人口众多，人均水资源占有量低。1995 年人均水资源占有量为 2300m^3，仅为世界平均值的 1/4，世界排名第 110 位，被联合国列为 13 个贫水国家之一。按照国际公认的标准，人均水资源占有量低于 3000m^3 为轻度缺水；人均水资源占有量低于 2000m^3 为中度缺水；人均水资源占有量低于 1000m^3 为重度缺水；人均水资源占有量低于 500m^3 为极度缺水。中国有 16 个省（区、市）人均水资源占有量（不包括过境水）低于重度缺水线，有 6 个省（区）（宁夏、河北、山东、河南、山西、江苏）人均水资源占有量低于 500m³，为极度缺水地区。我国黄河流域（片）、淮河流域（片）、海河流域（片）人均水资源占有量在 350～750m³，松辽河流域（片）人均水资源占有量为 1700m³，这些地区的用水紧张情况将长期存在（刘永懋等，2001）。

我国水资源总量虽较为丰富，但人均水资源占有量与耕地单位面积占水量较为匮乏，我国耕地单位面积占水量只有 116.67 万 m²，相当于世界平均水平 160 万 m² 的 3/4 左右，从人均和亩均水量来看，我国水资源短缺严重。其原因主要有：人口数量的逐渐增多和生活水平的不断提高，城市化用水标准提高；工业用水效率低，用水量增长极快；农业耕地对水的需求量很大；围湖造田、森林砍伐等人类活动破坏了地表水环境以及对地下水的过量开采等。

4.1.2 我国水资源分布现状

1）水资源时空分布不均，年际、年内变化大

我国水资源在时间分配上很不均匀。我国地处中低纬度，主要受季风气候的影响，秋冬季以西北风为主，寒冷少雨，春夏季受东南来的暖湿海洋气团影响，降水量大多集中在 5～9 月，占全年降水量的 70%～75%，最终导致我国河川径流量的年际变化大。年际最大径流和最小径流的比值，长江以南中等河流在 5 以下，北方河流多在 10 以上。径流量的逐年变化存在着明显的丰水期、平水期、枯水期，可能出现连续数年为丰水年或枯水年的交替现象。径流年际变化大和连续丰枯交替出现，致使我国经常发生洪涝、干旱或连涝、连旱问题，给社会生产与人民生活带来不良影响（刘永懋等，2001）。在年径流量时序变化方面，北方主要河流都曾出现过连续丰水年和连续枯水年。例如，海河流域在 20 世纪 80 年代出现了连续枯水年；黄河也曾在 1922～1932 年出现过连续的枯水期，其平均年径流量比正常年份少 24%，并且在 1943～1951 年出现过连续的丰水期，其平均年径流量比正常年份多 19%。这种连续的丰水年及枯水年造成的水旱灾害频繁，是农业生产不稳和水资源供需矛盾尖锐的重要原因。

水资源年内径流分配也不均衡。长江以南地区 60% 的降水多出现在 4～7 月；长江以北地区 80% 以上的降水多出现在 6～9 月；西南地区 70% 左右的降水多集中在 6～10 月。短期内径流过于集中，往往形成洪水，殃及人民（刘永懋等，2001）。

2）水资源地域分布极不均匀，南北部、东西部差距悬殊

我国水资源南多北少，东多西少，与人口、耕地、矿产等资源分布极不匹配。长江流域及其以南地区占全国陆地面积的 36.5%，却拥有全国 80.9% 的水资源；长江以北诸水系的流域面积约占陆地面积的 63.5%，其水资源总量却只占全国的 19.1%，其中西北内陆河地区面积占 35.3%，水资源量仅占 4.6%。干旱缺水已成为我国北方地区的主要自然灾害。有关资料表明，北方人均水资源占有量约

$1127m^3$，仅为南方人均占有量的 30%左右。在全国人均水资源占有量不足 $1000m^3$ 的 10 个省（区、市）中，北方地区就占了 8 个，除辽宁省外，其他都集中在华北地区。从耕地与水资源的组合上看，也是北方少，南方多，即北方耕地占全国耕地总面积的 60%以上，而水资源总量仅占 20%左右。水资源地域分布极不均衡的特点，导致我国北方和西北地区常常出现资源性缺水；水资源年际变化大、年内分配不均的特点，是我国半干旱、半湿润和许多地区（包括南方地区）季节性缺水的根本原因（刘永懋等，2001）。

4.1.3 水资源污染和浪费现状

1）水污染态势严重

据中国疾病预防控制中心统计，2012 年我国全年污水排放量超过 620 亿 t，其中未经任何处理就直接排入天然水体的污水超过 80%，全国 97%城市地下含水层、90%以上的城市地表水体受到污染。在 46 个重点城市中，45.6%水质较差，只有 23%的居民饮用水基本符合卫生标准。在对全国 200 多个城市的地下水水质检测中，水质评价结果为"较差至极差"的监测点比例为 50%以上。据环境保护部发布的《2007 年中国环境状况公报》，全国 197 条河流 407 个监测断面中，符合我国《地表水环境质量标准》（GB 3838—2002） Ⅰ ～Ⅲ类、Ⅳ～Ⅴ类和劣Ⅴ类水质的断面比例分别为 49.9%、26.5%和 23.6%，也就是说，超过一半的水受到较重污染，不能作为饮用水源。七大水系中珠江、长江总体水质良好，松花江为轻度污染，黄河、淮河为中度污染，辽河、海河为重度污染。湖泊富营养化问题突出。

造成水污染严重的原因主要有工业排放废水量大、处理量少、达标率低、地表水污染严重。我国工业生产主要集中在几十个大城市，而这些城市大多建在江岸河畔，人口密度相对较大，由于"三废"处理率低，单位产品的污染物排放量较高，城市下游江段河流水质严重污染，危害人的身体健康。至今，工业废水仍然是我国水域的主要污染源，一般每立方米污水要污染 $20m^3$ 清水。我国由于技术力量薄弱以及资金短缺，废水回收处理能力不足，其规模也远低于发达国家。城市人口增长过快，但城市污水处理设施发展速度极慢；防治水污染的投资少，加之管理体制和政策、技术上的原因，仅有投资不能发挥出应有的效果；企业不重视节约用水，不积极降低排污量，导致水污染难以控制。

2）水资源浪费现象普遍存在

我国是个贫水国家，但浪费水的现象却相当普遍而且非常严重。例如，以严重缺水的黄河流域来说，农业灌溉还是大量采用传统的漫灌方式，2012 年我国生产单位粮食用水是发达国家的 2～2.5 倍。全国农业灌溉用水量约为 3900 亿 m^3/a，占全国总用水量的 70%，但由于全国普遍采用"土渠输水，大水漫灌"的古老方式，水资源浪费现象十分严重，有效利用率只有 20%～40%，而发达国家由于实现了输水渠道防渗化、管道化，大田喷灌、滴灌化，灌溉达到自动化、科学化，水的有效利用率已达 70%～80%。如果把我国灌溉用水有效利用率提高 15%，每年可节水 600 亿 m³，比整个黄河的年水量还多（刘永懋等，2001）。我国工业水的重复利用率只有 50%左右，发达国家却达 70%以上，单位 GDP 用水量是发达国家的 15～100 倍，一些重要产品单位耗水量比国外先进水平高几倍甚至十几倍。

　　由于水价太低，供水技术落后，加之市民节水意识不强，城市生活用水浪费现象普遍存在。据统计，全国城市自来水管网水量损失率高达 20%～30%，再加上使用中的跑、冒、滴、漏，每年约有 10 亿 m³ 的水被浪费（刘永懋等，2001）。专家估计，就马桶漏水一项，每年"漏掉" 5 亿 t，北京市是严重缺水城市，但全市一年单水龙头滴水就浪费掉相当于两个昆明湖的水。

　　我国水资源多头管理，水权分散，尚未形成一个权威的中央统一水管体系。水的开发是国家投资，而用水呈现无政府状态，必然造成用水浪费、水体污染以及产业布局不合理等严重问题（刘永懋等，2001）。

　　综上所述，我国水资源总量虽较为丰富，但人均水资源占有量与耕地单位面积占水量较为匮乏，时空分布不均，水资源污染浪费现象严重。了解水资源基本现状，对于实行水资源一体化统一管理具有重要意义。

4.2　水资源利用现状

4.2.1　我国水资源开发利用的区域差异

　　我国北方各流域水资源利用率较高，部分地区存在水资源过度开发的现象，引发断流、地下水严重超采、河口生态环境恶化等问题。南方各流域水资源利用率均较低，但由于水体受到污染，水质下降，从而产生了污染型缺水。在供水比重方面，北方六区（西北诸河区、松花江区、辽河区、海河区、黄河区、淮河区）供水由地表水与地下水共同支撑，其中地表水约占供水总量的 64%，地下水约占供水总量的 34%。南方四区（东南诸河区、西南诸河区、长江区、珠江区）以地表水供水为主，其供水量占总供水量的 96%左右。

4.2.2　2016 年水资源开发利用情况

　　据水利部统计，2016 年全国供水总量 6040.2 亿 m³，占当年水资源总量的 18.6%。其中，地表水源供水量 4912.4 亿 m³，占供水总量的 81.3%；地下水源供水量 1057.0 亿 m³，占供水总量的 17.5%；其他水源供水量 70.8 亿 m³，占供水总量的 1.2%。全国海水直接利用量 887.1 亿 m³，主要作为火（核）电的冷却用水。海水直接利用量较多的省份为广东、浙江、福建、辽宁、山东和江苏，分别为 317.0 亿 m³、189.6 亿 m³、127.1 亿 m³、71.7 亿 m³、59.6 亿 m³ 和 52.2 亿 m³，其余沿海省份大多也有一定数量的海水直接利用量。

2016 年，全国用水总量 6040.2 亿 m³。其中，生活用水 821.6 亿 m³，占用水总量的 13.6%；工业用水 1308.0 亿 m³，占用水总量的 21.6%；农业用水 3768.0 亿 m³，占用水总量的 62.4%；生态用水 142.6 亿 m³，占用水总量的 2.4%。2016 年，全国耗水总量 3192.9 亿 m³，耗水率 52.9%。全国废污水排放总量 765 亿 t[①]。

2016 年，全国人均综合用水量 438m³，万元国内生产总值（当年价）用水量 81m³。耕地实际灌溉亩均用水量 380m³，农田灌溉水有效利用系数 0.542，万元工业增加值（当年价）用水量 52.8m³，城镇人均生活用水量（含公共用水）220L/d，农村居民人均生活用水量 86L/d。

4.2.3　供水总量、用水总量及其变化情况

2004～2016 年全国各类型供水总量及用水总量具体数值如表 4-1 所示。

表 4-1　2004～2016 年供水用水情况　　　　　（单位：亿 m³）

供水类型	2004 年	2005 年	2006 年	2007 年	2008 年	2009 年	2010 年
供水总量	5547.80	5632.98	5794.97	5818.67	5909.95	5965.15	6021.99
地表水供水总量	4504.20	4572.19	4706.80	4723.90	4796.42	4839.47	4881.57
地下水供水总量	1026.40	1038.83	1065.52	1069.06	1084.79	1094.52	1107.31
其他供水总量	17.20	21.96	22.70	25.70	28.74	31.16	33.12
用水总量	5547.80	5632.98	5794.97	5818.67	5909.95	5965.15	6021.99
农业用水总量	3585.70	3580.00	3664.45	3599.51	3663.46	3723.11	3689.14
工业用水总量	1228.90	1285.20	1343.76	1403.04	1397.08	1390.90	1447.30
生活用水总量	651.20	675.10	693.76	710.39	729.25	748.17	765.83
生态用水总量	82.00	92.68	93.00	105.73	120.16	102.96	119.77
供水类型	2011 年	2012 年	2013 年	2014 年	2015 年	2016 年	平均值
供水总量	6107.20	6141.80	6183.45	6094.88	6103.20	6040.16	5950.94
地表水供水总量	4953.30	4963.02	5007.29	4920.46	4971.50	4912.40	4827.12

---

① 引自《2016 年中国水资源公报》。

续表

供水类型	2011 年	2012 年	2013 年	2014 年	2015 年	2016 年	平均值
地下水供水总量	1109.10	1134.22	1126.22	1116.94	1069.20	1057.00	1084.55
其他供水总量	44.80	44.55	49.94	57.46	62.50	70.85	39.28
用水总量	6107.20	6141.80	6183.45	6094.86	6103.20	6040.20	5950.94
农业用水总量	3743.60	3880.30	3921.52	3868.98	3851.50	3768.00	3733.79
工业用水总量	1461.80	1423.88	1406.40	1356.10	1334.80	1308.00	1368.24
生活用水总量	789.90	728.82	750.10	766.58	794.20	821.60	740.38
生态用水总量	111.90	108.77	105.38	103.20	122.70	142.60	108.53

　　全国供水总量 2004~2013 年总体缓慢增长，最近几年趋于下降，如图 4-1 所示。其中地表水供水总量、地下水供水总量的变化趋势与供水总量类似，在 2013 年后逐渐减少，其他供水总量逐年增加，说明海水直接利用等其他供水形式正在兴起。

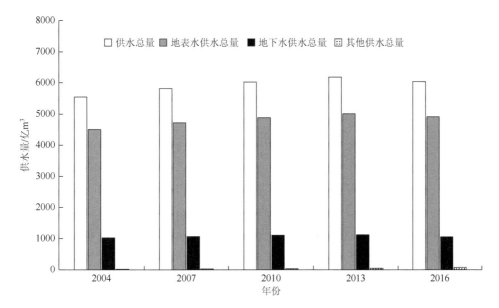

图 4-1　部分年份供水量柱状图

　　全国用水总量 2004~2013 年总体缓慢增长，最近几年趋于下降。其中农业用水总量与工业用水总量的变化趋势与用水总量类似，在 2004~2016 年先上升再下降，生活用水总量与生态用水总量持续增加，且趋势显著，如图 4-2 所示。

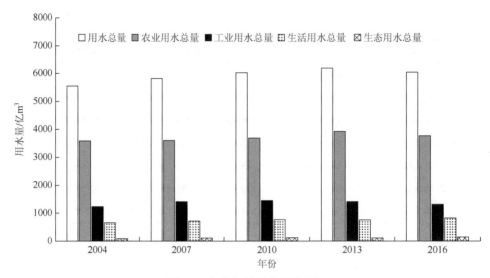

图 4-2　部分年份用水量柱状图

4.2.4　供水结构、用水结构及其变化情况

在供水结构方面，地表水供水约占供水总量的 81%，且近年来变化幅度较小；地下水供水约占供水总量的 18%，呈递减趋势；其他供水所占比例在 1% 左右，且有逐年上升趋势，如表 4-2 所示。

表 4-2　部分年份供水结构　　　　　　　　　　（单位：%）

指标	2004 年	2006 年	2008 年	2010 年	2012 年	2014 年	2016 年
地表水供水所占比例	81.19	81.22	81.16	81.06	80.81	80.73	81.33
地下水供水所占比例	18.50	18.39	18.36	18.39	18.47	18.33	17.50
其他供水所占比例	0.31	0.39	0.49	0.55	0.73	0.94	1.17

注：受四舍五入影响，各列数据加和可能与 100% 略有差异，下同

在用水结构方面，农业用水所占比例约为 63%，且在波动中下降，13 年间减少约 3.48%；工业用水所占比例约为 22%，在 2010 年达到高值后呈逐渐下降趋势，2016 年较 2010 年减少约 9.90%；生活用水、生态用水所占比例在 2012 年有小幅下降后又逐年增加，2016 年分别为 13.6%、2.36%，如表 4-3 所示。

表 4-3　部分年份用水结构　　　　　　　　　　（单位：%）

指标	2004 年	2006 年	2008 年	2010 年	2012 年	2014 年	2016 年
农业用水所占比例	64.63	63.24	61.99	61.26	63.18	63.48	62.38
工业用水所占比例	22.15	23.19	23.64	24.03	23.18	22.25	21.65

续表

指标	2004 年	2006 年	2008 年	2010 年	2012 年	2014 年	2016 年
生活用水所占比例	11.74	11.97	12.34	12.72	11.87	12.58	13.60
生态用水所占比例	1.48	1.60	2.03	1.99	1.77	1.69	2.36

4.2.5　水资源利用效率现状

从用水效率来看，我国水资源的利用效率无论是工业用水还是农业用水都远远低于国际平均水平。在工业方面，我国工业的发展本身就相对落后，工业用水的利用率同不发达的国家一样较低，工业用水带来的效益是欧美以及日本等地区的将近 1/20。农业用水效益的差距就更加明显，中国渠灌区用水的利用率在 0.4～0.5，农田灌溉的水量超过作物生长用水量的 1/3 甚至是一倍以上，但即便是这样，灌溉的时机掌握有偏差、水的补充不及时造成作物减产的情况时有发生。新的节水设施的普及率还非常低，且推行缓慢（苏云森，2012）。自 2011 年中央一号文件明确提出实行最严格水资源管理制度以来，中国水资源利用效率明显提高，但与发达国家相比仍有一定差距。2014 年，中国的单位工业增加值取水量为 357m^3/万美元（2010 年不变价，下同），与世界平均水平相当，而英国仅为 26m^3/万美元，日本和澳大利亚均为 70m^3/万美元左右；中国单位农业增加值取水量为 5738m^3/万美元，为世界平均水平的 60%，但与德国（116m^3/万美元）、英国（562m^3/万美元）和法国（693m^3/万美元）相比差距很大。

4.3　水资源利用面临的问题和挑战

4.3.1　水资源开发利用中存在的主要问题

1）供需矛盾日益加剧

水资源短缺已经成为中国经济社会发展和人民生活不断改善的瓶颈。2016 年，干旱区缺水的地区涉及 20 多个省（区、市），其面积约 500 万 km^2，占我国陆地面积的 52%，占全国耕地面积的 64%，其人口占全国人口的 45%。随着经济社会的发展和人口的增加，城市化、工业化发展进程加速，我国未来水资源的供需矛盾将更为突出，形势十分严峻。首先是农业缺水，近年来随着气候的变化，全国特别是北方地区农业干旱缺水状况加重。2016 年，全国仅灌区每年就缺水 300 亿 m^3 左右，干旱缺水成为制约农业发展的主要因素。其次是生活用水、生产用水的急剧增加，使水资源的供需矛盾日益突出，全国有 2000 多万农村人口和数千万头牲畜饮水困难，1/4 人口的饮用水不符合卫生标准，严重威胁经济社会的发展。最后是城市缺水，我国城市缺水现象始于 20 世纪 70 年代并逐年扩大，特别是改革开放以来，城市缺水问题日益凸显。随着人口的持续增长和经济高速发展，人民生活用水和经济社会用水将持续增加，水资源供需矛盾将更为突出。据预测，一方面，中国 2030 年需水总量将达到 7119 亿 m^3，可供水量为 6990 亿 m^3，届时将短缺水资源 129 亿 m^3；另一方面，2016 年中国的供水总量为 5500 亿 m^3，要达到 2030 年可供水量目标，平均每年需要增加可供水量 100 多亿 m^3，这不仅需要投入庞大的资金，还要解决一系列复杂的社会环境问题，任务非常艰巨。

2）用水效率不高

自改革开放以来，我国水资源利用效率有了显著提高，但与发达国家相比，我国水资源利用效率和节水技术水平仍比较低。发达国家每万美元 GDP 用水量一般在 $500m^3$ 以下，其中美国为 $491m^3$，日本为 $186m^3$，法国为 $305m^3$，英国为 $66m^3$，而我国每万美元 GDP 用水量高达 $4749m^3$，是世界平均水平的 4 倍，美国的 9.7 倍，日本的 25.5 倍，可见用水效率差距之大（马静等，2007）。2016 年，全国农业灌溉年用水量约 3800 亿 m^3，占全国总用水量的近 70%。传统的种植业比重高、灌溉面积比例大、灌溉方式落后等一系列因素决定了我国农业用水比重较大，而全国多数地区农业灌溉用水利用系数仅在 0.3～0.4。早在 20 世纪 40～50 年代，许多发达国家就开始采用节水灌溉方式。目前许多国家已经实现了输水渠道防渗化、管道化，大田喷灌、滴灌化，灌溉科学化、自动化，其灌溉用水的利用系数也大幅提高，达到 0.7～0.8。全国平均每立方米水粮食生产率仅为 0.95kg，而以色列在 20 世纪 90 年代就已达到 2～2.6kg。此外，工业用水状况也不容乐观。2016 年我国工业万元产值用水量是发达国家的十几倍，约为 80 亿 m^3；工业用水的重复利用率为 60%～65%，仅相当于发达国家 20 世纪 80 年代初的水平，而发达国家工业用水重复利用率高达 75%～85%。我国城市生活用水浪费现象也十分严重。据统计，全国多数城市自来水管网跑、冒、滴、漏损失率为 15%～20%（杜伟，2009）。

3）水环境恶化

总体来看，我国水环境恶化趋势还未得到根本扭转，水污染形势依然严峻。从河流的污染现状来看，2016 年，在中国 23.5 万 km 的河流长度中，满足生活饮用水水源地水质标准的 I～III 类河床占 76.9%，而丧失一切使用功能的劣 V 类河流长度占比 9.8%，虽然同比 2015 年劣 V 类河长比例有所下降，但形势依然不容乐观。七大水系中，只有珠江、长江总体水质良好，松花江为轻度污染，黄河、淮河为中度污染，辽河、海河为重度污染。从湖泊的水质状况来看，2016 年对 118 个湖泊共 3.1 万 km^2 的水面进行水质评价，全年总体水质为 I～III 类的湖泊仅有 28 个、IV～V 类湖泊 69 个、劣 V 类湖泊高达 21 个，分别占湖泊总数的 23.7%、

58.5%、17.8%。其中，Ⅰ~Ⅲ类水质湖泊个数相比 2015 年下降了 0.9%，富营养湖泊占比高达 78.6%。从海洋水质状况来看，我国近岸海域污染问题仍未得到解决，赤潮发生面积和次数都呈上升趋势；从地下水水质状况来看，2016 年 2104 个测站监测数据地下水质量综合评价结果显示：水质优良的测站比例为 2.9%，良好的测站比例为 21.1%，无较好测站，较差的测站比例为 56.2%，极差的测站比例为 19.8%，水质评价结果总体较差。大多数城市硝酸盐、亚硝酸盐含量呈上升趋势，很多地区的浅层地下水已经因地表水的污染而受到严重污染，对广大农民的饮水造成严重影响（梁艳，2012；赵继芳，2013；陆世峰，2015）。水环境污染的根源主要是工业废水、生活污水以及农业化肥、农药流失等。据统计，2000 年污水排放总量 620 亿 t，约 80%未经任何处理直接排入江河湖库，90%以上的城市地表水体、97%的城市地下含水层受到污染。由于部分地区地下水开采量超过补给量，全国已出现地下水超采区 164 片，总面积 18 万 km^2，并引发了地面沉降、海水入侵等一系列生态问题（杜伟，2009）。

4）水资源开发、配置无序，挤占生态用水

许多地区存在片面追求经济发展的倾向，往往以牺牲水资源环境和持续利用为代价支持经济的发展，导致水资源的开发和利用处于无序的状态，水资源被严重透支。我国现状水资源开发利用率为 20%，但流域之间差异很大。北方主要河流已超过 50%，其中海河流域和黑河流域个别年份已超过 90%，南方个别地区如珠江三角洲水资源开发利用率超过八成。国际上一般认为，对一条河流的开发利用不能超过其水资源量的 40%，而黄河、海河、辽河、淮河的水资源利用率一般都超过了这一预警线，打破了整个流域的水资源平衡，水资源的生态环境和再生能力被严重破坏。由于地表水资源不能满足生产生活日益增长的需求，人们纷纷转向开采地下水，这一趋势在农村尤为明显，甚至出现"越缺水—越开采—越缺水"的恶性循环。水资源的过度开采造成地下水位的持续下降，全国形成的区域性漏斗有 100 多处，面积达 15 万 km^2，约有 50 座城市地面沉降，部分原有的水利设施被迫报废，并对人们的生活用水安全造成直接威胁。此外，地下水资源的透支引起海水污水倒灌、湿地盐碱化、湖泊萎缩等一系列问题。现有情况下，北方地区主要河流多年平均挤占河道内生态环境用水约为 132 亿 m^3，平水年挤占河道内生态环境用水约为 130 亿 m^3，中等干旱年约为 221 亿 m^3，长期累积性过度开发利用水资源已导致这些河流和相关地区生态环境的严重退化，其中海河、黄河、辽河、西北诸河水资源禀赋条件较差，水资源开发利用程度较高，其经济社会用水挤占生态环境用水量一般占其生态环境需水量的 20%~40%，河西走廊的石羊河流域高达 46%（汪党献等，2011）。我国水资源不仅开发利用率高、无序，配置也是制约其可持续发展的一大因素。例如，目前华北地区水资源开发利用程度较高，黄河断流日益严重，缺水已影响该地区生态环境，每年却要从中调出 90 亿 m³ 水量接济淮河与海河。因此，对水资源的合理配置要依靠包括调水工程在内的统一规划和合理布局。

5）经济发展与生产力布局考虑水资源条件不够

在计划经济体制下，过去产业的配置布局没有充分考虑区域自然条件。部分耗水量大的工业产业布置在缺水地区，农业上，在缺水地区盲目发展耗水量大的水稻，水资源配置的矛盾因此被人为激化。我国东、中、西三大经济带 GDP 比例为 58∶28∶14，水资源构成为 27∶25∶48，北方 GDP 占全国的 45%，而水资源不到 20%，且北方是我国粮食作物的主产区，粮食调配上存在着北粮南运，造成大量虚拟水流向水资源丰富的南方，客观上加重了北方的水资源压力。汪党献等（2001）的研究表明，北京、天津、河北、山西、辽宁等 9 个行政区划的区域发展水平与区域水资源状况极不匹配，水资源量占全国所有行政区划的 30%；内蒙古自治区的区域发展水平与其水资源状况不匹配，占全国所有行政区划的 3.33%；吉林、黑龙江、江苏、安徽、宁夏 5 个行政区划的区域发展水平与相应的水资源状况基本匹配，仅占全国所有行政区划的 16.67%；上海、江苏、福建等 15 个行政区划的区域发展水平与其水资源状况匹配，也只占全国所有行政区划的 50%。北方地区，特别是华北地区和西北地区，水资源对其区域发展的支撑能力不足，水资源将制约这些地区 21 世纪的持续发展。

综上所述，我国水资源供需矛盾日益突出，用水效率低下，水环境恶化，水资源开发、配置无序，产业布局不合理致使部分地区水资源开发利用已经超出资源环境的承载能力，且全国范围内水资源可持续利用已直接影响国家可持续发展战略。

4.3.2　中国在水资源领域面临的挑战

中国水资源人均占有量低，时空分布不均匀。长江以北水系流域面积占全国水系流域面积的 64%，其水系水资源量却只占全国的 19%，自然条件的缺陷致使北方地区干旱缺水问题严重。中国大部分地区每年连续四个月汛期中的降水量占全年降水量的 60%～80%，且其中约有 2/3 是汛期洪水和非汛期的枯水，时间上降水不均容易形成旱、涝、洪等灾害。随着经济社会发展和人口增加，以及自然条件的变化，中国在水资源领域面临着以下几个方面的严峻挑战。

1）水旱灾害依然频繁，并有加重的趋势

中国水资源时空分布不均，与土地资源分布不相匹配，南方水多、土地少，北方水少、土地多。耕地面积的一半以上处于水资源紧缺的干旱、半干旱地区，约 1/3 的耕地面积位于洪水威胁的大江大河中下游地区，干旱和洪涝引发的自然灾害是中国损失最为严重的自然灾害。由于气候变化等原因，中国的水旱灾害呈现加重的趋势。20 世纪 70 年代,中国农田受旱面积平均每年约 1100 万 hm^2,80~90 年代约 2000 万 hm^2,近年来,平均每年受旱面积上升到 3300 多万 hm^2,因旱灾减产粮食约占同期全国平均粮食产量的 5%。1950~2000 年的 51 年中,中国平均农田因洪涝灾害受灾面积 937 万 hm^2,而 1990~2000 年的 11 年,年均受洪涝灾害面积为 1580 万 hm^2,因水灾减产粮食占同期全国平均粮食产量的 3%左右(汪恕诚,2005)。

同时,伴随着气候变化的全球大环境,中国的水灾害、水环境问题、水生态问题更加严峻。中国洪涝灾害形势十分严峻。随着气候变暖、海平面上升和高强度的人类活动,极端气候事件越来越频发,中国沿海地区的洪涝、海水入侵灾害日趋严重,干旱缺水地区的强度有增加态势。此外,随着城镇化的快速推进,城市内涝问题也日益突出。2010 年住房和城乡建设部调研发现,2008~2010 年曾发生过内涝事件的城市达到 62%,发生 3 次以上内涝的城市达到 39%。小河流的山洪灾害损失严重。一般年份,中小河流的洪水灾害损失占全国水灾害总损失的 70%~80%,2000~2010 年水灾造成的人员伤亡有 2/3 以上发生在中小河流。气候变化背景下,极端水旱灾害发生的频率与强度有增加的态势。北方缺水地区水资源供需矛盾依然十分突出,地下水过度开采趋势短期内难以改变,50%以上的城市面临缺水危机。

河道断流、湖泊干涸、湿地退化等问题严重。2000~2010 年全国湿地面积减少了 3.4 万 km^2,减少率达 8.82%,湿地成为中国短时间尺度内面积丧失速度最快的白然生态系统。湖泊与湿地生物资源退化、生物多样性下降、生态灾害频发、湖泊水环境恶化、水体富营养化现象普遍,湖泊与湿地不合理利用等问题突出。2000~2010 年,中国 2/3 的地表水已明显被污染,50%以上的地下水水质较差甚至极差,城市饮用水二次污染风险高,末梢水的水质合格率较低,从河流与湖泊的水质来看,59.2%的河长达不到 II 类水质的标准,超过 65.8%的湖泊面积达不到 II 类水质的标准。全国地下水水质状况也不容乐观,总体呈现逐渐恶化的趋势,属于较差与极差监测点的数量占全部监测点总数的一半以上。未来气候变化导致的水安全问题及其关联的水环境问题、水生态问题已经成为国际研究的重大热点问题之一。

2)水资源时空分布不均,水资源配置难度大

随着城市化和经济社会发展,土地被大量占用,非农业灌溉用水需求在急剧增加,农业与工业、农村与城市、生产与生活、生产与生态等诸多用水矛盾进一步加剧。尽管中国采取了最严格的耕地保护措施,但大量的农田和农业灌溉水源被城市和工业占用,耕地资源减少的势头难以逆转,水资源短缺的压力进一步增大。1980~2004 年的 20 多年,中国经济发展速度较快,全国总用水量增加了 25%,而农业用水总量基本没有增加。全国农业用水量在总用水量中所占比例不断下降,由 1980 年的 88%下降到 2004 年的 66%(汪恕诚,2005)。

中国多年平均水资源总量约为 2.8 万亿 m^3，人均水资源占有量为 $2173m^3$，仅为世界人均水平的 1/4（夏军等，2011）。水资源可利用量为 8140 亿 m^3，占全国水资源总量的 29%，其中南方为 5600 亿 m^3，北方为 2540 亿 m^3。2010 年，南方人均可利用水资源量约为 $1100m^3$，北方人均可利用水资源量只有 $359m^3$。2010 年，全国实际用水量已达 6022 亿 m^3，达到了可利用水资源总量的 73.9%。

中国的降水年际变化大，且多集中在 6~9 月，占全年降水量的 60%~80%。空间分布总体上呈"南多北少"，长江以北水系流域面积占全国国土面积的 64%，而水资源量仅占 19%，水资源空间分布不平衡（夏军等，2011）。中国水资源分布不均的特点决定了在经济社会发展中保障供水安全始终是一项重大任务。据 2010年水利部有关统计，1949 年以来，农村累计 2.82 亿人口的饮水困难已得到解决，自来水目前已普及农村人口 4 亿以上，城市自来水普及率已经达到了 95% 以上，农业有效灌溉面积达到 5600 万 hm^2，形成了比较完整的供水体系，基本保障了工业和城市用水。但是，中国水资源短缺的状况仍然相当严重，北方地区尤甚，截至 2010 年，全国农村仍有 2 亿人口饮水安全没有保障，1/3 的乡镇缺乏符合标准的供水设施。一般年份，农田受旱面积为 667 万~2000 万 hm^2，粮食平均减产200 多亿千克。受多种因素的影响，中国年缺水量达 536 亿 m^3，其中河道外缺水，即国民经济缺水达 404 亿 m^3，挤占了河道内的生态用水 132 亿 m^3，总的生态缺水量达 347 亿 m^3。2030 年，中国人口将接近 16 亿人，中国的用水总量预计将从2010 年的 6022 亿 m^3 增加到 7101 亿 m^3，全国人均可利用水资源量将从 2000 年的 $628m^3$ 减少到 $508m^3$，仅占全球人均水资源占有量 $2000m^3$ 的 1/4，已达到全球水危机的红线。由于水资源与土地等资源的分布不匹配，经济社会发展布局与水资源分布不相适应，水资源供需矛盾十分突出，水资源配置难度大（夏军等，2011）。

3）中国水土流失尚未得到有效控制，生态脆弱

中国众多的山地、丘陵，因季风型暴雨，极易形成水土流失。同时，对水土资源不合理的开发利用，加剧了水土流失。2016 年，中国水土流失面积 356 万 km^2，占陆地面积的 37%，每年流失的土壤总量达 50 亿 t。严重的水土流失，导致土地退化、生态恶化，造成河道、湖泊泥沙淤积，加剧了江河下游地区的洪涝灾害。由于干旱和超载放牧，草原出现退化、沙化现象（汪恕诚，2005）。

全球变暖和人类活动加剧了中国水资源的脆弱性。气候变化对水资源的脆弱性是指气候变化对水资源系统造成不利影响的程度，它是研究气候变化对水资源安全影响及评价的重要科学问题，也是应对气候变化水资源管理重要的理论基础。中国水资源系统对气候变化的适应能力仍然比较脆弱。有证据表明，1960~2010 年中国的气候发生了显著的变化，平均温度升高，年降水量在东北和华北呈减少趋势，而在华南和西北显著增加（夏军等，2012）。全球变暖可能加剧中国年降水量及年径流量"南增北减"。在气候变暖的背景下，区域水循环时空变异问题突出，导致

北方地区水资源可利用量减少、耗用水增加和极端水文事件增加，而水资源短缺也将在全国范围内持续，从而加剧水资源的脆弱性，影响中国水资源配置及重大调水工程与防洪工程的效益，危及水资源安全保障。另外，经济和人口增长、河流开发等人类活动进一步加剧，不仅增加了需水量，还加剧了水污染，显著改变了流域下垫面条件，对水资源的形成和水循环带来不利影响。未来中国水资源发展态势不容乐观，水资源脆弱性将进一步加大（夏军等，2011）。

4）污染负荷急剧增加，水资源管理粗放

2016 年全国废污水排放总量达 711 亿 t，比 1980 年增加了 1 倍多。大量的工业废水和生活污水未经处理直接排入水中，农业生产中化肥和农药大量使用，使得部分水体污染严重。水污染不仅加剧了灌溉可用水资源的短缺，成为粮食生产用水的一个重要制约因素，还直接影响饮水安全、粮食生产和农作物安全，造成了巨大经济损失（汪恕诚，2005）。

与发达国家比较，中国农业和工业的水资源利用效率还比较低，其中农业灌溉水利用率只有 40%～50%，发达国家可达 70%～80%，全国平均每立方米水 GDP 仅为世界平均水平的 1/5，每立方米水粮食增产量为世界平均水平的 1/3（夏军等，2011）。一些地区农业生产仍然采取传统的大水漫灌方式，全国灌溉水有效利用系数仅为 0.45 左右。由于中国现行的水价偏低，生活用水、农业用水、工业用水浪费严重。水价偏低导致用户对价格不敏感，节水观念淡薄，从而造成一方面缺水，另一方面又浪费水的现象。同时，中国东部季风区尤其北方流域面临着开发利用率高的问题。在水资源一级区中，水资源开发利用率最高的是海河区，为 101%，其中海河南系高达 123%；黄河区也较高，为 76%；淮河、西北诸河和辽河水资源开发利用率为 40%～50%，其中海河南系、海河北系、辽河流域、沂沭泗河和山东半岛水资源开发利用率分别达到了 123%、98%、66%、60% 和 63%。

中国工业万元产值的用水量是发达国家的 5～10 倍，城市供水管网漏损严重，全国城市供水管网平均漏损率达 20%，东北部分城市超过了 30%，工业用水效率偏低，2015 年全国万元工业增加值用水量为 169m³，约为美国等发达国家的 10 倍。污水再生利用进展也比较缓慢，2014 年全国设市城市污水再生利用率只有 10%。城市雨水利用意识还不强，尽管按年降水量 600mm 估算，全国城市绿地系统的雨水利用量可达 20 亿 m³，但由于节水意识淡薄，绿地建设中缺乏雨水利用观念，前期雨水的污染程度通常超过了城市污水，前期雨水处理技术的落后也在一定程度上制约了雨水利用的发展，尤其是大规模的集雨工程。另外，中国生活用水的浪费现象依然严重，节水型器具推广缓慢、普及率低。非常规水资源开发利用潜力远未被挖掘。以海水淡化为例，海水淡化产业化规模不够、价格因素导致的海水淡化成本相对较高和市场需求量不大形成的恶性循环，是长期制约中国海水淡化产业化发展最主要的因素。

在中国，用水结构的不合理和浪费严重，以及水管理体制不顺、多龙治水、多条分割、利益冲突、管理落后等导致主要流域的水资源供需关系矛盾日益突出（夏军等，2011）。在气候变化背景下，可能进一步加剧水资源供需矛盾，全社会节水战略应对气候变化也迫在眉睫。

5）农村水利基础设施还不完善

由于我国农村生产力水平低下，人口素质普遍不高，生态意识落后，水利设施简陋，大水漫灌，过度开发，再加上农民节水意识淡薄，水资源被大量浪费。而现行《中华人民共和国水法》又规定："国家对水资源依法实行取水许可制度和有偿使用制度。但是，农村集体经济组织及其成员使用本集体经济组织所有的水塘、水库中的水除外"。这一规定无疑承认了农民无限制取水的合法性，从而导致农村水问题"雪上加霜"，日趋恶化（黄伦宽，2004）。

中国约 55%的耕地还没有灌排设施，农村有 3 亿多人饮水不安全。全国灌溉面积中有 1/3 以上是中低产田，已建的灌排工程大多修建于 20 世纪 50～60 年代。受当时的经济和技术条件的限制，一些灌排工程标准低、配套不全，经过几十年的运行，很多工程存在老化严重、效益衰减等问题，灌溉用水效率低，节约用水和提高土地粮食生产率的潜力还很大（汪恕诚，2005）。

第5章 水足迹测算与分析

Hoekstra 于 2002 年提出的水足迹概念（国家水足迹和个人水足迹之和），是衡量一个国家全球水资源的实际使用量指标，除此之外水足迹也是一个国家水资源自给自足和水资源依赖性的指标。水足迹概念的形成发展与 20 世纪 90 年代初加拿大里斯（Rees，1992）提出的生态足迹类似，水足迹测算的是一定的物质生产标准下生产一定人群（个体、城市或国家）消费的产品和服务所需要的水资源数量，它表征的是维持人类产品和服务消费所需要的真实的水资源数量（龙爱华等，2006）。水足迹指标从消费角度衡量人类对水资源系统的直接占用，建立了水资源利用与人类消费模式的联系，同时由于将水问题拓展到了社会经济领域，是当前测度人类活动对水资源系统环境影响的有效指标之一（王新华等，2005）。

5.1 水足迹测算结果

根据国内外农畜产品虚拟水含量研究（王新华等，2005；马静等，2007；孙才志等，2010a），孙才志等（2013）采用自下而上的水足迹计算方法，即将该国家居民所有消费的商品与服务的数量、各自产品和服务的单位产品虚拟水含量相乘求和得到，在此基础上本章补充和修正了文献（孙才志等，2013；赵良仕和孙才志，2013）中的水足迹数据。其中，本书对水污染足迹生活污水中的化学需氧量和氨氮的污染足迹进行了补充，对缺失的 2000～2002 年生态用水量数据进行了修正，采用式（3-1）对中国各省（区、市）水足迹进行了测算，总水足迹的计算主要包括城乡居民消费的农畜产品水足迹、工业产品水足迹、灰水足迹、生活和生态水足迹，从而计算得出 2000～2015 年中国 31 个省（区、市）（不包括台湾、香港、澳门）的水足迹数量。

5.1.1 农畜产品水足迹

根据第 3 章中所述的农畜产品水足迹的计算方法，考虑各省（区、市）的气候状况、农业生产条件、管理水平等方面的差异对单位农畜产品虚拟水含量的影响，本章结合已有研究成果，对中国各省（区、市）[①]主要粮食和农畜产品的单位虚拟水含量做了具体的测算，具体结果见表 5-1 和表 5-2。

---

① 本章统计数据均不含香港、澳门、台湾。

表 5-1　各省（区、市）主要粮食和农畜产品的单位虚拟水含量　（单位：m³/kg）

省(区、市)	虚拟水含量	省(区、市)	虚拟水含量	省(区、市)	虚拟水含量	省(区、市)	虚拟水含量	省(区、市)	虚拟水含量
北京	1.033	天津	1.129	河北	1.202	山西	1.358	内蒙古	1.206
辽宁	1.039	吉林	0.819	黑龙江	1.376	上海	1.04	江苏	1.022
浙江	1.237	安徽	1.374	福建	1.455	江西	1.562	山东	0.928
河南	1.06	湖北	1.257	湖南	1.397	广东	1.538	广西	1.635
海南	1.838	重庆	1.302	四川	1.313	贵州	1.459	云南	1.501
西藏	0.828	陕西	1.464	甘肃	1.524	青海	0.555	宁夏	1.383
新疆	0.962								

注：农作物的虚拟水含量计算是指作物生长发育期间的累积蒸发蒸腾水量

表 5-2　各省（区、市）主要农畜产品单位虚拟水含量　（单位：m³/kg）

蔬菜	肉类	蛋类	奶类	食用油	水产品	果类	白酒	啤酒
0.1	6.7	3.55	1.9	5.24	5	1	1.982	0.296

　　表 5-3 为中国各省（区、市）2000～2015 年农畜产品水足迹，由表中数据可知，各省（区、市）农畜产品水足迹数量基本呈现出上升的趋势，究其原因，可能是经济快速发展，人民生活水平不断提高，人们对农畜产品的消费数量大幅增长。另外，从各省（区、市）农畜产品水足迹数量的多年平均值来看，基本呈现出东部地区大于中部地区、中部地区大于西部地区的分布状况，这种分布原因主要是东部地区人口稠密，而农畜产品的消费量与人口数量具有十分密切的正相关关系，同时，东部地区的经济发展水平要优于中部地区和西部地区，水足迹数量的分布呈现与经济发展水平相类似的"梯度分布"现象，也从侧面验证了经济发展水平和地区消费能力对水足迹数量的影响作用。

表 5-3　中国各省（区、市）2000～2015 年农畜产品水足迹　（单位：亿 m³）

省(区、市)	2000 年	2001 年	2002 年	2003 年	2004 年	2005 年	2006 年	2007 年
北京	66.49	68.48	67.54	65.39	67.87	74.57	79.41	79.72
天津	45.76	53.79	52.51	53.40	52.68	56.45	60.19	58.97
河北	519.59	521.53	530.17	541.47	564.17	611.71	646.33	670.44
山西	208.71	172.12	219.88	221.21	228.33	209.02	232.80	218.30
内蒙古	243.94	233.91	274.10	280.44	351.16	418.41	458.12	479.35
辽宁	264.36	287.11	306.13	311.47	342.87	350.89	357.49	372.54
吉林	215.58	237.63	273.26	274.54	287.79	306.73	310.52	282.21

续表

省（区、市）	2000 年	2001 年	2002 年	2003 年	2004 年	2005 年	2006 年	2007 年
黑龙江	486.44	513.84	570.19	533.61	609.62	639.10	669.63	648.34
上海	77.67	80.04	79.02	75.48	74.34	85.19	90.22	90.76
江苏	540.14	523.06	538.42	484.58	510.77	526.42	557.21	563.30
浙江	315.70	302.35	287.94	283.17	291.80	295.96	316.67	300.20
安徽	517.17	530.88	577.11	475.15	542.09	533.61	573.67	574.57
福建	242.64	222.80	249.58	242.75	248.03	254.86	255.34	245.08
江西	357.23	357.31	350.28	337.96	367.83	395.47	413.17	422.62
山东	774.84	754.34	716.50	764.86	759.97	839.40	857.70	855.47
河南	715.67	754.24	789.55	635.99	766.20	797.48	879.85	921.46
湖北	478.04	473.58	462.59	453.05	440.06	469.28	482.90	477.82
湖南	579.56	575.39	554.93	540.95	571.53	580.33	584.37	578.59
广东	579.53	563.38	551.16	559.78	564.47	565.69	591.97	573.61
广西	388.22	386.73	392.37	382.48	369.45	399.15	399.44	385.70
海南	67.51	71.65	76.58	74.51	71.09	69.56	79.09	81.82
重庆	227.65	214.80	225.96	227.22	237.59	249.84	215.63	237.84
四川	781.32	710.89	753.80	762.57	776.04	816.97	759.49	769.15
贵州	258.25	252.08	252.24	261.67	266.83	272.82	266.55	251.37
云南	278.02	291.55	277.17	287.78	291.10	308.30	322.99	316.98
西藏	24.52	25.36	26.35	25.39	25.28	33.69	27.27	27.76
陕西	266.05	251.90	262.40	271.23	297.70	309.97	338.03	338.82
甘肃	147.44	155.34	160.43	151.78	158.55	180.69	183.62	180.97
青海	31.57	37.67	36.45	58.88	35.38	36.91	36.92	36.67
宁夏	42.48	45.61	50.44	48.46	51.42	55.14	62.84	68.68
新疆	162.02	163.45	185.26	180.28	187.08	210.60	228.61	235.31
合计	9 904.11	9 832.81	10 150.31	9867.50	10 409.09	10 954.21	11 338.04	11 344.42

省（区、市）	2008 年	2009 年	2010 年	2011 年	2012 年	2013 年	2014 年	2015 年	平均值
北京	85.11	91.60	89.78	96.02	95.42	90.67	85.77	82.31	80.38
天津	61.58	67.08	68.29	71.62	74.30	93.17	95.06	95.31	66.26
河北	688.79	686.45	702.28	757.84	785.73	1 209.82	1 254.31	1 263.08	747.11
山西	219.14	209.43	233.52	264.22	280.75	353.78	371.45	371.55	250.89
内蒙古	513.65	502.67	529.91	559.59	565.42	691.84	684.21	688.89	467.23
辽宁	390.43	374.46	394.44	426.94	436.06	789.46	749.62	772.52	432.92
吉林	317.02	290.27	327.45	353.85	359.05	554.60	554.57	564.56	344.35

续表

省(区、市)	2008 年	2009 年	2010 年	2011 年	2012 年	2013 年	2014 年	2015 年	平均值
黑龙江	764.53	768.02	842.52	901.12	903.09	1 052.05	1 097.84	1 093.14	755.82
上海	91.73	95.09	95.03	105.65	107.47	79.41	80.24	75.71	86.44
江苏	575.81	588.95	601.41	617.37	628.41	901.59	911.74	920.56	624.36
浙江	308.38	311.13	310.19	324.14	320.70	385.87	375.51	358.88	318.04
安徽	589.07	598.94	608.82	629.35	651.78	917.71	950.12	985.31	640.96
福建	251.07	261.82	262.37	279.05	283.57	389.78	398.09	405.33	280.76
江西	432.08	448.92	438.07	474.77	477.12	676.24	692.77	696.49	458.65
山东	883.04	916.15	932.99	953.77	972.58	1 621.29	1 640.05	1 678.29	995.08
河南	940.94	978.89	1 014.85	1 023.79	1 045.88	1 646.70	1 664.66	1 703.36	1 017.47
湖北	489.48	506.82	515.07	537.27	552.11	836.62	864.15	877.56	557.28
湖南	594.35	621.10	620.82	652.55	662.47	963.05	998.54	1 004.48	667.69
广东	562.99	604.04	627.29	684.84	704.29	807.62	822.12	831.13	637.12
广西	379.32	414.41	414.81	441.65	459.65	728.76	745.57	760.35	465.50
海南	85.65	90.43	90.72	96.88	104.27	151.29	148.17	146.44	94.10
重庆	244.19	251.91	260.98	252.36	255.25	370.64	379.32	385.28	264.78
四川	781.16	808.68	830.83	867.49	849.85	1 240.12	1 266.48	1 281.05	878.49
贵州	257.00	259.16	245.55	217.14	241.17	334.31	357.47	368.37	272.62
云南	340.99	351.62	349.26	375.86	393.37	572.44	596.04	604.34	372.36
西藏	32.25	26.68	27.28	28.42	28.53	43.24	43.78	45.73	30.72
陕西	360.36	377.60	392.32	410.95	431.10	503.71	516.21	530.38	366.17
甘肃	194.28	200.46	208.55	221.87	233.52	291.34	302.84	310.78	205.15
青海	38.13	38.11	38.07	38.54	38.17	51.76	53.50	54.35	41.32
宁夏	75.55	78.36	82.75	85.58	89.16	109.15	119.29	120.73	74.10
新疆	244.78	294.53	296.08	307.27	333.76	440.04	471.35	504.98	277.84
合计	11 792.85	12 113.78	12 452.30	13 057.76	13 364.00	18 898.07	19 290.84	19 581.24	12 771.96

5.1.2 工业产品水足迹

根据第 3 章中工业产品水足迹的计算方法，本章将中国各省(区、市)2000～2015 年工业产品水足迹数量计算结果列出，如表 5-4 所示。由表中全国工业产品水足迹数量在研究期内的变动情况可知，我国工业产品水足迹数量基本上呈现出稳定的上升趋势，表明研究期内我国工业用水增多，工业发展迅速。对比各省(区、市)研究期内工业产品水足迹的多年平均值可知，工业产品水足迹的多年平均值较大的地区大多集中在东部沿海地区，而西部省（区、市）的工业产品水足迹多年平均值较小，这是因为我国东部地区工业体系较为完整，工业发达，工业用水量较大，而中西部地区工业较为薄弱。从各省（区、市）多年工业产品水足迹数量的变化来看，东部地区的工业产品水足迹数量虽然较大，但是研究期内呈现出降低的趋势，而中西部地区的工业产品水足迹数量虽然较少，但是研究期内表现为较为明显的增长态势。这种变化主要是我国东部地区工业企业的升级改造，促使东部地区的工业类型由"高耗水、高污染、低效率"向"低耗水、低污染、高效率"转变，从而使东部地区工业产品水足迹数量实现负增长。与此同时，中西部地区由于"中部崛起"和"西部大开发"等战略的实施，工业体系的建立不断完善，工业发展水平得以不断地提高，故而中西部地区省（区、市）的工业产品水足迹数量在研究期内呈现出增长趋势。

表 5-4　中国各省（区、市）2000～2015 年工业产品水足迹　（单位：亿 m³）

省（区、市）	2000 年	2001 年	2002 年	2003 年	2004 年	2005 年	2006 年	2007 年
北京	9.75	8.12	7.08	7.87	7.91	5.21	5.18	4.92
天津	3.90	2.74	2.74	3.20	3.16	1.52	2.06	2.11
河北	17.90	16.33	15.13	13.55	10.90	12.74	13.32	12.56
山西	10.76	10.88	11.99	12.28	11.92	10.98	11.00	10.34
内蒙古	6.77	7.70	7.87	8.70	8.07	11.54	14.23	15.87
辽宁	17.86	14.80	13.65	13.33	9.58	11.13	13.91	14.92
吉林	15.34	15.43	13.64	19.20	13.23	14.70	15.15	15.57
黑龙江	83.39	68.77	48.19	38.84	37.64	51.03	53.15	53.72
上海	71.71	72.07	71.42	68.01	74.49	75.83	73.16	76.83
江苏	122.20	115.97	121.11	132.57	151.74	178.53	191.26	198.32
浙江	39.97	38.60	38.17	40.32	40.58	39.17	43.04	44.46
安徽	24.84	40.19	41.38	48.40	47.94	60.75	72.71	76.58
福建	39.33	37.45	40.81	47.67	45.54	49.72	54.14	59.09
江西	44.37	38.86	42.45	42.90	48.09	45.84	44.16	51.40
山东	31.86	28.52	25.03	19.22	14.40	8.10	8.68	7.49
河南	29.28	27.84	26.91	26.55	26.17	33.19	35.23	37.62
湖北	40.42	39.74	42.59	50.57	53.46	74.33	77.88	87.55
湖南	37.13	38.62	40.97	57.38	65.94	67.91	71.90	72.70
广东	95.26	111.26	114.20	126.30	128.64	118.35	111.53	117.01
广西	30.30	31.43	32.94	25.18	29.31	30.59	33.60	29.47
海南	3.31	4.50	4.21	4.53	3.16	2.64	3.05	4.08

续表

省（区、市）	2000 年	2001 年	2002 年	2003 年	2004 年	2005 年	2006 年	2007 年
重庆	16.04	15.60	16.06	17.87	21.93	24.46	29.73	33.98
四川	28.82	36.00	37.38	38.69	40.74	44.85	46.01	47.63
贵州	18.06	19.60	23.12	26.06	25.47	26.73	25.90	30.53
云南	15.00	15.29	16.97	14.26	14.29	14.77	15.31	18.72
西藏	0.62	0.71	0.81	0.32	0.25	0.37	0.69	1.04
陕西	11.40	11.83	11.70	12.36	11.60	9.42	9.14	6.85
甘肃	15.31	14.60	14.85	14.14	14.01	14.09	14.14	12.46
青海	3.28	3.43	3.47	3.69	4.68	5.50	6.28	6.43
宁夏	3.88	3.48	2.80	2.59	2.47	1.32	1.62	1.43
新疆	9.26	7.86	8.32	6.53	6.16	5.98	6.51	7.18
合计	897.32	898.22	897.96	943.08	973.47	1051.29	1103.67	1158.86

省（区、市）	2008 年	2009 年	2010 年	2011 年	2012 年	2013 年	2014 年	2015 年	平均值
北京	4.44	4.66	4.16	4.01	4.02	5.12	5.09	3.8	5.71
天津	1.84	2.40	2.88	2.91	2.99	5.37	5.36	5.3	3.16
河北	13.38	12.95	11.51	14.04	12.76	25.23	24.48	22.5	15.58
山西	8.92	6.58	7.59	10.34	10.25	14.87	14.19	13.7	11.04
内蒙古	17.60	17.85	18.52	19.49	19.85	23.65	19.73	18.8	14.77
辽宁	16.61	16.72	17.46	14.49	14.49	22.84	22.82	21.4	16.00
吉林	15.51	20.38	22.07	22.37	22.87	26.49	26.8	23.2	18.87
黑龙江	53.84	54.44	52.33	48.82	32.95	33.97	28.96	23.8	47.74
上海	75.65	80.80	81.30	78.44	67.76	80.43	66.2	64.6	73.67
江苏	183.46	168.67	166.40	169.21	170.05	220.06	237.97	239	172.91
浙江	41.07	35.40	37.75	43.44	43.81	58.75	55.67	51.6	43.24
安徽	78.75	86.14	86.99	83.32	91.20	98.43	92.71	93.5	70.24
福建	61.61	65.90	68.83	65.94	64.54	75	75.27	72.5	57.71
江西	53.17	46.98	50.19	53.49	51.49	60.13	61.25	61.6	49.77
山东	6.46	7.08	5.58	11.06	8.99	28.86	28.64	29.6	16.85
河南	38.23	39.43	39.93	43.33	44.83	59.45	52.6	52.5	38.32
湖北	87.63	94.02	107.58	109.94	92.08	92.43	90.16	93.3	77.11
湖南	72.95	73.74	79.97	86.13	84.41	94.36	87.75	90.2	70.13
广东	116.70	118.61	120.80	115.25	102.69	119.55	117.02	112.5	115.35
广西	31.19	37.68	38.68	47.12	39.61	57.4	56.79	55.5	37.92
海南	4.31	3.21	3.24	3.17	3.06	3.81	3.85	3.2	3.58

续表

省(区、市)	2008 年	2009 年	2010 年	2011 年	2012 年	2013 年	2014 年	2015 年	平均值
重庆	39.32	40.99	42.81	39.76	34.79	40.44	36.73	32.5	30.19
四川	46.73	50.73	53.82	56.50	46.81	58.28	44.73	55.4	45.82
贵州	32.63	32.85	32.87	28.67	22.93	27.02	27.66	25.5	26.60
云南	18.71	19.11	22.43	20.43	23.67	25.26	24.59	23	18.86
西藏	1.23	1.30	1.39	1.63	1.63	1.66	1.67	1.4	1.05
陕西	8.00	6.29	7.30	9.39	9.21	13.76	14.02	14.2	10.40
甘肃	11.43	11.60	12.25	13.42	10.92	13.07	12.76	11.6	13.17
青海	7.13	2.12	2.35	2.62	1.62	2.93	2.39	2.9	3.80
宁夏	1.29	1.38	1.92	2.73	3.18	5.01	4.98	4.4	2.78
新疆	7.56	7.54	8.70	9.81	9.00	12.78	13.25	11.8	8.64
合计	1157.35	1167.55	1209.60	1231.27	1148.46	1406.41	1356.09	1334.80	1120.96

5.1.3　灰水足迹

灰水足迹是指一定人口所消耗的产品和服务排放出的超出水体承载能力的污染物对水资源的需求量。依据这一概念和第 3 章中有关灰水足迹的计算方法，按照上述的污染排放标准计算得出全国 31 个省（区、市）2000～2015 年的灰水足迹数量，如表 5-5 所示。由表可知，中国灰水足迹总量在研究期间较为平稳，部分年份略有下降，尤其在 2014 年和 2015 年灰水足迹总量下降十分明显。对比各省（区、市）灰水足迹的多年平均值可知，灰水足迹最大的省份为广东省，灰水足迹多年平均值为 79.48 亿 m³，灰水足迹多年平均值最小的地区是西藏自治区，其灰水足迹多年平均值为 1.40 亿 m³。在研究期内，东部地区和中部地区的灰水足迹数量整体上呈现出先升高再下降的趋势，其中大部分省（区、市）灰水足迹出现大幅下降，如北京、天津和上海的 2015 年灰水足迹相比于 2000 年分别下降了 94.69%、69.83% 和 85.73%，只有少数省（区、市）呈上升趋势，这表明东部、中部大部分地区在经济发展的同时已经开始注意水资源保护的重要性。西部地区的灰水足迹数量增幅较大，例如，新疆灰水足迹除个别年份外整体呈现增长趋势，随着西部大开发进程的加快，人口增长促使该地区对粮食和工业产品以及各种服务的需求大量增加，使得研究期内新疆地区的灰水足迹数量增长明显。

表 5-5　中国各省（区、市）2000～2015 年灰色水足迹　（单位：亿 m³）

省(区、市)	2000 年	2001 年	2002 年	2003 年	2004 年	2005 年	2006 年	2007 年
北京	14.88	15.09	12.73	11.17	10.81	9.66	9.19	8.87
天津	15.51	8.80	8.58	10.87	11.42	12.17	11.91	11.44
河北	58.88	54.34	53.33	53.01	54.84	55.03	57.35	55.61
山西	26.39	25.93	25.88	29.86	31.69	32.26	32.22	31.18
内蒙古	21.34	23.40	19.88	22.86	22.93	25.30	24.84	23.98
辽宁	58.45	56.40	49.44	45.54	41.70	53.68	53.40	52.31
吉林	39.67	34.17	29.73	30.98	30.51	33.94	34.75	33.33
黑龙江	43.51	43.92	42.82	42.54	42.05	41.98	41.48	40.67
上海	26.56	25.39	27.47	28.20	24.49	25.38	25.19	24.53
江苏	54.49	69.31	65.39	63.94	71.16	80.48	77.48	74.28
浙江	52.17	48.34	48.22	46.84	46.38	49.55	49.38	47.00
安徽	36.88	34.79	34.25	34.37	35.58	36.96	37.99	37.58
福建	26.80	26.11	23.52	29.28	29.88	32.87	32.96	31.93
江西	32.49	34.57	32.57	35.17	37.81	38.12	39.48	39.06
山东	83.21	76.82	71.61	69.13	64.91	64.22	63.19	59.99
河南	68.37	63.34	61.91	58.95	58.01	60.05	60.08	57.83
湖北	58.53	55.69	55.25	52.87	51.20	51.31	52.14	50.12
湖南	56.17	59.13	61.77	67.84	70.82	74.56	76.84	75.30
广东	79.26	92.12	79.33	81.83	77.25	88.13	87.41	84.78
广西	85.50	68.88	70.54	77.24	82.83	89.12	93.29	88.59
海南	7.07	5.81	5.44	5.63	7.72	7.90	8.29	8.45
重庆	22.00	21.24	20.86	21.72	22.54	22.41	21.97	20.94
四川	81.30	82.69	78.03	78.03	73.51	65.31	67.17	64.25
贵州	19.00	17.24	17.10	18.36	18.61	18.79	19.11	18.92
云南	24.76	25.74	25.08	23.76	24.18	23.75	24.47	24.17
西藏	3.34	0.91	0.68	0.66	1.15	1.17	1.25	1.28
陕西	27.22	27.85	26.90	26.76	28.18	29.20	29.63	28.73
甘肃	13.73	12.23	12.62	15.12	15.57	18.81	18.35	14.51
青海	2.78	2.85	2.85	2.85	3.49	5.99	6.19	6.32
宁夏	14.55	15.55	9.22	8.46	5.51	11.88	11.67	11.43
新疆	16.43	16.75	17.07	19.07	21.81	22.61	23.95	24.13
合计	1171.24	1145.40	1090.07	1112.91	1118.54	1182.59	1192.62	1151.51

续表

省(区、市)	2008 年	2009 年	2010 年	2011 年	2012 年	2013 年	2014 年	2015 年	平均值
北京	8.44	8.24	7.67	8.85	8.49	8.00	1.01	0.79	8.99
天津	11.09	11.08	11.00	10.06	9.59	9.26	4.71	4.68	10.14
河北	50.40	47.51	45.51	36.68	35.76	34.21	28.04	22.76	46.45
山西	29.90	28.70	27.76	25.21	24.46	23.68	12.06	11.45	26.16
内蒙古	23.34	23.21	22.93	22.45	21.86	21.03	16.58	16.23	22.01
辽宁	48.66	46.89	45.13	37.66	36.36	33.08	14.23	13.28	42.89
吉林	31.19	30.07	29.35	23.63	22.60	21.48	11.08	10.46	27.93
黑龙江	39.69	38.50	37.04	38.96	37.09	33.80	15.67	15.19	37.18
上海	22.23	20.29	18.32	19.86	18.73	18.25	4.13	3.79	20.80
江苏	70.96	68.47	65.67	70.13	67.00	63.99	34.06	33.55	64.40
浙江	44.88	42.82	40.57	49.84	47.90	45.87	27.72	25.93	44.59
安徽	36.07	35.34	34.26	45.38	44.14	43.63	13.63	13.81	34.67
福建	31.52	31.31	31.05	37.51	36.82	35.57	12.94	12.11	28.89
江西	37.11	36.27	35.93	42.24	41.58	41.03	13.28	15.34	34.50
山东	56.55	53.92	51.71	49.84	47.70	45.50	21.75	20.90	56.31
河南	54.23	52.18	51.64	50.32	48.50	47.13	26.48	25.03	52.75
湖北	48.81	47.97	47.69	50.50	49.71	48.60	20.97	19.81	47.57
湖南	73.71	70.70	66.51	58.57	56.67	56.63	22.28	20.67	60.51
广东	80.30	75.94	71.53	104.19	99.08	94.84	39.25	36.46	79.48
广西	84.39	81.36	78.08	47.22	46.73	45.39	26.98	24.39	68.16
海南	8.39	8.36	7.69	7.61	7.73	7.65	1.80	1.49	6.69
重庆	20.14	19.98	19.54	24.07	23.22	22.51	8.89	8.39	20.03
四川	62.42	62.31	61.73	61.62	60.26	58.14	17.55	16.91	61.95
贵州	18.48	18.00	17.33	23.37	22.04	21.78	11.21	10.33	18.10
云南	23.38	22.76	22.36	39.07	38.45	38.49	27.08	24.45	27.00
西藏	1.28	1.28	2.40	3.08	1.81	1.79	0.15	0.15	1.40
陕西	27.68	26.51	25.64	45.62	27.75	26.80	15.93	18.21	27.41
甘肃	14.21	14.70	13.97	29.72	20.24	19.66	14.76	13.93	16.38
青海	6.21	6.34	6.93	7.11	6.61	6.60	6.90	6.67	5.42
宁夏	10.99	10.43	10.14	11.86	11.43	11.15	16.64	11.34	11.39
新疆	23.93	23.89	24.68	29.55	25.62	25.33	31.16	30.56	23.53
合计	1100.58	1065.33	1031.76	1111.78	1045.93	1010.87	518.92	489.06	1033.69

5.1.4　生活和生态水足迹

生活与生态用水是水足迹的重要组成部分，由于无法获得全面的生态水的数据，本章中生活和生态水足迹的计算主要依据《中国水资源公报》上的生态水数据，仅包括人为措施供给的城镇环境用水和部分河湖、湿地补水，而不包括降水、径流自然满足的水量，这比实际的生态用水要少。目前在孙才志等（2013）关于水足迹计算的基础上，本章修正缺失的 2000～2015 年生态用水量数据，并更新到 2015 年水足迹数据。结果见表 5-6 和表 5-7。

表 5-6　中国各省（区、市）2000～2015 年生态水足迹　（单位：亿 m^3）

省(区、市)	2000 年	2001 年	2002 年	2003 年	2004 年	2005 年	2006 年	2007 年
北京	0.37	0.48	0.63	1.00	1.00	1.10	1.60	2.70
天津	0.08	0.10	0.14	0.30	0.50	0.50	0.50	0.50
河北	0.17	0.24	0.35	0.30	2.00	2.20	1.20	2.00
山西	0.07	0.09	0.13	0.30	0.30	0.40	0.40	0.50
内蒙古	0.56	0.77	1.05	0.70	0.80	5.60	6.70	6.70
辽宁	0.50	0.62	0.76	0.00	0.90	1.10	1.90	2.50
吉林	0.54	0.66	0.80	0.00	2.40	1.70	1.90	2.00
黑龙江	1.18	1.61	2.20	3.00	1.00	3.70	0.40	0.50
上海	0.82	1.08	1.44	2.10	2.30	1.70	1.80	1.00
江苏	5.65	7.34	9.53	14.60	13.90	4.90	9.20	16.20
浙江	7.83	8.65	9.55	11.50	13.30	13.80	11.80	12.60
安徽	0.26	0.33	0.42	0.40	0.70	1.40	1.40	1.60
福建	0.59	0.67	0.76	1.10	1.30	1.30	1.40	1.40
江西	0.57	0.69	0.82	1.10	1.10	1.30	1.30	2.00
山东	0.83	1.00	1.20	1.40	1.70	2.40	2.60	3.20
河南	1.19	1.48	1.83	2.40	3.60	3.80	3.90	5.20
湖北	0.06	0.06	0.07	0.10	0.10	0.10	0.10	0.10
湖南	1.31	1.49	1.70	1.60	2.90	3.10	3.20	3.20
广东	2.83	3.17	3.54	5.00	4.60	4.90	4.50	6.10
广西	1.62	1.89	2.21	3.20	3.10	3.60	3.70	5.60
海南	0.24	0.32	0.44	0.60	0.10	0.10	0.10	0.10
重庆	0.14	0.17	0.20	0.30	0.30	0.40	0.40	0.40
四川	1.15	1.25	1.35	1.70	1.70	2.00	2.20	1.90

续表

省(区、市)	2000 年	2001 年	2002 年	2003 年	2004 年	2005 年	2006 年	2007 年
贵州	0.19	0.22	0.26	0.40	0.40	0.70	0.70	0.60
云南	0.16	0.22	0.32	0.80	0.90	0.90	0.90	1.80
西藏	0.25	0.30	0.35	0.40	0.00	0.00	0.00	0.00
陕西	0.07	0.10	0.14	0.10	0.70	0.70	0.80	0.80
甘肃	0.13	0.19	0.28	0.20	0.20	3.10	3.10	3.00
青海	0.07	0.09	0.11	0.20	0.20	0.20	0.20	0.20
宁夏	0.19	0.23	0.30	0.40	0.40	0.60	0.70	1.00
新疆	13.76	14.94	16.22	24.40	19.70	25.50	24.20	20.50
合计	43.38	50.45	59.10	79.60	82.10	92.80	92.80	105.90

省(区、市)	2008 年	2009 年	2010 年	2011 年	2012 年	2013 年	2014 年	2015 年	平均值
北京	3.20	3.60	3.97	4.50	5.70	5.92	7.25	10.40	3.34
天津	0.70	1.10	1.22	1.10	1.40	0.90	2.07	2.90	0.88
河北	3.20	2.70	2.87	3.60	3.80	4.65	5.06	5.00	2.46
山西	0.70	1.30	2.65	3.40	3.30	3.54	3.44	2.30	1.43
内蒙古	6.50	7.60	9.78	10.00	15.10	16.40	14.28	16.40	7.43
辽宁	2.70	3.30	3.38	4.90	4.40	5.07	4.91	5.60	2.66
吉林	2.20	2.30	3.72	7.90	6.00	3.93	3.60	7.40	2.94
黑龙江	2.50	4.40	1.76	5.60	6.00	2.95	1.28	2.60	2.54
上海	1.10	1.20	1.22	0.50	0.70	0.78	0.79	0.80	1.21
江苏	12.10	3.20	3.21	3.30	3.30	3.24	2.72	2.00	7.15
浙江	20.50	7.50	9.30	4.60	4.50	5.17	5.16	5.50	9.45
安徽	1.60	2.00	2.22	4.00	3.80	4.05	4.65	4.90	2.11
福建	1.40	1.30	1.29	1.50	3.10	3.17	3.18	3.30	1.67
江西	2.00	4.80	3.89	2.10	2.10	2.12	2.08	2.10	1.88
山东	3.70	3.90	4.64	7.20	6.70	6.06	5.78	6.90	3.70
河南	7.80	6.30	7.34	10.30	10.60	6.06	5.66	9.10	5.41
湖北	0.10	0.20	0.21	0.30	0.30	0.41	0.63	0.80	0.23
湖南	3.30	3.50	3.20	2.60	2.50	2.87	2.68	2.70	2.62
广东	6.80	8.10	8.55	9.10	6.50	5.17	5.14	5.30	5.58
广西	5.50	5.70	5.32	5.60	3.00	3.05	2.35	2.40	3.62
海南	0.10	0.10	0.09	0.10	0.20	0.19	0.24	0.30	0.21
重庆	0.50	0.50	0.53	0.70	0.80	0.84	0.93	1.00	0.51
四川	1.80	2.00	2.11	2.20	2.50	4.67	4.21	5.10	2.37

续表

省(区、市)	2008 年	2009 年	2010 年	2011 年	2012 年	2013 年	2014 年	2015 年	平均值
贵州	0.50	0.60	0.62	0.60	0.60	0.69	0.70	0.70	0.53
云南	3.60	3.20	3.88	1.00	0.00	1.29	2.02	2.30	1.46
西藏	0.00	0.00	0.00	0.00	0.00	0.00	0.05	0.10	0.09
陕西	0.90	0.90	1.03	2.10	1.70	2.26	2.52	2.90	1.11
甘肃	2.90	3.00	3.03	3.00	3.00	1.79	1.80	3.10	1.99
青海	0.80	0.80	0.82	0.50	0.20	0.22	0.42	0.50	0.35
宁夏	1.20	1.60	1.42	1.00	1.50	2.05	2.33	2.20	1.07
新疆	20.10	16.50	26.48	8.70	4.00	5.82	5.26	5.80	15.74
合计	120.00	103.20	119.75	112.00	107.30	105.33	103.19	122.40	93.71

表 5-7　中国各省（区、市）2000～2015 年生活水足迹　（单位：亿 m^3）

省(区、市)	2000 年	2001 年	2002 年	2003 年	2004 年	2005 年	2006 年	2007 年
北京	13.39	12.35	11.63	13.50	12.91	13.93	14.43	14.60
天津	5.22	4.68	4.75	4.20	4.53	4.54	4.61	4.82
河北	23.08	22.87	23.24	23.70	21.58	23.68	24.05	23.91
山西	7.92	8.24	8.48	8.50	8.74	8.72	9.27	9.53
内蒙古	8.71	9.91	9.96	10.00	10.89	12.17	13.13	14.17
辽宁	21.22	19.97	21.01	22.90	23.79	23.92	24.25	24.32
吉林	9.18	9.03	11.33	14.30	13.79	11.48	11.49	11.74
黑龙江	16.16	17.07	15.40	18.90	19.19	20.27	20.03	18.61
上海	14.42	15.03	16.29	18.30	19.10	19.78	20.39	21.60
江苏	41.77	42.45	44.02	39.90	40.58	43.05	46.15	48.42
浙江	27.35	35.09	36.58	29.10	31.45	31.32	32.64	33.95
安徽	16.74	16.76	16.65	21.30	24.05	25.39	24.35	26.08
福建	19.08	18.97	20.85	20.60	20.09	20.49	21.01	21.15
江西	17.35	18.04	18.94	20.60	21.68	20.95	20.85	22.90
山东	24.44	27.87	27.52	29.40	30.52	30.58	31.27	32.51
河南	28.90	31.00	32.83	32.00	32.37	33.61	34.57	32.74
湖北	27.50	27.81	27.66	28.00	28.45	28.63	28.82	29.38
湖南	38.44	39.40	41.69	39.40	42.06	43.49	44.17	44.62
广东	68.59	71.78	75.44	79.50	83.28	89.52	92.35	90.54
广西	29.10	31.63	29.68	32.70	36.01	38.85	41.90	48.58
海南	4.88	4.91	4.74	5.90	5.32	5.56	5.85	6.09

续表

省(区、市)	2000 年	2001 年	2002 年	2003 年	2004 年	2005 年	2006 年	2007 年
重庆	12.63	12.70	14.81	15.30	15.64	16.39	16.24	17.33
四川	26.83	30.89	30.74	30.40	30.99	31.71	34.19	34.43
贵州	15.09	15.04	15.37	14.80	15.08	17.93	17.69	16.95
云南	16.97	17.52	17.72	18.30	18.54	19.13	19.51	19.95
西藏	1.79	1.86	1.96	1.90	2.00	2.45	2.48	2.15
陕西	10.20	10.51	10.93	11.30	12.60	12.97	13.27	13.55
甘肃	7.60	8.41	8.53	8.60	8.90	9.12	9.12	9.45
青海	2.83	2.76	2.74	3.00	2.96	3.16	3.24	3.28
宁夏	1.70	1.68	1.73	1.70	1.79	1.75	1.76	1.76
新疆	15.84	13.66	15.52	13.10	12.30	10.46	10.67	11.29
合计	574.92	599.89	618.74	631.10	651.18	675.00	693.75	710.40

省(区、市)	2008 年	2009 年	2010 年	2011 年	2012 年	2013 年	2014 年	2015 年	平均值
北京	15.33	15.33	15.30	16.30	16.00	16.25	16.98	17.50	14.73
天津	4.88	5.09	5.50	5.40	5.00	5.05	5.00	4.90	4.89
河北	23.39	23.39	24.00	26.10	23.30	23.77	24.11	24.40	23.66
山西	9.79	10.00	10.60	13.10	11.80	12.25	12.21	12.30	10.09
内蒙古	14.72	14.08	15.00	15.10	10.40	10.72	10.46	10.40	11.86
辽宁	24.56	24.41	25.50	25.90	23.40	23.42	24.40	25.00	23.62
吉林	13.29	14.05	16.40	15.10	12.00	12.29	12.82	12.80	12.57
黑龙江	18.81	18.78	17.60	21.20	16.30	17.07	17.74	16.20	18.08
上海	22.36	23.09	23.50	24.90	24.90	25.74	24.36	24.10	21.12
江苏	49.48	51.39	52.90	52.40	50.50	51.41	52.83	54.40	47.60
浙江	36.32	37.60	39.40	40.00	41.60	42.46	43.82	44.30	36.44
安徽	27.42	29.03	30.20	31.70	31.10	31.45	31.90	32.80	26.06
福建	21.91	22.13	22.70	25.20	28.50	30.92	31.53	32.20	23.58
江西	23.39	26.09	27.50	28.40	26.10	26.88	27.36	27.90	23.43
山东	33.86	34.95	36.20	38.20	32.80	33.31	33.38	33.00	31.86
河南	34.84	35.79	36.10	37.40	32.00	33.40	33.42	35.40	33.52
湖北	30.84	30.93	32.40	33.80	36.10	39.35	40.65	49.20	32.47
湖南	45.05	46.10	46.40	45.20	43.30	40.01	41.80	42.20	42.71
广东	89.84	90.44	94.20	97.30	95.40	94.76	96.05	98.30	87.96
广西	49.97	48.44	46.50	45.70	36.60	38.32	39.24	39.70	39.56
海南	6.27	6.42	6.50	6.70	6.60	6.85	7.53	8.00	6.13

续表

省(区、市)	2008年	2009年	2010年	2011年	2012年	2013年	2014年	2015年	平均值
重庆	17.40	18.23	18.60	19.10	17.50	18.07	19.07	19.60	16.79
四川	34.47	36.26	38.00	38.30	42.90	40.11	42.55	48.30	35.69
贵州	16.07	14.88	16.50	14.90	15.70	16.04	16.56	17.00	15.98
云南	22.32	23.58	22.80	24.40	19.20	20.49	19.51	20.20	20.01
西藏	2.27	2.03	2.00	1.90	1.00	1.03	1.10	2.00	1.87
陕西	14.00	14.80	14.80	16.20	14.80	15.12	15.41	16.10	13.54
甘肃	9.23	10.80	10.80	10.60	9.20	7.90	8.23	8.20	9.04
青海	3.33	3.36	3.50	3.70	2.20	2.27	2.53	2.60	2.97
宁夏	1.63	1.74	1.80	1.90	1.60	1.64	1.75	1.80	1.73
新疆	12.19	14.94	12.80	13.80	12.00	11.74	12.31	13.20	12.86
合计	729.23	748.15	766.00	789.90	739.80	750.09	766.61	794.00	702.42

生态水足迹的数量较小，全国生态水足迹总量在研究期内整体呈现出上涨的态势，涨幅较为明显。从各省（区、市）生态水足迹的多年平均值来看，生态水足迹数量最大的省份是新疆，多年平均值为 15.74 亿 m³，生态水足迹最小的省份是西藏，其多年平均值为 0.09 亿 m³，主要原因是本章生态水足迹仅包括人为措施供给的城镇环境用水和部分河湖、湿地补水，新疆地区属于干旱、半干旱的气候条件，降水稀少，城镇环境用水和大量的河湖、湿地补水需要通过人工完成，因此，新疆生态水足迹的数量较大。

生活水足迹全国总量呈现出稳定的逐年上涨的趋势，由 2000 年的 574.92 亿 m³ 上涨到 2015 年的 794.00 亿 m³，上涨幅度为 38.11%。东中部地区省（区、市）的生活水足迹数量整体上大于西部地区省（区、市）的生活水足迹数量，生活水足迹与省（区、市）人口规模密切相关，人口规模较大的省（区、市）生活水足迹数量也较大，如山东、河南等省份。除了人口规模外，地区经济发展水平也对区域生活水足迹数量产生较大影响，如广东、江苏、浙江等省份。

5.1.5　水足迹计算结果

按照第 3 章中所介绍的水足迹计算方法，得到中国各省（区、市）2000～2015 年的水足迹计算结果，如表 5-8 所示。在 2000～2015 年中国平均总水足迹为 15 722.75 亿 m³，其中平均总水足迹最高的省份是河南，为 1147.47 亿 m³，最低的是西藏，仅为 35.13 亿 m³。

表 5-8　中国各省（区、市）2000～2015 年平均水足迹　（单位：亿 m³）

省（区、市）	农畜产品水足迹	工业产品水足迹	灰水足迹	生活水足迹	生态水足迹	总水足迹
北京	80.38	5.71	8.99	14.73	3.34	113.16
天津	66.26	3.16	10.14	4.89	0.88	85.31
河北	747.11	15.58	46.45	23.66	2.46	835.26
山西	250.89	11.04	26.16	10.09	1.43	299.61
内蒙古	467.23	14.77	22.01	11.86	7.43	523.30
辽宁	432.92	16.00	42.89	23.62	2.66	518.10
吉林	344.35	18.87	27.93	12.57	2.94	406.67
黑龙江	755.82	47.74	37.18	18.08	2.54	861.37
上海	86.44	73.67	20.80	21.12	1.21	203.23
江苏	624.36	172.91	64.40	47.60	7.15	916.42
浙江	318.04	43.24	44.59	36.44	9.45	451.75
安徽	640.96	70.24	34.67	26.06	2.11	774.03
福建	280.76	57.71	28.89	23.58	1.67	392.61
江西	458.65	49.77	34.50	23.43	1.88	568.23
山东	995.08	16.85	56.31	31.86	3.70	1 103.80
河南	1 017.47	38.32	52.75	33.52	5.41	1 147.47
湖北	557.28	77.11	47.57	32.47	0.23	714.65
湖南	667.69	70.13	60.51	42.71	2.62	843.65
广东	637.12	115.35	79.48	87.96	5.58	925.49
广西	465.50	37.92	68.16	39.56	3.62	614.76
海南	94.10	3.58	6.69	6.13	0.21	110.72
重庆	264.78	30.19	20.03	16.79	0.51	332.29
四川	878.49	45.82	61.95	35.69	2.37	1 024.32
贵州	272.62	26.60	18.10	15.98	0.53	333.83
云南	372.36	18.86	27.00	20.01	1.46	439.69
西藏	30.72	1.05	1.40	1.87	0.09	35.13
陕西	366.17	10.40	27.41	13.54	1.11	418.63
甘肃	205.15	13.17	16.38	9.04	1.99	245.73
青海	41.32	3.80	5.42	2.97	0.35	53.85
宁夏	74.10	2.78	11.39	1.73	1.07	91.08
新疆	277.84	8.64	23.53	12.86	15.74	338.62
合计	12 771.96	1 120.96	1 033.69	702.42	93.75	15 722.75

如表 5-9 所示，中国水足迹的总量从 2000 年的 12 591.03 亿 m³ 上升到 2015 年的 22 321.53 亿 m³，增长幅度为 77.28%，年平均增长率为 4.83%，总体呈现上升趋势。

表 5-9　中国各省（区、市）2000～2015 年水足迹　（单位：亿 m³）

省（区、市）	2000 年	2001 年	2002 年	2003 年	2004 年	2005 年	2006 年	2007 年
北京	104.88	104.52	99.61	98.94	100.51	104.47	109.81	110.81
天津	70.47	70.11	68.73	71.97	72.29	75.18	79.26	77.84
河北	619.62	615.31	622.22	632.02	653.49	705.36	742.25	764.51
山西	253.85	217.26	266.36	272.15	280.97	261.39	285.69	269.85
内蒙古	281.32	275.68	312.86	322.71	393.86	473.02	517.03	540.07
辽宁	362.39	378.90	390.98	393.23	418.84	440.72	450.95	466.59
吉林	280.31	296.92	328.76	339.02	347.73	368.55	373.80	344.85
黑龙江	630.69	645.20	678.81	636.89	709.49	756.08	784.68	761.84
上海	191.19	193.62	195.64	192.09	194.72	207.88	210.76	214.73
江苏	764.25	758.13	778.47	735.59	788.14	833.38	881.31	900.52
浙江	443.01	433.02	420.47	410.93	423.51	429.80	453.53	438.20
安徽	595.89	622.95	669.81	579.62	650.36	658.11	710.12	716.42
福建	328.44	305.99	335.51	341.40	344.83	359.24	364.84	358.66
江西	452.02	449.46	445.07	437.74	476.51	501.67	518.97	537.98
山东	915.19	888.56	841.87	884.01	871.50	944.70	963.44	958.65
河南	843.41	877.90	913.04	755.89	886.35	928.13	1013.63	1054.85
湖北	604.56	596.88	588.16	584.59	573.26	623.65	641.84	644.97
湖南	712.61	714.04	701.06	707.18	753.25	769.39	780.47	774.40
广东	825.47	841.71	823.67	852.40	858.24	866.60	887.76	872.04
广西	534.73	520.56	527.74	520.80	520.70	561.31	571.93	557.93
海南	83.01	87.19	91.41	91.17	87.39	85.76	96.38	100.55
重庆	278.47	264.50	277.89	282.41	298.00	313.50	283.97	310.50
四川	919.44	861.73	901.30	911.39	922.98	960.84	909.07	917.36
贵州	310.58	304.19	308.10	321.28	326.39	336.97	329.95	318.37
云南	334.91	350.33	337.27	344.91	349.01	366.85	383.18	381.62
西藏	30.52	29.14	30.16	28.68	28.68	37.69	31.68	32.23
陕西	314.95	302.20	312.08	321.74	350.78	362.26	390.87	388.75
甘肃	184.21	190.77	196.72	189.83	197.23	225.81	228.34	220.39
青海	40.54	46.80	45.63	68.62	46.71	51.76	52.83	52.90
宁夏	62.79	66.56	64.49	61.61	61.59	70.69	78.60	84.29
新疆	217.31	216.65	242.40	243.38	247.06	275.14	293.94	298.40
合计	12 591.03	12 526.78	12 816.29	12 634.19	13 234.37	13 955.90	14 420.88	14 471.07

续表

省（区、市）	2008 年	2009 年	2010 年	2011 年	2012 年	2013 年	2014 年	2015 年	平均值
北京	116.52	123.42	120.87	129.69	129.63	125.96	116.09	114.80	113.16
天津	80.10	86.75	88.89	91.09	93.28	113.75	112.20	113.09	85.31
河北	779.16	773.00	786.17	838.26	861.35	1 297.68	1 336.00	1 337.74	835.26
山西	268.45	256.02	282.11	316.26	330.56	408.13	413.35	411.30	299.61
内蒙古	575.81	565.41	596.14	626.63	632.63	763.63	745.25	750.73	523.30
辽宁	482.97	465.78	485.91	509.89	514.71	873.86	815.98	837.81	518.09
吉林	379.22	357.06	398.99	422.84	422.51	618.79	608.87	618.42	406.67
黑龙江	879.37	884.14	951.25	1 015.70	995.42	1 139.84	1 161.49	1 150.93	861.36
上海	213.07	220.46	219.37	229.35	219.56	204.61	175.72	168.99	203.24
江苏	891.81	880.69	889.59	912.41	919.25	1 240.29	1 239.32	1 249.51	916.42
浙江	451.15	434.45	437.21	462.03	458.51	538.12	507.88	486.21	451.75
安徽	732.91	751.46	762.49	793.75	822.02	1 095.27	1 093.01	1 130.32	774.03
福建	367.51	382.46	386.24	409.20	416.52	534.43	521.01	525.43	392.61
江西	547.75	563.06	555.58	601.00	598.39	806.39	796.74	803.43	568.24
山东	983.61	1 015.99	1 031.12	1 060.07	1 068.77	1 735.02	1 729.60	1 768.69	1 103.80
河南	1 076.04	1 112.60	1 149.87	1 165.14	1 181.81	1 792.73	1 782.82	1 825.39	1 147.48
湖北	656.85	679.94	702.95	731.82	730.30	1 017.41	1 016.55	1 040.67	714.65
湖南	789.35	815.13	816.90	845.04	849.35	1 156.92	1 153.06	1 160.26	843.65
广东	856.63	897.13	922.38	1 010.68	1 007.96	1 121.94	1 079.58	1 083.68	925.49
广西	550.37	587.59	583.40	587.29	585.59	872.92	870.93	882.34	614.76
海南	104.72	108.51	108.25	114.46	121.86	169.79	161.59	159.44	110.72
重庆	321.55	331.61	342.47	335.98	331.56	452.50	444.94	446.77	332.29
四川	926.58	959.98	986.50	1 026.11	1 002.32	1 401.32	1 375.52	1 406.76	1 024.33
贵州	324.68	325.49	312.86	284.67	302.45	399.83	413.60	421.90	333.83
云南	408.99	420.26	420.73	460.76	474.69	657.97	669.24	674.28	439.69
西藏	37.03	31.29	33.07	35.02	32.96	47.72	46.75	49.38	35.13
陕西	410.93	426.10	441.10	484.27	484.56	561.65	564.09	581.79	418.63
甘肃	232.06	240.56	248.60	278.62	276.88	333.76	340.40	347.62	245.74
青海	55.60	50.73	51.67	52.47	48.80	63.78	65.74	67.03	53.85
宁夏	90.66	93.52	98.03	103.06	106.87	129.00	144.98	140.48	91.08
新疆	308.56	357.40	368.74	369.13	384.38	495.72	533.33	566.34	338.62
合计	14 900.01	15 197.99	15 579.45	16 302.69	16 405.45	22 170.73	22 035.63	22 321.53	15 722.75

如图 5-1 所示，2000～2015 年中国各省（区、市）之间的水足迹构成差异很大，灰水足迹所占比例也不相同，农畜产品水足迹所占比例最大；北京、天津、上海、海南、山西、甘肃、青海、宁夏等省（区、市）水足迹相对较小，而河北、江苏、山东、广东、四川等省份水足迹较高，说明水足迹的空间分布不仅与地理空间有关，还与经济发达程度和水资源禀赋有关。

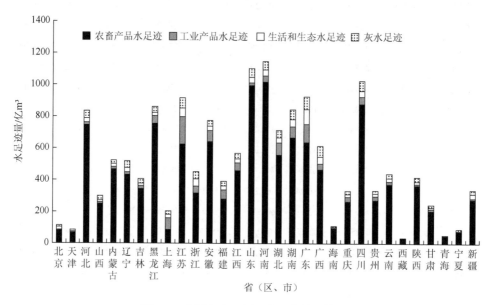

图 5-1　中国各省（区、市）水足迹构成

5.2　水足迹强度分析

水足迹强度是指水足迹总量与 GDP 的比值，是一个全新的反映水资源利用效率的指标。水足迹的强度越大，表明单位 GDP 所消耗的水足迹数量越多。为了使计算的水足迹强度更具有可比性，消除价格变动的影响，本书的 GDP 是以 1990 年为基期计算转化的。

如图 5-2 和表 5-10 所示，中国各省（区、市）的水足迹强度在 2000～2015 年整体呈现出下降的趋势，且下降趋势很明显，各省（区、市）的下降幅度很大，说明中国水资源的利用效率在明显提高。然而各省（区、市）水足迹强度的下降速度并不相同，存在很大差异。天津、上海、北京和广东等地在各个时期水足迹强度都较低，江西、贵州、广西、西藏等地在各个时期都表现出较高的水足迹强度趋势，总体来看呈现东低西高的特征。西部地区，如贵州、西藏、广西等地万元 GDP 消耗的水足迹数量下降得比较快，均下降了 2000m³ 以上。然而东部经济越发达的沿海地区，由于初期的水足迹强度的基数比较低，下降相对较慢，如北京、天津、上海、江苏等地下降得相对比较慢，一般下降了 1000m³ 左右。中国各省（区、市）的水足迹强度在地区上表现出东部低西部高，逐级向西南、西北递增的地理分布特征，西南地区的西藏、贵州、广西历年水足迹强度都是较高的，而山东、北京、天津、上海、浙江、广东的水足迹强度是较低的。

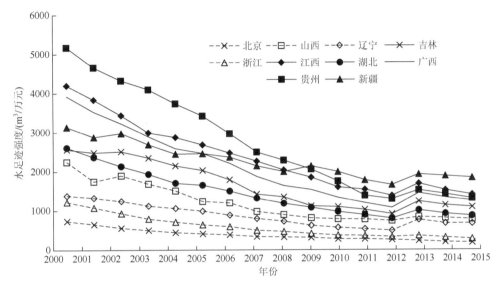

图 5-2　中国部分省（区、市）2000～2015 年水足迹强度变化

表 5-10　中国各省（区、市）2000～2015 年水足迹强度　　（单位：m³/万元）

省（区、市）	2000 年	2001 年	2002 年	2003 年	2004 年	2005 年	2006 年	2007 年
北京	734.78	655.56	560.31	501.38	446.41	413.92	385.01	339.32
天津	761.67	676.61	588.50	536.82	465.67	421.45	387.41	329.41
河北	2 071.19	1 892.16	1 745.83	1 589.00	1 455.25	1 385.14	1 285.35	1 173.68
山西	2 249.13	1 748.33	1 898.57	1 688.31	1 513.05	1 240.15	1 201.63	979.31
内蒙古	3 191.75	2 825.43	2 832.63	2 478.18	2 510.00	2 434.98	2 234.68	1 958.30
辽宁	1 388.25	1 331.66	1 246.93	1 124.77	1 062.07	991.61	888.48	799.38
吉林	2 564.71	2 485.53	2 513.33	2 351.89	2 149.96	2 032.78	1 792.81	1 424.59
黑龙江	4 000.97	3 744.81	3 575.17	3 043.92	3 035.74	2 898.80	2 683.73	2 326.44
上海	791.37	725.28	658.44	575.70	511.00	489.73	440.56	389.62
江苏	1 449.89	1 305.16	1 199.80	997.98	931.43	860.17	791.68	704.03
浙江	1 221.61	1 079.62	931.01	793.27	714.04	642.41	595.15	501.34
安徽	3 129.07	3 003.82	2 946.89	2 330.96	2 308.44	2 104.46	2 018.47	1 783.15

续表

省（区、市）	2000 年	2001 年	2002 年	2003 年	2004 年	2005 年	2006 年	2007 年
福建	1 569.56	1 345.26	1 338.51	1 221.53	1 103.59	1 030.19	911.36	777.71
江西	4 197.50	3 836.17	3 437.70	2 992.10	2 877.32	2 685.51	2 473.84	2 265.42
山东	1 692.88	1 494.20	1 267.41	1 173.58	1 002.58	945.04	840.26	732.13
河南	3 030.37	2 893.87	2 748.56	2 055.56	2 119.91	1 943.81	1 855.66	1 685.09
湖北	2 611.01	2 367.17	2 136.08	1 935.38	1 706.73	1 656.32	1 505.85	1 320.42
湖南	3 663.88	3 368.12	3 033.85	2 792.26	2 653.16	2 415.33	2 172.10	1 874.09
广东	1 362.04	1 256.86	1 094.24	986.42	865.13	765.61	683.20	584.07
广西	3 923.83	3 527.12	3 233.03	2 895.22	2 589.12	2 467.77	2 213.45	1 876.00
海南	2 491.83	2 398.99	2 294.88	2 069.48	1 792.00	1 591.33	1 579.92	1 423.33
重庆	2 286.52	1 992.47	1 897.88	1 729.82	1 626.82	1 532.17	1 234.76	1 164.87
四川	2 919.96	2 510.72	2 380.80	2 163.02	1 943.69	1 797.00	1 497.94	1 320.18
贵州	5 175.77	4 659.19	4 325.49	4 096.77	3 735.96	3 422.44	2 970.89	2 497.03
云南	2 964.17	2 903.20	2 564.22	2 410.18	2 191.27	2 115.02	1 979.54	1 757.10
西藏	4 146.20	3 512.58	3 219.73	2 733.66	2 438.50	2 859.25	2 121.33	1 892.92
陕西	2 992.40	2 614.97	2 430.70	2 241.45	2 164.54	1 966.01	1 862.42	1 599.60
甘肃	2 959.57	2 791.43	2 619.23	2 283.20	2 127.56	2 178.75	1 975.89	1 698.21
青海	2 649.66	2 738.48	2 381.79	3 200.87	1 940.30	1 916.36	1 726.38	1 522.95
宁夏	4 178.61	4 023.25	3 537.54	2 998.74	2 695.89	2 790.04	2 752.46	2 619.27
新疆	3 139.07	2 881.78	2 979.92	2 690.61	2 451.75	2 462.08	2 369.62	2 144.03
合计	81 509.22	74 589.80	69 618.97	62 682.03	57 128.88	54 455.63	49 431.83	43 462.99

省（区、市）	2008 年	2009 年	2010 年	2011 年	2012 年	2013 年	2014 年	2015 年	平均值
北京	327.04	314.36	279.11	277.03	257.05	231.91	199.20	184.26	381.67
天津	290.94	270.48	236.08	207.84	186.94	202.64	181.71	167.56	369.48
河北	1 086.43	979.85	888.19	850.89	797.52	1 110.47	1 073.48	1 006.44	1 274.43
山西	897.91	812.45	786.01	779.79	740.00	838.97	810.03	781.77	1 185.34
内蒙古	1 772.39	1 488.78	1 364.94	1 255.26	1 136.98	1 259.10	1 139.89	1 066.16	1 934.34
辽宁	729.66	622.19	568.37	531.56	489.81	765.04	675.20	673.07	868.00
吉林	1 350.47	1 119.34	1 099.10	1 023.57	913.43	1 235.23	1 141.25	1 090.45	1 643.03
黑龙江	2 401.92	2 167.82	2 069.54	1 967.72	1 752.65	1 858.26	1 793.14	1 681.02	2 562.60
上海	352.43	337.02	304.03	293.78	261.71	226.45	181.76	163.52	418.90
江苏	618.65	543.54	487.16	450.15	411.81	506.96	466.01	433.04	759.84
浙江	468.81	414.56	372.82	361.45	332.19	360.33	316.06	280.16	586.55
安徽	1 618.63	1 469.97	1 301.54	1 193.74	1 102.80	1 330.97	1 216.32	1 157.18	1 876.03

续表

省（区、市）	2008 年	2009 年	2010 年	2011 年	2012 年	2013 年	2014 年	2015 年	平均值
福建	705.23	653.53	579.45	546.66	499.27	577.12	511.94	473.66	865.29
江西	2 037.59	1 851.92	1 602.92	1 541.31	1 383.16	1 692.95	1 524.79	1 409.35	2 363.10
山东	670.70	617.45	558.01	517.29	475.16	703.81	645.45	611.15	871.69
河南	1 533.40	1 429.66	1 313.38	1 189.30	1 095.16	1 524.12	1 391.81	1 315.84	1 820.34
湖北	1 185.85	1 081.53	973.97	891.01	799.25	1 011.32	921.12	865.91	1 435.56
湖南	1 677.15	1 523.23	1 332.06	1 221.58	1 103.55	1 365.28	1 242.67	1 152.47	2 036.92
广东	519.70	496.14	453.84	452.07	416.84	427.63	381.71	354.78	693.77
广西	1 640.56	1 537.77	1 336.95	1 198.46	1 074.05	1 452.87	1 335.99	1 252.08	2 097.14
海南	1 343.98	1 246.79	1 072.19	1 012.29	987.54	1 252.02	1 098.20	1 005.17	1 541.25
重庆	1 053.59	945.63	833.98	702.92	610.89	742.40	658.25	595.45	1 225.53
四川	1 201.30	1 086.99	970.48	877.78	761.82	968.26	875.98	830.28	1 506.64
贵州	2 288.02	2 058.97	1 754.51	1 388.19	1 298.65	1 526.06	1 424.73	1 312.86	2 745.97
云南	1 702.66	1 560.74	1 391.34	1 340.11	1 222.22	1 511.28	1 421.98	1 318.03	1 897.07
西藏	1 975.11	1 484.93	1 397.71	1 313.38	1 105.82	1 428.00	1 262.61	1 201.60	2 130.83
陕西	1 452.62	1 325.90	1 197.74	1 154.47	1 023.54	1 068.81	978.53	935.34	1 688.07
甘肃	1 624.08	1 526.41	1 410.90	1 405.33	1 240.73	1 349.83	1 264.17	1 194.25	1 853.10
青海	1 410.30	1 168.83	1 032.39	923.71	765.32	902.77	852.11	802.96	1 620.95
宁夏	2 501.82	2 306.33	2 130.04	1 997.62	1 857.87	2 042.44	2 125.41	1 906.79	2 654.01
新疆	1 997.33	2 140.13	1 996.41	1 784.40	1 659.61	1 928.23	1 885.96	1 840.71	2 271.98
合计	40 436.27	36 583.24	33 095.16	30 650.66	27 763.34	33 401.53	30 997.46	29 063.31	47 179.40

第6章 中国环境约束下两阶段水资源利用效率

作为环境约束下效率分析研究中的前沿方向之一,考虑非期望产出的 DEA 效率模型在环境效率评价工作中具有重要的应用价值。目前在环境约束下测度水资源效率的方法研究主要采用距离函数法和基于松弛测度的 DEA 模型方法。Ma 等(2016)采用考虑环境因素的方向性距离函数 DEA 模型测算了中国区域水资源利用效率,并利用空间计量模型研究了其影响因素。岳立等(2011)研究中国主要工业省区工业用水效率时,将化学需氧量排放量和氨氮排放量作为非期望产出纳入 DEA 模型中,得到考虑污染物排放的水资源利用效率变化明显的结论。Deng 等(2016)考虑污染物处理的 SBM 模型测算了中国 31 个省(区、市)水资源利用效率。马海良等(2012b)基于投入导向的 DEA 模型测算了中国 30 个省级区域的全要素水资源利用效率。Liu 等(2013)采用 DEA 法测度了中国区域水资源生态效率,并研究了其空间分布特征。孙才志等(2013,2014)采用带有"非期望"产出的 DEA 法测度了 1997~2010 年中国 31 个省(区、市)的水资源全局环境技术效率,与未考虑"非期望"产出的 DEA 的水资源技术效率进行了比较分析。赵良仕等(2014)将"非期望"产出——灰水足迹考虑到评价水资源利用情况中,采用 SBM 模型,投入产出为水足迹、劳动力和资本,期望产出为 GDP 和非期望产出为灰水足迹,测算了中国 1997~2011 年 31 个地区的环境规制下的水资源利用效率。Hernández-Sancho 和 Sala-Garrido(2011)研究了废污水处理过程效率和可再生能源技术效率。Li 等(2012,2015)基于松弛的 SBM 模型在考虑非期望产出下分别测算了中国 30 个省(区、市)的能源和水资源生态效率。然而,上述研究把水资源利用系统作为单系统测度水资源效率,都没有考虑水资源利用系统内部生产和污染物处理过程,无法有效识别水资源利用系统中各阶段有效状态。

从水资源的利用和废污水排放过程来看,中国区域水资源利用系统可以分为两个子阶段:水资源利用阶段和污染物处理阶段。目前,一些学者已从以下方面对两阶段利用系统进行了研究,Wu 等(2015b)建立了两阶段网络生产结构的 DEA 效率评价方法,提出各子系统的效率分解,并分析了中国 2010 年 30 个省(区、市)的工业循环经济生产情况,但是在处理第一阶段非期望产出时仅把非期望产出的相反数和期望产出同时作为产出;Bian 等(2014)根据城镇用水和废污水处理系统建立两阶段 DEA 模型,测算了水资源污染物可再生利用的效率。Sala-Garrido 等(2012)基于 DEA 模型分析了季节性如何影响水资源可再生利用。

王有森等（2016）构建了一种基于径向 DEA 的两阶段评价方法，并建立了两个子阶段之间的联系，研究了中国 30 个省（区、市）的工业用水系统的效率。An 等（2015）提出基于松弛的两阶段 SBM 模型，在第二阶段考虑了非期望产出测度中国商业银行运行效率；Wu 等（2015b）利用基于径向的两阶段 DEA 法，把经济活动分为生产和处理过程测度中国各省（区、市）能源减排效率。然而，以上的两阶段效率评价模型研究中均未考虑投入产出及中间变量的松弛性问题。

水资源效率测度研究现状尚存在如下不足：①水资源效率的内涵需要完善。目前水资源效率研究大多将 GDP 作为唯一产出指标，过分考虑了效率的经济内涵，忽视了其环境内涵、社会内涵，导致传统水资源效率的"绿色含金量"不高。②DEA 模型的指标需要修正。在投入指标方面，水资源投入往往单纯使用生产与生活中的新鲜水量，没有体现社会经济系统对水资源的真实消耗量；在人力投入方面往往简单地使用劳动力数量，这与内生增长模型的人力资本不相符合；在产出指标方面，少量的研究将废污水排放量作为非期望产出，无法充分考虑水污染对生态环境造成的真实损失，同时产出指标也缺乏社会维度的指标。③水资源利用整体系统黑箱需要打开。目前中国区域水资源利用效率的测算主要集中在对单一系统效率的测算，没有打开水资源利用系统的黑箱。由于中国各区域经济、资源、文化等存在差异，各区域水资源利用效率的提升路径也不尽相同，从多系统角度研究区域水资源利用效率可以找到各区域水资源利用效率提升路径。以上这些问题直接导致水资源利用效率测度值的可靠性不足，而区域水资源利用效率提升路径政策方面各区域未必达成统一共识。

6.1 两阶段水资源利用效率分析

中国各地区水资源相对效率评价是 DEA 应用的一个重要领域，以往的研究侧重单系统的水资源利用效率测度，对于基于松弛变量的两阶段的水资源利用效率评价较少。因此，在模型建立的基础上采用中国各地区的水资源利用的实际数据对两阶段的水资源利用系统效率进行详细分析。

6.1.1 指标选取

在图 6-1 中，水资源利用系统第一阶段消耗用水总量、资本和劳动力，生产出 GDP，同时排放出一定量的污染物，考虑废污水中主要污染物为 COD 和氨氮，用其产生量作为第一阶段水资源利用系统的非期望产出。水资源利用系统第二阶段为污染物处理阶段，对污染物进行处理时需要额外的污染物治理投资来处理第一阶段的非期望产出。经过该阶段的处理，第一阶段排放出的 COD 和氨氮得到一定程度的净化处理，产出其去除量。

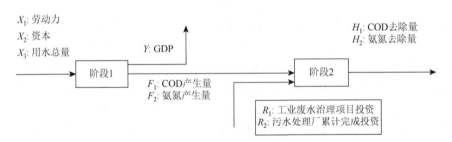

图 6-1　考虑非期望产出处理的两阶段网络生产过程

在指标选取方面，以样本容量个数必须不少于评价指标量的 2 倍为前提，充分考虑数据的可获得性并综合相关理论，构建如下的投入产出指标体系：第一阶段投入指标分别为用水总量、资本以及劳动力，数据来源于《中国统计年鉴 2015》和《2014 年中国水资源公报》；第一阶段期望产出为 GDP，数据来源于《中国统计年鉴 2015》；第一阶段非期望产出为工业废水和城镇生活污水中 COD 和氨氮产生量。第二阶段新增投入为工业废水治理项目投资和污水处理厂累计完成投资；第二阶段产出为 COD 和氨氮的去除量，数据来源于《中国环境统计年鉴 2015》。

6.1.2　环境约束下两阶段的水资源利用效率评价

通过两阶段水资源利用效率模型方法研究，采用 MATLAB2010b 对模型进行求解，得到中国 31 个省（区、市）2014 年的水资源整体利用效率及各阶段效率，为了说明所提出方法的合理性，将其结果与 Wu 等（2015）提出的两阶段模型结果进行对比，如表 6-1 所示。表 6-1 中，GE、E_0^1、E_0^2 分别表示基于构建的两阶段水资源利用效率模型的整体效率、第一阶段效率、第二阶段效率。WE_0^* 和 WE_0^{1*}、WE_0^{2*} 分别表示基于 Wu 等（2015）提出的两阶段模型整体效率和各子阶段的效率。E_{CCR} 表示不考虑中间变量非期望产出的基于 CCR 模型的水资源利用效率。

表 6-1　中国 31 个省（区、市）水资源利用效率

省（区、市）	E_{CCR}	WE_0^*	WE_0^{1*}	WE_0^{2*}	GE	E_0^1	E_0^2
北京	1.0000	1.0000	1.0000	1.0000	1.0000	1.0000	1.0000
天津	1.0000	0.9732	1.0000	0.7324	0.7393	1.0000	0.5331
河北	0.9077	0.6933	0.6628	0.6967	0.4696	0.4753	0.3843
山西	0.5986	0.5401	0.5459	0.4874	0.3167	0.4151	0.2268
内蒙古	0.5915	0.5552	0.5796	0.3361	0.3008	0.3050	0.2460
辽宁	0.9943	0.6434	0.6159	0.6465	0.3575	0.3687	0.2943

续表

省（区、市）	E_{CCR}	WE_0^*	WE_0^{1*}	WE_0^{2*}	GE	E_0^1	E_0^2
吉林	0.9758	0.5892	0.6044	0.4530	0.4056	0.4176	0.3266
黑龙江	0.9411	0.7122	0.7410	0.4528	0.3583	0.4774	0.2590
上海	1.0000	0.9964	1.0000	0.9644	0.7524	1.0000	0.5571
江苏	0.7139	0.6529	0.6612	0.5789	0.4237	0.4930	0.3243
浙江	0.8943	0.8236	0.6365	0.8444	0.5082	0.5492	0.4227
安徽	0.8345	0.5297	0.5079	0.5322	0.3415	0.3400	0.2738
福建	1.0000	0.8081	0.6780	0.8226	0.3477	0.4648	0.2512
江西	1.0000	0.4895	0.4903	0.4829	0.2888	0.3332	0.2148
山东	0.9600	0.8245	0.7193	0.8362	0.4944	0.5702	0.3968
河南	0.8897	0.7206	0.6556	0.7278	0.4744	0.4735	0.3948
湖北	0.6726	0.4958	0.5132	0.3390	0.3304	0.3803	0.2513
湖南	0.9026	0.6082	0.6301	0.4112	0.3143	0.4222	0.2235
广东	0.9283	0.8487	0.8869	0.5051	0.4835	0.5893	0.3693
广西	0.7263	0.5576	0.5820	0.3378	0.2269	0.3734	0.1511
海南	1.0000	0.9536	0.5364	1.0000	0.6082	0.2768	1.0000
重庆	0.8370	0.6129	0.5033	0.6251	0.4315	0.4121	0.3830
四川	0.8624	0.6155	0.6239	0.5399	0.3262	0.4348	0.2330
贵州	0.6569	0.4905	0.4989	0.4157	0.2816	0.2532	0.2383
云南	0.6521	0.4853	0.4866	0.4736	0.2495	0.3555	0.1737
西藏	1.0000	0.3697	0.3901	0.1860	0.0446	0.2421	0.0244
陕西	0.7889	0.5847	0.5881	0.5539	0.4079	0.4484	0.3145
甘肃	1.0000	0.9449	0.4492	1.0000	0.6458	0.3724	1.0000
青海	0.6653	0.4713	0.4834	0.3630	0.1411	0.2582	0.0913
宁夏	0.7900	0.7107	0.4673	0.7377	0.3528	0.2963	0.3054
新疆	0.8510	0.7020	0.5820	0.7153	0.2305	0.2394	0.1965
平均值	0.8592	0.6775	0.6232	0.6064	0.4082	0.4528	0.3568

　　基于传统效率评价不考虑非期望产出作为中间变量的 CCR 模型，把用水总量、资本、劳动力、污染物处理投资作为投入，GDP、COD 去除量和氨氮去除量作为产出对中国各地区水资源利用情况进行评价，北京、天津、上海、福建、江西、海南、西藏、甘肃的水资源利用系统是有效的。而基于径向的两阶段的水资源利用系统评价方法和本书提出的基于投入产出松弛的两阶段 SBM 模型，仅有北京的水资源利用系统是整体有效的。基于 Wu 等（2015）的评价方法得到的整

体效率平均值为 0.6775，明显高于本书得到的整体效率平均值 0.4082。WE_0^* 中大于 0.9 小于 1 的地区有上海、天津、海南、甘肃，而在 GE 中这些地区效率值被均匀分布在 0.6~0.8，区分更加明显。对比基于径向的两阶段的水资源利用系统评价方法和基于松弛的 SBM 模型方法的两个子阶段效率评价，各子系统评价结果显示有效的地区相同，而后者方法结果区分度优于前者。考虑非期望产出的两阶段 SBM 模型同时考虑了投入、产出及中间变量的松弛性问题，传统的 CCR 模型无法识别出各阶段水资源利用系统中投入冗余和产出不足信息。由此可见，本书构建的基于松弛的两阶段 SBM 模型方法能够发现传统 CCR 模型和基于径向的两阶段 DEA 模型方法无法甄别出的影响水资源利用系统效率的关键环节和投入产出具体因素，具有较强的系统效率识别能力，能够有效应用于中国各地区水资源利用系统的效率评价分析。

计算结果显示，第一阶段水资源利用系统效率平均值为 0.4528，高于第二阶段水资源利用系统效率的平均值 0.3568，而整体效率平均值为 0.4082，介于两个阶段效率之间，这说明中国水资源利用系统的效率低下同时受到两个阶段利用系统的影响，但第二阶段处理效率对整体系统效率的影响更大。

根据基于松弛的两阶段 SBM 模型的水资源利用效率评价结果，分析中国 31 个省（区、市）水资源利用整体效率和各阶段效率之间的关系，如图 6-2 所示。首先，水资源利用整体效率、第一阶段效率和第二阶段效率差异明显，东部沿海地区高，包括北京、天津、山东、上海、浙江、广东等地，西部地区低。其次，安徽、河南、海南、重庆、贵州、甘肃、宁夏的水资源利用整体效率高于第一阶段效率，其他地区的整体效率都低于第一阶段效率；海南、甘肃的第二阶段水资源利用效率明显高于整体效率和第一阶段效率，其他地区的整体效率都高于第二阶段效率。最后，水资源利用第一阶段效率和第二阶段效率为高高

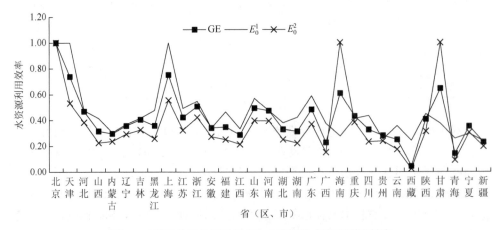

图 6-2　基于松弛的两阶段 SBM 模型的水资源利用效率

组合的有北京、天津、山东、浙江、上海等地，低高组合的有甘肃、海南，高低组合的有黑龙江、福建、四川、江苏等地，低低组合的有西藏、青海、新疆、内蒙古、云南、江西、贵州等地；多数地区的水资源利用整体效率介于第一阶段效率和第二阶段效率之间，且第一阶段效率高于第二阶段效率。

接下来分析考察期内各地区水资源利用整体效率变化趋势的特征，如表 6-2 所示。首先，对各地区变化数据做一次线性拟合，对趋势类型进行分类，拟合优度大于 0.451 且一次项系数大于 0 的为上升趋势类型，小于 0 的为下降趋势类型。其次，拟合优度小于 0.451 且平均差大于 0.06 的为上下波动类型，平均差小于 0.06 的为水平趋势类型，如图 6-3 所示。吉林、辽宁、江西、重庆、西藏和青海为上升趋势类型，黑龙江、河北、天津、贵州、云南为下降趋势类型，水平趋势类型的地区主要分布在中西部，上下波动类型的地区主要分布在东部和南部沿海。

表 6-2　水资源利用整体效率趋势分类

类型	省（区、市）
水平趋势	北京、安徽、湖南、湖北、河南、四川、陕西、甘肃、新疆
上升趋势	吉林、辽宁、江西、重庆、西藏和青海
下降趋势	黑龙江、河北、天津、贵州、云南
上下波动	内蒙古、山西、山东、江苏、福建、上海、浙江、福建、广东、广西、海南

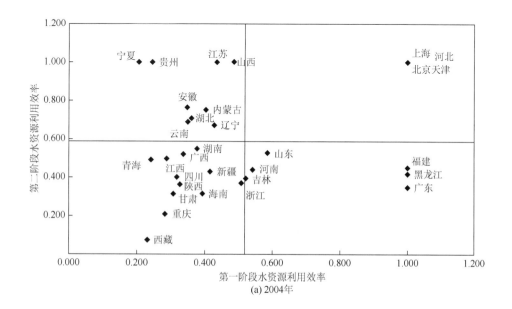

(a) 2004年

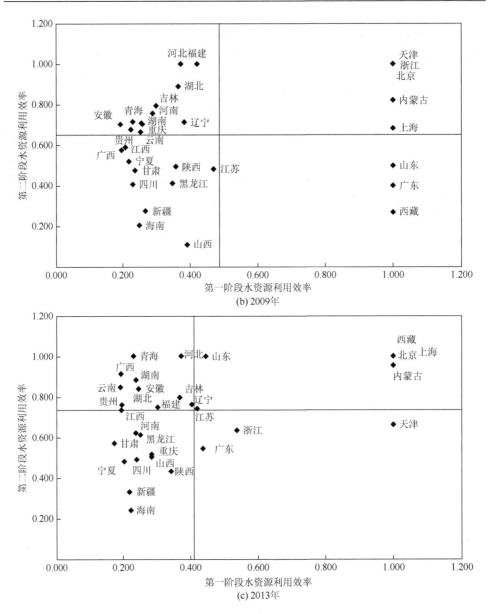

图 6-3　两阶段水资源利用效率散点图

　　为了进一步揭示中国 31 个省（区、市）水资源利用整体效率和各阶段效率的演化规律，应用表 6-3～表 6-5 对其整体分布状况进行分析。将效率评价值按从高到低进行排序并分为四类，分别是第一阶梯、第二阶梯、第三阶梯和第四阶梯，选取 2004 年、2009 年和 2013 年截面数据进行分析。首先，从考察期内的水资源利用整体效率和各阶段效率的分布看，第一阶段水资源利用效率和整体效率的空间分布存在一致性变化，较低的地区分布在中国中部和西部，且时间变化趋势相同，第二阶段水资源利用效率和整体效率的空间分布存在对立变化。其次，从两阶段水资源利用效率的趋势类型关系看，两阶段效率共同为上升趋势的地区只有西藏；第一阶段下降和第二阶段上升的地区有江西、广东、甘肃、湖南、湖北和广西；两阶段效率共同为下降趋势的地区有天津和贵州。第一阶段效率为下降趋势且第二阶段为水平趋势的有新疆、云南、海南、山西、河北、黑龙江、福建、河南和安徽；第二阶段效率为上升趋势且第一阶段为水平趋势的有吉林、青海、辽宁和山东；第二阶段效率为下降趋势且第一阶段为水平趋势的只有宁夏；两阶段效率均为水平趋势的地区有北京、上海、浙江、四川、重庆、陕西、内蒙古和江苏。最后，对比2013年各地区的水资源利用整体效率和各阶段效率的阶梯关系，水资源利用整体效率第一阶梯中有北京、天津、河北、内蒙古、山东、上海、西藏，而河北的第一阶段效率退为第二阶梯。水资源利用整体效率第二阶梯中有辽宁、吉林、江苏、浙江、安徽、福建、湖北、青海，而在第一阶段效率中，浙江进入第一阶梯，安徽、湖北、青海退为第三阶梯；在第二阶段效率中，江苏、浙江、福建退为第三阶梯，青海进入第一阶梯。水资源利用整体效率第三阶梯中有黑龙江、河南、湖南、广东、广西、贵州、云南、重庆，而在第一阶段效率中，广东进入第二阶梯，广西、贵州、云南退为第四阶梯；在第二阶段效率中，湖南、广西、贵州、云南进入第二阶梯，广东、重庆退为第四阶梯。水资源利用整体效率第四阶梯中有山西、陕西、宁夏、甘肃、四川、新疆、江西、海南，而在第一阶段效率中，山西、陕西进入第二阶梯，四川进入第三阶梯；在第二阶段效率中，甘肃、江西进入第三阶梯。

表 6-3　水资源利用整体效率

类型	2004 年	2009 年	2013 年
第一阶梯	黑龙江、河北、北京、天津、江苏、上海、福建、山西	黑龙江、河北、北京、天津、江苏、上海、福建、山西	河北、北京、天津、山东、上海、内蒙古、西藏
第二阶梯	辽宁、山东、广东、安徽、内蒙古、宁夏、贵州、云南	辽宁、山东、广东、安徽、内蒙古、宁夏、贵州、云南	辽宁、江苏、浙江、福建、吉林、安徽、湖北、青海
第三阶梯	浙江、吉林、河南、湖北、湖南、广西、新疆	浙江、吉林、河南、湖北、湖南、广西、新疆	广东、广西、黑龙江、河南、湖南、重庆、贵州、云南
第四阶梯	海南、江西、重庆、四川、陕西、甘肃、青海、西藏	海南、江西、重庆、四川、陕西、甘肃、青海、西藏	江西、海南、山西、陕西、宁夏、甘肃、四川、新疆

表 6-4　第一阶段水资源利用效率

类型	2004 年	2009 年	2013 年
第一阶梯	河北、北京、天津、上海、福建、广东、黑龙江	北京、天津、山东、上海、浙江、广东、内蒙古、西藏	北京、天津、山东、上海、浙江、内蒙古、西藏

类型	2004 年	2009 年	2013 年
第二阶梯	吉林、辽宁、山东、江苏、浙江、山西、河南、新疆	辽宁、河北、江苏、福建、山西、陕西、湖北	吉林、辽宁、河北、江苏、福建、广东、山西、陕西
第三阶梯	广西、海南、内蒙古、陕西、安徽、湖北、湖南、云南	海南、黑龙江、吉林、河南、湖南、重庆、云南、新疆	黑龙江、河南、安徽、湖北、湖南、重庆、四川、青海
第四阶梯	江西、重庆、四川、贵州、宁夏、甘肃、青海、西藏	安徽、江西、广西、贵州、宁夏、甘肃、四川、青海	海南、广西、江西、宁夏、甘肃、贵州、云南、新疆

表 6-5　第二阶段水资源利用效率

类型	2004 年	2009 年	2013 年
第一阶梯	河北、北京、天津、江苏、上海、山西、宁夏、贵州	河北、北京、天津、浙江、福建、湖北、内蒙古	河北、北京、天津、山东、上海、内蒙古、青海、西藏
第二阶梯	辽宁、山东、安徽、湖北、湖南、内蒙古、云南	上海、辽宁、吉林、河南、安徽、湖南、重庆、青海	吉林、辽宁、广西、安徽、湖北、湖南、贵州、云南
第三阶梯	福建、广西、黑龙江、河南、江西、四川、青海、新疆	山东、江苏、广西、江西、陕西、宁夏、贵州、云南	江苏、浙江、福建、黑龙江、河南、江西、甘肃
第四阶梯	浙江、广东、海南、吉林、陕西、重庆、甘肃、西藏	广东、海南、黑龙江、山西、甘肃、四川、新疆、西藏	广东、海南、山西、陕西、重庆、四川、宁夏、新疆

为分析两阶段水资源利用效率之间的差异，绘制了各地区两阶段水资源利用效率的散点图，如图 6-3 所示。散点图横轴代表第一阶段水资源利用效率，纵轴代表第二阶段水资源利用效率，将两阶段效率的均值作为划分高低水平的标准，把中国 31 个省（区、市）两阶段水资源利用效率分为高高、低高、低低和高低四种类型。首先，从两阶段效率的变化趋势看，考察期内各地区的第一阶段水资源利用效率下降明显，第二阶段水资源利用效率有一定程度上升，即在散点图中2004 年、2009 年、2013 年多数地区从左下向右上方移动。其次，从各地区两阶段效率组合特征看，多数地区两阶段水资源利用效率的低低区向低高区变化，高低区逐渐向低高区过渡，高高区有向高低区变化趋势。

下面从各地区非期望产出变化视角来看，如图 6-4 所示，生活污水排放量较高的地区水资源利用效率呈现明显下降趋势，如山东、江苏、上海、浙江、广东等，其中山东、广东的第一阶段水资源利用效率出现下降趋势，江苏、上海、浙江的第二阶段水资源利用效率出现上下波动状态。如图 6-5 所示，工业废水排放量较高的地区呈现明显下降趋势，如江苏、浙江、广东、广西等；而工业废水排放量较低的地区呈现平稳变化。因此，控制生活污水排放和工业废水排放可以提高某些地区的水资源利用整体效率。

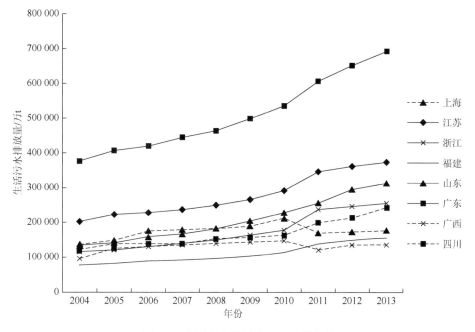

图 6-4　中国部分地区生活污水排放量

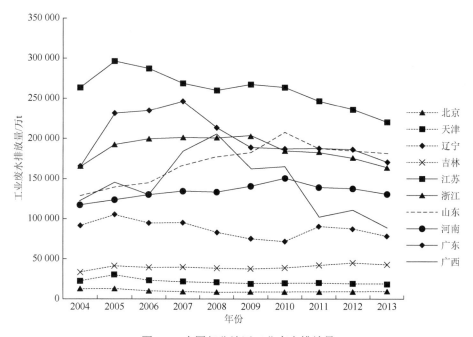

图 6-5　中国部分地区工业废水排放量

综上，中国各地区两阶段水资源利用系统的效率存在如下特点：①中国 31

个省（区、市）水资源利用整体效率存在四种趋势类型，整体效率较低的地区有提升空间。②随着废污水排放量逐年增多，多数地区的第一阶段水资源利用效率呈现波动下降的趋势，这些地区可以从严控废污水排放角度来提高水资源利用效率；由于各地区对废污水处理力度的不同，部分地区的第二阶段水资源利用效率呈现波动变化趋势。③不同地区各阶段水资源利用效率对整体效率的作用不同，各地区应针对不同的阶段采用相应的对策来提高整体效率。因此，提高各地区水资源效率必须兼顾上面各阶段投入产出要素及空间关联特征，制定合理有效的政策制度，全面提高中国水资源利用系统整体效率。

根据实例分析结果，可得到下列结论和政策建议：①中国两阶段水资源利用效率存在地区差异，尤其是各阶段水资源利用效率对不同地区的影响作用不同，各地区应制定相应的政策，针对不同阶段，采用先进的清洁技术，投入一定的废污水治理资金，提高各阶段水资源利用效率，以提高水资源利用系统的整体效率。②水资源利用整体效率由各阶段效率共同决定，因第一阶段水资源利用效率较低导致整体效率较低的地区有山西、河北、江西、湖北、贵州、云南、甘肃、青海、宁夏，这些地区可以通过提高第一阶段水资源利用效率促进整体效率的提高。而天津、上海、广东等地的第二阶段水资源利用效率变低导致了水资源利用整体效率变低。③对于非期望产出方面，山东、广东、河南等地主要是生活污水排放过度和工业废水排放控制不足导致的水资源利用整体效率下降。

中国 31 个省（区、市）的两阶段水资源利用效率的实例分析说明，提出的基于松弛的两阶段 SBM 模型能较好地分析水资源利用系统效率。另外，所提出的方法也可以应用于能源和其他资源效率相关评价的问题中，具有重要的实际应用价值。

6.2　基于空间 Durbin 模型的两阶段水资源利用效率溢出效应分析

中国水资源利用整体效率存在空间自相关的空间集聚分布特征，不同省（区、市）之间水资源利用效率差异很大，然而各省（区、市）水资源利用效率的变异系数没有出现随时间推移而逐步减小的趋势。省际水资源利用效率存在差异的原因、中国各省（区、市）水资源利用效率的提高方式、空间溢出效应是否在省际尺度上存在以及不同因素如何影响水资源利用效率等，这些问题的定量研究可以为相关部门制定区域经济发展和水资源利用政策提供借鉴和参考，对提高中国各省（区、市）水资源利用效率、走水资源可持续利用道路具有重要的现实意义。

随着中国水资源利用政策不断深入以及区域改革开放程度不断扩大,各省(区、市)生产要素的空间流动性也越来越强,空间溢出效应在水资源利用效率影响因素的研究中是不容忽略的。本章在前面研究的基础上采用空间 Durbin 模型,在充分考虑水资源利用效率空间效应的基础上对中国各省(区、市)水资源利用效率空间溢出效应展开进一步探讨和研究。

对混合固定、空间固定、时间固定、空间时间固定四种固定效应模型进行 LM 检验及稳健 LM 检验,结果如表 6-6 所示。检验结果说明空间滞后效应和空间误差效应同时存在,而空间滞后效应的显著性大于空间误差模型。在混合固定效应和时间固定效应的空间误差模型没有通过 5%稳健 LM 检验。在空间时间固定效应下的空间误差和滞后检验没有通过 5%LM 检验。在空间模型里面需要引入空间固定效应,因此本书的基本模型考虑了带有空间固定效应的空间面板计量模型。通过 LM 检验和稳健 LM 检验,因变量的空间滞后项和误差项的空间自回归项在空间固定效应模型里面同时存在。

表 6-6　不同固定效应下的 LM 检验及稳健 LM 检验

检验	混合固定效应	空间固定效应	时间固定效应	空间时间固定效应
LM 滞后检验	39.4190*** (0.000)	20.9533*** (0.000)	21.1614*** (0.000)	1.2927 (0.256)
稳健 LM 空间 滞后检验	11.8327*** (0.001)	15.5776*** (0.000)	8.9739** (0.003)	18.8986*** (0.000)
LM 空间误差 检验	28.6953*** (0.000)	12.9454*** (0.000)	13.5045*** (0.000)	0.0064 (0.936)
稳健 LM 空间 误差检验	1.1089 (0.292)	7.5697*** (0.006)	1.3170 (0.251)	17.6124*** (0.000)

注:*、**、***分别表示在 10%、5%、1%水平下显著

因变量和误差项的空间相关性被检验了,但是自变量的空间效应没有被检验。进而,通过似然比(likelihood ratio,LR)和 Wald 统计量检验自变量的空间效应存在性,接下来检验空间 Durbin 模型能否简化成空间滞后模型或空间误差模型,本书的空间计量模型形式最终确定下来。

如表 6-7 所示,通过 LR 和 Wald 检验发现空间固定效应的空间 Durbin 模型不能被简化成空间滞后模型或空间误差模型。采用 Hausman 检验,结果发现随机效应被拒绝,Hausman 检验统计量为 61.4973,自由度为 17,显著性水平 $p < 0.01$,在空间固定效应下的空间 Durbin 模型优于其他模型设定。因此,本书最终选择固定效应下的空间 Durbin 模型,模型估计结果如下。

表 6-7 LR 检验和 Wald 检验

检验	空间固定效应	空间随机效应
Wald 空间滞后检验	67.7941[***] （0.0000）	38.1047[***] （0.0000）
LR 空间滞后检验	69.9763[***] （0.0000）	—
Wald 空间误差检验	68.7182[***] （0.0000）	39.2503[***] （0.0000）
LR 空间误差检验	71.3778[***] （0.0000）	—
Hausman 检验	61.4973[***] （0.0000）	—

注：*、**、***分别表示在 10%、5%、1%水平下显著

从以上计量结果可以得到如下结果。

（1）空间自回归系数 ρ 显著为正，说明中国水资源利用整体效率被邻近区域影响，而一个区域又影响了邻近区域。水资源利用整体效率存在着显著的空间溢出效应，当一个区域的邻近区域水资源利用整体效率每改变 1%，那么该区域的水资源利用整体效率就会改变 0.18%。

（2）回归系数 β 的 t 统计量检验说明中国 31 个省（区、市）水资源利用整体效率在不同程度上受到本地区生活用水量、人均 GDP、对外开放程度的影响。邻近地区的人均水资源量、万元工业增加值用水量、产业结构、技术进步和万元 GDP 用水量五个指标不显著影响本地区水资源利用整体效率。人均 GDP 和对外开放程度显著地正向影响水资源利用整体效率，生活用水量显著地负向影响水资源利用整体效率。例如，一个区域的对外开放程度每增加 1%，那么该地区的水资源利用整体效率就会提高 29.91%；生活用水量每降低 1%，那么该地区的水资源利用整体效率就会提高 1.04%。

（3）自变量的空间滞后系数 θ 的 t 统计量显著性水平检验结果如下：一个地区的邻近地区的万元工业增加值用水量、产业结构和万元 GDP 用水量在不同程度上影响该地区水资源利用整体效率。而一个地区的邻近地区的另外五个指标不显著影响该地区水资源利用整体效率。人均 GDP 和产业结构显著地正向影响水资源利用整体效率，万元工业增加值用水量显著地负向影响水资源利用整体效率。例如，如果一个地区的邻近地区的产业结构提升 1%，那么该地区水资源利用整体效率就会提升 137.64%；如果万元工业增加值用水量减少 1%，那么水资源利用整体效率就会增加 0.04%。

中国区域水资源利用整体效率不仅受到本地区生活用水量、人均 GDP、对外开放程度的影响，还受到该地区万元工业增加值用水量、产业结构和万元 GDP 用水量的影响。一个地区的邻近地区的产业结构和对外开放程度对该地区有显著的

正向影响。而且，这些效应没有考虑一个地区水资源利用整体效率对邻近地区的空间溢出效应，以上各指标的回归系数基本上仅表示对水资源利用整体效率的空间效应。结果如表 6-8 所示。

表 6-8　空间 Durbin 模型结果

变量	回归系数	空间滞后回归系数
人均水资源量	0.000 002 (0.560 933)	0.000 005 (0.678 580)
万元工业增加值用水量	−0.000 189 (−1.287 010)	−0.000 415 (−1.648 001) *
生活用水量	−0.010 382 (−3.336 367) ***	−0.025 085 (−5.145 499)
人均 GDP	0.000 019 (4.408 547) ***	−0.000 006 (−1.162 985)
对外开放程度	0.299 109 (3.487 728) ***	−0.213 103 (−1.429 970)
产业结构	0.044 181 (0.219 842)	1.375 390 (3.443 195) ***
技术进步	0.000 276 (1.300 456)	−0.000 163 (−0.377 718)
万元 GDP 用水量	−0.000 060 (−1.186 607)	0.000 343 (2.786 051) ***
ρ	0.175 975 (2.794 192) ***	
R^2	0.729 4	
调整 R^2	0.712 6	
似然比	261.337 5	

注：*、**、***分别表示在 10%、5%、1%水平下显著

基于空间 Durbin 模型结果，本书计算了水资源利用整体效率影响因素的直接效应和间接效应，结果如表 6-9 所示。

表 6-9　水资源利用效率影响因素计算结果

变量	直接效应	间接效应	总效应
人均水资源量	0.000 002 (0.671 120)	0.000 006 (0.718 760)	0.000 009 (0.809 844)
万元工业增加值用水量	−0.000 215 (−1.419 679)	−0.000 530 (−1.695 908) *	−0.000 745 (−2.032 949) *
生活用水量	−0.011 536 (−3.787 509) ***	−0.031 618 (−5.824 533) ***	−0.043 154 (−6.865 059) ***
人均 GDP	0.000 019 (4.480 385) ***	−0.000 003 (−0.588 904)	0.000 016 (4.072 256) ***

续表

变量	直接效应	间接效应	总效应
对外开放程度	0.289 934 （3.361 182）***	−0.189 044 （−1.125 288）	0.100 890 （0.635 246）
产业结构	0.095 950 （0.483 795）	1.620 413 （3.446 844）***	1.716 363 （3.125 991）***
技术进步	0.000 272 （1.294 722）	−0.000 150 （−0.289 420）	0.000 122 （0.210 453）
万元 GDP 用水量	−0.000 046 （−0.903 535）	0.000 392 （2.608 686）**	0.000 346 （2.167 625）**

注：*、**、***分别表示在 10%、5%、1%水平下显著

（1）生活用水量的直接效应和间接效应显著为负，间接效应的显著性水平高于直接效应。这表明一个地区的生活用水量显著地影响该地区的邻近地区的水资源利用整体效率，而该变量的空间溢出效应较弱。例如，如果一个地区的生活用水量降低 1%，那么该地区和该地区的邻近地区的水资源利用整体效率将会分别提升 1.15%和 3.16%，中国水资源利用整体效率将会提升 4.32%。

（2）万元工业增加值用水量、人均 GDP、对外开放程度、产业结构 4 个变量的直接效应和间接效应是混合的。人均 GDP 和对外开放程度的直接效应是显著为正的，但是间接效应不显著。万元工业增加值用水量和产业结构是分别显著为负和显著为正，但是它们的间接效应是不显著的。人均水资源量和技术进步的直接效应和间接效应是不显著的。

整体上看，生活用水量的直接效应和间接效应显著，产业结构的间接效应显著，是水资源利用整体效率的主要影响因素。生活用水量、产业结构有显著的空间溢出效应。随着生活用水量和产业结构的下降，一个区域和邻近区域的水资源利用整体效率在不同程度地增长。这表明空间溢出效应是决定中国区域水资源利用整体效率改变的核心因素。

6.3　本章小结

在国务院印发的《水污染防治行动计划》背景下，以总量和强度双控制度为目标的水资源污染减排政策成为未来水污染减排政策的首选，综合考虑各地区真实的水资源利用整体效率，采用考虑非期望产出的两阶段 SBM 模型核算了中国各地区 2001～2014 年的水资源利用整体效率，利用空间自相关检验和空间 Durbin 模型对 2001～2014 年中国 31 个省（区、市）水资源利用整体效率的空间自相关效应及影响因素进行研究，得到以下主要结论。

（1）在环境规制下引入两阶段生产过程对水资源利用系统效率进行评价，兼

顾水资源污染物产生及处理两个阶段之间的相互影响，发现第二阶段污染物处理效率主要影响水资源生产利用系统整体效率。从整体上看，第二阶段水资源利用效率高于第一阶段，水资源利用整体效率介于第一阶段效率和第二阶段效率之间，各地区水资源污染物产出过多和处理不足是整体效率不高的原因。

（2）中国各地区水资源利用整体效率空间差异明显，较高的地区主要分布在东部沿海，并向华北、东北转移，较低的地区主要分布在中部、西部，并向西南转移。

（3）中国各地区水资源利用整体效率存在着显著的正的空间自相关性，在分析影响因素时，需要考虑这种空间效应，与一般面板数据计量模型相比，空间滞后和空间误差计量模型综合考虑了空间依赖性和空间异质性，能够更加准确地识别中国各地区水资源利用整体效率的显著影响因素。

（4）经济发展水平、对外开放程度对中国水资源整体效率产生显著的正向影响，但工业用水量对中国水资源整体效率产生显著的负向影响。总体表明，这三大因素是中国各地区水资源利用整体效率的核心影响因素，在水资源利用和可持续区域发展战略制定时应充分考虑这些因素的空间协同效应。

（5）由空间 Durbin 模型得出的中国各地区水资源利用效率和相关影响因素之间的正向影响和负向影响只能表明二者之间在统计上的正负相关性，不能表示相关因素与水资源利用整体效率之间的"因果关系"。对水资源利用整体效率产生显著影响的各个因素，需要以后进一步探讨其作用"机理"。

（6）2001～2014 年各地区灰水足迹强度存在正的空间自相关模式，并且空间自相关程度逐年加强；中国各地区灰水足迹强度表现出一定程度的 σ 收敛趋势，标准差在整体上呈现下降趋势。对各地区灰水足迹强度的计量 β 收敛进行分析时应采用空间 Durbin 模型技术手段，否则估计出的收敛速度不能全面体现中国各地区灰水足迹强度的收敛状态。

第7章 中国水资源经济效率

水资源利用效率作为测算水资源消耗投入与经济增长关系的重要指标，是发展经济学和区域经济学领域研究的热点内容之一。目前中国各省（区、市）面临着水资源严重短缺和水生态环境持续恶化两大主要问题，这已成为经济社会可持续发展的瓶颈。以水资源可持续利用为目标的经济可持续发展的节水型社会之路已成为必然。在众多解决水资源短缺的方法中，提高水资源利用效率已成为解决中国经济社会水资源可持续问题的关键。迄今为止，国内外学者从不同角度采用了不同方法对中国各省（区、市）水资源利用效率进行了测算，得到了许多有意义的政策启示和结论。在前人研究的基础上，笔者分别对单要素水资源利用效率和全要素水资源利用效率进行了测度，在此基础上分析了中国水资源经济效率时空演变特征。

7.1 单要素水资源利用效率测度

7.1.1 评价指标体系的构建

为了全面、客观地衡量我国水资源利用效率水平，评价指标体系的构建要考虑系统目标的层次、结构、类型等方面，具体选择指标时应遵循以下原则（殷克东和方胜民，2008）。

（1）科学性与整体性原则。选用的指标必须遵循科学的研究方法和依据，能够客观、科学地反映我国水资源利用效率水平。同时，保证指标体系构建的完整性，全方位对指标体系进行评价。

（2）可操作性原则。选取的评价指标不仅要易于获取，还要具有代表性，能够收集足够多的数据量，便于统计和计算，对我国水资源利用效率水平进行客观评价。

（3）可比性原则。建立的中国水资源利用效率评价指标体系内部之间具有可比性，能对全国31个地区的水资源利用情况进行对比分析。

（4）层次性原则。中国水资源利用效率评价指标体系是多层次的、多属性的系统，因此，选择指标时应遵循此原则，分层次建立指标体系。

笔者参考前人提出的水资源利用效率评价指标体系及研究成果（余兴奎等，

2012；高媛媛等，2013；陈午等，2015；杨丽英等，2009，2015），考虑我国各地区的具体情况，遵循指标体系建立的原则，分别从目标层、准则层、指标层 3 个层面出发，构建了包括综合用水效率、工业用水效率、农业用水效率、生活用水效率、生态环境用水效率以及分属各子系统下的诸多指标组成的复合系统，如表 7-1 所示。

表 7-1　单要素水资源利用效率评价指标体系

目标层	准则层	指标层	解释层
水资源利用效率	综合用水效率	万元 GDP 用水量	用水总量/GDP（m³/万元）
		人均综合用水量	用水总量/总人口（m³/人）
		水资源开发利用率	用水总量/水资源总量（%）
	工业用水效率	万元工业 GDP 用水量	工业用水量/工业 GDP（m³/万元）
		万元工业增加值用水量	工业用水量/工业增加值（m³/万元）
		工业用水重复利用率	—（%）
	农业用水效率	有效灌溉率	—（%）
		万元农业 GDP 用水量	农业用水量/农业 GDP（m³/万元）
		每立方米水粮食产量	粮食总产量/农业用水量（kg/m³）
	生活用水效率	人均生活用水量	生活用水量/总人口（m³/人）
		生活用水效率指数	（居民日均生活用水量−居民日均生活用水量标准值下限）/居民日均生活用水量标准值下限(%)
	生态环境用水效率	每立方米水 COD 含量	COD 排放量/用水总量（t/m³）
		水资源可持续利用指数	（水资源可利用量−用水量）/总人口（%）
		万元 GDP 排放 COD 量	COD 排放量/GDP（t/万元）
		污水集中处理率	—（%）

7.1.2　研究方法简介

区分不同指标在水资源利用效率评价体系中的重要程度，需要在各子系统内对评价指标加权。国内外对指标赋权的方法很多，常用的有主观法和客观法。层次分析（analytic hierarchy process，AHP）法是一种典型的主观赋权法，它依据该领域专家的经验和掌握的专业知识对指标的重要程度进行确定，主观性较强；熵值（entropy value method，EVM）法是一种常见的客观赋权法，此种方法通过调查数据计算，依据原始数据之间的关系确定权重，客观性强，但计算较为烦琐。因此为了实现指标赋权过程中的主客观统一，笔者把 AHP 法和 EVM 法有机结合起来，共同确定指标体系的权重，并保证各子系统内部权重之和为 1。书中各指标权重的计算过程如下。

AHP 法确定的主观偏好权重向量为

$$\boldsymbol{v} = (v_1, v_2, \cdots, v_n)^{\mathrm{T}} \tag{7-1}$$

EVM 法确定的客观权重向量为

$$\boldsymbol{u} = (u_1, u_2, \cdots, u_n)^{\mathrm{T}} \tag{7-2}$$

假设各指标综合权重向量为

$$\boldsymbol{w} = (w_1, w_2, \cdots, w_n)^{\mathrm{T}} \tag{7-3}$$

为使综合权重尽可能大地反映主观权重和客观权重的信息，判断指标的主观权重和客观权重决策结果偏差越小越好。为此，建立最小二乘法决策模型：

$$\min H(w) = \sum_{i=1}^{m} \sum_{j=1}^{n} \{[(u_j - w_j)X_{ij}]^2 + [(v_j - w_j)X_{ij}]^2\} \tag{7-4}$$

式中，$\sum_{j=1}^{n} w_j = 1$；$w_j \geqslant 0(j = 1, 2, \cdots, n)$。

中国可持续发展水平的评价模型为

$$G = \sum_{i=1}^{n} w_i x_{ij}^* \tag{7-5}$$

式中，x_{ij}^* 为某省（区、市）评价指标原始数据的标准化值；w_i 为不确定的主观权重和确定的客观权重合成的综合权重；G 为某年某地区可持续发展水平的总得分。

在运用熵值法确定指标客观权重前，对上述指标采用极值法进行标准化处理，为避免出现 0 和 1 的边界问题，笔者在对指标做归一化处理之前分别将每个指标的最大值提升 10%，最小值降低 10%，对于不同类型的指标，其归一化分别采用第 3 章中式（3-77）和式（3-78）进行处理。

7.1.3　单要素水资源利用效率结果分析

对水资源利用效率指标体系各指标权重的测度结果如表 7-2 所示，而后通过式（7-5）计算出各省（区、市）[①]历年水资源利用效率，结果如表 7-3 所示。

---

① 本章统计数据均不含香港、澳门、台湾。

表 7-2　各指标权重结果

目标层	准则层	指标层	指标类型	主观权重	客观权重	综合权重
水资源利用效率	综合用水效率（0.2600）	万元 GDP 用水量	成本型	0.0250	0.1090	0.1168
		人均综合用水量	成本型	0.0286	0.0578	0.0673
		水资源开发利用率	成本型	0.0655	0.0583	0.0759
	工业用水效率（0.1086）	万元工业 GDP 用水量	成本型	0.0634	0.0179	0.0313
		万元工业增加值用水量	成本型	0.0799	0.0212	0.0373
		工业用水重复利用率	效益型	0.1006	0.0200	0.0400
	农业用水效率（0.1559）	有效灌溉率	效益型	0.0347	0.0669	0.0487
		万元农业 GDP 用水量	成本型	0.0438	0.0134	0.0227
		每立方米水粮食产量	效益型	0.0551	0.0889	0.0845
	生活用水效率（0.2126）	人均生活用水量	成本型	0.2465	0.0177	0.0785
		生活用水效率指数	效益型	0.1232	0.1060	0.1341
	生态环境用水效率（0.2629）	每立方米水 COD 含量	成本型	0.0324	0.0541	0.0510
		水资源可持续利用指数	效益型	0.0229	0.2955	0.1208
		万元 GDP 排放 COD 量	成本型	0.0459	0.0590	0.0699
		污水集中处理率	效益型	0.0324	0.0143	0.0212

表 7-3　单要素水资源利用效率测度结果

省（区、市）	2000 年	2001 年	2002 年	2003 年	2004 年	2005 年	2006 年	2007 年
北京	0.560	0.556	0.560	0.579	0.585	0.618	0.633	0.657
天津	0.625	0.619	0.599	0.639	0.639	0.635	0.645	0.648
河北	0.514	0.512	0.551	0.534	0.559	0.595	0.611	0.613
山西	0.622	0.624	0.642	0.663	0.657	0.661	0.671	0.673
内蒙古	0.536	0.539	0.540	0.551	0.546	0.548	0.548	0.545
辽宁	0.607	0.601	0.601	0.602	0.592	0.616	0.617	0.623
吉林	0.557	0.568	0.577	0.594	0.589	0.613	0.626	0.624
黑龙江	0.419	0.433	0.458	0.466	0.453	0.456	0.471	0.486
上海	0.550	0.557	0.575	0.600	0.641	0.643	0.663	0.667
江苏	0.478	0.478	0.474	0.491	0.460	0.496	0.506	0.534
浙江	0.460	0.466	0.443	0.475	0.427	0.480	0.496	0.531
安徽	0.534	0.524	0.525	0.519	0.503	0.525	0.543	0.575
福建	0.452	0.456	0.446	0.474	0.432	0.480	0.485	0.508

续表

省(区、市)	2000 年	2001 年	2002 年	2003 年	2004 年	2005 年	2006 年	2007 年
江西	0.425	0.450	0.433	0.456	0.406	0.484	0.502	0.526
山东	0.633	0.631	0.624	0.660	0.644	0.655	0.651	0.658
河南	0.632	0.615	0.631	0.641	0.635	0.648	0.645	0.658
湖北	0.506	0.504	0.523	0.525	0.490	0.504	0.509	0.550
湖南	0.468	0.469	0.492	0.498	0.464	0.487	0.509	0.554
广东	0.515	0.520	0.600	0.627	0.638	0.642	0.643	0.652
广西	0.431	0.412	0.421	0.457	0.405	0.442	0.458	0.472
海南	0.441	0.435	0.442	0.438	0.452	0.484	0.495	0.524
重庆	0.558	0.566	0.553	0.568	0.519	0.542	0.543	0.569
四川	0.569	0.580	0.585	0.591	0.555	0.571	0.588	0.626
贵州	0.550	0.538	0.548	0.538	0.528	0.527	0.541	0.564
云南	0.525	0.533	0.531	0.539	0.514	0.542	0.552	0.550
西藏	0.361	0.299	0.299	0.338	0.468	0.301	0.278	0.284
陕西	0.600	0.610	0.610	0.619	0.600	0.608	0.610	0.631
甘肃	0.413	0.413	0.434	0.450	0.448	0.468	0.477	0.508
青海	0.457	0.461	0.454	0.454	0.429	0.462	0.457	0.514
宁夏	0.466	0.476	0.470	0.475	0.447	0.483	0.483	0.519
新疆	0.425	0.420	0.433	0.451	0.451	0.461	0.465	0.499
平均值	0.513	0.512	0.519	0.533	0.522	0.538	0.546	0.566

省(区、市)	2008 年	2009 年	2010 年	2011 年	2012 年	2013 年	2014 年	2015 年	平均值
北京	0.606	0.611	0.623	0.627	0.652	0.659	0.665	0.684	0.617
天津	0.655	0.659	0.660	0.670	0.686	0.656	0.647	0.655	0.646
河北	0.614	0.642	0.642	0.666	0.687	0.678	0.668	0.628	0.607
山西	0.671	0.676	0.656	0.635	0.642	0.638	0.641	0.628	0.650
内蒙古	0.541	0.535	0.536	0.580	0.584	0.594	0.590	0.589	0.556
辽宁	0.618	0.611	0.607	0.651	0.672	0.654	0.642	0.640	0.622
吉林	0.621	0.606	0.603	0.613	0.627	0.617	0.611	0.631	0.605
黑龙江	0.499	0.506	0.504	0.541	0.531	0.526	0.527	0.509	0.487
上海	0.686	0.694	0.713	0.715	0.749	0.746	0.750	0.751	0.669
江苏	0.528	0.533	0.540	0.527	0.536	0.509	0.521	0.507	0.507
浙江	0.515	0.519	0.504	0.538	0.551	0.538	0.540	0.563	0.503
安徽	0.566	0.554	0.556	0.577	0.582	0.581	0.606	0.582	0.553
福建	0.497	0.495	0.505	0.540	0.534	0.531	0.535	0.537	0.494
江西	0.525	0.523	0.527	0.500	0.555	0.474	0.487	0.543	0.489

续表

省（区、市）	2008 年	2009 年	2010 年	2011 年	2012 年	2013 年	2014 年	2015 年	平均值
山东	0.647	0.648	0.648	0.696	0.717	0.704	0.700	0.704	0.664
河南	0.635	0.636	0.643	0.663	0.673	0.664	0.690	0.684	0.650
湖北	0.549	0.555	0.562	0.550	0.576	0.552	0.559	0.563	0.536
湖南	0.560	0.565	0.567	0.473	0.491	0.491	0.494	0.569	0.509
广东	0.669	0.649	0.699	0.706	0.716	0.749	0.750	0.756	0.658
广西	0.469	0.491	0.492	0.471	0.500	0.482	0.490	0.493	0.462
海南	0.527	0.533	0.538	0.501	0.533	0.489	0.474	0.504	0.488
重庆	0.567	0.572	0.587	0.514	0.534	0.519	0.515	0.628	0.553
四川	0.633	0.633	0.629	0.617	0.628	0.611	0.602	0.599	0.601
贵州	0.570	0.573	0.564	0.538	0.567	0.544	0.547	0.587	0.552
云南	0.551	0.554	0.562	0.540	0.465	0.485	0.567	0.569	0.536
西藏	0.290	0.308	0.323	0.333	0.309	0.351	0.345	0.324	0.326
陕西	0.622	0.627	0.631	0.635	0.654	0.623	0.612	0.625	0.620
甘肃	0.519	0.528	0.535	0.546	0.568	0.561	0.567	0.538	0.498
青海	0.514	0.544	0.553	0.472	0.534	0.481	0.476	0.488	0.484
宁夏	0.518	0.513	0.505	0.523	0.537	0.513	0.517	0.493	0.496
新疆	0.491	0.477	0.495	0.369	0.402	0.380	0.367	0.465	0.441
平均值	0.564	0.567	0.571	0.565	0.580	0.568	0.571	0.582	0.551

笔者运用主客观赋权法计算了中国 31 个省（区、市）2000～2015 年的单要素水资源利用效率，并将结果进行可视化处理，分别绘制了东部、中部、西部水资源利用效率时间变化趋势图（图 7-1）和各地区水资源利用效率均值图（图 7-2），具体分析如下。

由图 7-1 可知，从整体上看，我国各地区水资源利用效率表现为相对平稳上升趋势。就各地区而言，我国各地区水资源利用效率从高到低依次是东部（0.589）、中部（0.559）和西部（0.510），其中，东、中部地区高于全国平均水平，而西部地区低于全国平均水平，这与我国社会发展的实际情况相吻合。综合来看，我国水资源利用效率还比较低，中国要实现可持续发展的目标，任重而道远。

由图 7-2 可知，我国水资源利用效率排名前 10 位的省（区、市）分别是上海、山东、广东、山西、河南、天津、辽宁、陕西、北京和河北，排名后 10 位的省（区、市）分别是西藏、新疆、广西、青海、黑龙江、海南、江西、福建、宁夏和甘肃，从空间分布上看，排名前 10 位的省（区、市）中除了山西、河南和陕西之外，其余省（区、市）都分布在我国东部地区，而排名后 10 位的省（区、市）中除了黑龙江、福建和浙江外，其余的均分布在西部地区，表明我国水资源利用效率东西差异巨大。这主要是因为，东部地区是我国改革开放的先行者，经济发展水平高，更加注重资源的合理配置和对环境的保护，更加注重技术的引进与扩散。

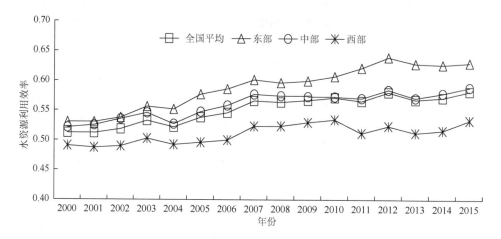

图 7-1　水资源利用效率时间变化趋势图

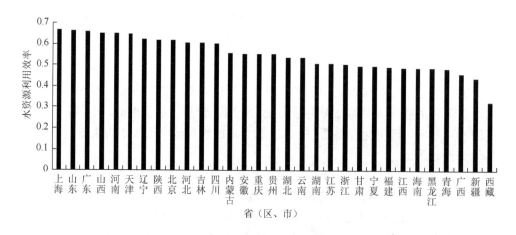

图 7-2　各地区水资源利用效率均值图

7.2　全要素水资源经济效率测度

水资源作为一种资源，本身并不能带来经济产出，而必须要和其他诸如劳动力和资本等要素结合起来，才能带来真正意义上的产出。单要素水资源利用效率评价忽略了劳动力、资本等因素的影响，把水资源单独割裂出去不符合社会生产规律，因此本节基于资本、劳动力、水资源投入要素和 GDP 产出要素对全要素中国水资源经济效率进行了测度。结果如表 7-4 所示。

表 7-4　全要素中国水资源经济效率测度结果

省(区、市)	2000 年	2001 年	2002 年	2003 年	2004 年	2005 年	2006 年	2007 年
北京	0.465	0.477	0.506	0.521	0.541	0.589	0.607	0.640
天津	0.474	0.504	0.537	0.566	0.624	0.675	0.714	0.784
河北	0.391	0.403	0.419	0.437	0.457	0.479	0.499	0.525
山西	0.484	0.506	0.514	0.532	0.544	0.567	0.567	0.596
内蒙古	1.000	0.978	0.793	0.525	0.510	0.531	0.529	0.519
辽宁	0.685	0.610	0.628	0.645	0.636	0.638	0.658	0.679
吉林	0.774	0.618	0.506	0.498	0.500	0.510	0.520	0.515
黑龙江	0.418	0.433	0.448	0.469	0.487	0.510	0.531	0.552
上海	0.454	0.498	0.523	0.567	0.668	0.723	0.809	1.000
江苏	0.521	0.541	0.564	0.594	0.615	0.645	0.670	0.707
浙江	0.599	0.614	0.642	0.672	0.675	0.685	0.705	0.751
安徽	0.416	0.431	0.440	0.453	0.459	0.470	0.478	0.499
福建	0.481	0.503	0.529	0.550	0.568	0.592	0.630	0.670
江西	0.418	0.417	0.412	0.407	0.395	0.396	0.395	0.397
山东	0.704	0.551	0.558	0.563	0.579	0.596	0.615	0.643
河南	0.372	0.379	0.386	0.398	0.409	0.426	0.432	0.423
湖北	0.390	0.403	0.417	0.431	0.446	0.467	0.491	0.517
湖南	0.477	0.443	0.441	0.437	0.440	0.452	0.459	0.478
广东	0.630	0.660	0.704	0.754	0.806	0.864	0.933	1.000
广西	0.469	0.449	0.459	0.466	0.472	0.484	0.491	0.500
海南	0.453	0.470	0.490	0.506	0.526	0.546	0.566	0.612
重庆	0.888	0.717	0.532	0.532	0.523	0.526	0.543	0.566
四川	0.953	1.000	0.943	0.909	0.902	0.939	0.955	0.899
贵州	0.349	0.327	0.312	0.301	0.301	0.315	0.327	0.352
云南	0.337	0.341	0.352	0.358	0.368	0.367	0.368	0.375
西藏	1.000	0.986	1.000	0.772	0.467	0.410	0.382	0.364
陕西	0.387	0.394	0.397	0.394	0.395	0.406	0.415	0.425
甘肃	0.865	0.665	0.561	0.458	0.455	0.467	0.460	0.465
青海	0.347	0.333	0.328	0.324	0.324	0.332	0.337	0.338
宁夏	0.326	0.313	0.301	0.290	0.280	0.279	0.282	0.278

省（区、市）	2000 年	2001 年	2002 年	2003 年	2004 年	2005 年	2006 年	2007 年
新疆	0.349	0.352	0.346	0.350	0.354	0.353	0.349	0.344
平均值	0.544	0.526	0.516	0.506	0.507	0.524	0.539	0.562

省（区、市）	2008 年	2009 年	2010 年	2011 年	2012 年	2013 年	2014 年	2015 年	平均值
北京	0.640	0.666	0.691	0.696	0.703	0.713	0.729	0.750	0.621
天津	0.788	0.769	0.660	0.671	0.682	0.694	0.704	0.730	0.661
河北	0.511	0.494	0.476	0.454	0.436	0.422	0.410	0.408	0.451
山西	0.539	0.476	0.439	0.417	0.396	0.384	0.365	0.352	0.480
内蒙古	0.486	0.467	0.442	0.426	0.413	0.393	0.388	0.388	0.549
辽宁	0.663	0.596	0.587	0.533	0.518	0.507	0.494	0.493	0.598
吉林	0.466	0.416	0.396	0.383	0.382	0.371	0.363	0.362	0.474
黑龙江	0.554	0.554	0.523	0.508	0.480	0.462	0.437	0.405	0.486
上海	0.872	0.879	0.852	0.834	0.858	1.000	0.860	0.969	0.773
江苏	0.718	0.737	0.723	0.671	0.617	0.600	0.610	0.639	0.636
浙江	0.710	0.703	0.703	0.639	0.587	0.600	0.614	0.653	0.660
安徽	0.496	0.503	0.517	0.515	0.500	0.479	0.449	0.440	0.472
福建	0.670	0.660	0.651	0.615	0.571	0.540	0.536	0.539	0.582
江西	0.399	0.412	0.400	0.385	0.372	0.364	0.362	0.367	0.394
山东	0.641	0.651	0.633	0.592	0.545	0.526	0.527	0.531	0.591
河南	0.420	0.400	0.369	0.343	0.324	0.310	0.300	0.295	0.374
湖北	0.526	0.538	0.543	0.533	0.495	0.465	0.455	0.452	0.473
湖南	0.477	0.477	0.469	0.434	0.407	0.390	0.377	0.372	0.439
广东	0.992	1.000	1.000	0.988	0.960	0.925	0.866	0.830	0.870
广西	0.488	0.489	0.466	0.402	0.370	0.350	0.345	0.345	0.440
海南	0.605	0.601	0.612	0.572	0.501	0.447	0.418	0.401	0.520
重庆	0.566	0.570	0.605	0.629	0.620	0.610	0.600	0.602	0.602
四川	0.638	0.649	0.668	0.696	0.709	0.701	0.686	0.678	0.808
贵州	0.353	0.358	0.372	0.368	0.358	0.342	0.321	0.309	0.335
云南	0.363	0.375	0.375	0.349	0.327	0.311	0.290	0.279	0.346
西藏	0.342	0.331	0.315	0.286	0.278	0.271	0.260	0.250	0.482
陕西	0.417	0.395	0.383	0.369	0.361	0.354	0.350	0.348	0.387
甘肃	0.450	0.433	0.429	0.415	0.401	0.388	0.372	0.360	0.478
青海	0.340	0.336	0.334	0.322	0.312	0.295	0.281	0.268	0.322
宁夏	0.270	0.255	0.241	0.225	0.220	0.215	0.209	0.202	0.262

省(区、市)	2008 年	2009 年	2010 年	2011 年	2012 年	2013 年	2014 年	2015 年	平均值
新疆	0.337	0.332	0.331	0.324	0.320	0.303	0.288	0.274	0.332
平均值	0.540	0.533	0.523	0.503	0.485	0.475	0.460	0.461	0.513

7.2.1　水资源经济效率时空演变特征

根据上述测度结果，绘制了 2000～2015 年中国 31 个省（区、市）水资源经济效率时间变化趋势图（图 7-3）和中国水资源经济效率各省（区、市）均值图（图 7-4），并参照文献（卢丽文等，2016）将各地区水资源经济效率划分为 5 个区间（表 7-5），从低到高分别是 0.001～0.200、0.201～0.400、0.401～0.600、0.601～0.999、1，由于各地区水资源经济效率在每一时刻均大于 0.200，因此本章将 0.001～0.200 和 0.201～0.400 区间合并。限于版面，本章只给出了 2000 年、2005 年、2010 年和 2015 年的划分结果，用以说明 2000～2015 年中国水资源经济效率的时空格局变化特征。

表 7-5　中国 31 个省（区、市）水资源经济效率区间划分

分级标准	2000 年	2005 年	2010 年	2015 年
0.001～0.400	河北、河南、湖北、贵州、云南、陕西、青海、宁夏、新疆	江西、贵州、云南、青海、宁夏、新疆	吉林、江西、河南、贵州、云南、西藏、陕西、青海、宁夏、新疆	山西、内蒙古、吉林、江西、河南、湖南、广西、贵州、云南、西藏、陕西、甘肃、青海、宁夏、新疆
0.401～0.600	北京、天津、山西、黑龙江、上海、江苏、浙江、安徽、福建、江西、湖南、广西、海南	北京、河北、山西、内蒙古、吉林、黑龙江、安徽、福建、山东、河南、湖北、湖南、广西、海南、重庆、西藏、陕西、甘肃	河北、山西、内蒙古、辽宁、黑龙江、安徽、湖北、湖南、广西、甘肃	河北、辽宁、黑龙江、安徽、福建、山东、湖北、湖南
0.601～0.999	辽宁、吉林、山东、重庆、四川、甘肃、广东	天津、辽宁、上海、江苏、浙江、广东、四川	北京、天津、上海、江苏、浙江、福建、山东、海南、重庆、四川	北京、天津、上海、江苏、浙江、广东、重庆、四川
1	内蒙古、西藏		广东	

由图 7-3 可知，2000～2015 年中国 31 个省（区、市）水资源经济效率总体上呈下降的趋势，具体表现为 2000～2007 年在波动中缓慢上升，2008～2015 年缓慢下降，之所以会出现这种现象，主要是 2008 年全球经济危机给我国经济发展造成了极大的危害，经济增速下降，而资本积累、劳动力投入又在持续增加。

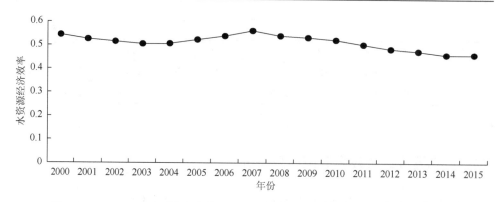

图 7-3　2000～2015 年中国 31 个省（区、市）水资源经济效率时间变化趋势图

由图 7-4 可知，全国 31 个省（区、市）的水资源经济效率平均值均小于 1，均为水资源经济效率非有效区，这说明目前我国水资源经济效率整体水平低下，需要改变投入产出配比来改善水资源经济效率，使之达到有效状态。水资源经济效率排名前 10 位的地区分别是广东、四川、上海、天津、浙江、江苏、北京、重庆、辽宁和山东，这些地区水资源经济效率值处于全国平均水平之上，为水资源经济效率相对高效区。从空间分布上看，水资源经济效率高的地区主要分布在东部地区，这是因为东部地区是我国改革开放的先行者，经济发展水平远远高于中西部地区，这也说明水资源经济效率与经济发展水平之间具有明显的正相关关系。

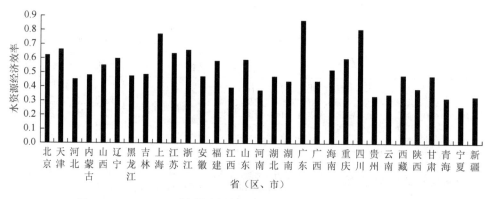

图 7-4　2000～2015 年中国水资源经济效率各省（区、市）均值图

从局部来看（表 7-5），2000 年全国 31 个省（区、市）中，水资源经济效率为 1 的地区仅有 2 个，分别是内蒙古和西藏，辽宁、吉林、山东、四川等地区处在 0.601～0.999 区间，处于 0.401～0.600 区间的地区最多，其余地区均处在 0.001～0.400 区间；到 2005 年，效率值为 1 的地区下降到 0 个，处于 0.601～0.999 区间的有天津、辽宁、上海、江苏、浙江、广东和四川 7 个地区，而处于其他区间的

地区数量上升明显，这相对于 2000 年的经济效率明显下降；2010 年，广东的经济效率值为 1，北京、天津、上海等 10 个地区处于 0.601～0.999 区间，处于 0.401～0.600 区间的地区数量下降明显，大多地区转移到了 0.001～0.400 区间；到 2015 年底，经济效率达到 1 的地区再次下降为 0 个，0.401～0.600 区间的地区个数持续下降，而 0.001～0.400 区间的地区数量有所上升，这说明 16 年来，我国水资源经济效率表现为先上升后下降的特点。

由表 7-5 可知，16 年来内蒙古、西藏等西部地区水资源经济效率不断降低，从水资源绿色效率有效区变为非有效区，而北京、天津等东部地区水资源经济效率一路攀升，到了研究末期，西部地区大多处于 0.001～0.400 区间，中部地区多数处于 0.401～0.600 区间，东部地区大多处于 0.601～0.999 区间，中国水资源经济效率呈现明显的阶梯分布状态，且东西部差距逐年增大，两极分化现象日趋严重。

7.2.2　水资源经济效率空间自相关特征

1. 水资源经济效率全局空间自相关分析

依照前述方法，运用 GeoDa 软件基于临界 Queen 空间权重矩阵计算中国 31 个省（区、市）水资源经济效率的全局空间自相关 Moran's I 指数及其 Z 统计量检验值 Z 值、显著性水平 p 值，结果如表 7-6 所示。

表 7-6　水资源经济效率的全局空间自相关计算

	2000 年	2001 年	2002 年	2003 年	2004 年	2005 年	2006 年	2007 年
Moran's I 指数	−0.1325	−0.1827	−0.2501	−0.2974	−0.2963	−0.2918	−0.2794	−0.2067
Z 值	−0.9347	−1.3639	−2.0397	−2.4256	−2.37466	−2.3576	−2.2873	−1.6118
p 值	0.155	0.054	0.015	0.006	0.005	0.005	0.007	0.046
	2008 年	2009 年	2010 年	2011 年	2012 年	2013 年	2014 年	2015 年
Moran's I 指数	−0.1899	−0.1713	−0.1796	−0.2134	−0.2406	−0.1804	−0.1698	−0.1580
Z 值	−1.4930	−1.3188	−1.3050	−1.6473	−1.9610	−1.3715	−1.2866	−1.1867
p 值	0.057	0.078	0.076	0.037	0.013	0.066	0.082	0.099

从表 7-6 可以看出，除 2000 年外，全局 Moran's I 指数介于−0.2974～−0.1580，且通过了 10%的显著性检验，表明中国各地区水资源经济效率与其空间滞后值（由权重决定的与某区域相邻的所有区域水资源经济效率平均值）呈负相关性，即水

资源经济效率存在相反的集聚现象。同时，全局 Moran's I 指数绝对值在 2000～2003 年、2009～2012 年呈上升趋势，表明水资源经济效率的集聚效应在该时段内呈增强态势，在 2003～2009 年、2012～2015 年空间集聚效应不断减弱，说明中国水资源经济效率在空间上存在波动性的集聚现象。

2. 水资源经济效率局部空间自相关分析

全局自相关 Moran's I 指数不能表明某一具体地区的空间集聚特征，因此要研究中国 31 个省（区、市）水资源经济效率是否存在局部的集聚现象。结合 Moran 散点图和局部 Moran's I 指数，选取 2000 年、2005 年、2010 年和 2015 年绘制各地区水资源经济效率的 LISA 集聚图，如图 7-5 所示。

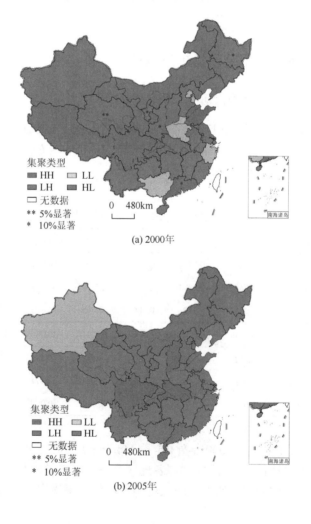

(a) 2000年

(b) 2005年

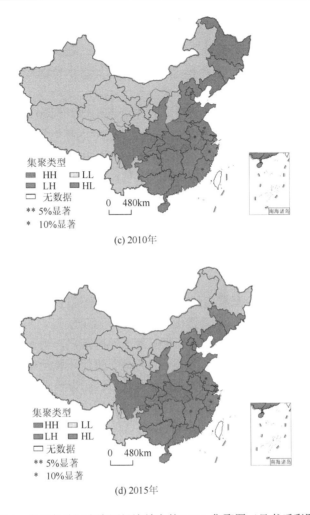

(c) 2010年

(d) 2015年

图 7-5　中国各地区水资源经济效率的 LISA 集聚图（见书后彩图）

HH，高高；LL，低低；LH，低高；HL，高低

图 7-5 显示，处于空间自相关（HH 集聚和 LL 集聚）的省（区、市）个数在 2000年、2005 年、2010 年和 2015 年分别为 13 个、18 个、21 个和 18 个，除 2015 年有略微减少外，其他时段数量都在增加，数量的增加表明水资源经济效率 HH 集聚和 LL 集聚呈逐年加强的趋势，LH 集聚呈下降态势，HL 集聚地区数量变化不大，基本保持稳定状态。通过对比分析 4 种集聚类型可以发现：

（1）HH 集聚：水资源经济效率稳定存在 HH 集聚的省（区、市）是北京、天津、上海、江苏、浙江、福建、山东、广东、重庆，集中分布在东部沿海地区。这些地区经济、政治地理位置优越，吸收外资能力强，商业运行速度快，产业结构合理，科技创新能力较强。此外，社会综合发展能力强劲，一直处于较高水平，水资源量较为丰富，整体上提升了水资源经济效率。在发达的经济水平、先进的技术水平、政策驱动等因素影响下，研究期间内综合水资源经济效率一直处在较高水平。

（2）LH 集聚：LH 集聚区主要分布在中西部地区，2000 年有黑龙江、河北、山西、宁夏、青海、新疆等 16 个省（区、市）；2005 年数量有所减少，剩河南、陕西、宁夏、青海、西疆等 9 个省（区、市）；2010 年数量进一步减少，仅剩吉林、河南、陕西、江西、贵州 5 个省份；研究末期（2015 年），LH 集聚区数量再次上升到 9 个省（区、市）。总体来看，这些省（区、市）集中分布在中西部经济欠发达地区，大多省（区、市）毗邻 HH 集聚区，被带动作用显著，其中湖北的水资源经济效率提升明显，由 LH 集聚转变为 HL 集聚。

（3）LL 集聚：LL 集聚地区数量呈上升趋势，主要分布在西部地区，水资源经济效率稳定存在 LL 集聚的省（区、市）有新疆、宁夏、青海、西藏、内蒙古、甘肃，这些省（区、市）深居内陆，对外经济联系不强，第二、第三产业相对落后。"西部大开发"战略实施后，凭借资源优势、区位优势、人力资源优势，一些重化工业及其他高耗能、高污染制造业在西部地区落户，由于缺少资本和技术、管制政策宽松，环境污染治理被"选择性忽略"致使环境污染程度加剧。技术创新能力较差、政策支持水平低、水资源利用能力较弱导致水资源经济效率较低。

（4）HL 集聚：HL 集聚地区数量最少且研究期内基本保持稳定，主要分布在湖北、四川、广东等省（区、市），这些省（区、市）经济相对发达，资源丰富，能够依托优越的地理位置发展地区经济，从而使水资源经济效率不断提高。湖北、广东属于南方地区，水资源禀赋优越，因此水资源利用效率较高；四川属于经济发展水平比较落后的地区，社会发展能力也较为低下，但是自然资源禀赋丰裕，产业结构较为合理，投入与产出相匹配，总体的水资源经济效率较高。

第8章 中国水资源环境效率

早期对水资源利用效率的研究主要基于资本、劳动力、水资源等投入要素和 GDP 等产出要素，很少将如污染等环境因素考虑到水资源利用效率评价中，这样不能体现出真实的水资源利用效率水平，甚至会误导政府做出不当的政策决议，导致水资源可持续发展受到负面影响。

基于以上认识，本章将考虑非期望产出的 SBM 模型应用到水资源相对利用效率评价中，该模型可以剔除一般径向 DEA 模型（Charnes et al.，1978）存在的松弛性问题及所引起的非效率因素，解决了非期望产出存在的水资源利用相对效率评价问题，并且本章通过全局参比得到的水资源相对效率可以使不同时期下的各决策单元都具有可比性。

8.1 中国水资源环境效率测度

借助于考虑非期望产出的 SBM 模型，本章从中国 31 个省（区、市）（不包括台湾、香港、澳门）的省际区域角度测算了中国水资源利用效率。同时对比分析了考虑与不考虑非期望产出情况得到的水资源利用效率。测度结果见表 8-1，并根据测度结果绘制了 2000～2015 年中国水资源利用效率时间变化趋势图（图 8-1）和 2000～2015 年中国水资源利用效率各省份均值图（图 8-2）。

表 8-1 2000～2015 年各省（区、市）水资源环境效率

省（区、市）	2000 年	2001 年	2002 年	2003 年	2004 年	2005 年	2006 年	2007 年
北京	0.314	0.323	0.323	0.341	0.373	0.388	0.394	0.416
天津	0.321	0.348	0.375	0.397	0.445	0.488	0.524	0.593
河北	0.270	0.279	0.291	0.304	0.320	0.337	0.353	0.371
山西	0.339	0.354	0.361	0.376	0.384	0.402	0.402	0.429
内蒙古	1.000	0.936	0.672	0.366	0.352	0.368	0.364	0.357
辽宁	0.520	0.441	0.461	0.476	0.469	0.463	0.478	0.497
吉林	0.608	0.451	0.352	0.345	0.344	0.352	0.360	0.354
黑龙江	0.291	0.300	0.311	0.325	0.339	0.357	0.373	0.390
上海	0.308	0.338	0.355	0.387	0.483	0.534	0.633	1.000
江苏	0.378	0.391	0.413	0.440	0.459	0.485	0.510	0.551

省（区、市）	2000 年	2001 年	2002 年	2003 年	2004 年	2005 年	2006 年	2007 年
浙江	0.436	0.453	0.481	0.511	0.515	0.522	0.546	0.601
安徽	0.290	0.302	0.310	0.321	0.329	0.336	0.344	0.362
福建	0.339	0.355	0.378	0.395	0.412	0.433	0.471	0.518
江西	0.289	0.289	0.288	0.285	0.277	0.276	0.275	0.280
山东	0.565	0.395	0.402	0.406	0.420	0.434	0.454	0.485
河南	0.256	0.262	0.268	0.277	0.286	0.298	0.301	0.298
湖北	0.272	0.280	0.290	0.301	0.312	0.329	0.348	0.369
湖南	0.339	0.308	0.307	0.305	0.308	0.317	0.320	0.335
广东	0.466	0.489	0.539	0.597	0.669	0.744	0.852	1.000
广西	0.324	0.308	0.316	0.321	0.326	0.335	0.341	0.347
海南	0.311	0.324	0.340	0.351	0.365	0.381	0.396	0.439
重庆	1.000	0.618	0.385	0.383	0.373	0.377	0.386	0.410
四川	0.988	1.000	0.939	0.873	0.842	0.936	0.947	0.823
贵州	0.238	0.223	0.213	0.206	0.206	0.216	0.225	0.243
云南	0.231	0.235	0.243	0.248	0.254	0.253	0.254	0.259
西藏	1.000	0.893	1.000	0.535	0.314	0.275	0.256	0.244
陕西	0.270	0.274	0.276	0.273	0.274	0.283	0.289	0.288
甘肃	1.000	0.547	0.422	0.319	0.319	0.326	0.321	0.324
青海	0.235	0.225	0.221	0.219	0.219	0.224	0.225	0.226
宁夏	0.221	0.212	0.205	0.197	0.192	0.190	0.189	0.186
新疆	0.238	0.240	0.236	0.239	0.239	0.236	0.233	0.230
平均值	0.441	0.400	0.386	0.365	0.368	0.384	0.399	0.427

省（区、市）	2008 年	2009 年	2010 年	2011 年	2012 年	2013 年	2014 年	2015 年	平均值
北京	0.439	0.477	0.494	0.526	0.548	0.584	0.617	0.642	0.450
天津	0.597	0.570	0.459	0.469	0.479	0.500	0.513	0.526	0.475
河北	0.359	0.343	0.327	0.307	0.295	0.286	0.279	0.278	0.312
山西	0.380	0.325	0.297	0.283	0.268	0.261	0.249	0.240	0.334
内蒙古	0.329	0.314	0.297	0.287	0.278	0.265	0.262	0.262	0.419
辽宁	0.482	0.419	0.409	0.361	0.352	0.346	0.338	0.338	0.428
吉林	0.315	0.279	0.266	0.258	0.257	0.250	0.245	0.245	0.330
黑龙江	0.389	0.388	0.362	0.348	0.323	0.311	0.295	0.273	0.336
上海	0.742	0.787	0.787	0.753	1.000	1.000	0.767	0.850	0.670
江苏	0.561	0.577	0.558	0.496	0.435	0.417	0.426	0.450	0.472
浙江	0.556	0.545	0.548	0.471	0.412	0.425	0.433	0.467	0.495

续表

省（区、市）	2008 年	2009 年	2010 年	2011 年	2012 年	2013 年	2014 年	2015 年	平均值
安徽	0.364	0.370	0.378	0.373	0.357	0.335	0.305	0.299	0.336
福建	0.515	0.503	0.490	0.453	0.404	0.371	0.369	0.371	0.424
江西	0.280	0.280	0.269	0.259	0.250	0.245	0.244	0.248	0.271
山东	0.487	0.499	0.478	0.431	0.381	0.362	0.364	0.370	0.433
河南	0.293	0.269	0.248	0.231	0.218	0.209	0.202	0.199	0.257
湖北	0.373	0.382	0.385	0.375	0.340	0.314	0.308	0.306	0.330
湖南	0.337	0.333	0.323	0.293	0.274	0.263	0.255	0.252	0.304
广东	0.976	1.000	1.000	0.960	0.908	0.809	0.713	0.661	0.774
广西	0.339	0.343	0.318	0.269	0.248	0.236	0.233	0.233	0.302
海南	0.431	0.427	0.437	0.401	0.343	0.302	0.282	0.271	0.363
重庆	0.409	0.410	0.440	0.459	0.448	0.437	0.421	0.418	0.461
四川	0.471	0.479	0.492	0.517	0.528	0.519	0.502	0.493	0.709
贵州	0.244	0.248	0.249	0.247	0.240	0.230	0.215	0.208	0.228
云南	0.252	0.259	0.251	0.234	0.220	0.209	0.194	0.187	0.236
西藏	0.229	0.221	0.210	0.191	0.186	0.181	0.173	0.167	0.380
陕西	0.281	0.266	0.258	0.249	0.244	0.239	0.237	0.236	0.265
甘肃	0.314	0.300	0.291	0.279	0.269	0.261	0.250	0.242	0.361
青海	0.227	0.224	0.223	0.215	0.208	0.197	0.188	0.179	0.216
宁夏	0.181	0.171	0.161	0.151	0.148	0.144	0.140	0.135	0.176
新疆	0.226	0.222	0.222	0.217	0.214	0.203	0.193	0.184	0.223
平均值	0.399	0.395	0.385	0.367	0.357	0.346	0.329	0.330	0.380

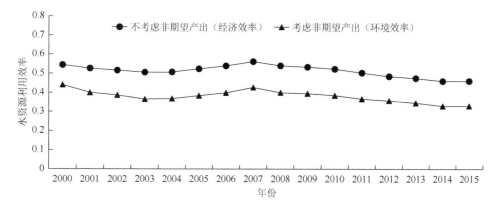

图 8-1　2000～2015 年中国水资源利用效率时间变化趋势图

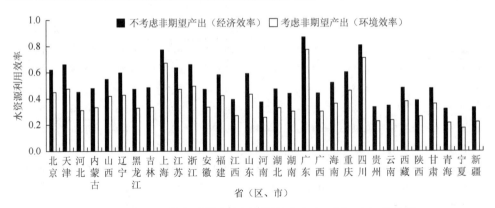

图 8-2 2000～2015 年中国水资源利用效率各省（区、市）均值图

图 8-1 显示，研究期内，中国水资源环境效率与水资源经济效率具有极大的协同性，即表现为在波动中缓慢下降的变化趋势；从图 8-1 还可以看出，考虑非期望产出的水资源环境效率在各个时期均低于不考虑非期望产出的水资源经济效率，且研究期内各个地区的考虑非期望产出水资源环境效率也均低于不考虑非期望产出水资源经济效率（图 8-2）。众所周知，在生产生活过程中，水资源利用不仅仅只产生经济效益，还会产生废水、废气等各种非期望产出，不考虑非期望产出的水资源经济效率测度显然忽视了非期望产出对水资源利用效率造成的影响，不符合社会生产的真实过程，从而夸大了水资源利用效率。

由表 8-1 可知，全国 31 个省（区、市）的水资源环境效率平均值均小于 1，均为水资源环境效率非有效区，这说明目前我国水资源环境效率整体水平低下，需要改变投入产出配比来改善水资源环境效率，使之达到有效状态。研究期内，仅北京、天津、上海等东部发达地区水资源环境效率呈增长态势，而其他地区均有不同程度的下降，西部地区下降尤为明显。水资源环境效率排名前 10 位的省（区、市）分别是广东、四川、上海、浙江、天津、江苏、重庆、北京、山东和福建，这些省（区、市）水资源环境效率值处于全国平均水平之上，为水资源环境效率相对高效区。从空间分布上看，水资源环境效率高的地区主要分布在东部地区，这是因为东部地区是我国改革开放的先行者，经济发展水平远远高于中西部地区，在环保方面的投入也高于中西部地区，且能够利用自身的资金和技术优势来改善环境。

8.2 中国水资源环境效率空间关联格局分析

如前所述，中国各省（区、市）水资源环境效率变化很快，每个时期不同地区之间存在很大差别，总体上来看东部沿海省（区、市）的水资源环境效率高于中西部不发达地区。随着经济市场体系的日趋完善和改革力度的加大，中国水资源环境效率的空间相关性越来越明显。下面通过 ESDA 方法探讨中国水资源环境效率的时空关联和演变趋势，对中国水资源利用及其变化趋势进行更深入的认识，以期为今后中国水资源环境效率在空间上的溢出效应与收敛机制研究奠定基础。

8.2.1　全局空间自相关分析

依照前述方法，运用 GeoDa 软件基于临界 Queen 空间权重矩阵计算中国 31 个省（区、市）水资源环境效率的全局空间自相关 Moran's I 指数及其 Z 统计量检验值 Z 值、显著性水平 p 值，结果如表 8-2 所示。

表 8-2　水资源环境效率的全局空间自相关计算结果

	2000 年	2001 年	2002 年	2003 年	2004 年	2005 年	2006 年	2007 年
Moran's I 指数	−0.0627	−0.1207	−0.1796	−0.2968	−0.3360	−0.3419	−0.3432	−0.2380
Z 值	−0.3227	−0.8589	−1.3946	−2.4691	−2.8601	−2.9847	−2.8118	−1.9279
p 值	0.366	0.166	0.059	0.008	0.002	0.002	0.002	0.014
	2008 年	2009 年	2010 年	2011 年	2012 年	2013 年	2014 年	2015 年
Moran's I 指数	−0.2489	−0.2176	−0.2125	−0.2629	−0.2286	−0.1741	−0.1455	−0.1379
Z 值	−2.0457	−1.7738	−1.7339	−2.2154	−1.9044	−1.4189	−1.3642	−1.2766
p 值	0.016	0.024	0.034	0.008	0.021	0.057	0.081	0.075

如表 8-2 所示，考虑非期望产出情况下 2000～2015 年中国各省（区、市）水资源利用效率的全局自相关 Moran's I 指数（马海良等，2012b）均为负值，大多数通过了 10%水平的显著性检验，明确拒绝了中国各省（区、市）之间水资源利用效率不存在空间自相关性的原假设。在考虑非期望产出情况下，中国各省（区、市）的水资源利用效率明显具有负的空间集聚现象，这说明中国各省（区、市）的水资源利用效率在空间分布上具有明显的负自相关关系，中国各省（区、市）的水资源利用效率的空间分布并非表现出完全随机状态，而是表现出相似值之间的空间集聚，即具有较高的水资源利用效率的地区相邻较低的水资源利用效率地区。因此，在进行中国水资源利用效率的研究中不能忽略客观存在的经济-地理空间分布因素，空间计量分析方法在进行中国水资源利用效率研究时可以考虑空间

效应，即空间依赖性和异质性，运用空间计量模型对中国水资源利用效率进行研究成为必然。

8.2.2　局部空间自相关分析

通过全局 Moran's I 指数检验，结果显示中国各省（区、市）水资源环境效率在整体上呈现显著的空间自相关性，然而这未能揭示具体是在哪些地区出现水资源环境效率高观测值或低观测值的空间集聚。因此，下面通过局部 Moran's I 指数（马海良等，2012b）研究中国各地区水资源环境效率是否存在局部空间集聚现象，如图 8-3 所示。

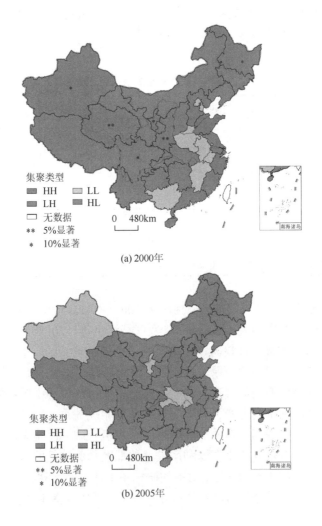

(a) 2000年

(b) 2005年

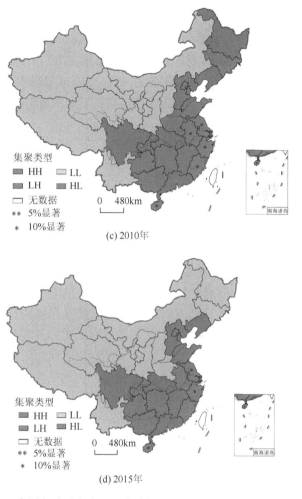

图 8-3　中国各地区水资源环境效率的 LISA 集聚图（见书后彩图）

　　如图 8-3 所示，考虑非期望产出的水资源环境效率的 LISA 集聚图与不考虑非期望产出的水资源经济效率表现出相似的分布特征。HH 集聚区主要集中在东部沿海，如北京、天津、山东、江苏、上海、浙江、福建等地，大部分地区集聚现象显著，形成了一个水资源环境效率高值的区域；LL 集聚区主要集中在中国西部和中部地区，这些地区远离沿海开放的经济发达地区，大部分地区集聚现象显著；LH 集聚区和 HL 集聚区介于 HH 集聚区和 LL 集聚区之间，这些地区集聚现象多数不显著。

8.3　中国水资源环境效率收敛机制研究

　　中国各省（区、市）水资源利用效率存在较大差异，那么差异是否随着时间的推移而缩小？中国各省（区、市）水资源利用效率是在上升还是下降？地理空间效应对各地区水资源利用效率的差异产生何种影响？本章将借助于空间计量收敛模型对上述问题进行解答，从而研究中国各省（区、市）水资源利用效率差异现状及其演变趋势特征，更好地掌握中国各省（区、市）水资源利用效率的未来发展方向，提高生活和生产用水效率，为走水资源可持续利用道路提供理论依据。

8.3.1　收敛模型构建

增长收敛计量研究方法可分为古典计量经济学和空间计量收敛分析。20世纪 60 年代中期，以 Solow 和 Swan 为代表的新古典经济增长理论最先从理论上解释了经济增长收敛的机制问题，各区域之间经济增长差异和动态演变特征的讨论成了研究者关注的重要内容。大部分古典计量收敛研究基于 Barro 和 Sala-i-Martin（1992）提出的著名新古典增长模型，以下记为标准 β 收敛模型。由于忽略了空间自相关性假设，Dall'erba（2005）指出标准 β 收敛在技术层面上存在空间自相关、异方差和收敛的稳健性等问题。在现实生活中，空间中各个区域相互独立的假设过于严格，许多学者转向了空间计量收敛研究。

1. 标准收敛模型

在新古典增长收敛的研究中，标准绝对 β 收敛和条件 β 收敛模型已在文献（Barro and Sala-i-Martin，1992）中建立和使用，在本章中，绝对 β 收敛是指水资源利用效率低的地区下降速度快于水资源利用效率高的地区；条件 β 收敛是指不同地区水足迹强度有着不同的稳态。在此基础上本章确定的中国水资源利用效率绝对 β 收敛和条件 β 收敛的面板数据模型如下：

$$\ln E_{i,t+1} / E_{i,t} = a - b \ln E_{i,t} + h_i + k_t + \varepsilon_{i,t} \tag{8-1}$$

$$\ln E_{i,t+1} / E_{i,t} = a - b \ln E_{i,t} + \Psi X_{i,t} + h_i + k_t + \varepsilon_{i,t} \tag{8-2}$$

式中，a 为常数项；b 为系数；$E_{i,t}$ 为中国第 i 个省份在时期 t 的水足迹强度；h_i 为各地区的固定效应，反映各省份持续存在的差异；k_t 为各时期的固定效应，主要控制水足迹强度随时期变化的因素；$X_{i,t}$ 为中国第 i 个省份在时期 t 的稳态控制常量，具体为科技投入、教育投入、对外贸易、人均 GDP、人均水足迹、降水总量；$\varepsilon_{i,t}$ 为与地区和时期均无关的随机扰动项。根据李志敏和廖虎昌（2012）研究中的设定，若式（8-1）中的 $b>0$，水足迹强度存在绝对 β 收敛，否则发散；若式（8-2）中的 $b>0$，水足迹强度存在条件 β 收敛，否则发散。X 为控制条件常量矩阵，收敛速度由系数 b 确定，$\beta = -\ln（1-b）$，收敛到一半所用时间为 $t =（\ln 1/2）/\ln（1-\beta）$。

2. 空间计量收敛模型

空间面板计量经济模型综合考虑了变量信息的时空二维特征，可以定量分析水足迹强度收敛的溢出效应及影响因素。将水足迹强度的空间依赖性和空间误差性考虑到标准收敛的面板数据模型中，空间计量收敛模型可以分为空间滞后模型和空间误差模型。对于具体空间相关类型需要通过两个拉格朗日乘数（Lagrange multiplier）形式 LM 空间滞后检验、LM 空间误差检验及其稳健 LM 空间滞后检验、稳健 LM 空间误差检验来实现（Baltagi et al.，2007）。本章的空间权重矩阵是基于上面经济-空间权重矩阵。

空间滞后模型表达式为

$$\ln E_{i,t+1} / E_{i,t} = \alpha + \rho \sum_{i \neq j} w_{i,j} \ln E_{i,t+1} / E_{i,t} - b \ln E_{i,t} + \varepsilon_{i,t} \qquad (8-3)$$

$$\ln E_{i,t+1} / E_{i,t} = \alpha + \rho \sum_{i \neq j} w_{i,j} \ln E_{i,t+1} / E_{i,t} - b \ln E_{i,t} + \Psi X_{i,t} + \varepsilon_{i,t} \qquad (8-4)$$

式中，$E_{i,t}$，$X_{i,t}$ 同上面定义；ρ 为空间滞后系数；$w_{i,j}$ 为空间权重矩阵 W 中的元素；Ψ 为解释变量；$\varepsilon_{i,t}$ 为与地区和时期均无关的随机扰动项。本章在式（8-1）和式（8-2）的基础上对式（8-3）和式（8-4）加入了空间滞后效应，空间滞后模型表明中国水资源利用效率上升不但受各地区初始水资源利用效率水平影响，同时受到空间上相邻近地区的下降和初始水资源利用效率的影响。

空间误差模型表达式为

$$\ln E_{i,t+1} / E_{i,t} = \alpha - b \ln E_{i,t} + u, \quad u = \lambda \sum_{i \neq j} w_{i,j} \ln E_{i,t+1} / E_{i,t} + \varepsilon_{i,t} \qquad (8-5)$$

$$\ln E_{i,t+1} / E_{i,t} = \alpha - b \ln E_{i,t} + \Psi X_{i,t} + u, \quad u = \lambda \sum_{i \neq j} w_{i,j} \ln E_{i,t+1} / E_{i,t} + \varepsilon_{i,t} \qquad (8-6)$$

式中，$E_{i,t}$，$X_{i,t}$ 同上面定义；u 为随机扰动项；λ 为空间误差系数；$w_{i,j}$ 为空间权重矩阵 W 中的元素；$\varepsilon_{i,t}$ 为与地区和时期均无关的随机扰动项。本章在式（8-1）和式（8-2）的基础上对式（8-5）和式（8-6）加入了空间误差效应，空间误差模型意味着特定地区水资源利用效率上升产生的随机冲击不但使各地区受影响，而且由于误差空间相关的存在，该冲击效应扩散到整个系统，所有空间相邻地区均受到不同程度影响。

8.3.2 条件变量选择及数据来源

本章采用的 2000～2015 年中国 31 个省（区、市）（不包括台湾、香港、澳门）的具体条件收敛变量数据来源于《中国统计年鉴》（2001～2016 年）、《中国水资源公报》（2000～2015 年）、《中国环境年鉴》（2001～2016 年）和各省份统计年鉴等资料，具体条件变量及其定义如下。

1. 科技投入

通过科技经费支出总额占 GDP 的比重衡量科技投入。许多学者研究中已经发现研究与开发（research and development，R&D）投入对提高水资源利用效率有着显著的影响，因而本章把科技投入作为水资源利用效率收敛的条件变量，以期科技投入的提高能够促进中国各省（区、市）水资源利用效率的提高。

2. 教育投入

通过教育经费占 GDP 的比重指标反映中国各省（区、市）对教育事业的投入。教育是立国之本，对国家和民族的振兴发展有着关键性影响，本章把教育投入作为水资源利用效率收敛的条件变量，以期教育投入能够提高中国各省（区、市）水资源利用效率。

3. 对外贸易

通过各省（区、市）进出口总额占 GDP 的比重来表示各省（区、市）对外贸易的程度。对外贸易过程伴随着虚拟水的流动，由于进出口产品的结构不同，各类型商品的虚拟水含量不同，对外贸易条件变量对水资源利用效率的收敛影响方向不能确定。

4. 人均 GDP

人均国内生产总值，也称人均 GDP，是重要的宏观经济指标之一，是衡量经济发展状况的指标，是人们了解和把握一个国家或地区宏观经济运行状况的有效工具。本章考虑人均 GDP 指标如何影响中国各省（区、市）水资源利用效率的收敛。

5. 人均水足迹

该指标反映了中国各省（区、市）人均水资源总消耗情况，以期从节约用水角度分析影响水资源利用效率的收敛机制。

6. 降水总量

从各省（区、市）水资源禀赋角度研究水资源利用效率收敛机制。

8.3.3　条件变量的平稳性检验

在回归分析前需要做回归自变量的平稳性检验，以防"伪回归"问题的产生。空间面板计量收敛模型是一类空间面板数据模型，同样存在用非平稳时间序列建立回归模型极有可能产生的"伪回归"问题。因此，本章在进行回归分析时，需要采用单位根检验方法对变量的平稳性进行检验，面板数据的单位根检验主要包括 LLC 检验、IPS 检验、ADF-Fisher 检验、PP-Fisher 检验和 Breitung 检验 5 种方法。由于各检验方法本身的局限性，笔者为保证结论的稳健性，同时采用 5 种方法进行检验，结果见表 8-3。由此可知，当对各变量的水平值进行检验时，检验结果表明多数条件变量不能完全拒绝"存在单位根"的原假设，变量是非平稳的。然而，在对各条件变量取一阶差分后，所有条件变量均显著地拒绝"存在单位根"的原假设。由此可以认为，中国各省（区、市）水资源环境效率收敛的条件因素均为一阶单整序列，可以对各面板数据序列进行进一步的计量分析。

表 8-3　条件变量的面板单位根检验

变量（水平值）	LLC 检验	IPS 检验	ADF-Fisher 检验	PP-Fisher 检验	Breitung 检验
科技投入/%	−5.1179 （0.3926）	−1.6912 （0.0343）	69.1571 （0.0976）	80.1557 （0.0334）	0.3171 （0.6624）
教育投入/%	−11.9063 （0.0000）	−4.3757 （0.0000）	104.7736 （0.0001）	126.6365 （0.0034）	−2.8716 （0.3073）
对外贸易/%	−3.8168 （0.0004）	−0.3461 （0.2359）	62.1936 （0.3109）	55.0271 （0.6184）	−0.3725 （0.4356）
人均 GDP/万元	11.5756 （0.8629）	18.4847 （0.9975）	9.1255 （10.0951）	5.4103 （0.9784）	16.1219 （0.9354）
人均水足迹/m³	−10.8104 （0.0041）	−4.7981 （0.0064）	114.8347 （0.0000）	77.8567 （0.5412）	2.8998 （0.9087）
降水总量/亿 m³	−15.3447 （0.0000）	−12.0842 （0.0000）	222.1722 （0.0000）	261.8217 （0.0000）	−0.0885 （0.4831）
变量（一阶差分）	LLC 检验	IPS 检验	ADF-Fisher 检验	PP-Fisher 检验	Breitung 检验
科技投入/%	−12.9342 （0.0000）	−8.3129 （0.0001）	148.7702 （0.0000）	182.7425 （0.0000）	−5.6218 （0.0000）
教育投入/%	−24.7458 （0.0000）	−14.2014 （0.0000）	255.0704 （0.0000）	458.4631 （0.0000）	−14.3019 （0.0000）
对外贸易/%	−13.0942 （0.0000）	−7.8168 （0.0000）	163.5335 （0.0000）	246.1126 （0.0000）	−5.4472 （0.0000）
人均 GDP/万元	−4.2612 （0.0000）	0.2248 （0.0000）	63.8423 （0.0014）	70.8986 （0.0001）	42.6748 （0.0018）
人均水足迹/m³	−18.4215 （0.0000）	−12.3693 （0.0000）	224.5746 （0.0000）	365.6392 （0.0000）	−6.6573 （0.0000）
降水总量/亿 m³	−23.1407 （0.0000）	−15.8377 （0.0000）	261.9097 （0.0000）	500.6075 （0.0000）	−7.8871 （0.0000）

注：括号内数据为 p 值

8.3.4 模型估计结果及分析

1. σ收敛分析

中国各省（区、市）水资源利用效率的σ收敛是指随着时间的推移，各省（区、市）水资源利用效率的标准差逐渐缩小，即各地区的水资源利用效率差异越来越小。本章使用变异系数统计方法描述和刻画中国各省（区、市）水资源利用效率的σ收敛，对计算结果进行可视化处理，得到考虑和不考虑非期望产出的中国水资源利用效率σ收敛趋势图（图8-4），中国各省（区、市）水资源环境效率变异系数在2000～2003年表现为下降趋势，2003年以后则表现为缓慢上升的态势，说明中国水资源环境效率不存在σ收敛，水资源环境效率的地区差异不会随着时间的推移而自动消失。这是因为全国各地区经济发展水平参差不齐，且环境状况差异巨大，地区间水资源环境效率差异较大。考虑和不考虑非期望产出情况下的水资源利用效率波动一致，考虑非期望产出的水资源环境效率高于不考虑非期望产出的水资源经济效率。

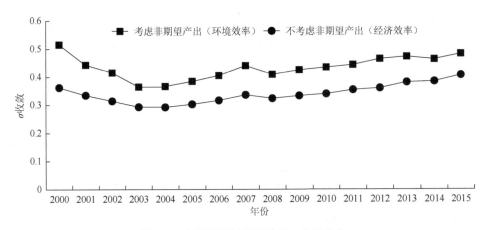

图 8-4　中国水资源利用效率 σ 收敛趋势

2. 空间计量收敛分析

中国水资源利用效率存在负的空间自相关，进一步根据 LM 检验、稳健 LM 检验可以确定空间计量收敛模型的类型，即对空间滞后模型和空间误差模型的选择。本章得到 LM 空间误差检验和稳健 LM 空间误差检验都高度显著，但 LM 空间滞后检验和稳健 LM 空间滞后检验都不显著，空间误差效应存在，而空间滞后效应不存在，需要对空间误差模型进行分析。在 MATLAB 空间计量工具箱下，对式（8-1）和式（8-2）采用 Hausman 检验，结果表明固定效应模型优于随机效应模型，又通过 F 值检验固定效应模型的适用性，使用个体时点固定效应模型更有效。通过 Hausman 检验可以确定本章空间计量收敛模型式（8-3）～式（8-6）对固定效应和随机效应的选择，绝对 β 收敛空间滞后效应没有拒绝原假设采用随机效应，而绝对 β 收敛空间误差效应拒绝了原假设采用随机效应，因此本章空间计量收敛模型对其采用固定效应进行估计，如表 8-4 所示。

表 8-4 水资源利用效率相关检验结果

回归类型	考虑非期望产出		不考虑非期望产出	
	统计量	p 值	统计量	p 值
空间滞后模型 Hausman 检验	6.8142	0.5354	4.1547	0.7524
空间误差模型 Hausman 检验	13.1178	0.0002	30.2148	0.0001
LM 空间滞后检验	3.2168	0.6219	235.4489	0.0000
稳健 LM 空间滞后检验	0.4652	0.4670	0.1092	0.6528
LM 空间误差检验	239.7214	0.0000	248.1056	0.0000
稳健 LM 空间误差检验	66.7354	0.0000	9.8546	0.0002

通过使用 MATLAB 空间计量工具箱，本章得到模型式（8-1）和式（8-2）的主要参数估计及检验的 p 值，如表 8-5 所示。标准绝对 β 收敛模型得到考虑和不考虑非期望产出情况下测度的水资源利用效率的收敛速度分别为 0.015 和 0.121，表明在此两种情况下中国各省（区、市）水资源利用效率存在标准绝对 β 收敛，水资源利用效率达到 1/2 趋同程度的时间分别约为 53.2 年和 5.4 年。不考虑非期望产出情况下的水资源经济效率收敛速度明显超越考虑非期望产出情况的水资源环境效率收敛速度，这意味着不考虑非期望产出的中国各省（区、市）水资源利用效率测度将在短时期内达到同样的水平，而考虑非期望产出的水资源环境效率收敛较慢。在没有考虑空间效应情况下，2000～2015 年中国各省（区、市）水资源利用效率存在标准绝对 β 收敛，水资源利用效率较低的地区上升趋势快于水资源利用效率较高的地区。

表 8-5 标准绝对 β 收敛模型回归结果

回归结果	考虑非期望产出			不考虑非期望产出		
	标准绝对 β 收敛模型	空间滞后模型	空间误差模型	标准绝对 β 收敛模型	空间滞后模型	空间误差模型
α	0.0911**	0.0736***	0.0776***	−0.0732*	0.0451***	0.0451*
b	0.0150	−0.0120	0.0049***	0.1087***	0.0025	0.0056***
ρ		0.6920***			0.6580***	
λ			0.9250***			0.8940***

回归结果	考虑非期望产出			不考虑非期望产出		
	标准绝对 β 收敛模型	空间滞后模型	空间误差模型	标准绝对 β 收敛模型	空间滞后模型	空间误差模型
收敛速度 β	0.0150	发散	0.0047	0.1210	0.0025	0.0059
R^2	0.5742	0.4263	0.1419	0.4240	0.3186	0.1718
似然比	915.126	853.508	761.383	923.016	875.134	828.527

注：***表示1%水平上显著，**表示5%水平上显著，*表示10%水平上显著

通过空间自相关检验可知，中国各省（区、市）水资源利用效率存在负的空间自相关，忽略空间效应的标准绝对 β 收敛模型对中国各省（区、市）水资源利用效率的收敛速度估计有所偏离。通过 LM 检验，由于不存在空间滞后效应的假设，只考虑空间误差效应对水资源利用效率收敛的影响。由表 8-5 可知，在加入空间滞后效应的情况下存在显著的标准绝对 β 收敛，然而在考虑和不考虑非期望产出情况下的水资源利用效率收敛速度分别为 0.0047 和 0.0059，水资源利用效率达到 1/2 趋同程度的时间分别约为 147.1 年和 117.1 年，明显慢于标准绝对 β 收敛速度；在空间误差效应下不考虑非期望产出的收敛速度略高于考虑非期望产出情况下的收敛速度。空间误差效应假设减慢了水资源利用效率的收敛速度，而这种假设比空间区域之间相互独立的假设更为合理。总体来说，在考虑了空间效应情况下，收敛时间明显延长。潘文卿（2010）对 1978~2007 年中国区域经济增长空间滞后标准绝对 β 收敛半生命周期计算为 87.1 年，而洪国志和李郇（2011）对 1990~2007 年中国区域经济发展的空间滞后标准绝对 β 收敛半生命周期计算为 56.5 年，相比经济增长中国各省（区、市）水资源利用效率收敛需要更长的时间。

如表 8-6 所示，在标准条件 β 收敛计量模型中，考虑和不考虑非期望产出情况下的标准条件 β 收敛速度分别为 0.1531 和 0.1564，都高于带有空间滞后效应和空间误差效应的标准条件 β 收敛速度。空间滞后效应和空间误差效应因素不利于水资源利用效率的收敛。教育投入因素正向显著影响考虑非期望产出情况下的水资源利用效率的收敛，而在其他设定下均不显著；对外贸易因素有正向、有负向显著影响水资源利用效率，和预期的影响方向一样，对外贸易的结构要有区别地对待，才能促进中国水资源利用效率收敛；人均 GDP 因素正向显著影响着中国水资源利用效率的收敛速度，这说明各省（区、市）经济的发展决定了水资源利用效率的收敛；降水总量因素对中国各省（区、市）水资源利用效率的收敛影响不显著，各省（区、市）受水资源禀赋影响较小；人均水足迹因素显著负向影响中国水足迹强度的收敛，人均水足迹多的地区，水资源利用效率提高得慢，因此从节约用水角度可以加快中国各省（区、市）水资源利用效率的收敛。

表 8-6　标准条件 β 模型回归结果

回归结果	考虑非期望产出			不考虑非期望产出		
	标准条件 β 收敛模型	空间滞后模型	空间误差模型	标准条件 β 收敛模型	空间滞后模型	空间误差模型
α	−0.2246***	0.0651***	0.0069	−0.1267	0.0137	−0.0299
b	0.1310***	0.1111***	0.0047***	0.1385***	0.0031***	0.0036
ρ		0.6949***			0.6259***	
λ			0.6989***			0.6739***
收敛速度 β	0.1531	0.1178	0.0047	0.1564	0.0029	0.0036
教育投入/%	−0.0046	0.0421***	0.0251***	−0.0004	−0.0013	−0.0082
对外贸易/%	−0.0350	−0.0041	0.0048*	−0.0324	−0.0038	−0.0056***
人均 GDP/万元	0.0007**	0.1436***	0.0167***	0.0001	0.2523***	0.0038
人均水足迹/m³	−0.0003***	−0.0132*	−0.0064*	0.0002	−0.0071	0.0058
降水总量/亿 m³	−0.0017	−0.0056	−0.0027	−0.0012	−0.0179**	−0.0045***
R^2	0.5928	0.4668	0.3574	0.4513	0.4291	0.2400
似然比	925.940	860.685	820.647	923.42	925.992	863.152

注：***表示 1%水平上显著，**表示 5%水平上显著，*表示 10%水平上显著

8.4　中国水资源环境效率溢出效应测度

空间自相关检验和收敛分析研究表明，中国各省（区、市）2000～2015 年水资源利用效率存在空间自相关的空间集聚分布特征，不同省（区、市）之间水资源利用效率存在很大差异，然而各省（区、市）水资源利用效率的变异系数没有出现随时间推移而逐步减小的趋势。那么，什么原因造成了省际水资源利用效率的差异？通过何种途径可以提高中国各省（区、市）水资源利用效率？在省际尺度上是否存在空间溢出效应？不同因素如何影响水资源利用效率？就这些问题展开定量研究可以为相关部门合理制定区域经济发展和水资源利用政策提供参考，对提高中国各省（区、市）水资源利用效率、走水资源可持续利用道路具有重要现实意义。

鉴于中国水资源利用政策和区域改革开放程度的不断深入，各省（区、市）生产要素的空间流动性越来越强，空间溢出效应在水资源利用效率影响因素的研究中是不能忽略的。本章在前面的研究基础上采用空间 Durbin 模型，在充分考虑水资源利用效率空间效应的基础上研究中国各省（区、市）水资源利用效率空间溢出效应。

8.4.1 水资源环境效率的溢出效应模型设定

空间计量模型能够揭示研究单元之间复杂的依赖性和异质性，然而由于空间权重矩阵的引入，空间计量模型实质上具有非线性结构，对参数的解释不能按照传统线性模型的框架进行释义。2009 年 Pace 和 LeSage 指出基于各研究单元独立性假设的线性回归参数估计代表了自变量的变化对因变量的影响程度，但包含自变量的空间滞后模型其参数的解释就更加丰富和复杂，要求有特定的解释，LeSage 和 Pace 以偏导矩阵的方式给出了空间计量模型的参数解释。

1. 水资源利用效率的溢出效应分解

基于 LeSage 等（1999）的理论，溢出效应依据其溢出形式的不同可以进一步分解为直接效应、间接效应和总效应。本章将各省（区、市）水资源利用效率对经济-地理距离较近的省（区、市）的溢出按其表现形式同样分为直接溢出、间接溢出和总溢出。

直接溢出，指某个地区的解释变量对本地区水资源利用效率的影响，而对除本地区以外其他地区该解释变量没有影响。通过控制该解释变量可以达到提高本地区水资源利用效率的目的。

间接溢出，指某个地区的解释变量对除了本地区以外其他地区水资源利用效率的影响，而对本地区该解释变量没有影响。通过控制该解释变量可以促进一个地区以外其他地区的水资源利用效率提高。

总溢出，某个解释变量对全部地区造成的平均影响，等于直接溢出和间接溢出之和。水资源利用效率的溢出效应可以通过图 8-5 描述。

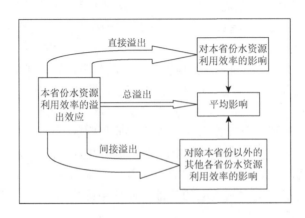

图 8-5 溢出效应分解图

2. 空间 Durbin 模型

空间经济计量学理论认为一个地区空间单元上的某种经济地理现象或某一属性值与邻近地区空间单元上同一现象或属性值是相关的（孙才志等，2010a，2010b）。空间相关性表现出的空间效应可以用两类基础模型即空间滞后模型、空间误差模型表征和刻画，然而空间模型对参数的解释要求有特定的释义。LeSage 等（1999）借助于偏导矩阵的方法来释义空间 Durbin 模型的参数。空间 Durbin 模型不仅考虑因变量的空间相关性，还考虑自变量的空间相关性，因变量不仅受到本地区自变量的影响，还受到其他地区滞后自变量及滞后因变量的影响。为了检验中国各省（区、市）水资源利用效率的空间溢出效应，采用的空间 Durbin 模型表达式为

$$Y = \rho WY + X\beta + WX\theta + \varepsilon \tag{8-7}$$

式中，Y 为水资源利用效率；W 为空间权重矩阵；X 为水资源利用效率的影响因素；WX 为水资源利用效率的影响因素滞后项；ε 为随机扰动项。空间权重矩阵的引入使得空间计量模型具有非线性结构，因此回归系数不再反映自变量对因变量的影响。LeSage 等（1999）以偏导矩阵的方式给出了空间 Durbin 模型的参数释义，提出了总效应、直接效应、间接效应等概念。总效应表示 X 对所有省（区、市）造成的平均影响，直接效应表示 X 对本省（区、市）Y 造成的平均影响，间接效应表示 X 对其他省（区、市）Y 造成的平均影响。将式（8-7）改写为以下形式：

$$(I_n - \rho W)Y = X\beta + WX\theta + \varepsilon \tag{8-8}$$

式（8-8）两边同乘以 $(I_n - \rho W)^{-1}$，并展开记为

$$Y = \sum_{r=1}^{k} S_r(W)x_r + V(W)\varepsilon \tag{8-9}$$

式中，$S_r(W) = V(W)(I_n\beta_r + W\theta_r)$，$V(W) = (I_n - \rho W)^{-1}$，展开式（8-9），得

$$\begin{pmatrix} Y_1 \\ Y_2 \\ \vdots \\ Y_n \end{pmatrix} = \sum_{r=1}^{k} \begin{pmatrix} S_r(W)_{11} & S_r(W)_{12} & \cdots & S_r(W)_{1n} \\ S_r(W)_{21} & S_r(W)_{22} & \cdots & S_r(W)_{2n} \\ \vdots & \vdots & & \vdots \\ S_r(W)_{n1} & S_r(W)_{n2} & \cdots & S_r(W)_{nn} \end{pmatrix} \begin{pmatrix} x_{1r} \\ x_{2r} \\ \vdots \\ x_{nr} \end{pmatrix} + V(W)\varepsilon \tag{8-10}$$

$$Y_i = \sum_{r=1}^{k} [S_r(W)_{i1}x_{1r} + \cdots + S_r(W)_{in}x_{nr}] + V(W)_i\varepsilon \tag{8-11}$$

式中，$i = 1, 2, \cdots, n$，x_{ir} 为第 i 个地区的第 r 个解释变量的取值；$S_r(W)_{ij}$ 为矩阵 $S_r(W)$ 的第 i 行第 j 列元素；$V(W)_i$ 为矩阵 $V(W)$ 的第 i 行。由式（8-10）和式（8-11）得

$$\frac{\partial y_i}{\partial x_{ir}} = S_r(W)_{ii} \tag{8-12}$$

式（8-12）表示第 i 个地区解释变量 x 对第 i 个地区被解释变量 y 造成的平均影响，即直接效应的值为矩阵 $S_r(\boldsymbol{W})$ 中对角线元素的平均值，如下：

$$\overline{M}(r)_{直接效应} = n^{-1}tr(S_r(\boldsymbol{W})) \tag{8-13}$$

由式（8-10）和式（8-11）得

$$\frac{\partial y_i}{\partial x_{jr}} = S_r(W)_{ij} \tag{8-14}$$

式（8-14）表示第 i 个地区解释变量 x 对第 j 地区被解释变量 y 造成的平均影响，即间接效应的值为矩阵 $S_r(\boldsymbol{W})$ 中非对角线元素的平均值，如下：

$$\overline{M}(r)_{间接效应} = \overline{M}(r)_{总效应} - \overline{M}(r)_{直接效应} \tag{8-15}$$

总效应为矩阵 $S_r(\boldsymbol{W})$ 中所有元素的平均值，如下：

$$\overline{M}(r)_{总效应} = n^{-1}l_n^{-1}S_r(\boldsymbol{W})l_n \tag{8-16}$$

式中，$l_n = (1,\cdots,1)_{1\times n}^{\mathrm{T}}$。

Beer 和 Riedl（2012）将截面空间 Durbin 模型推广到面板数据空间 Durbin 模型，本章在 LeSage 等（1999）提供的空间计量函数库和 MATLAB 2009a 软件中进行计算。

3. 变量选择及数据来源

空间相关分析已经定量表明了中国各省（区、市）的水资源利用效率存在空间效应，一个地区的水资源利用效率不仅与经济发展特征有关，还与其他地区的水资源利用效率有相关关系，而这种自相关就是水资源利用效率的空间依赖性或空间溢出性。下面采用空间 Durbin 模型确定性分析该空间效应，采用具体影响因素及其定义如下。

（1）外商直接投资（foreign direct investment，FDI）。按当年平均汇率，本书将美元计价的 FDI 转换成人民币计价。FDI 可以促进中国各省（区、市）技术进步和生产率的提高，目前已有大量的理论和实证研究。然而以 FDI 为载体的国际产业转移可能会增加中国各省（区、市）水资源消耗总量，并产出了一定的水资源污染物，从而抵消由 FDI 带来的水资源利用效率提高。因此，本章通过实证来判断 FDI 对中国各省（区、市）水资源利用效率的影响。

（2）劳均 GDP。该指标反映了每个劳动者的平均效率，通过实证分析劳均 GDP 对中国各省（区、市）水资源利用效率的影响。本章的 GDP 是以 1990 年为基期计算转化的。

（3）交通基础设施。本章用单位面积的交通里程数来表示，以公路、铁路和内河航道之和的总里程数表示交通里程数。良好的交通基础设施，能使水资源利用技术以更便捷的方式跨区域流动，有利于各省（区、市）优化投入要素的组合，提高水资源利用效率。本章预测中国各省（区、市）交通基础设施的改善有利于提高各省（区、市）水资源利用效率。

（4）人均用水量。本章从节约用水的角度探究了该指标与水资源利用效率的关系，预期该指标负向影响水资源利用效率。

（5）万元工业增加值用水量。该指标反映了工业用水效率，通过实证分析以期得到工业用水效率与各省（区、市）水资源利用效率的关系。

（6）农田实际灌溉亩均用水量。该指标反映了农田灌溉对水资源的消耗，采取节水设备和技术，减少这部分水资源消耗有可能会提高水资源利用效率。

（7）教育经费。教育是立国之本，本章实证研究增加教育经费的投入会提高水资源利用效率。

（8）工业用水比重。该指标反映了工业用水在水资源总消耗中占有的分量，比较灵活地反映了其与水资源利用效率之间的关系。可以通过主动控制工业用水量来增减该指标，也可以控制其他用水量实现该指标的增减。

（9）农业用水比重。与工业用水比重类似，该指标的控制比较灵活，可以反映与水资源利用效率的关系。

（10）市场化程度。本章用第三产业产值与 GDP 的比值进行衡量。较高的市场化程度能够带来资源配置的优化，这会提高水资源利用效率。同时第三产业占 GDP 的比重也是反映一个地区经济结构的重要指标，第三产业的发展有利于水资源利用效率的提高。

（11）降水总量。各省（区、市）水资源禀赋的差异，可能会导致各省（区、市）水资源利用效率的差异，降水总量指标反映了水资源禀赋情况。

8.4.2 解释变量的平稳性检验

时间序列数据或截面数据在做回归分析前要做平稳性检验，以防"伪回归"问题的产生。面板数据也称时间序列截面数据或混合数据，是同时在时间和截面空间上取得的二维数据，同样存在通过非平稳时间序列建立回归模型极有可能产生的"伪回归"问题。因此，在进行回归分析时，需要采用单位根检验方法对变量的平稳性进行检验。本章为保证结论的稳健性同时采用 LLC 检验、IPS 检验、ADF-Fisher 检验、PP-Fisher 检验和 Breitung 检验 5 种方法进行检验，结果见表 8-7。由此可知，当对各变量的水平值进行检验时，检验结果表明多数解释变量不能完全拒绝"存在单位根"的原假设，变量是非平稳的。然而在对各解释变量取一阶差分后，所有解释变量均显著地拒绝"存在单位根"的原假设。由此可以认为，中国各省（区、市）水资源利用效率的影响因素均为一阶单整序列，可以对各面板数据序列进行进一步的计量分析。

表 8-7 解释变量的面板单位根检验

变量（水平值）	LLC检验	IPS检验	ADF-Fisher检验	PP-Fisher检验	Breitung检验	变量（一阶差分）	LLC检验	IPS检验	ADF-Fisher检验	PP-Fisher检验	Breitung检验
外商直接投资/亿元	4.672 (0.769)	-3.428 (0.004)	96.951 (0.001)	113.042 (0.000)	2.854 (0.892)	外商直接投资/亿元	-11.261 (0.000)	-8.537 (0.000)	155.794 (0.000)	209.668 (0.000)	-4.351 (0.000)
劳均GDP/万元	3.526 (0.874)	8.747 (0.904)	33.137 (0.986)	15.549 (0.986)	9.276 (0.985)	劳均GDP/万元	-0.892 (0.018)	-0.574 (0.261)	115.652 (0.000)	121.339 (0.000)	10.084 (0.003)
交通基础设施/km	-1.728 (0.026)	0.431 (0.563)	43.584 (0.871)	43.335 (0.964)	-3.213 (0.008)	交通基础设施/km	-15.324 (0.000)	-7.128 (0.000)	152.791 (0.000)	186.128 (0.000)	-13.809 (0.000)
人均用水量/m³	-10.124 (0.000)	-3.468 (0.001)	115.084 (0.000)	97.772 (0.002)	0.896 (0.761)	人均用水量/m³	-22.458 (0.000)	-14.127 (0.000)	246.337 (0.000)	325.574 (0.000)	-8.568 (0.000)
万元工业增加值用水量/m³	-43.267 (0.000)	-32.589 (0.000)	261.435 (0.000)	41.402 (0.892)	-3.799 (0.001)	万元工业增加值用水量/m³	-27.350 (0.000)	-19.431 (0.000)	312.816 (0.000)	410.842 (0.000)	-11.256 (0.000)
农田实际灌溉亩均用水量/m³	-9.851 (0.000)	-6.564 (0.000)	146.589 (0.002)	173.247 (0.112)	0.077 (0.614)	农田实际灌溉亩均用水量/m³	-21.351 (0.000)	-16.442 (0.000)	303.601 (0.000)	404.125 (0.000)	-8.421 (0.000)
教育经费/万元	5.234 (0.999)	11.568 (0.998)	7.863 (0.998)	7.421 (0.999)	12.339 (0.998)	教育经费/万元	-18.226 (0.000)	-11.341 (0.000)	216.820 (0.000)	362.347 (0.000)	-6.556 (0.000)
工业用水比重/%	-5.521 (0.000)	-3.675 (0.001)	122.218 (0.000)	100.426 (0.007)	1.378 (0.982)	工业用水比重/%	-17.308 (0.000)	-12.150 (0.000)	225.861 (0.000)	289.305 (0.000)	-7.121 (0.000)
农业用水比重/%	-7.562 (0.000)	-3.129 (0.002)	110.034 (0.001)	148.523 (0.000)	-2.278 (0.002)	农业用水比重/%	-18.307 (0.000)	-12.751 (0.000)	239.651 (0.000)	43.084 (0.000)	-6.349 (0.000)
市场化程度/%	-4.659 (0.000)	-0.576 (0.274)	67.304 (0.258)	72.405 (0.131)	0.561 (0.702)	市场化程度/%	-15.636 (0.000)	-10.428 (0.000)	188.334 (0.000)	337.447 (0.000)	-10.583 (0.000)
降水总量/亿m³	-19.754 (0.000)	-13.259 (0.000)	256.734 (0.000)	348.352 (0.000)	-8.481 (0.000)	降水总量/亿m³	-21.026 (0.000)	-17.379 (0.000)	321.120 (0.000)	542.854 (0.000)	-8.483 (0.000)

注：括号内数据为 p 值；*1亩≈666.67/m²

8.4.3　模型估计结果及分析

通过 Hausman 检验（孙才志等，2010a，2010b）可以确定本章空间 Durbin 模型应采用固定效应，而拒绝随机效应。表 8-8 给出了空间 Durbin 模型的回归结果。考虑和不考虑非期望产出的空间自回归系数 ρ 都在 1%的水平上显著，说明中国各省（区、市）水资源利用效率存在溢出效应，而不考虑非期望产出情况下的空间自回归系数 ρ 为 0.562，大于考虑非期望产出情况下的 0.285，空间溢出效应可以缩小各省（区、市）水资源利用效率分布极端不均的现象，从而促进中国各省（区、市）水资源利用效率提高，因此不考虑非期望产出测度出的水资源利用效率测度是对真实水资源利用状况的偏离估计。

表 8-8　空间 Durbin 模型回归结果

变量	考虑非期望产出		不考虑非期望产出	
	回归系数	t 统计量	回归系数	t 统计量
外商直接投资/亿元	0.021[*]	1.268	0.003	0.586
劳均 GDP/万元	0.409[***]	9.221	0.677[***]	34.655
交通基础设施/km	−0.031	−1.037	−0.032[***]	−2.742
人均用水量/m^3	−0.165[***]	−3.358	−0.184[***]	−10.114
万元工业增加值用水量/m^3	−0.039[**]	−1.842	−0.052[***]	−4.863
农田实际灌溉亩均用水量/m^3	0.161[***]	4.651	0.015	0.891
教育经费/万元	−0.137[***]	−5.357	−0.001	−0.003
工业用水比重/%	−0.007	−0.205	0.024[***]	2.157
农业用水比重/%	−0.176[***]	−7.467	−0.076[***]	−9.236
市场化程度/%	0.233[***]	4.284	0.071[***]	2.565
降水总量/亿 m^3	−0.036[**]	−2.133	0.002	0.219
滞后劳均 GDP/万元	−0.275	−1.364	−0.235[***]	−2.284
滞后交通基础设施/km	0.277[***]	4.121	0.036	1.231
滞后人均用水量/m^3	−0.232	−1.643	−0.108[*]	−1.712
滞后万元工业增加值用水量/m^3	−0.026	−0.623	0.047[**]	2.351
滞后农田实际灌溉亩均用水量/m^3	0.242	1.381	0.210[***]	2.486

变量	考虑非期望产出		不考虑非期望产出	
	回归系数	t 统计量	回归系数	t 统计量
滞后教育经费/万元	0.486***	10.667	0.115***	5.554
滞后工业用水比重/%	0.475***	7.141	0.184***	5.652
滞后农业用水比重/%	0.639***	8.320	0.321***	6.724
滞后市场化程度/%	−0.058	−0.411	0.024	0.450
滞后降水总量/亿 m³	−0.225***	−2.768	−0.116***	−3.843
ρ	0.285***	3.124	0.562***	7.482
R^2	0.994		0.998	
似然比	661.254		1057.869	

注：***表示 1%水平上显著，**表示 5%水平上显著，*表示 10%水平上显著

　　考虑非期望产出情况下外商直接投资、滞后交通基础设施、劳均 GDP、人均用水量、万元工业增加值用水量、农田实际灌溉亩均用水量、教育经费及滞后教育经费、滞后工业用水比重、农业用水比重及滞后农业用水比重、市场化程度、降水总量及滞后降水总量因素显著影响水资源利用效率；而不考虑非期望产出情况下劳均 GDP 及滞后劳均 GDP、交通基础设施、人均用水量及滞后人均用水量、万元工业增加值用水量及滞后万元工业增加值用水量、滞后农田实际灌溉亩均用水量、滞后教育经费、工业用水比重及滞后工业用水比重、农业用水比重及滞后农业用水比重、市场化程度、滞后降水总量因素显著影响水资源利用效率。从 R^2 和似然比来看，两种情况下该模型回归效果均很好。

　　然而，空间 Durbin 模型的回归系数并不能完全反映自变量对因变量的影响，需要通过总效应、直接效应和间接效应来反映，如表 8-9 所示。

表 8-9　解释变量的总效应、直接效应和间接效应

项目		考虑非期望产出		不考虑非期望产出	
		系数	t 统计量	系数	t 统计量
总效应	外商直接投资/亿元	−0.426***	−4.275	−0.148**	−2.358
	劳均 GDP/万元	0.283	1.052	0.902***	6.261
	交通基础设施/km	0.367***	3.175	0.016	0.384
	人均用水量/m³	−0.498**	−2.559	−0.603***	−4.524
	万元工业增加值用水量/m³	−0.105*	−1.682	0.005	0.126
	农田实际灌溉亩均用水量/m³	0.572**	2.306	0.402***	2.486

项目		考虑非期望产出		不考虑非期望产出	
		系数	t 统计量	系数	t 统计量
总效应	工业用水比重/%	0.684***	6.421	0.414***	5.675
	农业用水比重/%	0.620***	4.402	0.262***	3.304
	市场化程度/%	0.227	1.163	0.155	1.350
	降水总量/亿 m³	−0.365***	−3.172	−0.242***	−3.476
直接效应	外商直接投资/亿元	0.012	1.186	−0.001	−0.033
	劳均 GDP/万元	0.452***	9.407	0.691***	34.521
	交通基础设施/km	−0.019	−0.934	−0.031**	−2.634
	人均用水量/m³	−0.162***	−3.578	−0.205***	−9.754
	万元工业增加值用水量/m³	−0.046*	−2.103	−0.053***	−4.802
	农田实际灌溉亩均用水量/m³	0.171***	4.422	0.026	1.438
	教育经费/万元	−0.142***	−4.473	0.004	0.356
	工业用水比重/%	−0.001	−0.001	0.033**	2.631
	农业用水比重/%	−0.181***	−6.885	−0.082***	−8.804
	市场化程度/%	0.233***	4.472	0.070***	2.887
	降水总量/亿 m³	−0.041**	−2.260	−0.003	−0.465
间接效应	外商直接投资/亿元	−0.501***	−5.178	−0.142***	−2.821
	劳均 GDP/万元	−0.265	−0.824	0.166	1.306
	交通基础设施/km	0.343***	3.503	0.034	0.694
	人均用水量/m³	−0.382*	−1.944	−0.398***	−3.472
	万元工业增加值用水量/m³	−0.059	−0.799	0.052	1.304
	农田实际灌溉亩均用水量/m³	0.403	1.721	0.401**	2.825
	教育经费/万元	0.682***	8.187	0.226***	4.844
	工业用水比重/%	0.724***	6.737	0.377***	5.736
	农业用水比重/%	0.837***	5.681	0.335***	4.761
	市场化程度/%	−0.001	−0.005	0.106	0.932
	降水总量/亿 m³	−0.312***	−2.759	−0.245***	−3.707

注：***表示 1%水平上显著，**表示 5%水平上显著，*表示 10%水平上显著

空间 Durbin 模型总效应中，在考虑非期望产出情况下中国各省（区、市）的交通基础设施、工业用水比重、农业用水比重因素对所有省（区、市）水资源利用效率造成显著正向影响，而中国各省（区、市）的外商直接投资、万元工业增加值用水量因素对所有省（区、市）水资源利用效率造成显著负向影响；而不考虑非期望产出情况下总效应中劳均 GDP 因素变为显著正向影响，人均用水量为显著负向影响，交通基础设施和万元工业增加值因素变为不显著影响。

增加和减少以上这些因素不仅可以促进本省（区、市）水资源利用效率提高，还可以带动其他省（区、市）共同提高。

在空间 Durbin 模型直接效应中，考虑非期望产出情况下中国各省（区、市）的劳均 GDP、农田实际灌溉亩均用水量、市场化程度因素对本省份水资源利用效率造成显著正向影响，中国各省（区、市）的人均用水量、万元工业增加值用水量、教育经费、农业用水比重、降水总量因素对本省份水资源利用效率造成显著负向影响；而不考虑非期望产出的情况下直接效应中工业用水比重因素变为显著正向影响，交通基础设施因素变为显著负向影响，而农田实际灌溉亩均用水量、教育经费、降水总量变为不显著影响，中国各省（区、市）控制以上这些因素可以促进本省份水资源利用效率提高，但不能带动其他省（区、市）共同提高。

在空间 Durbin 模型间接效应中，考虑非期望产出情况下中国各省（区、市）的交通基础设施、教育经费、工业用水比重、农业用水比重因素对除本省（区、市）外其他省（区、市）水资源利用效率造成显著正向影响，中国各省（区、市）的外商直接投资、人均用水量、降水总量因素对除本省（区、市）外其他省（区、市）水资源利用效率造成显著负向影响；而不考虑非期望产出的情况下间接效应中劳均 GDP、交通基础设施因素变为不显著影响，农田实际灌溉亩均用水量因素变为显著正向影响。中国各省（区、市）控制以上这些因素可以带动除本省（区、市）外其他省（区、市）水资源利用效率提高。

总而言之，空间 Durbin 模型的回归结果表明考虑非期望产出的情况下不能盲目追求外商直接投资，应从减少人均用水量、增强交通基础设施、控制万元工业增加值用水量和增加教育经费等方面促使中国各省（区、市）水资源利用效率提高。虽然工业用水和农业用水在总用水中占较大比重，但通过降低其他用水比重，工业和农业用水比重的上升可以促进水资源利用效率提高；中国各省（区、市）的降水总量因素负向显著影响水资源利用效率，各省（区、市）需要充分利用自身的水资源禀赋条件，从节约用水和经济发展角度提高水资源利用效率。与考虑非期望产出情况相比，不考虑非期望产出情况下中国各省（区、市）的劳均 GDP 因素对水资源利用效率显著正向影响，而交通基础设施和万元工业增加值用水量变为不显著影响或较低影响，依此结论会过度强调劳均 GDP 因素对水资源利用效率的影响，而忽略了交通基础设施和万元工业增加值用水量因素对水资源利用效率的真实影响。因此，不考虑非期望产出的水资源利用效率测度会对中国水资源真实利用情况出现偏差估计及对政策制定产生误导，将环境因素（如灰水足迹）考虑到水资源利用效率测度更为合理。

第9章 中国水资源绿色效率

中国是一个缺水的国家，人均水资源占有量仅为世界水平的1/4（陈家琦等，2013），并伴随着经济和人口的不断增长，水污染和浪费现象越发严重，从而导致水资源短缺成为中国当前社会发展的限制性因素（沈满洪和陈庆能，2008）。针对这一问题，2011年中央一号文件明确指出，要实行最严格的水资源管理制度，并划定了用水总量控制、用水效率控制和水功能区限制纳污"三条红线"（姜蓓蕾等，2014b；左其亭等，2014；窦明等，2014），其中，提高用水效率是解决水资源供需矛盾的关键。绿色发展作为当今时代发展的主题，强调经济系统、社会系统、生态系统之间的系统性、整体性和协调性（胡鞍钢和周绍杰，2014），即实现"经济-社会-生态系统"三位一体的协同发展，而水资源作为三大系统中不可或缺的一员，实现其利用效率的不断提高，将有助于促进经济-社会-生态系统的良性运转，因此，对中国水资源绿色效率进行研究显得紧迫而必要。

针对提高水资源利用效率的研究，国内外已经有了大量的成果。通过对文献进行梳理发现，目前，国际上对水资源利用情况的研究主要集中在以下方面：第一，在研究内容上多集中在工业、农业及城市用水效率等方面（邱琳等，2005；孙爱军等，2007；佟金萍等，2014；买亚宗等，2014），随着研究的不断深入，一些学者开始对水资源利用效率的驱动因素和影响机理进行探索（孙才志等，2009b，2014；马海良等，2012a）。第二，在指标的选取上存在着一定的共性，即一般选取水资源、资本和劳动力三个要素作为投入指标，但在产出指标的选取上却存在一些不同。早期一些学者把GDP作为唯一产出，但这并不符合社会发展的实际生产过程，因此，后来一些学者将污染物作为非期望产出纳入水资源利用效率评价体系中，使评价系统更加完善合理。第三，在研究方法上主要有主成分分析法（李世祥等，2008）、SFA法（Kaneko et al.，2004）和DEA法（廖虎昌和董毅明，2011）等，由于DEA法无须事先确定函数关系，采用非主观赋权的方法，从而避免了主观因素的影响，且不用考虑投入产出指标的量纲，就能实现多投入多产出的利用效率测度，很好地克服了主成分分析法和随机前沿分析法的缺点，深受研究者的青睐。但是上述研究却存在以下不足：第一，在指标的选取上，大多数人只选取固定资产投资作为资本投入（董毅明和廖虎昌，2011；赵晨等，2013），然而这一指标仅能代表当期的资本投入量，并不能表示研究期间整个社会系统的实际资本投入量，如此会导致测度结果不符合实际。第二，当前学者对水资源利用效率的研究，仅停留在经济效益和环境效益层面，然而仅考虑经济效益、环境效益的水资源利用效率研究已不符合当今社会发展的要求。当前，"以人为本"的绿色发展理念要求实现"经济-社会-生态系统"的协同发展，将社会发展指数纳入评价体系中显得尤为重要。

鉴于此，本章在前人研究的基础上，沿用 SBM-DEA 模型，把各地区资本存量作为资本投入指标，并通过构建能够反映社会发展状况的指标体系，将其作为期望产出纳入水资源利用效率测度体系中，对我国 2000～2015 年的水资源绿色效率进行测度，从而赋予水资源利用更多的社会内涵，以实现"经济-社会-生态系统"的可持续发展。

9.1　中国水资源绿色效率测度

本章基于 2000～2015 年中国水资源利用情况的面板数据，利用 SBM-DEA 模型测算了中国 31 个省（区、市）的水资源绿色效率，结果如表 9-1 所示。

表 9-1　中国 31 个省（区、市）水资源绿色效率测度结果

省（区、市）	2000 年	2001 年	2002 年	2003 年	2004 年	2005 年	2006 年	2007 年
北京	1.000	1.000	0.916	1.000	0.883	0.900	1.000	1.000
天津	1.000	1.000	1.000	0.922	1.000	1.000	1.000	1.000
河北	0.194	0.195	0.192	0.196	0.185	0.194	0.186	0.198
山西	0.497	0.525	0.513	0.521	0.506	0.534	0.511	0.523
内蒙古	1.000	1.000	0.848	0.531	0.464	0.460	0.421	0.391
辽宁	0.669	0.644	0.644	0.622	0.532	0.500	0.512	0.505
吉林	0.732	0.608	0.541	0.490	0.475	0.470	0.466	0.430
黑龙江	0.375	0.385	0.391	0.402	0.392	0.396	0.397	0.410
上海	0.718	0.788	0.701	1.000	0.794	0.754	0.860	1.000
江苏	0.254	0.254	0.266	0.282	0.266	0.287	0.288	0.310
浙江	0.460	0.469	0.494	0.509	0.460	0.434	0.435	0.458
安徽	0.241	0.257	0.263	0.281	0.257	0.255	0.249	0.268
福建	0.383	0.398	0.429	0.425	0.422	0.446	0.479	0.511
江西	0.362	0.343	0.325	0.328	0.291	0.286	0.277	0.283
山东	0.371	0.296	0.248	0.208	0.182	0.188	0.197	0.216
河南	0.145	0.147	0.150	0.149	0.144	0.148	0.142	0.142
湖北	0.274	0.276	0.275	0.280	0.272	0.271	0.278	0.287
湖南	0.332	0.298	0.267	0.246	0.227	0.232	0.226	0.246

续表

省（区、市）	2000 年	2001 年	2002 年	2003 年	2004 年	2005 年	2006 年	2007 年
广东	0.338	0.341	0.376	0.454	0.553	0.720	0.817	1.000
广西	0.298	0.316	0.324	0.330	0.304	0.298	0.285	0.282
海南	0.991	1.000	0.970	1.000	0.903	0.942	0.893	1.000
重庆	1.000	0.751	0.548	0.463	0.434	0.467	0.464	0.479
四川	0.665	1.000	0.689	0.713	0.454	0.513	0.572	0.536
贵州	0.319	0.304	0.293	0.290	0.272	0.276	0.275	0.291
云南	0.253	0.252	0.254	0.253	0.254	0.254	0.244	0.242
西藏	1.000	1.000	1.000	0.907	0.852	0.796	0.731	0.696
陕西	0.377	0.378	0.368	0.355	0.333	0.329	0.324	0.326
甘肃	1.000	0.684	0.579	0.500	0.452	0.451	0.432	0.438
青海	1.000	0.872	0.834	0.853	0.745	0.752	0.703	0.666
宁夏	1.000	0.918	1.000	1.000	1.000	0.727	0.670	0.715
新疆	0.403	0.392	0.375	0.370	0.350	0.333	0.323	0.325
平均值	0.569	0.551	0.518	0.512	0.473	0.471	0.473	0.489

省（区、市）	2008 年	2009 年	2010 年	2011 年	2012 年	2013 年	2014 年	2015 年	平均值
北京	0.884	0.949	1.000	0.945	1.000	0.969	0.964	1.000	0.963
天津	0.986	1.000	0.940	1.000	0.955	0.930	0.895	1.000	0.977
河北	0.187	0.190	0.182	0.177	0.175	0.178	0.177	0.179	0.187
山西	0.421	0.408	0.387	0.363	0.345	0.330	0.311	0.302	0.437
内蒙古	0.372	0.378	0.363	0.352	0.336	0.314	0.307	0.307	0.490
辽宁	0.446	0.358	0.366	0.368	0.378	0.366	0.346	0.357	0.476
吉林	0.382	0.361	0.343	0.332	0.331	0.322	0.312	0.309	0.432
黑龙江	0.393	0.386	0.348	0.351	0.347	0.347	0.333	0.324	0.374
上海	0.953	1.000	0.969	0.921	1.000	1.000	0.883	0.931	0.892
江苏	0.278	0.268	0.251	0.241	0.251	0.255	0.261	0.279	0.268
浙江	0.402	0.400	0.414	0.391	0.388	0.389	0.379	0.406	0.431
安徽	0.260	0.269	0.271	0.249	0.234	0.213	0.208	0.210	0.249
福建	0.470	0.455	0.400	0.399	0.374	0.373	0.370	0.359	0.418
江西	0.262	0.270	0.260	0.256	0.257	0.254	0.248	0.255	0.285
山东	0.201	0.207	0.179	0.168	0.167	0.171	0.170	0.177	0.209
河南	0.132	0.133	0.127	0.125	0.120	0.120	0.121	0.117	0.135
湖北	0.275	0.268	0.261	0.251	0.239	0.234	0.234	0.241	0.264
湖南	0.236	0.226	0.207	0.191	0.184	0.184	0.184	0.190	0.230

续表

省(区、市)	2008 年	2009 年	2010 年	2011 年	2012 年	2013 年	2014 年	2015 年	平均值
广东	0.947	1.000	1.000	0.765	0.573	0.400	0.297	0.264	0.615
广西	0.267	0.269	0.251	0.231	0.221	0.223	0.226	0.230	0.272
海南	0.920	0.900	0.883	0.743	0.666	0.624	0.595	0.597	0.852
重庆	0.447	0.432	0.456	0.459	0.447	0.446	0.449	0.451	0.512
四川	0.282	0.247	0.264	0.283	0.290	0.265	0.230	0.217	0.451
贵州	0.282	0.282	0.293	0.298	0.289	0.291	0.280	0.273	0.288
云南	0.222	0.225	0.226	0.216	0.210	0.207	0.196	0.198	0.232
西藏	0.680	0.820	0.801	1.000	0.814	0.816	0.862	1.000	0.861
陕西	0.321	0.320	0.318	0.312	0.305	0.298	0.290	0.286	0.328
甘肃	0.404	0.359	0.355	0.352	0.347	0.339	0.331	0.322	0.459
青海	0.679	0.790	0.764	0.846	0.926	1.000	1.000	0.912	0.834
宁夏	0.639	0.600	0.652	0.618	0.601	0.716	0.807	0.921	0.787
新疆	0.320	0.318	0.323	0.319	0.310	0.293	0.280	0.267	0.331
平均值	0.450	0.454	0.447	0.436	0.422	0.415	0.405	0.416	0.469

9.2　中国水资源绿色效率变动研究

运用 Malmquist 生产率指数模型对水资源绿色效率全要素生产率及其分解指数跨期变动进行分析,以探究水资源绿色效率的驱动机制。根据上述测度结果,绘制了 2000~2015 年中国水资源绿色效率时间变化趋势图和中国 31 个省(区、市)水资源绿色效率均值图,并参照文献(卢丽文等,2016)将各地区水资源绿色效率划分为 5 个区间(表 9-2),限于版面,本章只给出了 2000 年、2005年、2010 年和 2015 年的划分结果,用以说明该 16 年间水资源绿色效率的时空格局变化特征。

表 9-2　中国 31 个省(区、市)水资源绿色效率区间划分

分级标准	2000 年	2005 年	2010 年	2015 年
0.001~0.200	河北、河南	河北、山东、河南	河北、山东、河南	河北、山东、河南、湖南、云南
0.201~0.400	黑龙江、江苏、安徽、福建、江西、山东、湖北、湖南、广东、广西、贵州、云南、陕西	黑龙江、江苏、安徽、江西、湖北、湖南、广西、贵州、云南、陕西、新疆	山西、内蒙古、辽宁、吉林、黑龙江、江苏、安徽、福建、江西、湖北、湖南、广西、四川、贵州、云南、陕西、甘肃、新疆	山西、内蒙古、辽宁、吉林、黑龙江、江苏、安徽、福建、江西、湖北、广东、广西、四川、贵州、陕西、甘肃、新疆

续表

分级标准	2000 年	2005 年	2010 年	2015 年
0.401~0.600	山西、浙江、新疆	山西、内蒙古、辽宁、吉林、浙江、福建、重庆、四川、甘肃	浙江、重庆	浙江、海南、重庆
0.601~0.999	辽宁、吉林、上海、海南、四川	北京、上海、广东、海南、西藏、青海、宁夏	天津、上海、海南、西藏、青海、宁夏	西藏、青海
1	北京、天津、内蒙古、重庆、西藏、甘肃、青海、宁夏	天津	北京、广东	北京、天津、上海、宁夏

9.2.1　水资源绿色效率的时空演变特征

1. 水资源绿色效率时间演化特征

（1）从整体上看（图 9-1），2000~2015 年中国 31 个省（区、市）水资源绿色效率整体呈现出在波动中缓慢下降的趋势，2000~2007 年水资源绿色效率在波动中下降，2007 年有些许上升，之所以会出现这种情况，可能是伴随 2006 年"十一五"规划的制定，政府在环境保护、医疗卫生、教育、税收等各方面实施了一系列的利好政策。

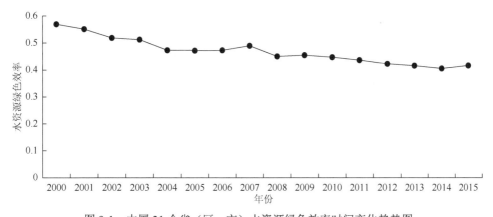

图 9-1　中国 31 个省（区、市）水资源绿色效率时间变化趋势图

（2）从局部来看（表 9-2），2000 年全国 31 个省（区、市）中，水资源绿色效率为 1 的地区有 8 个，分别是北京、天津、内蒙古、重庆、西藏、甘肃、青海和宁夏，辽宁、吉林、上海、海南、四川处在 0.601~0.999 区间，处于 0.401~0.600 区间的地区有 3 个，其余地区均处在 0.001~0.200 区间和 0.201~0.400 区间；到 2005 年，效率值为 1 的地区下降到仅剩天津一个，处于 0.601~0.999 区间的有北

京、上海、广东、海南、西藏、青海和宁夏 7 个地区，而处于其他区间的地区数量上升明显，这相对于 2000 年的绿色效率有明显的下降；2010 年，北京和广东的绿色效率值为 1，天津、上海等 6 个地区处于 0.601～0.999 区间，处于 0.401～0.600 区间的地区数量下降明显，仅剩浙江和重庆，大多地区转移到了 0.201～0.400 区间；到 2015 年底，绿色效率达到 1 的地区上升到了 4 个，分别是北京、天津、上海、宁夏，除北京外都是从 0.601～0.999 区间转变而来，而其他区间地区数量变化不大，这说明 16 年来，我国水资源绿色效率表现为先下降后上升的特点。

（3）16 年间，中国水资源绿色效率平均值为 0.469，说明我国水资源绿色效率整体上仍处于较低水平，要实现经济、社会和环境协同发展的目标，任重而道远。

2. 水资源绿色效率空间格局特征

（1）由图 9-2 可知，全国 31 个省（区、市）的水资源绿色效率平均值均小于 1，均为水资源绿色效率非有效区，这说明目前我国水资源绿色效率整体水平低下，需要改变投入产出配比来改善水资源绿色效率，使之达到有效状态。

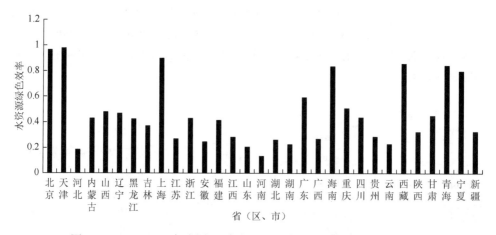

图 9-2　2000～2015 年中国 31 个省（区、市）水资源绿色效率均值图

（2）水资源绿色效率排名前 10 位的省（区、市）分别是天津、北京、上海、西藏、青海、海南、宁夏、广东、重庆和内蒙古，这些省（区、市）水资源绿色效率值处于全国平均水平之上，为水资源绿色效率相对高效区。从空间分布上看，水资源绿色效率高的地区主要分布在东部和西部，这是因为东部个别地区水资源短缺且污染严重，而西部相对较轻，生态环境优于东部，从而使西部水资源绿色效率高于东部。这也说明水资源绿色效率与经济发展水平之间没有明显的正相关关系，西部欠发达地区同样可以通过保护环境、优化资源配置等手段提高地区水资源绿色效率。

（3）由表 9-2 可知，16 年来内蒙古、甘肃和辽宁等地水资源绿色效率不断降低，从水资源绿色效率有效区变为非有效区，而原因却有所不同。内蒙古、甘肃两地是一味追求经济效益，过度放牧、过度开垦，造成水土流失、环境破坏，致使水资源绿色效率迅速下降；而经济相对发达的辽宁地区主要是产业结构不合理加上人口流失严重，使得资源配置失衡，从而导致水资源绿色效率降低。

（4）16 年间，河北、河南等地区，水资源绿色效率始终处于 0.001～0.200 区间，这是因为自 21 世纪以来，这些地区的经济状况有了很大改善，人民生活水平得到了显著提高，但是这些改善是以牺牲环境为代价的，致使个别地区的社会发展指数不升反降，因此造成水资源绿色效率偏低的现状，这也从侧面说明了部分地区盲目追求经济效益，忽视了环境效益和社会效益的发展，造成水资源利用效率出现"泡沫"形式。因此，在实际生产过程中，应警惕这种"泡沫"的发生。只有合理布局资源配置，努力实现产业结构的优化转型，减少污染的输出和环境的破坏，才能真正实现水资源的绿色发展。

9.2.2 社会发展指数对水资源绿色效率的影响

为了说明社会发展指数对水资源利用效率的具体影响，本章同时测度了不考虑社会发展指数的水资源环境效率以做对比分析。根据 SBM 模型，当水资源利用效率值小于 1 时，松弛量 s_n^x、s_m^y、s_i^b 的大小可以反映水资源利用效率损失的原因（潘丹和应瑞瑶，2013）。本章将 2000～2015 年我国 31 个省（区、市）水资源利用效率各投入变量松弛量 s_n^x 除以对应的投入指标值得到投入冗余率；将灰水足迹松弛量 s_i^b 除以对应的灰水足迹值得到非期望产出冗余率；将期望产出松弛量 s_m^y 除以相应的产出值得到期望产出不足率，并绘制了水资源利用效率投入产出优化表（表 9-3），具体分析如下。

表 9-3　水资源利用效率投入和产出的优化结果　（单位：%）

省（区、市）	投入冗余率			非期望产出冗余率	期望产出不足率	
	水足迹	劳动力	资本存量	灰水足迹	GDP	SDI
北京	0.00/−4.12	0.00/−10.11	0.00/−5.62	0.00/−4.83	0.00/0.00	0.00
天津	0.00/−13.12	0.00/−13.55	0.00/−8.24	0.00/−44.02	0.00/0.00	0.00
河北	−53.60/−80.29	−25.79/−57.42	−5.01/−9.38	−21.19/−79.64	0.00/0.00	648.65
山西	−51.96/−63.80	−48.10/−57.14	−9.80/−12.96	−58.22/−74.90	0.00/0.00	28.40
内蒙古	−67.05/−71.40	−22.68/−34.14	−16.95/−17.60	−60.78/−73.19	0.00/0.00	38.71
辽宁	−46.06/−56.31	−16.09/−25.08	−6.76/−6.94	−43.39/−60.18	0.00/0.00	74.5

省（区、市）	投入冗余率			非期望产出冗余率	期望产出不足率	
	水足迹	劳动力	资本存量	灰水足迹	GDP	SDI
吉林	−71.49/−76.52	−35.59/−45.02	−15.10/−19.54	−66.77/−81.85	0.00/0.00	17.06
黑龙江	−65.78/−83.54	−20.70/−45.99	−4.47/−9.59	−43.19/−80.68	0.00/0.00	162.57
上海	0.00/0.00	0.00/0.00	0.00/0.00	0.00/0.00	0.00/0.00	0.00
江苏	−36.78/−49.03	−16.19/−24.53	0.00/−1.93	−22.72/−46.76	0.00/0.00	371.19
浙江	−15.39/−18.01	−27.73/−31.72	−0.64/−2.25	−28.65/−37.44	0.00/0.00	127.04
安徽	−52.01/−76.78	−51.30/−65.30	−0.81/−4.89	−21.62/−71.83	0.00/0.00	305.48
福建	−43.05/−53.17	−32.70/−40.20	−1.63/−2.25	−34.36/−55.61	0.00/0.00	122.69
江西	−74.81/−82.96	−66.54/−71.99	−7.39/−14.66	−62.55/−84.00	0.00/0.00	101.27
山东	−35.27/−57.03	−21.44/−37.98	0.00/−2.33	−19.01/−57.00	0.00/0.00	585.20
河南	−49.74/−82.25	−44.25/−70.97	−13.57/−23.75	−2.02/−84.54	0.00/0.00	882.41
湖北	−42.00/−73.13	−39.42/−59.86	−2.26/−8.37	−29.06/−77.39	0.00/0.00	378.16
湖南	−44.48/−78.19	−44.92/−66.13	−8.66/−11.87	−25.82/−81.13	0.00/0.00	405.55
广东	0.00/0.00	0.00/0.00	0.00/0.00	0.00/0.00	0.00/0.00	0.00
广西	−55.23/−77.19	−51.43/−64.54	−11.62/−13.30	−47.48/−85.12	0.00/0.00	212.15
海南	0.00/−69.21	0.00/−49.92	0.00/−5.97	0.00/−78.97	0.00/0.00	0.00
重庆	−46.54/−57.03	−31.58/−39.16	0.00/0.00	−39.76/−58.72	0.00/0.00	30.37
四川	0.00/−3.68	0.00/−2.49	0.00/0.00	0.00/−4.17	0.00/0.00	0.00
贵州	−76.70/−82.74	−77.25/−78.58	−11.71/−30.27	−69.63/−89.01	0.00/0.00	52.48
云南	−70.11/−80.73	−68.82/−73.53	−18.41/−32.04	−61.79/−86.80	0.00/0.00	181.61
西藏	0.00/−66.98	0.00/−55.78	0.00/−27.65	0.00/−75.22	0.00/0.00	0.00
陕西	−69.07/−76.25	−62.55/−69.06	−14.70/−21.38	−71.21/−83.87	0.00/0.00	66.50
甘肃	−56.97/−69.12	−62.24/−66.14	−2.91/−11.23	−51.76/−75.56	0.00/0.00	2.70
青海	0.00/−79.54	0.00/−71.93	0.00/−37.37	0.00/−95.42	0.00/0.00	0.00
宁夏	0.00/−87.47	0.00/−75.23	0.00/−48.19	0.00/−93.14	0.00/0.00	0.00
新疆	−85.74/−90.16	−52.22/−66.64	−28.11/−30.16	−75.19/−92.53	0.00/0.00	3.42

注：本表第 2～6 列数据中，"/"前面的数据为水资源绿色效率各投入产出指标的冗余率和不足率，"/"后面的数据为水资源环境效率各投入产出指标的冗余率和不足率；第 7 列数据为水资源绿色效率的 SDI 指标的不足率（环境效率没有 SDI 指标，故此项无数据）

（1）通过对水资源绿色效率和环境效率进行比较发现，16 年间中国水资源绿色效率平均值为 0.469，环境效率平均值为 0.375，比环境效率上升了 25.07%，社会发展指数对我国整体水资源利用效率的提高作用不大，表明我国当前的社会发展还很落后，民生问题依然严重，这与我国当前处于社会主义初级阶段的基本国情相符。

（2）考虑社会发展指数影响的水资源绿色效率各投入产出的冗余率和不足率与不考虑社会发展指数影响的水资源环境效率各投入产出的冗余率和不足率有较大差别，社会发展指数的加入有效降低了其他各投入产出指标的冗余率和不足率。需要说明的是，社会发展指数对 GDP 这一期望产出没有影响，各地区的 GDP 不足率均为零。这是因为水资源利用的最直接效益还是经济效益，以最少的水资源投入得到最大的经济产出。因此，本章对 GDP 的不足率不做过多分析。

（3）从整体上看，社会发展指数加入后，对各投入产出指标的冗余率和不足率产生了不同程度的影响，其中对资本存量影响最为显著，其冗余率下降了57.04%，其次是非期望产出（即灰水足迹），冗余率下降了 52.62%，投入指标中水足迹的冗余率下降了 35%，劳动力冗余率下降了 37.34%。然而，水资源绿色效率中社会发展指数的不足率却很高，远远超过了其他投入产出指标的冗余率，这也是我国水资源绿色效率不升反降的原因。究其根源，主要是改革开放以来，我国的经济发展保持着高速增长，经济水平大大提升，人民生活有了很大改善。然而，伴随着经济增长，教育、卫生、医疗、环境等方面的社会矛盾和环境问题也日益显露，社会发展速度与经济增速呈现不匹配状态，造成经济增长与人民生活严重脱节，从而致使社会发展指数对我国当前水资源绿色效率的促进作用不强。

（4）从局部来看，社会发展指数加入后，水资源绿色效率上升的省（区、市）有北京、天津、山西、内蒙古、辽宁、吉林、黑龙江、上海、江西、海南、重庆、贵州、西藏、陕西、甘肃、青海、宁夏和新疆18 个，这些省（区、市）的社会发展指数不足率远远小于其他地区，从而使其水资源绿色效率高于环境效率。这些省（区、市）大多处于东北和西部经济欠发达地区，尤其是宁夏、青海和西藏，经济水平落后，但水资源绿色效率远高于其他经济相对发达地区，这说明经济发展水平不是水资源绿色效率高低的决定性因素。相反，社会发展成果能否在区域之间合理分配，广大劳动人民是否能够切实享受到社会主义发展的果实，对水资源绿色效率有重大影响。这也表明我国的社会发展不应只考虑经济的发展，还要重视社会发展指数的提高，从而实现经济-社会-生态系统的协调发展，这也是可持续发展战略的基本要求。

9.2.3 水资源绿色效率全要素生产率及其分解动态演变分析

为了进一步探究水资源绿色效率的驱动机制，本章基于 Malmquist 生产率指数模型测度了中国水资源绿色效率的全要素生产率及其分解指数，得到了全国31 个省（区、市）分年和分省的全要素生产率及其分解指数的计算结果，并绘制了中国水资源绿色效率全要素生产率及其分解指数变化趋势图和各省（区、市）均值图（图 9-3 和图 9-4），具体分析如下。

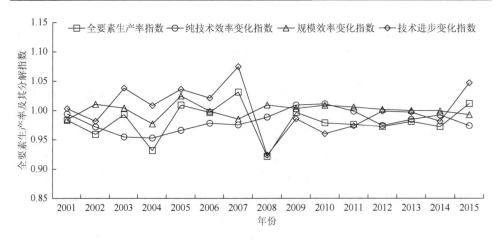

图 9-3　水资源绿色效率全要素生产率及其分解指数变化趋势

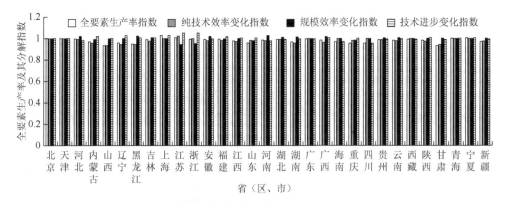

图 9-4　水资源绿色效率及其分解指数各省（区、市）均值图

1. 全要素生产率及其分解指数的总体特征分析

（1）就全要素生产率指数而言，研究期内其平均值为 0.982，增幅为−1.8%，跨期动态变化差异较小，表明中国水资源绿色效率整体呈下降趋势，且年际间表现为明显的波动状态。以 2008 年为界限，2008 年以前表现为波动下降，2008 年之后表现为波动上升，说明自 2000 年以来，中国水资源绿色效率低下的现状并未得到明显改善。

（2）就纯技术效率变化指数和规模效率变化指数而言，2000～2015 年纯技术效率变化指数平均值为 0.982，增幅为−1.8%，规模效率变化指数平均值为 1.001，增幅为 0.1%，表明纯技术效率在研究期内略有倒退，规模效率略有上升，纯技术效率下降成为制约我国水资源绿色效率提升的主要因素。

（3）就技术进步变化指数而言，16 年间平均值为 1.003，增长幅度（0.3%）

高于全要素生产率指数，说明这 16 年来，我国科技水平不断提高，日益严峻的水资源危机促使全国各地区在水资源利用过程中更加注重先进技术的投入。

（4）综合来看，技术进步变化的正效应未能掩盖纯技术效率和规模效率变化的负效应，从而导致中国水资源绿色效率呈现下降的趋势，表明中国水资源绿色效率全要素生产率的提升主要依靠技术变化，而纯技术效率和规模效率的变化在很大程度上制约着我国水资源绿色效率的提升。这说明中国水资源绿色效率的提高得益于科学技术的进步，而政府的调控措施、管理手段以及水资源利用总体规模的扩大阻碍了水资源绿色效率的提高，有待于优化改善。

2. 全要素生产率及其分解指数的空间格局分析

由于版面限制，本章仅选取 2000～2001 年、2005～2006 年、2010～2011 年和 2014～2015 年 4 个时间截面的数据（表 9-4），说明中国 31 个省（区、市）水资源绿色效率全要素生产率变化及其分解指数的空间格局变化特征，具体分析如下。

表 9-4　中国 31 个省（区、市）水资源绿色效率全要素生产率变化及其分解指数

省（区、市）	2000～2001 年	2005～2006 年	2010～2011 年	2014～2015 年
北京	1.000/1.000/1.000/1.000	1.112/1.000/1.000/1.112	0.945/1.000/1.000/0.945	1.000/1.000/1.000/1.000
天津	1.000/1.000/1.000/1.000	1.000/1.000/1.000/1.000	1.064/1.000/1.000/1.064	1.000/1.000/1.000/1.000
河北	1.003/0.994/1.006/1.003	0.954/0.961/1.037/0.958	0.970/0.996/1.017/0.957	1.016/0.984/1.019/1.014
山西	1.055/1.034/0.999/1.021	0.957/0.914/0.990/1.057	0.938/0.989/0.966/0.982	0.986/0.987/0.981/1.017
内蒙古	1.000/1.000/1.000/1.000	0.914/0.848/1.020/1.057	0.971/0.990/0.980/1.001	1.009/0.984/0.996/1.030
辽宁	0.962/1.000/1.000/0.962	1.024/0.954/0.997/1.076	1.007/1.015/0.934/1.063	0.942/0.833/1.088/1.040
吉林	0.830/1.000/0.940/0.883	0.990/0.863/1.015/1.025	0.968/1.006/0.979/0.983	1.011/0.990/1.005/1.015
黑龙江	1.027/0.986/1.016/1.026	1.001/1.006/1.003/0.992	1.008/0.974/1.051/0.985	0.979/0.957/1.002/1.021
上海	1.099/1.000/1.000/1.099	1.141/1.000/1.000/1.141	0.950/1.000/1.000/0.950	1.074/1.000/1.000/1.074
江苏	0.999/0.997/0.865/1.158	1.003/0.993/0.953/1.059	0.957/1.000/0.947/1.011	1.031/1.000/0.983/1.049
浙江	1.018/1.000/1.000/1.018	1.002/1.000/0.845/1.187	0.944/1.000/0.898/1.051	1.027/1.000/0.964/1.065
安徽	1.063/1.043/1.001/1.019	0.975/0.987/1.034/0.956	0.921/1.002/1.055/0.871	0.998/0.969/1.000/1.030
福建	1.040/1.024/0.959/1.059	1.075/1.029/1.037/1.008	0.998/0.957/0.991/1.053	0.974/0.961/0.978/1.036
江西	0.947/0.971/0.961/1.015	0.965/0.943/1.035/0.989	0.982/1.030/0.990/0.962	0.997/0.980/0.997/1.019
山东	0.798/1.000/0.921/0.867	1.050/1.001/0.993/1.057	0.937/1.015/0.961/0.961	1.007/0.980/0.986/1.041
河南	1.013/1.012/0.995/1.007	0.954/0.955/1.050/0.952	0.952/0.985/1.060/0.941	0.991/0.983/1.020/0.989
湖北	1.010/1.007/1.006/0.998	1.026/1.018/1.046/0.964	0.959/0.988/1.081/0.898	1.009/0.980/0.982/1.049
湖南	0.896/0.954/0.944/0.996	0.971/0.950/1.023/0.999	0.923/0.907/1.132/0.899	1.024/0.973/1.000/1.052
广东	1.010/1.000/1.000/1.010	1.135/1.000/1.000/1.135	0.765/1.000/1.000/0.765	0.918/1.000/1.000/0.918

续表

省(区、市)	2000～2001 年	2005～2006 年	2010～2011 年	2014～2015 年
广西	1.059/1.020/1.044/0.994	0.953/0.972/0.920/1.066	0.922/0.887/1.153/0.903	0.999/0.973/0.992/1.035
海南	1.009/1.000/1.000/1.009	0.948/1.000/1.000/0.948	0.841/1.000/1.000/0.841	0.981/1.000/1.000/0.981
重庆	0.751/1.000/1.000/0.751	0.995/0.948/0.993/1.057	1.008/1.087/0.998/0.929	1.003/0.958/0.951/1.100
四川	1.504/1.000/1.000/1.504	1.114/1.000/1.000/1.114	1.071/1.000/1.000/1.071	0.968/1.000/1.000/0.968
贵州	0.952/0.916/1.052/0.988	0.995/1.005/0.990/1.000	1.017/1.072/0.999/0.950	0.978/0.965/1.009/1.005
云南	0.995/0.972/1.021/1.003	0.962/0.984/1.001/0.977	0.956/1.004/1.012/0.941	0.978/0.950/0.996/1.034
西藏	1.000/1.000/1.000/1.000	0.918/1.000/1.000/0.918	1.248/1.000/1.000/1.248	0.802/1.000/1.000/0.802
陕西	1.002/0.953/1.034/1.017	0.986/0.989/1.003/0.994	0.979/1.020/0.975/0.985	0.997/0.968/1.008/1.022
甘肃	0.684/1.000/0.773/0.888	0.958/0.9470.997/1.015	0.992/1.036/0.993/0.965	0.978/0.968/1.010/1.000
青海	0.872/1.000/1.000/0.872	0.935/1.000/1.000/0.935	1.108/1.000/1.000/1.108	1.096/1.000/1.000/1.096
宁夏	0.918/1.000/1.000/0.918	0.922/1.000/1.000/0.922	0.948/1.000/1.000/0.948	1.086/1.000/1.000/1.086
新疆	0.972/0.947/0.997/1.029	0.970/0.977/0.991/1.002	0.987/1.012/1.019/0.957	0.956/0.954/0.999/1.004

注：第 2～5 列数据中，从左至右依次表示全要素生产率变化指数、纯技术效率变化指数、规模效率变化指数和技术进步变化指数

（1）全要素生产率变化指数：表 9-4 显示，2000～2001 年全国 31 个省（区、市）有 14 个省（区、市）全要素生产率呈现上升趋势，其中增幅较大的省（区、市）有山西、上海、安徽、广西、四川，增幅在 5%以上。北京、天津、内蒙古和西藏全要素生产率不变，其余地区均呈下降趋势；2005～2006 年，北京、上海等 11 个省（区、市）呈现上升态势，且增长幅度较大，天津保持不变，其余省（区、市）呈下降态势；2010～2011 年，全要素生产率呈上升态势的省（区、市）进一步减少，仅剩 8 个，且大多分布在西部地区，其余省（区、市）均呈下降态势；到了研究末期（2014～2015 年），河北、内蒙古、上海等 12 个省（区、市）呈上升趋势，北京、天津保持稳定，其他 17 个省（区、市）则呈现下降态势。结合各省（区、市）全要素生产率平均值来看（图 9-4），2000～2015 年，有 6 个省（区、市）全要素生产率呈上升趋势，分别是北京（1.002）、天津（1.001）、上海（1.030）、江苏（1.009）、青海（1.004）、宁夏（1.008），这些省（区、市）大多处于东部沿海地区，经济发达，高等学府云集，人口素质高，是中国高素质人才的集聚地，这对水资源绿色效率全要素生产率的提高具有较大的促进作用。

（2）纯技术效率变化指数：表 9-4 显示，2000～2001 年全国 31 个省（区、市）中，纯技术效率呈上升趋势的仅有山西、安徽、福建、河南、湖北和广西 6 个地区，且增幅较小，北京、天津等 16 个地区保持稳定，其他地区均呈现缓慢下降的趋势；2005～2006 年，处于上升趋势的地区下降到了 5 个，呈下降态势的地区增

加到了 16 个；2010～2011 年，纯技术效率有所改善，呈上升态势的地区增长到了 11 个，北京、天津等 11 个地区保持不变，其余地区呈下降态势；2014～2015年，纯技术效率迅速恶化，上升的地区下降到了 0 个，北京、天津等 11 个地区为1，反映出这些地区纯技术效率在研究期内并未发生明显变化。就各地区纯技术效率变化指数均值而言（图 9-4），仅江苏（1.023）1 个省份呈微弱上升趋势，对全要素生产率的促进作用不大。北京、天津、上海、浙江等 10 个地区保持稳定，其余地区则呈现下降的趋势。

（3）规模效率变化指数：表 9-4 显示，研究初期（2000～2001 年）全国 31个省（区、市）中，仅河北、黑龙江、安徽等 8 个地区呈上升趋势，北京、天津等 13 个地区保持不变，其余地区呈现出不同程度下降的趋势；2005～2006 年，规模效率变化指数上升的地区增长到了 12 个，下降的地区依然是 10 个，其余 9个地区保持稳定；2010～2011 年，河北、黑龙江等 9 个地区呈上升态势，北京、天津等 9 个地区保持不变，其余地区呈现下降趋势；到了研究末期（2014～2015年），河北、辽宁、吉林、黑龙江、河南、贵州、陕西和甘肃 8 个地区呈上升态势，北京、天津、上海等 11 个地区保持稳定，其余地区则缓慢下降。就各地区规模效率变化指数平均值而言（图 9-4），河北（1.021）、辽宁（1.001）、吉林（1.023）、黑龙江（1.009）、安徽（1.020）、江西（1.002）、河南（1.028）、湖北（1.012）、湖南（1.014）、广西（1.018）、贵州（1.006）、云南（1.008）、陕西（1.001）、甘肃（1.002）、新疆（1.002）15 个地区呈上升态势，但是除了河北、吉林、安徽和河南对全要素生产率有些许促进作用外，其他地区的规模效率变化速度均小于2%，对全要素生产率的贡献率较小。这些地区主要分布在中西部经济不发达地带，这说明我国东部发达地区水资源利用情况已经处于规模不经济状态，而且规模优势在中西部地区也呈现减弱的趋势。综合来看，纯技术效率变化和规模效率变化趋势基本一致，这也验证了图 9-3 的结果。

（4）技术进步变化指数：表 9-4 显示，2000～2001 年，辽宁、吉林、山东、湖北、湖南、广西、重庆、贵州、甘肃、青海和宁夏 11 个地区呈下降趋势，北京、天津、内蒙古和西藏保持稳定，其余地区呈不同程度上升状态；2005～2006 年，河北、黑龙江等 13 个地区呈下降态势，天津、贵州保持不变，其余地区均呈现上升态势，尤其是北京、上海、浙江、广东、四川等，上升幅度较大，达到 10% 以上；2010～2011 年，除天津、内蒙古等 9 个地区保持上升外，其他地区均呈下降态势；到研究末期（2014～2015 年），技术进步变化增长速度有所加强，河北、山西等 23 个地区保持上升，北京、天津和甘肃保持不变，其余地区呈下降态势。就各地区技术进步变化指数均值而言（图 9-4），除河北、安徽等 13 个地区下降外，其他地区技术变化指数均呈现上升趋势，其中上海、江苏、浙江增幅较大，这些地区主要分布在东南沿海发达地区，与全要素生产率的分布呈现出极大的协同性，说明我国进入 21 世纪以来，大多数地区的科学技术水平都有了很大的提高，尤其是东部发达地区，技术进步变化为水资源绿色效率的增长做出了极大的贡献。

　　综合来看，全国 31 个省（区、市）范围内水资源绿色效率全要素生产率呈增长态势的有 6 个地区，而技术进步变化指数增长的地区达 18 个，这说明个别地区的纯技术效率和规模效率降低致使当地的水资源绿色效率全要素生产率出现负增长现象。就各地区而言，江苏全要素生产率的提高得益于纯技术效率变化和技术进步变化的共同作用，辽宁、吉林、黑龙江、江西、广西和宁夏受规模效率和技术进步变化的共同影响，河北、河南、贵州、云南等中西部地区主要依赖生产规模的扩大，而东部广大地区全要素生产率的提高主要得益于技术变化因素的驱动。

9.3　中国水资源绿色效率时空演变分析

9.3.1　水资源绿色效率空间相关性分析

　　利用全局自相关方法，运用 GeoDa 软件基于临界 Queen 空间权重矩阵计算中国 31 个省（区、市）水资源绿色效率的全局空间自相关 Moran's I 指数及其 Z 统计量检验值 Z 值、显著性水平 p 值，结果如表 9-5 所示。

表 9-5　水资源绿色效率的全局空间自相关计算结果

	2000 年	2001 年	2002 年	2003 年	2004 年	2005 年	2006 年	2007 年
Moran's I 指数	0.2193	0.2086	0.1907	0.1238	0.1302	0.1575	0.1684	0.1741
Z 值	1.7279	1.5816	1.4731	0.8692	0.8571	1.6742	1.6801	1.7219
p 值	0.018	0.022	0.026	0.082	0.071	0.052	0.045	0.038
	2008 年	2009 年	2010 年	2011 年	2012 年	2013 年	2014 年	2015 年
Moran's I 指数	0.1690	0.1601	0.1424	0.1365	0.1264	0.1261	0.1514	0.1534
Z 值	1.7203	1.6860	1.6716	0.6528	0.6599	0.8679	1.6596	1.7031
p 值	0.049	0.051	0.056	0.078	0.084	0.075	0.053	0.051

　　由表 9-5 可知，研究期内中国水资源绿色效率全局 Moran's I 指数值均不为零，说明水资源绿色效率并非是空间无关的，而是呈现出明显空间关联。全局 Moran's I 指数均为正值，表明中国各地区水资源绿色效率存在明显的空间正相关特性，即某地区的水资源绿色效率会受到相邻区域水资源绿色效率水平的正向影响。动态分析可知，16 年间全局 Moran's I 指数虽然出现波动，但整体呈下降趋势，表明中国省际水资源绿色效率逐渐向分散转变，全局空间相关性减弱。

9.3.2 水资源绿色效率核密度分析

1. 核密度分析方法简介

核密度分析（kernel density analysis，KDA）是在概率理论中估计未知的密度函数，经常用于研究未知密度函数，属于非参数检验方法之一（刘锐等，2011；张桂铭等，2013；Qin et al.，2015；孙才志和李欣，2015）。对于给定的核函数 K，正平滑因子 h，数据 $x_1, x_2, \cdots, x_n$，公式如下：

$$f(x) = \frac{1}{nh} \sum_{i=1}^{n} K\left(\frac{x - x_i}{h}\right) \tag{9-1}$$

式中，h 为窗口宽度；$K(\cdot)$ 为核密度函数，本章采用高斯核密度：

$$\text{Gaussian: } \frac{1}{\sqrt{2\pi}} e^{-\frac{1}{2}t^2} \tag{9-2}$$

Silverman 指出，在大样本的情况下，窗口宽度的选择对估计量有重要影响，因此，用于核密度估计的窗口宽度选择的重要性比核函数的重要性要大。在本章中，选择的窗口宽度由下式给出：

$$h = 0.9SN^{-0.8} \tag{9-3}$$

式中，N 为样本数；S 为样本标准偏差。

2. 核密度分析结果

根据省际水资源利用效率,本章运用核密度分析描绘出 2000～2015 年水资源绿色效率分布图，图中的横轴表示水资源绿色效率，纵轴表示核密度。本章选取 2000 年、2005 年、2010 年和 2015 年 4 个截面数据来制作核密度分析图（图 9-5），大体表明了我国 31 个省（区、市）水资源绿色效率的时空演进状况，具体分析如下。

（1）按时间变化趋势来看。水资源绿色效率在 2000 年呈"单峰"分布，波峰对应的效率值为 0.33，核密度为 1.43，说明大部分地区的效率值集中在 0.33，整体效率较为低下。2005 年和 2010 年水资源效率均呈明显的"单峰"分布，2005 年峰值为 1.76，对应的效率值为 0.32，相对于 2000 年峰值有明显的提升，对应的效率值也有略微的下降，说明 2005 年部分地区的水资源绿色效率下降，致使低效率区的地区增多；2010 年波峰对应的水资源绿色效率为 0.30，峰值为 2.48，说明较大部分地区的水资源绿色效率值分布在 0.30 左右，在此期间我国整体水资源绿色效率收敛于 0.30。到 2015 年水资源绿色效率呈"双峰"分布，第一波峰的对应的效率值为 0.27，第二波峰对应的效率值为 1.0，且第一波峰的峰值（3.16）远大于第二波峰的峰值（1.11），说明 2015 年水资源绿色效率存在明显的两极分化，且处于低效率区的地区数量远多于高效率区的地区数量。

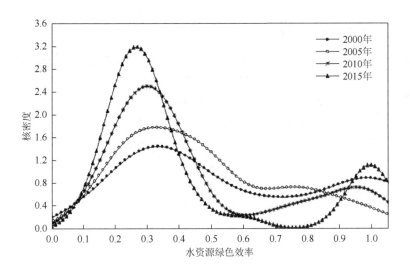

图 9-5　中国水资源绿色效率核密度分析图

（2）按整体变化来看。①从形状上看，2000 年、2005 年、2010 年水资源绿色效率呈"单峰"分布，说明水资源绿色效率的分布比较集中；2015 年水资源绿色效率呈"双峰"分布，且峰值对应的效率一个收敛于低值区（0.27）一个收敛于高值区（1.0），说明该时期各省（区、市）水资源绿色效率两极分化程度高，高值区与低值区分异明显。②从位置上看，2000 年、2005 年、2010 年、2015 年水资源绿色效率密度曲线逐渐向左偏移，虽然偏移程度较小，但在一定程度上说明了我国水资源利用效率有逐渐恶化的趋势，主要是由于新疆、甘肃、陕西、四川、重庆、海南、内蒙古等省（区、市）的水资源绿色效率逐渐下降，尤其是海南、甘肃、内蒙古等地区的水资源绿色效率从 2000 年的高效率区逐渐下降到 2015 年的低效率区，因此，需要对水资源绿色效率下降的地区分析效率低下的原因，从而有助于政府进行相关的调控与干预。③从峰度上看，2000～2015年核密度图达到波峰最高峰时所对应的水资源绿色效率值在 0.27～0.33，虽然有左移的趋势，但变化幅度较小，说明在研究期内我国水资源绿色效率的低效率区收敛于相同的水平；2000 年、2005 年、2010 年、2015 年，我国水资源绿色效率出现了由宽峰向尖峰发展的变化趋势，峰值逐渐增高且右端的面积有所减少，说明水资源绿色效率处于低效率区的地区逐渐增多，地区差异逐渐缩小，我国水资源绿色效率总体下降。

9.3.3 水资源绿色效率空间溢出效应

空间相关分析已经定量表明了中国各省（区、市）的水资源绿色效率存在空间效应，一个地区的水资源绿色效率不仅与经济发展特征有关，还与其他地区的水资源绿色效率相关，而这种自相关就是水资源绿色效率的空间依赖性或空间溢出性。下面采用空间 Durbin 模型确定性分析该空间效应。

1. 空间权重矩阵和指标体系构建

根据空间经济计量学理论可知，经济地理现象或其某一属性与其邻近地区的空间单位相关（Kelejian and Prucha，2007；Anselin，2013）。空间相关效应可以通过空间滞后模型（Kelejian and Prucha，2007）、空间误差模型和空间 Durbin 模型表现出来。Durbin 模型将变量的空间相关性和变量之间的空间相关性关联起来。

本章使用基于距离的权重矩阵来显示空间单位距离的函数，并基于距离定义权重。也就是说，如果任何两个区域或国家的多边形几何中心的直线距离 d 在该范围内，则将其定义为值 1，否则为 0。这种权重矩阵更适合于对多边形的大小不均匀的区域研究，如具有大的多边形周边和小的多边形中心的研究区域。基于距离的权重定义如下：

$$W_{ij} = \begin{cases} 1, 空间邻接 \\ 0, 空间不邻接 \end{cases} \tag{9-4}$$

式中，i，j 分别为空间节，i，$j \in [1, n]$；n 为空间节的数量。

使用由 Anselin 设计的 GeoDa 软件，设置参数之间的距离为 d，使每个省（区、市）有一个邻居，并反映两个基本条件的最大值的空间自相关，获得作为 31 个省（区、市）的相邻矩阵的权重信息。

指标体系选取如表 9-6 所示。

表 9-6 变量的指标体系

代理变量	一级指标	二级指标
red	经济发展水平	人均 GDP
fdi	外资投资环境	外商直接投资
re	资源禀赋	总降水量
md	市场化程度	各地区进出口贸易总额占生产总值的比重
is	产业结构	第三产业产值占地区生产总值的比重
gov	政府重视程度	科教经费占财政支出的比重

续表

代理变量	一级指标	二级指标
er	宏观环境政策	各地区污染治理投资占生产总值的比重
avr	用水指标	人均用水量
agr		农业用水比重

2. 结果分析

空间相关性检验结果表明，中国 31 个省（区、市）的水资源绿色效率的 Moran's I 指数值不为零，拒绝具有随机效应的零假设。此外，通过 LR 和 Wald 统计检验来测试自变量的空间效应的存在，以确定空间杜宾模型（spatial Durbin model，SDM）是否可以简化为空间滞后模型（spatial lag model，SLM）或空间误差模型（spatial error model，SEM），然后可以确定空间计量经济学模型形式的应用。原始假设被 1%水平的 Wald 空间滞后和 LR 空间滞后的值以及 Wald 空间误差和 LR 空间误差的值拒绝（表 9-7）。因此，对于水资源绿色效率，SDM 模型更合理。进行 Hausman 检验，回归模型拒绝零假设（具有随机效应），显示应使用固定模型。计算结果如表 9-8 所示。

表 9-7　模型检验结果

模型	t 统计量	p
Wald 空间滞后	21.5900	0.0103
LR 空间滞后	24.1050	0.0041
Wald 空间误差	21.2988	0.0114
LR 空间误差	23.3620	0.0054

表 9-8　解释变量的总效应、直接效应和间接效应

变量	总效应		直接效应		间接效应	
	系数	t 统计量	系数	t 统计量	系数	t 统计量
red	0.04	0.14	0.19*	1.36	0.23	0.95
fdi	0.06	0.96	−0.03	−1.32	0.10	1.64
re	0.05	0.84	0.02	0.40	0.07**	1.13
md	−0.17	−0.06	2.08	1.28	−2.25	−0.77
is	0.00**	1.09	0.00	0.06	0.00	1.07
gov	0.06	0.40	0.07	0.96	0.12	1.00
er	0.03*	1.38	0.02*	1.92	0.01*	1.36
avr	−0.64***	−2.93	−0.46***	−3.72	−0.18	−0.82
agr	−1.07***	−4.07	0.06	0.43	−1.01***	−4.02

注：*、**、***分别表示在 10%、5%、1%水平下显著

通常，区域经济发展能够促进水资源利用效率的提高。但根据表 9-8 的结果，区域经济发展对水资源绿色效率的回归系数较小，间接效应和总效应不显著为正，但直接效应是显著的。经济发展为水资源生产活动提供了原动力，以固有的资本资源为支撑，促进了正常消费能力和购买力的增加，带动了水资源行业相关的企业提供多样化的产品，提供了更广阔的市场，从而带来大规模的资本投资，提高了相关产业产品的竞争力。这将有助于提高本地区的水资源利用效率，也有助于提高邻近地区的水资源利用效率，从而最终带动全国水资源利用效率的提高。

外商直接投资的总效应、直接效应和间接效应对水资源利用效率有不同的影响。从总效应的角度来看，外商直接投资对水资源绿色效率有积极影响。从直接效应的角度来看，外商直接投资对水资源绿色效率有负面影响。从间接效应的角度来看，外商直接投资对水资源绿色效率有积极影响，但水资源绿色效率的积极影响不显著。一方面，外商直接投资可以刺激当地经济发展，这一发现可以通过间接效应反映在水资源利用效率领域；另一方面，基于外商直接投资对中国区域经济增长影响的研究发现，外商直接投资造成了区域经济差距，这在很大程度上是区域循环和积累效应的存在引起的，这提供了外商直接投资对水资源利用效率产生负面影响的合理解释。在一定程度上，外商直接投资是水资源利用效率的主要驱动力，因此，可以在提高水资源利用效率中充分发挥外商直接投资的重要作用。

资源禀赋对水资源利用效率有影响，这在以前的研究中已被验证（赵良仕等，2014）。在本章中，从间接效应来看，总降水量对水资源绿色效率有显著影响，总降水量的增加可以刺激水资源利用效率提高，但不能提高局部区域的水资源利用效率。从直接效应和总效应来看，总降水量对水资源绿色效率有正向影响，但不显著，表明各省（区、市）水资源开发水平较低，需要从节水和经济发展的角度，充分利用水资源禀赋条件，提高用水效率。

传统意义上讲，市场化程度应该随着经济增长而增强，并且可以带来水资源利用效率的提高。这与赵良仕等（2014）的研究相类似。从总效应的角度来看，市场化程度对水资源绿色效率有负面影响，但不显著；从直接效应的角度来看，市场化程度对水资源绿色效率有正面影响，但不显著；从间接效应的角度来看，市场化程度对水资源绿色效率有负面影响，但不显著。这与钱争鸣和刘晓晨（2014）的研究结果类似。水资源经济效率和水资源环境效率的市场利用率低，市场化程度可以促进水资源相关产业活动的全面推广。对于水资源绿色效率，它可以提高局部区域的水资源利用效率，但不能加快区域水资源利用效率的提高。

从总效应的角度来看，产业结构对水资源绿色效率具有积极影响，系数显著为正；从直接效应和间接效应的角度来看，工业结构对水资源绿色效率的影响不显著。这表明产业结构在改善当地水资源利用效率方面具有重要作用。这与陈关聚和白永秀（2013）的研究结果类似。而且，产业结构的改善在一定程度上提高了水资源利用效率，但未能达到预期的效果，同时，它不能带来直接的区域利润。产业结构的合理化可以推动工业元素的聚集，有效参与经济活动可以提高竞争力，在增加投资的基础上实现持续稳定的发展，因此提高水资源绿色效率，必须加快产业结构调整和创新。

政府重视程度对水资源绿色效率有较好的积极影响。科学和教育资金的投入可以提高社会发展水平，这反过来将推动水资源利用效率的改进。这与赵良仕等（2014）、陈关聚和白永秀（2013）、钱争鸣和刘晓晨（2014）的研究结果类似。

宏观环境政策对水资源绿色效率的估计系数显著为正，表明宏观环境政策与水资源绿色效率之间存在正相关关系。这与 Porter（1991）的结论相似。这说明宏观环境政策达到了预期效果，可能的原因是，多年来，各省（区、市）之间的污染控制投资总额占 GDP 总量的比例增加。同时，相关领域对水资源利用效率的重视，以及相应环境政策的科学分析层出不穷，迫使环境规制的实施存在一定的政策响应。但是，环境污染对水资源利用具有很强的外部性。因此，在污染控制和节能减排方面处于被动的水资源产业，对周边地区的影响较小，不利于水资源的综合利用，从而减弱了环境规制的作用，这为环境规制对水资源利用效率的估计系数为正但显著性较低提供了科学的解释。

从溢出效应的影响结果来看，人均用水量对水资源绿色效率具有负面影响，虽然系数小，但现象较为显著。高人均用水量是节约意识较浅和浪费造成的。合理的人均用水量有利于提高用水效率，并为周边地区用水效率的提高带来好处。因此，需要提升节约用水意识，进一步探索合理的节水机制。有效的节水机制是水资源可持续利用的重要条件，也是保证农业节水的重要手段。

农业发展正在进入一个新的阶段，因为农业用水量在总用水量中所占的比例较大，并且农业用水比例对水资源绿色效率有显著的负面影响。一方面，通过增加其他用途的水资源消耗量，减少农业用水量占总用水量的比例，可进一步提高全国水资源综合利用效率。另一方面，通过保持农业用水消耗比例不变，可以探索新技术，提高农业用水利用率，为进一步发展水资源综合利用奠定坚实的基础。

9.4　资源配置视角下中国水资源绿色效率研究

我国是一个缺水的国家，人均水资源占有量仅为世界平均水平的 1/4（陈家琦等，2013），伴随着"四化"进程的加速推进，水资源浪费和污染问题日益突出，致使水资源短缺成为制约我国社会发展的一大难题。最严格水资源管理制度的"三条红线"的制定（左其亭等，2014），为解决这一难题提供了制度保证。供给侧改革方案的提出为切实提高用水效率指明了方向，该理论认为：减少低端供给（资源、劳动力），扩大中高端供给（资本、信息技术），增强供给结构对需求变化的适应性和灵活性，能够有效提高全要素生产率（贾康，2018）。我国是一个区域资源要素禀赋差异极大的国家，各种资源要素在空间上分布极不均衡（范斐等，2012），优化资源配比关系是五大发展理念和市场配置资源理论的共同要求。因此，研究水资源绿色效率各投入要素的比较优势，对合理配置资源、提高水资源绿色效率具有极为重要的意义。

9.4.1　相关研究方法

1. 比较优势理论

比较优势理论是大卫·李嘉图于 1817 年在《政治经济学及赋税原理》中首次提出的。该理论认为，如果一国特定产品与本国其他产品的劳动生产率有差异，相对于其他国家各产品的劳动生存率差异具有相对优势，该国根据劳动生产率生产相对有利的产品可以在贸易中获得比较利益（傅朝阳和陈煜，2006）。Balassa 提出的 RCA 指数以及由此衍生出的 ARCA 指数、NRCA 指数，是目前测度综合比较优势最为常用的 3 种方法。由于 NRCA 指数计算方法能够弥补传统比较优势理论（RCA 指数、ARCA 指数）计算方法在时空比较方面和结果不对称方面的缺陷，因此本书采用 NRCA 指数方法测算各投入要素的比较优势。需要说明的是，本章在计算各地区投入要素比较优势时，把用水足迹密度、劳动力密度和资本存量密度作为原始数据，因为这样能够更准确地衡量地区资源禀赋。

2. 基于要素禀赋比较优势的投入要素配置指数

在投入方面，中国 31 个省（区、市）之间的水资源禀赋、人力资源禀赋、资本禀赋等存在差异，导致各地区在水资源绿色效率投入端的投入成本不同，因此需要根据地区资源比较优势建立较为合理的比较优势配置指数体系，重新计算各地区在比较优势下的投入水平，从而使中国各地区水资源绿色效率投入组合成本最低。根据各地区每种投入指标的比较优势，本章构建了如下投入要素比较优势配置指数：

$$P(x_{ij}^t) = \begin{cases} 1 - \dfrac{1}{r} + \dfrac{1}{r}\mathrm{e}^{-\frac{x_{ij}^t}{r}}, & x \geq 0 \\[3mm] 1 + \dfrac{1}{r} - \dfrac{1}{r}\mathrm{e}^{-\frac{x_{ij}^t}{r}}, & x < 0 \end{cases} \tag{9-5}$$

式中，x_{ij}^t 为地区 i 投入要素 j、时期 t 的比较优势，为了防止比较优势配置量过低

（高）于原始投入量（限制在 0.8～1.2），本书限制比较优势成本不超过原始成本
$1/r$ 个单位；r 为成本调节系数，本章选取 $r=2$；$P(x_{ij}^t)$ 为地区 i 投入要素 j、时期
t 的投入要素比较优势配置指数。投入要素比较优势配置指数反映了各地区投入配
比关系的合理程度（投入成本最小）。构建投入要素比较优势配置指数，旨在对水
资源绿色效率各投入要素投入量进行调节，对具有比较优势的要素（配置指数小
于 1）进行适当削减，比较劣势的要素（配置指数大于 1）合理增加，以期根据奖
优罚劣原则，对各地区水资源绿色效率是否按照地区比较优势进行资源配置实行
"奖罚"。奖励的结果是重新配置后水资源绿色效率上升，说明该地区政府重视资
源的合理配置，能够根据地区资源比较优势合理配置资源；如果水资源绿色效率
下降，则说明地区政府未能根据自身比较优势合理配置资源，这也是比较优势配
置指数"惩罚"的结果。

3. 空间马尔可夫链

空间马尔可夫链是传统马尔可夫链与空间自相关或空间滞后这一概念相结合
的产物（张学波等，2016）。以初始年份水资源绿色效率类型的空间滞后为条件，
将传统的水资源绿色效率马尔可夫转移矩阵分解为 k 个 $K×K$ 条件转移概率矩阵，
对第 k 个条件矩阵而言，元素 $M_{ij}(k)$ 表示以区域在 t 年份的空间滞后类型为背景条
件，该时刻属于类型 i 在下一年转移为类型 j 的空间转移概率。为了得到中国水资
源绿色效率的空间马尔可夫转移矩阵，首先要计算地区 i 在 t 年份的邻域 j 的综合
得分（即空间滞后算子），公式如下：

$$L = \sum_{i=1}^{n} x_i \omega_{ij} \tag{9-6}$$

式中，L 为空间滞后算子；x_i 为区域 i 的变量观测值；ω_{ij} 为邻域 j 的观测值对于地区
i 的空间滞后算子的权重。本章采用邻边 rook 空间权重矩阵来计算空间滞后算子，并
参考相关文献（胡彪和付业腾，2016）将海南省认定与广东和广西相邻，以便分析。

9.4.2　水资源绿色效率各投入要素比较优势分析

本章运用 NRCA 模型，对我国 31 个省（区、市）2000～2015 年水资源绿色
效率各投入要素的比较优势进行了测度，结果如表 9-9 所示，并绘制了我国水资
源绿色效率各投入要素比较优势时间变化趋势图（图 9-6），具体分析如下。

表 9-9　31 个省（区、市）水资源绿色效率投入要素的比较优势

省（区、市）	资本	劳动力	水资源	省（区、市）	资本	劳动力	水资源
北京	0.523	0.272	−0.796	湖北	−0.289	0.143	0.146

续表

省（区、市）	资本	劳动力	水资源	省（区、市）	资本	劳动力	水资源
天津	0.395	0.128	−0.523	湖南	−0.475	0.193	0.283
河北	−0.318	−0.109	0.427	广东	0.019	0.262	−0.281
山西	0.115	0.134	−0.249	广西	−0.376	0.125	0.252
内蒙古	0.471	−0.812	0.341	海南	−0.123	0.019	0.105
辽宁	−0.001	−0.194	0.195	重庆	−0.196	0.112	0.084
吉林	−0.008	−0.382	0.390	四川	−0.271	0.166	0.105
黑龙江	−0.040	−0.529	0.569	贵州	−0.385	0.359	0.026
上海	0.216	0.121	−0.336	云南	−0.141	0.147	−0.006
江苏	−0.106	0.090	0.017	西藏	0.848	−0.453	−0.396
浙江	0.264	0.393	−0.658	陕西	0.042	0.094	−0.136
安徽	−0.646	0.321	0.326	甘肃	−0.040	0.238	−0.197
福建	0.111	0.106	−0.217	青海	0.987	−0.309	−0.677
江西	−0.420	0.131	0.289	宁夏	0.095	−0.263	0.168
山东	−0.289	0.134	0.155	新疆	0.645	−0.845	0.200
河南	−0.603	0.211	0.392				

注：因结果分布在[−0.25, 0.25]，为了便于分析，本书将所得数据扩大 10 000 倍

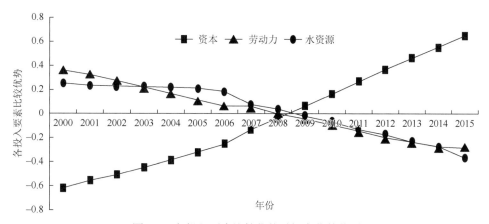

图 9-6　各投入要素比较优势时间变化趋势图

1. 资本要素投入的比较优势分析

从整体上看（图 9-6），研究期内，我国水资源绿色效率资本要素投入的比较优势呈现出不断上升的趋势，并以 2008 年为界限，由比较劣势转化为了比较优势。这是因为改革开放以来，我国经济得到了飞速发展，国家财富迅速积累。从局部来看（表 9-9），在全国 31 个省（区、市）中，具有水资源绿色效率资本要素投入比较优势的有 13 个地区，分别是东部的北京、天津、浙江、上海、福建和广东 6

个地区，中部的山西，西部的内蒙古、陕西、青海、西藏、新疆和宁夏 6 个地区，其中，青海（0.987）、西藏（0.848）和新疆（0.645）资本要素投入比较优势尤为突出，位居全国前三，这些地区属于我国经济基础薄弱区，其水资源绿色效率的投入和产出都比较少，但其产出的边际效应大，因而在有限的产出上，只需少量的资本投入就能表现为资本要素投入比较优势。

2. 劳动力要素投入的比较优势分析

从整体上看（图 9-6），研究期内，我国水资源绿色效率劳动力要素投入的比较优势呈现出不断下降的趋势，与资本要素投入比较优势呈负相关关系，并以 2008 年为界限，由比较优势转变为了比较劣势。这是 30 多年来的计划生育政策所产生的负效应。计划生育的实施有效控制了我国人口的爆发式增长，但是 21 世纪以来，计划生育所带来的负效应——人口老龄化的问题越来越严重，从而使我国水资源绿色效率劳动力要素投入由比较优势转变为了比较劣势。从局部来看（表 9-9），全国 31 个省（区、市）具有水资源绿色效率劳动力要素投入比较优势的地区有 22 个，东部地区除河北和辽宁表现为比较劣势外，其他 9 个地区均表现为比较优势，其中以北京（0.272）、浙江（0.393）、广东（0.262）3 个地区较为突出；中部地区的河南、安徽、湖南、湖北、山西、江西 6 个省份，西部地区的广西、陕西、贵州、甘肃、云南、四川、重庆 7 个省（区、市）也具有劳动力要素投入比较优势。经过对比发现，具有劳动力要素投入比较优势的地区大多属于人口大省或经济发达地区，劳动力密度大，从而使这些地区水资源绿色效率劳动力要素投入表现为比较优势。

3. 水资源要素投入的比较优势分析

从整体上看（图 9-6），研究期内，我国水资源绿色效率水资源要素投入比较优势与劳动力要素投入比较优势表现出极大的协同性，即水资源要素投入比较优势也呈逐年下降的趋势，并以 2008 年为界限，也由比较优势转变为了比较劣势。这是由于随着我国经济的增长和人口的增加，生产生活过程中所需的水资源量越来越多，加上污染和浪费现象严重，我国水资源绿色效率的水资源要素投入表现为比较劣势。从局部来看（表 9-9），全国 31 个省（区、市）中共有 19 个省（区、市）具有水资源绿色效率水资源要素投入比较优势，且以广大南方和东北丰水地区为主，分别是东部地区的河北、辽宁、江苏、山东、海南，中部地区的吉林、黑龙江、安徽、江西、河南、湖北和湖南，西部地区的内蒙古、广西、四川、重庆、贵州、宁夏和新疆等地，这些省（区、市）大多属于我国水资源量丰富地区。

4. 水资源绿色效率投入要素比较优势类型划分

根据上述计算结果，将我国 31 个省（区、市）水资源绿色效率投入要素比较优势划分为 6 大类型区（表 9-10）：第 I 类表示资本投入比较优势，第 II 类表示劳动力投入比较优势，第 III 类表示水资源投入比较优势，第 IV 类表示资本-劳动力投入比较优势，第 V 类表示资本-水资源投入比较优势，第 VI 类表示劳动力-水资源投入比较优势，并根据各地区投入指标的比较优势，计算了投入要素比较优势配置指数（表 9-11），对水资源绿色效率各投入量进行调整，以期从资源配置角度，使水资源绿色效率投入配比更加合理，从而有效提高水资源绿色效率。具体分析如下。

表 9-10　水资源绿色效率投入要素比较优势类型

比较优势类型	省（区、市）
第 I 类型区	西藏、青海
第 II 类型区	云南、甘肃
第 III 类型区	河北、辽宁、吉林、黑龙江
第 IV 类型区	北京、天津、山西、上海、浙江、福建、广东、陕西
第 V 类型区	内蒙古、宁夏、新疆
第 VI 类型区	江苏、安徽、江西、河南、山东、湖北、湖南、广西、海南、四川、重庆、贵州

表 9-11　各省（区、市）投入要素比较优势配置指数

省（区、市）	资本比较优势配置指数	劳动力比较优势配置指数	水资源比较优势配置指数	省（区、市）	资本比较优势配置指数	劳动力比较优势配置指数	水资源比较优势配置指数
北京	0.890	0.937	1.159	湖北	1.062	0.968	0.966
天津	0.920	0.969	1.108	湖南	1.095	0.957	0.937
河北	1.067	1.025	0.907	广东	0.997	0.939	1.062
山西	0.977	0.970	1.056	广西	1.076	0.972	0.943
内蒙古	0.909	1.160	0.925	海南	1.028	0.996	0.975
辽宁	1.001	1.043	0.955	重庆	1.040	0.976	0.980
吉林	1.001	1.083	0.916	四川	1.056	0.963	0.976
黑龙江	1.010	1.113	0.877	贵州	1.078	0.923	0.994
上海	0.953	0.972	1.070	云南	1.031	0.967	1.001
江苏	1.022	0.980	0.996	西藏	0.840	1.099	1.084
浙江	0.945	0.911	1.136	陕西	0.992	0.979	1.031
安徽	1.131	0.928	0.927	甘肃	1.008	0.949	1.046
福建	0.977	0.975	1.048	青海	0.815	1.068	1.141
江西	1.087	0.971	0.934	宁夏	0.981	1.057	0.961
山东	1.059	0.969	0.965	新疆	0.866	1.171	0.953
河南	1.119	0.954	0.914				

　　表 9-10 表明，第 Ⅰ 类型区包括西藏和青海两个地区，为资本要素投入比较优势地区，表明这些地区在水资源绿色效率投入中，资本要素投入过高，而劳动力和水资源投入相对较小，从而造成资源配置不平衡的现状。根据表 9-11 计算结果，要对以上两地区水资源绿色效率投入量做出调整，适当减少资本要素的投入，合理增加劳动力和水资源的投入，从而使资源配置更加合理。

　　第 Ⅱ 类型区包括云南、甘肃两个省份，为劳动力要素投入比较优势地区，相对资本和水资源要素投入而言，这些地区的劳动力要素投入过多。因此，根据表 9-11 结果，在水资源绿色效率投入配置中，要减少劳动力的投入，增加资本和水资源的投入，从而优化资源投入配比。

　　第 Ⅲ 类型区有河北、辽宁、吉林和黑龙江，这些地区水资源丰富，为水资源投入比较优势地区，尤其是辽宁省，辖区内河流众多且降水丰富，水资源比较优势最为突出。因此，为使水资源绿色效率投入配置更加合理，根据表 9-11 配置指数，以上 4 个地区要适当缩减水资源投入，合理增加资本和劳动力投入。

　　第 Ⅳ 类型区为资本-劳动力双比较优势地区，包括北京、天津、山西、上海、浙江、福建、广东和陕西 8 个地区，除山西和陕西外，其余 6 个地区都是东南沿海经济发达地区，劳动力密度大，因此表现为资本-劳动力双比较优势类型，而山西和陕西由于水资源量相对于资本和劳动力显得过于贫乏，也表现为资本-劳动力双比较优势类型。因此，根据表 9-11 计算结果，以上地区要适当减少资本和劳动力的投入，尤其是北京和天津，合理增加水资源的投入，从而使水资源绿色效率投入配置更加合理。

　　第 Ⅴ 类型区包括内蒙古、宁夏和新疆 3 个地区，为资本-水资源比较优势地区，内蒙古水资源丰富，经济水平位于我国中等行列，但由于劳动力密度低，两地区表现为资本-水资源比较优势；至于宁夏和新疆，经济发展水平低，水资源也相对匮乏，但宁夏地区主要以回族人口为主，相对资本和水资源密度而言，人口密度更为低下，而新疆地域面积大，人口密度也相对较低，因此也表现为资本-水资源比较优势。因此，根据表 9-11 计算结果，以上地区要适当减少资本和水资源的投入，相对地增加劳动力投入，从而使水资源绿色效率投入配置更加均衡，以产生更大的效益。

　　第 Ⅵ 类型区是劳动力-水资源比较优势地区，包括江苏、安徽、江西、河南、山东、湖北、湖南、广西、海南、四川、重庆和贵州 12 个地区，这些地区大多位于我国中部长江以南，劳动力密集，水资源丰富，因此表现为劳动力-水资源比较优势类型。根据表 9-11 计算结果，以上地区要减少劳动力和水资源的投入，适当增加资本的投入，从而使水资源绿色效率投入配置更加均衡。

9.4.3　资源配置视角下的水资源绿色效率分析

根据上述计算结果，本章利用 SBM-DEA 模型同时对中国 31 个省（区、市）配置前后的水资源绿色效率进行了测度，绘制了同一前沿面下配置前后的中国水资源绿色效率时间变化趋势图（图9-7）和各地区水资源绿色效率均值图（图9-8），并参照相关文献（卢丽文等，2016）将水资源绿色效率分为 5 个区间，从高到低依次是 1、0.601～0.999、0.401～0.600、0.201～0.400、0.001～0.200（图 9-9 和图 9-10）。而后运用空间马尔可夫链模型对配置后水资源绿色效率的空间溢出效应进行了探索，具体分析如下。

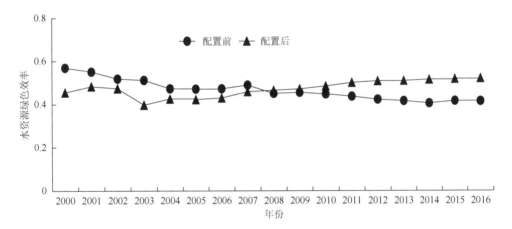

图 9-7　中国水资源绿色效率时间变化趋势图

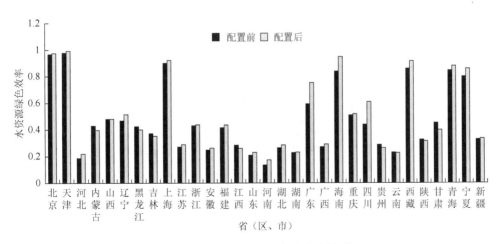

图 9-8　各地区水资源绿色效率均值图

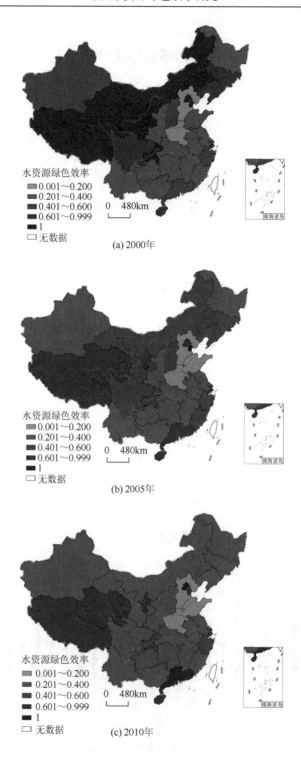

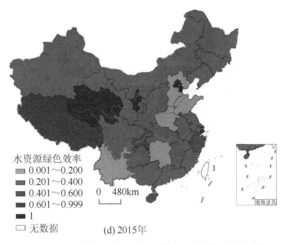

水资源绿色效率
0.001～0.200
0.201～0.400
0.401～0.600
0.601～0.999
1
无数据

(d) 2015年

图 9-9 配置前水资源绿色效率时空格局分布图

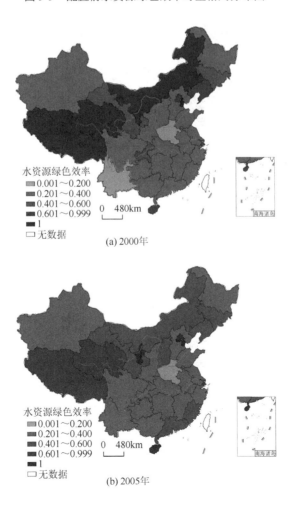

水资源绿色效率
0.001～0.200
0.201～0.400
0.401～0.600
0.601～0.999
1
无数据

(a) 2000年

水资源绿色效率
0.001～0.200
0.201～0.400
0.401～0.600
0.601～0.999
1
无数据

(b) 2005年

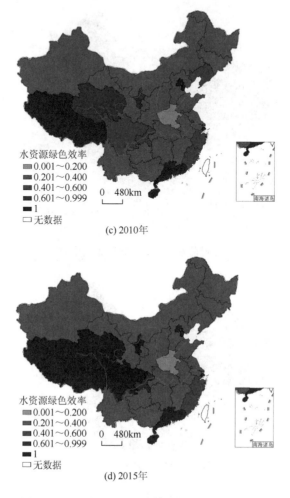

图 9-10　配置后水资源绿色效率时空格局分布图

1. 配置前后水资源绿色效率时空变化特征

1）时间序列方面

（1）从整体上看（图 9-7），研究期内，配置前后我国水资源绿色效率差异明显，配置前水资源绿色效率呈现逐年下降的趋势，配置后水资源绿色效率表现为在波动中缓慢上升的特点。虽说水资源绿色效率投入结构的改善，促使我国水资源绿色效率向好的方向发展，但其上升效果并不明显，这主要是因为社会发展指数过低。改革开放以来，我国经济始终保持着高速增长，经济水平有了很大提升，人民生活也有了很大改善，然而，伴随着经济的增长，教育、医疗、卫生、环境等一系列的社会矛盾和环境问题也日益显露，社会发展速度与经济增速不匹配，造成民生问题与经济增长严重脱节，水资源绿色效率投入结构优化的正效应不足以抵消社会发展指数增速过慢的负效应，从而导致我国优化后的水资源绿色效率上升缓慢。

（2）从局部来看（图9-9和图9-10），研究初期（2000年）全国31个省（区、市）中，配置前水资源绿色效率为1的省（区、市）有8个，分别是北京、天津、内蒙古、甘肃、重庆、宁夏、青海和西藏，处于0.601~0.999区间的地区包括辽宁、吉林、上海、海南和四川5个，配置后，个别地区水资源绿色效率有所下降，其中，北京转变到了0.601~0.999区间，重庆、甘肃下降到了0.400~0.601区间，四川由0.601~0.999区间下降到了0.201~0.400区间，山西也由0.400~0.601区间变为了0.201~0.400区间。配置后水资源绿色效率下降，说明这些地区未能按照当地资源比较优势进行资源配置，尤其是四川，具有劳动力-水资源比较优势，却在社会发展过程中投入过量资本，按照奖优罚劣原则，要对这些地区水资源绿色效率进行"处罚"。到2005年，配置前的水资源绿色效率相比2000年有所下降，其中效率为1的地区仅剩天津，0.401~0.999区间的地区有所增加。配置后，个别地区的水资源绿色效率有升有降，其中河北、山东由0.001~0.200区间上升到了0.201~0.400区间，北京、海南和宁夏由0.601~0.999区间上升为了1，而四川、重庆、浙江和广东分别由0.401~0.600区间、0.601~0.999区间下降到了0.201~0.400、0.401~0.600区间。这说明，水资源绿色效率上升的地区，政府重视资源的合理配置，能够根据地区比较优势去配置资源，从而使当地水资源绿色效率上升，而下降的地区相反。对四川而言，2005年的水资源绿色效率虽已有改善，但力度依然不够，因此政府需加大对资源合理配置的重视力度，进一步根据地区比较优势去配置资源，从而使水资源绿色效率进一步上升。2010年，配置前的水资源绿色效率进一步下降，配置后大部分地区水资源绿色效率有了明显提升，其中河北、山东由0.001~0.200区间增长到0.201~0.400区间，辽宁、福建、四川等地由0.201~0.400区间上升到了0.401~0.600区间，天津、上海、海南和西藏等地区效率值达到了1。到研究末期（2015年），配置后的水资源绿色效率进一步上升，效率值为1的地区增加明显，达到了9个，位于0.001~0.400区间的地区数量明显下降，表明党的十八大市场配置资源理论的提出初见成效，"十二五"规划成果颇丰，各地政府开始重视资源配置，并能按照各自地区比较优势去配置资源，从而促使水资源绿色效率上升。

（3）经过对水资源绿色效率投入配比进行调整，虽说我国水资源绿色效率有了些许提升，但其平均值仅为0.473，说明我国水资源绿色效率依然处于较低水平的现状并未改变，要实现经济-社会-环境协同发展的目标，任重而道远。

2）空间分布方面

（1）由各地区水资源绿色效率均值图（图9-8）可知：投入结构重新配置后，全国大部分地区的水资源绿色效率都有了些许提升，但全国31个省（区、市）水资源绿色效率值均小于1，为水资源绿色效率非有效区，这说明，研究期内我国水资源绿色效率投入配比不尽合理，需要进一步改善资源配置，从而使水资源绿色效率达到有效状态。

（2）投入结构重新配置后，除了山西、吉林、黑龙江、江西、贵州和云南等省份水资源绿色效率略有下降外，其余各地区均明显上升，特别是广东、海南、西藏、青海、宁夏等地，这些省（区、市）多分布在我国西部经济欠发达地区，这说明经济发展水平不是水资源绿色效率高低的决定性因素，而根据地区资源比较优势对资源进行合理配置，能够切实提高水资源绿色效率。

（3）投入结构重新配置后水资源绿色效率排名前10位的省（区、市）分别是天津、北京、海南、西藏、上海、青海、宁夏、广东、四川和重庆，这些地区水资源绿色效率值处于全国平均水平之上，为水资源绿色效率相对高效区，在空间上集中分布在我国的东部和西部，这进一步说明了水资源绿色效率的高低不是取决于经济发展水平，而是取决于政府是否对合理配置资源足够重视，能否根据地区比较优势进行资源配置。

（4）由图9-9和图9-10可知，研究初期，水资源绿色效率高效区多分布在"胡焕庸线"以西地区，到了研究中期，水资源绿色效率高效区转移到了东部沿海地区，到研究末期，又扩散到西部地区。从水资源绿色效率高效区的转移路径可以看出，在经济发展过程中，发达地区更加重视资源的合理配置，能够及时地根据自身比较优势去配置资源，从而使地区水资源绿色效率得到提高。另外，16年间，中部广大地区水资源绿色效率虽有小幅提高，但始终处于0.001～0.400区间，尤其是河南，虽说经过调整投入配比后水资源绿色效率有所改善，但其处于0.001～0.201区间的现状并未改变。河南劳动力丰富，"中原崛起"战略的实施更是使河南经济飞速发展，但其在发展过程中过分追求经济效益，而忽略了社会效益和环境效益，不能根据地区比较优势合理配置资源，造成地区水资源绿色效率偏低的现状。因此，在今后的发展中，广大中部地区需进一步优化投入配比关系，重视资源合理配置的重要性，根据自身比较优势合理配置资源，注重经济-社会-环境效益的综合发展，这样才能从根本上使水资源绿色效率得到改善。

2. 配置后水资源绿色效率空间溢出效应分析

表9-12是中国水资源绿色效率类型的马尔可夫转移概率矩阵，对角线和非对角线两侧上的元素分别代表水资源绿色效率类型没有发生转移和发生转移的概率。从表9-12可以看出：

（1）对角线上的数值远高于非对角线上的数值，对角线上的数值最大为 0.931，最小为 0.649，这说明水资源绿色效率类型在研究期内不发生转移的最小概率为 64.9%，表示在社会发展过程中，水资源绿色效率很难发生转变。

（2）水资源绿色效率不同类型之间的转移可能性很小，非对角线上的数值最大为 0.270，说明在一定时期内，如果一个地区的水资源绿色效率在研究初期为类型 A，在随后年份转变为其他类型的最大可能性为 27%。还可以发现，水资源绿色效率在相邻两类型之间转移的可能性大于跨越式转移，这也说明水资源绿色效率类型的转移是平稳的、渐进的，而非跨越式的。

（3）中国水资源绿色效率存在着优者更优、劣者更劣的两极分化现象，研究初期效率值为 1 的地区，在未来年份保持有效的概率为 86.3%，向下转移的概率仅为 13.7%，而研究初期位于 0.001～0.200 区间的地区，在未来年份保持此类型的概率为 79.2%，向上转移的概率仅为 20.8%，且仅转变到 0.201～0.400 区间。

（4）总的来看，水资源绿色效率类型上升的概率为 61.6%，而下降的概率为 43%，这说明我国水资源绿色效率区域发展溢出效应的方向是正面略大于负面，水资源绿色效率低下的现状及上升缓慢的发展趋势，更加说明了五大发展理念的提出具有鲜明的时代性。

表 9-12　2000～2015 年中国水资源绿色效率马尔可夫转移矩阵

效率区间	n	1	0.601～0.999	0.401～0.600	0.201～0.400	0.001～0.200
1	87	0.863	0.082	0.055	0	0
0.601～0.999	41	0.270	0.649	0.081	0	0
0.401～0.600	77	0.042	0.042	0.719	0.197	0
0.201～0.400	29	0	0.004	0.050	0.931	0.015
0.001～0.200	26	0	0	0	0.208	0.792

注：n 表示决策单元个数

传统的马尔可夫链可计算中国水资源绿色效率的时间演化特征，但无法探测邻域地区水资源绿色效率水平对本地区的影响作用。随着经济的发展，交通网络以及水利工程的完善，劳动力、资本及水资源在地区间的相互作用日益明显，因此，水资源绿色效率类型的转移与邻域的水资源绿色效率发展状况有着密切的联系。鉴于此，本章计算了 2000～2015 年中国水资源绿色效率空间马尔可夫转移矩阵（表 9-13），并绘制了中国水资源绿色效率类型转移空间分布图和水资源绿色效率类型转移及邻域转移空间分布图（图 9-11 和图 9-12），具体分析如下。

表 9-13　2000～2015 年中国水资源绿色效率空间马尔可夫转移矩阵

空间滞后	自身类型	n	1	0.601～0.999	0.401～0.600	0.201～0.400	0.001～0.200
1	1	0	0.000	0.000	0.000	0.000	0.000
	0.601～0.999	0	0.000	0.000	0.000	0.000	0.000
	0.401～0.600	0	0.000	0.000	0.000	0.000	0.000
	0.201～0.400	0	0.000	0.000	0.000	0.000	0.000
	0.001～0.200	0	0.000	0.000	0.000	0.000	0.000
0.601～0.999	1	49	0.816	0.061	0.123	0.000	0.000
	0.601～0.999	19	0.263	0.632	0.105	0.000	0.000
	0.401～0.600	62	0.016	0.694	0.290		
	0.201～0.400	121	0.000	0.000	0.074	0.909	0.017
	0.001～0.200	19	0.000	0.000	0.000	0.105	0.895
0.401～0.600	1	80	0.725	0.113	0.162	0.000	0.000
	0.601～0.999	41	0.209	0.610	0.171	0.000	0.000
	0.401～0.600	145	0.076	0.041	0.614	0.269	0.000
	0.201～0.400	412	0.000	0.005	0.075	0.905	0.015
	0.001～0.200	142	0.000	0.000	0.000	0.167	0.833
0.201～0.400	1	84	0.952	0.048	0.000	0.000	0.000
	0.601～0.999	44	0.295	0.705	0.000	0.000	0.000
	0.401～0.600	90	0.022	0.056	0.800	0.122	0.000
	0.201～0.400	791	0.000	0.004	0.029	0.952	0.015
	0.001～0.200	71	0.000	0.000	0.000	0.197	0.803
0.001～0.200	1	0	0.000	0.000	0.000	0.000	0.000
	0.601～0.999	0	0.000	0.000	0.000	0.000	0.000
	0.401～0.600	0	0.000	0.000	0.000	0.000	0.000
	0.201～0.400	0	0.000	0.000	0.000	0.000	0.000
	0.001～0.200	0	0.000	0.000	0.000	0.000	0.000

注：n 表示决策单元个数

　　从中国水资源绿色效率类型转移的空间分布（图 9-11）可以看出：在研究期内，我国水资源绿色效率的转移以平稳转移类型为主，共有 16 个地区转移平稳，占全国水平的 51.6%，这些地区大多分布在我国中西部，占比高达 72.2%；水资源绿色效率类型向上转移的地区分布具有较强的集聚特征，全国共有 10 个地区向上转移，东部沿海有 6 个，分别是北京、上海、浙江、福建、广东和海南；水资源绿色效率类型向下转移的地区分布相对分散，5 个向下转移的地区（内蒙古、辽宁、吉林、西藏、甘肃），在东部、中部、西部均有分布。

在相邻区域水资源绿色效率水平存在差异的情况下,该地区水资源绿色效率类型发生转移的概率各不相同,即若地区背景对水资源绿色效率的类型转移没有影响,则表 9-13 中的 5 个条件概率矩阵将分别相等,且都等于传统马尔可夫转移矩阵(表 9-12),对比表 9-12 和表 9-13 可知,事实并非如此,区域的背景与水资源绿色效率类型的转移有着密切的联系。

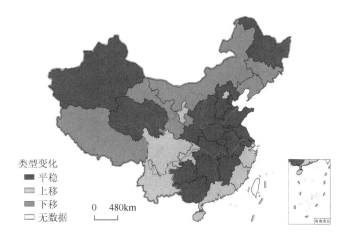

图 9-11　中国水资源绿色效率类型转移空间分布图

不同邻域背景在水资源绿色效率类型转移中的作用是不同的:

(1)在研究期内,水资源绿色效率处于 0.201~0.400 区间的地区向上转移的概率平均为 0.054(表 9-12),当与 0.401~0.600 区间的地区为邻时,向上转移的概率增至 0.08(表 9-13),当与 0.601~0.999 区间的地区为邻时,向上转移的概率也有 0.074(表 9-13),而当与 0.201~0.400 区间的地区为邻时,概率降到了 0.033(表 9-13),这说明水资源绿色效率发展过程中存在着空间溢出效应,若以较高水平地区为邻,受到的溢出效应是正向的,水资源绿色效率向上转移的概率增加。同理,若以低水平地区为邻,其水资源绿色效率类型向上转移的概率将减小。还可以发现,0.201~0.400 区间的地区与 0.401~0.600 区间的地区为邻时,向上转移的概率大于与 0.601~0.999 区间的地区为邻,这更加说明了水资源绿色效率的改变是渐进的,不是一蹴而就的。

(2)在研究期内,一个效率值为 1 的地区向下转移的可能性为 0.137(表 9-12),而当与 0.601~0.999、0.401~0.600 区间的地区为邻时,向下转移的可能性上分别升到了 0.184、0.275(表 9-13),但与 0.201~0.400 区间的地区为邻时,下移的概率又下降到了 0.048(表 9-13)。这说明一个地区如果以较低水平地区为邻,其水资源绿色效率受到的溢出效应可能为负,水资源绿色效率类型下移的概率将增加，但这种情况也只是发生在相邻类型之间的转移，在跨越多种类型的情况下不适用。

（3）由图 9-12 可以看出，研究期内地区自身和邻域的水资源绿色效率类型同时向上转移的有 5 个地区，分别是上海、浙江、福建、广东和海南，这些地区全都分布在我国东南沿海地区，而地区自身和邻域水资源绿色效率类型同时向下转移或至少有一方向下转移的地区大多数分布在我国的东北和西北地区，这说明我国水资源绿色效率类型的转移在靠自身发展的同时，也受周围地区宏观背景的影响。

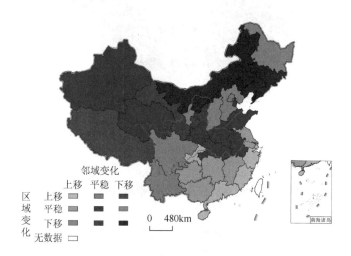

图 9-12　水资源绿色效率类型转移及邻域转移空间分布图

9.5　群组前沿下中国水资源绿色效率研究及收敛性分析

水资源利用效率研究是全球各国密切关注的焦点，国内外专家学者运用不同的方法，从不同角度对水资源在工业、农业、城市生活等各个方面的利用情况进行了深入研究，并对其驱动因素做了相关探索（邱琳等，2005；孙爱军等，2007；李世祥等，2008；买亚宗等，2014；佟金萍等，2014；马海良等，2017）。上述研究丰富了水资源利用评价体系，为水资源的高效利用提供了重要的理论支撑，为政府制定相关政策提供了合理依据，但是，上述研究是把我国作为一个整体研究对象，认为全国各地区具有相同的技术前沿。然而，我国是一个区域资源要素禀赋差异极大的国家，各地区在资本禀赋、劳动力禀赋、水资源禀赋等各方面存在较大差异（范斐等，2012），因而不同地区可能面对着不同的技术前沿，如果不能将地区差异考虑进内，继续采用总体样本对水资源利用效率进行评价，势必会对各地区真实的水资源利用效率测度造成误差。因此，本章在前人研究的基础上，通过构建共同前沿和群组前沿函数，并通过构建能够反映社会发展状况的指标体系，将其作为期望产出融入水资源利用效率测度体系中，对中国水资源绿色效率的时空差异及空间重心转移规律进行研究，并对群组前沿下水资源绿色效率 TFP 指数变化进行了收敛性检验，以便弄清各地区水资源绿色效率的时空变化特征，从而更加真实地反映各地区水资源的利用情况。

9.5.1　共同前沿与群组前沿下水资源绿色效率对比分析

本章利用共同前沿方法从时间序列上分别测算了东部、中部、西部地区共同前沿和群组前沿下的水资源绿色效率（图 9-13 和图 9-14），并计算了中国各省（区、市）不同前沿下水资源绿色效率及技术落差比率平均值（表 9-14），用以说明中国水资源绿色效率的实际变化情况。具体分析如下。

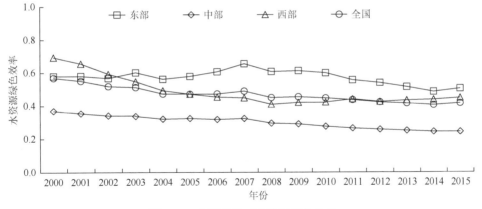

图 9-13　共同前沿下水资源绿色效率

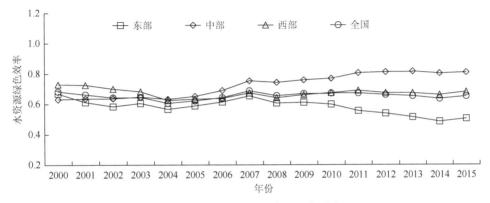

图 9-14　群组前沿下水资源绿色效率

表 9-14　中国各省（区、市）不同前沿下水资源绿色效率及技术落差比率平均值

东部	meta	group	TGR	中部	meta	group	TGR	西部	meta	group	TGR
北京	0.965	0.965	1.000	山西	0.429	0.992	0.433	内蒙古	0.480	0.702	0.683
天津	0.978	0.978	1.000	吉林	0.424	0.987	0.430	广西	0.270	0.402	0.671
河北	0.186	0.188	0.990	黑龙江	0.370	0.880	0.421	重庆	0.509	0.923	0.551
辽宁	0.468	0.510	0.917	安徽	0.247	0.811	0.304	四川	0.437	0.880	0.496
上海	0.898	0.898	1.000	江西	0.283	0.570	0.497	贵州	0.287	0.402	0.713
江苏	0.269	0.269	1.000	河南	0.134	0.360	0.372	云南	0.229	0.314	0.730
浙江	0.430	0.430	1.000	湖北	0.262	0.717	0.366	西藏	0.858	0.906	0.947
福建	0.414	0.414	1.000	湖南	0.228	0.526	0.432	陕西	0.325	0.531	0.612
山东	0.207	0.254	0.816					甘肃	0.451	0.630	0.715
广东	0.593	0.608	0.975					青海	0.844	0.954	0.885
海南	0.836	0.839	0.997					宁夏	0.799	0.984	0.812
								新疆	0.327	0.470	0.695
均值	0.568	0.578	0.972	均值	0.297	0.730	0.407	均值	0.485	0.675	0.709

注：meta、group、TGR 分别表示共同前沿下水资源绿色效率、群组前沿下水资源绿色效率、技术落差比率

由图 9-13 和表 9-14 可知，在共同前沿下，2000～2015 年水资源绿色效率的均值由高到低依次为东部（0.568）、西部（0.485）和中部（0.297），东部地区水资源绿色效率较高，除 2007 年外，其变化趋势相对平稳；西部地区水资源绿色效率居中，2008 年之前呈现出下降的变化趋势，2008 年之后缓慢上升；中部地区效率值最小，也表现为缓慢下降的特点。这表明中部、西部地区水资源利用技术距离共同前沿比东部远，存在不同程度的技术改进空间。在群组前沿下（图 9-14），中国水资源绿色效率表现为与共同前沿下相反的状态，东部地区效率值没有太大变化，中部、西部效率值有不同程度的升高，水资源绿色效率平均值由高到低依次为中部（0.730）、西部（0.675）和东部（0.578），这更加说明了对水资源绿色效率分区考察的必要性。具体来看，东部地区水资源绿色效率在波动中不断趋于下降；中部地区表现为稳中上升的态势；西部地区水资源绿色效率在 2004 年之前表现为下降趋势，之后则表现为在波动中缓慢上升的特点。

由表 9-14 可知，东部地区技术落差比率平均值为 0.972，表明其达到共同前沿水资源利用技术的 97.2%，这主要是因为东部地区是我国改革开放的先行者，经济发展水平高，更加注重资源的合理配置和对环境的保护，更加注重技术的引进与扩散。然而，中部、西部技术落差比率平均值分别为 0.407、0.709，远低于东部地区，用水技术仅分别达到共同前沿的 40.7%、70.9%。共同前沿下，东部、

中部、西部水资源绿色效率平均值分别存在 43.2%、70.3%、51.5%的效率改善空间，而在群组前沿下，东部、中部、西部水资源绿色效率的改善空间分别为 42.2%、27%、32.5%，水资源绿色效率明显高于共同前沿下水平。

从表 9-14 还可以看出，东部的北京、天津、上海、海南等地区水资源绿色效率表现较好，这些地区在共同前沿和群组前沿下水资源绿色效率平均值均大于 0.6，为水资源绿色效率相对高效区；东部地区共同前沿和群组前沿下水资源绿色效率最低的都是河北，其水资源绿色效率均值分别为 0.186 和 0.188，这主要是河北在发展过程中过分追求经济效益，而忽略了环境效益和社会效益，致使该地区成为全国环境污染的"重灾区"；中部地区共同前沿和群组前沿下表现最差的都是河南，其绿色效率平均值分别为 0.134 和 0.360，究其原因，不仅是经济发展过程中导致环境破坏，更主要是河南是农业大省，人口众多，经济发展水平相对落后，加之资源配置不尽合理造成极大的浪费；西部地区，共同前沿和群组前沿下表现最差的都是云南（0.229 和 0.314），水资源绿色效率分别存在着 77.1%和 68.6%的改善空间。

由上述研究可知，东部、中部、西部地区群组前沿与共同前沿下水资源绿色效率存在较大差异，主要是因为中国 31 个省（区、市）相对于不同技术前沿水资源利用技术存在着较大的技术缺口。总体来看，全国各省（区、市）无论是在共同前沿还是在群组前沿下，水资源绿色效率值均小于 1，为 DEA 非有效区，且很多地区水资源绿色效率均值小于全国平均水平，这说明我国水资源绿色效率普遍偏低，表明我国在实现经济-社会-环境协同发展的道路上，道阻且长。

9.5.2　群组前沿下中国水资源绿色效率空间格局变化特征

水资源绿色效率不仅是一种经济现象，更是一种社会现象，象征着经济-社会-环境三大系统协调发展的程度。经济研究中，重心的概念实质上反映了经济现象空间分布的平均中心，水资源绿色效率重心则反映了经济-社会-环境系统协调发展程度在空间上的分布中心（方叶林等，2013），其重心的变迁反映了三大系统协调程度在空间分布上中心的转移，这对探索水资源绿色效率的时空演变进程，实现经济-社会-环境的协同发展具有重大的意义。基于此，本章根据已获取的群组前沿下水资源绿色效率值，运用 ArcGIS10.2 软件得到了重心-标准差椭圆相关参数及空间位置转移路径（表 9-15 和表 9-16），进而对中国水资源绿色效率时空演变特征进行分析。

表 9-15　中国水资源绿色效率重心移动方向与距离

年份	重心坐标	移动方向	移动距离/km	东西方向距离/km	南北方向距离/km	速度/(km/a)	东西方向速度/(km/a)	南北方向速度/(km/a)
2000	110.92°E，35.11°N	—	—	—	—	—	—	—
2005	111.02°E，34.40°N	东偏南 82.021°	79.17	10.99	78.41	15.83	2.20	15.68
2010	111.09°E，34.16°N	东偏南 73.988°	28.35	7.82	27.25	5.67	1.56	5.45
2015	111.23°E，34.85°N	东偏北 78.411°	78.85	15.84	77.24	13.14	2.64	12.87

表 9-16　中国水资源绿色效率空间分布格局的标准差椭圆参数

年份	转角 θ/(°)	面积/万 km²	沿 x 轴的标准差/km	沿 y 轴的标准差/km	形状指数
2000	59.779	415.097	1037.135	1274.053	0.814
2005	51.807	429.093	1075.630	1269.876	0.847
2010	53.487	417.812	1058.472	1256.536	0.842
2015	56.884	384.566	987.094	1240.186	0.796

注：形状指数为椭圆短半轴与长半轴的比值，介于 0～1

1. 中国水资源绿色效率重心转移路径分析

从水资源绿色效率重心分布（表 9-15）可知，中国水资源绿色效率各特征时点的重心在 110.92°E～111.23°E、34.16°N～35.11°N 变动，与中国的几何中心（103°50′E，36°N）相比，整个研究期内，东西方向的偏移量逐渐增大，从 2000 年的 7.09°增大到 2015 年的 7.4°；南北方向偏移量从 0.89°增大到 1.84°（2000～2010 年），随后偏移量开始减小，到 2015 年，南北方向减小至 1.15°。从重心移动路径来看，研究前期我国水资源绿色效率的重心处于山西境内，研究中期转移到了河南西部地区，到了研究后期又转移到了山西北部，整个移动路径经历了东南（2000～2010 年）—东北（2010～2015 年）的变化过程。从重心移动距离来看，研究前期、中期（2000～2010 年），重心移动的距离有逐渐减小的趋势，且南北方向移动距离大于东西方向移动距离；研究后期（2011～2015 年），重心移动距离增大，与研究前期、中期相同，研究后期重心南北方向移动距离依然大于东西方向。从重心移动速度来看，研究前期、中期，重心在两方向的移动速度均有所下降，其中，东西方向从 2005 年的 2.20km/a 下降至 2010 年的 1.56km/a，南北方向从 15.68km/a 下降至 5.45km/a，下降了近 1/3。研究后期，两方向重心移动速度均有所上升。总体来看，重心移动速度呈现出先下降后上升的变化态势，即 2000～2011 年持续下降，2011～2015 年缓慢回升。究其原因，研究前期（2000～2010 年），"西部大开发"和"中原崛起"战略的实施初见成效，中部、西部地区经济发展迅速，但因此牺牲了环境,并且中部、西部地区社会发展指数的提升速度远小于经济增速,尤其是西部地区,经济发展与社会发展、环境保护严重脱节,致使水资源绿色效率有所下降,而东部地区能运用本身的资本优势,加强环境的保护,缩小经济增速与社会发展速度之间的差距,使水资源绿色效率上升,从而造成水资源绿色效率重心快速地向东南方向偏移。研究后期(2010~2015 年),随着东北老工业基地的振兴,加之 2008 年全国受经济危机的影响,东南沿海地区经济增速变缓,造成东部地区水资源绿色效率有下降的趋势,而中部、西部地区深居内陆,经济发展受国际市场影响较小,且能够在"十二五"期间加强环境的修复,进而使水资源绿色效率缓慢上升,从而造成水资源绿色效率重心在东西、南北两方向上开始增大。

2. 中国水资源绿色效率标准差椭圆分析

由表 9-16 可知,研究期内,除 2005 年外,其他各特征时点的标准差椭圆范围均呈不断缩小的趋势,表明中国水资源绿色效率的空间分布格局不断趋于集中;从标准差椭圆的形状指数来看,其变化趋势与标准差椭圆面积变化相似,除 2005 年形状指数有所增大外,其余各特征时点形状指数均不断减小,越来越偏离正圆,表明中国水资源绿色效率在东西和南北两个方向上越趋失衡。具体来看,研究前期(2000~2005 年),长半轴由 2000 年的 1274.053km 缩短至 2005 年的 1269.876km,而短半轴长度则由 2000 年的 1037.135km 延长至 2005 年的 1075.630km,这导致标准差椭圆的形状指数不断增大,越来越趋向于正圆。研究中期、后期(2005~2015 年),长半轴长度和短半轴长度均不断减小,但是长半轴减小的幅度小于短半轴,这是形状指数先增大后减小的直接原因。从标准差椭圆转角的变化来看,转角 θ 的变化范围在 51.807°~59.779°,变化幅度较小,总体上表现出"先减小后增大"的变化过程。具体来看,2000~2005 年,水资源绿色效率重心向东南方向偏移,转角由 2000 年的 59.779°下降至 2005 年的 51.807°,表明此时中国水资源绿色效率空间分布格局呈现东北—西南走向,并有向正北—正南空间分布格局演化的倾向。2005~2015 年,标准差椭圆的转角缓慢增大,由 2005 年的 51.807°增长至 2015 年的 56.884°,增幅较小,小于研究前期的降幅,此时中国水资源绿色效率空间分布呈现出偏北—偏南的格局,并且其空间分布格局基本保持稳定态势。

9.5.3 群组前沿下水资源绿色效率收敛性分析

为了进一步分析群组前沿下水资源绿色效率的地区差异,本章对各地区的水资源绿色效率进行了收敛性分析,以考察各地区之间的差异是否会随着时间的推移而缩小，以及是否具有相同的收敛模式。由于本章所计算的水资源绿色效率为相对效率而非地区的实际效率，无法直接对水资源绿色效率做绝对收敛检验。针对这一问题，本书参照相关学者（毛伟等，2014；谢花林等，2015；马海良等，2017）的研究成果，对各地区水资源绿色效率 TFP 增长率进行收敛性分析，从而探寻水资源绿色效率的地区差异特征及影响因素。

1. σ 收敛检验

本章选取水资源绿色效率 Malmquist 生产率指数的对数标准差来反映水资源绿色效率的地区差异变化，公式如下：

$$\sigma_t = \sqrt{\sum_{i=1}^{n} (\ln M_{i,t} - \overline{\ln M_t})^2 / (n-1)} \tag{9-7}$$

式中，σ_t 为 t 时期水资源绿色效率 TFP 的对数标准差；$\ln M_{i,t}$ 为 t 时期水资源绿色效率 TFP 对数；$\overline{\ln M_t}$ 为 t 时期水资源绿色效率 TFP 对数平均值；n 为决策单元数。

对计算结果进行可视化处理，得到全国及东部、中部、西部地区 σ 收敛演化趋势图（图 9-15）。由图 9-15 可知，西部地区水资源绿色效率 TFP 标准差不存在 σ 收敛，全国及东部、中部地区水资源绿色效率 TFP 标准差存在 σ 收敛，说明全国及东部、中部地区水资源绿色效率 TFP 差异会随着时间的推移而自动消失，而西部地区的 TFP 差异将继续存在，且有增大的趋势。此外，对各地区 TFP 标准差均值进行横向比较发现，东部地区 TFP 标准差平均值最大（0.0954），西部次之（0.0747），中部最小（0.0452），这说明东部、西部地区水资源绿色效率的内部差异比中部地区大。东部各地区经济发展水平参差不齐，尤其是环境状况差异巨大，因此地区间

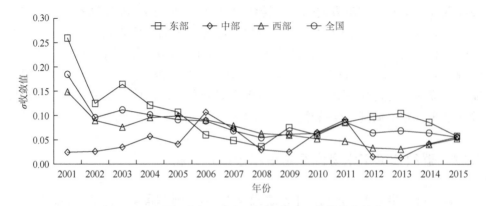

图 9-15　全国及东部、中部、西部地区 σ 收敛演化趋势

水资源绿色效率差异较大。对西部而言，西部各地区经济发展水平及环境状况差异很大，既有发达的四川、重庆、陕西等地区，又包括欠发达的新疆、青海、西藏等地区，尤其是"西部大开发"战略实施以来，这种差异更加明显，从而导致西部地区各区域水资源绿色效率 TFP 标准差差异大，致使其 TFP 标准差呈发散趋势。就中部地区而言，区域内各地区社会发展水平相当，经济基础、环境状况及发展战略大致相同，从而使 TFP 标准差逐渐缩小，表现为 σ 收敛。

2. 绝对 β 收敛检验

对水资源绿色效率 TFP 的绝对 β 收敛检验用以下模型进行计算：

$$\frac{1}{T}\ln(M_{i,t+1} / M_{i,t}) = \alpha + \beta\ln(M_{i,t}) + \varepsilon_{i,t} \qquad (9\text{-}8)$$

式中，$M_{i,t+1}$ 和 $M_{i,t}$ 分别为地区 i 某一时段末期和初期的水资源绿色效率 TFP 指数；T 为研究时段年份数（本章 $T=1$）；$\ln(M_{i,t+1}/M_{i,t})$ 为第 i 个区域水资源绿色效率的平均增长水平；α 为常数项；$\varepsilon_{i,t}$ 为随机误差项，若式中 β 显著为负，则表明 TFP 指数的变化存在绝对 β 收敛。

对面板数据进行处理前，首先进行 Hausman 检验，从而确定是采用固定效应模型还是采用随机效应模型，然后根据式（9-8）计算得到全国及各地区水资源绿色效率 TFP 绝对 β 收敛的面板数据估计结果，如表 9-17 所示。

表 9-17　中国水资源绿色效率 TFP 绝对 β 收敛检验

项目	东部	中部	西部	全国
常数项	−0.009	0.017***	−0.002	−0.001
	(−1.21)	(3.01)	(−0.28)	(−0.19)
系数 β	−0.646***	−0.899***	−1.081***	−0.832***
	(−11.00)	(−9.39)	(−14.53)	(−19.20)
模型设定	随机效应	固定效应	随机效应	固定效应
调整 R^2	0.693	0.611	0.594	0.527
收敛性判断	收敛	收敛	收敛	收敛

注：括号内为 t 值或 z 值；*、**、***分别表示在10%、5%、1%水平下显著

由表 9-17 可知，全国及东部、中部、西部地区的 β 值都显著为负，表明全国及各地区水资源绿色效率 TFP 都存在绝对 β 收敛，这说明对全国各地区而言，如果假设这些地区的水资源利用条件相同，则全国各地区水资源绿色效率的 TFP 内部差异会随着时间的推移而自动消失，也说明了全国各地区在水资源绿色效率方

面能够保持相对同步增长。由于东部、中部地区同时存在 σ 收敛，可以认为这两个地区存在俱乐部收敛现象。

3. 条件 β 收敛检验

本章在绝对 β 收敛检验的基础上，进一步采用全国及各地区水资源绿色效率的面板数据对中国水资源绿色效率 TFP 变化是否存在条件 β 收敛进行检验，并选用以下 7 个因素作为控制变量代入模型中，分析外界变量对水资源绿色效率 TFP 的影响机制。

（1）经济水平：用人均 GDP 数值表示。由于不确定各地区的经济发展模式（集约或粗放），地区经济实力对水资源绿色效率 TFP 的影响不确定。

（2）城市化水平：用非农业人口占总人口的比例进行表示，城市化率越高，社会发展和科技水平相应越高，越有利于水资源绿色效率的提高。

（3）产业结构：用第三产业增加值与地区 GDP 总量的比值来表示。随着经济的发展，产业重心会从第一产业、第二产业向第三产业转移，因此产业结构应该与水资源绿色效率呈正相关。

（4）劳动力禀赋：用劳动力密度表示，对水资源绿色效率的影响不确定。

（5）灰水足迹强度：用灰水足迹总量与地区 GDP 的比值表示。灰水足迹强度越大，表明污染越严重，相应的水资源绿色效率会降低。

（6）水资源禀赋：用人均水资源量表示，地区水资源量越多，水资源的利用率就越低，因此该因素应该与水资源绿色效率呈负相关。

（7）技术进步：用技术市场成交额表示。技术水平的提高有利于水资源绿色效率的提升。

将上述控制变量代入水资源绿色效率 TFP 绝对 β 收敛模型 [式（9-8）] 中，即可得到条件 β 收敛检验模型：

$$\frac{1}{T}\ln(M_{i,t+1}/M_{i,t}) = \alpha + \beta\ln(M_{i,t}) + \beta_1 X_1 + \beta_2 X_2 + \beta_3 X_3 \\ + \beta_4 X_4 + \beta_5 X_5 + \beta_6 X_6 + \beta_7 X_7 + \varepsilon_{i,t} \tag{9-9}$$

式中，X_1、X_2、X_3、X_4、X_5、X_6、X_7 分别为经济水平、城市化水平、产业结构、劳动力禀赋、水资源禀赋、灰水足迹强度、技术进步，当 β 显著为负时，表明水资源绿色效率 TFP 指数的变化存在条件 β 收敛。

通过 Hausman 检验发现，全国和中部地区 Hausman 检验结果 p 值小于 0.1，在显著性水平以下，东部、西部地区检验结果 p 值大于 0.1，高于显著性水平，因此，全国及中部地区采用固定效应模型，东部、西部地区采用随机效应模型，具体检验结果如表 9-18 所示。

表 9-18　中国水资源绿色效率 TFP 条件 β 收敛检验

项目	东部	中部	西部	全国
常数项	0.167	0.695	−0.728*	−0.473**
	(0.46)	(1.36)	(−1.46)	(−2.11)
系数 β	−0.653***	−1.023***	−1.154***	−0.838***
	(−10.65)	(−10.06)	(−14.71)	(−19.20)
β_1	−0.013	−0.070	0.074	0.053*
	(−0.38)	(−1.28)	(1.25)	(1.81)
β_2	−0.083***	0.518**	−0.097	−0.308*
	(−0.71)	(2.10)	(−0.25)	(−1.68)
β_3	0.005	0.101	−0.071**	−0.050*
	(0.03)	(0.56)	(−0.43)	(−0.42)
β_4	0.001	−0.002**	0.003*	−0.0001
	(1.47)	(−2.03)	(1.76)	(−0.58)
β_5	−0.0001**	−0.0001	−0.0002	−4.88e-06
	(−0.54)	(−1.09)	(−0.98)	(−0.25)
β_6	−0.001	0.005	0.027*	0.019*
	(−0.10)	(0.21)	(0.76)	(1.23)
β_7	5.42e-06*	−0.0002*	−0.0001	−7.42e-06
	(0.21)	(−1.91)	(−0.54)	(−0.35)
模型设定	随机效应	固定效应	随机效应	固定效应
调整 R^2	0.867	0.696	0.582	0.568
收敛性判断	收敛	收敛	收敛	收敛

注：括号内为 t 值或 z 值；*、**、***分别表示在 10%、5%、1%水平下显著

由表 9-18 可知，全国及东部、中部、西部地区系数 β 都显著为负，说明我国整体以及东部、中部、西部地区水资源绿色效率 TFP 都存在显著的条件 β 收敛特征，表明这些区域的水资源绿色效率 TFP 都在稳步提升，并会随着时间的推移收敛到各自的稳态水平。经济水平系数在全国水平上显著为正，在各地区都不显著，表明地区经济实力和水资源绿色效率的高低联系不强，这与前面的研究结果相符，经济落后的地区也可以通过合理配置资源来提高地区水资源绿色效率水平。城市化水平系数在全国及东部地区显著为负，在中部地区显著为正，在西部地区不显著，说明城市化率的提高不利于全国和东部地区水资源绿色效率的提高，而对中部地区有促进作用。这是因为目前中国的城市化不是现代意义上的城市化，而只是"户籍城市化"和"土地城市化"，很多现代制度没有真正建立，公共服务设施没有同步配套，且有数据表明，东部地区城市化率平均值为 58.01%，远高于中部、西部地区，短期来看，城市化进程虽有利于经济的提升，但若不注重城

市化质量，而一味追求城市化"数量"，长此以往，城市化进程必将阻碍水资源绿色效率的提高。产业结构系数在全国及西部地区显著为负，表明全国整体和西部地区第三产业比重太低，不利于水资源绿色效率的提高。劳动力禀赋在中部地区显著为负，在西部地区显著为正，说明中部地区存在着劳动力过剩的现象，不利于社会发展模式由劳动力密集型、资源密集型向技术密集型转变，对改善水资源绿色效率产生负面影响，这也符合相关假设；而西部地区由于人口稀疏，劳动力较为紧缺，劳动力的增多有利于西部水资源绿色效率的改善。水资源禀赋在全国和西部地区显著为正，表明整体上我国存在水资源短缺现象，尤其是西部地区，水资源量的增加有利于水资源绿色效率的提高。灰水足迹强度在东部地区显著为负，在全国和中西部地区均不显著，但就其系数而言，全国及各地区都为负数，表明全国整体及各地区均存在环境污染现象，东部地区尤为严重，减少灰水足迹量有利于水资源绿色效率的提升。技术进步系数仅在东部显著为正，在全国和中西部均不显著，表明东部地区可以利用资金和技术优势提高水资源绿色效率。

9.6　中国水资源绿色效率 TFP 变化趋势预测

当前，我国在水资源开发利用过程中存在着三个明显的问题：第一，水资源短缺与利用效率低下共存（陈家琦等，2013）；第二，水环境恶化与水生态失衡共存；第三，制度建设能力无法满足水资源可持续利用的要求。针对这些问题，国务院于2012 年发布了《国务院关于实行最严格水资源管理制度的意见》，同时划定了用水总量控制、用水效率控制和水功能区限制纳污"三条红线"，并将提高用水效率放在突出位置（姜蓓蕾等，2014b；左其亭等，2014）。2017 年十九大报告指出，"建设生态文明是中华民族永续发展的千年大计。""坚持节约资源和保护环境的基本国策，""实行最严格的生态环境保护制度，形成绿色发展方式和生活方式，坚持走生产发展、生活富裕、生态良好的文明发展道路"。水资源是国家永续发展的重要资源，水资源绿色效率研究是经济-社会-生态环境三大系统协调发展的重要体现，是加大生态文明体制改革，推进绿色发展的战略部署。因此，水资源绿色效率研究是时代发展的要求，对解决中国水资源短缺问题具有重要的理论和现实意义。

早期的水资源利用效率研究主要集中在工业、农业、城市生活用水效率的测度等方面（邱琳等，2005；孙爱军等，2007；佟金萍等，2014；买亚宗等，2014），仅是对我国当前的用水效率进行测度，其结果没有对未来水资源利用效率的发展趋势做出预测，因此其结果具有一定的时限性，不符合可持续发展的要求。鉴于此，本章通过构建 VAR 模型，对各地区水资源绿色效率 TFP 对其本身及分解指数进行脉冲响应函数分析，旨在对中国水资源绿色效率未来发展趋势进行预测，为各地区有针对性地提高水资源绿色效率提供依据。

9.6.1　平稳性检验

本章运用 Eviews 8.0 中的 LLC 检验、IPS 检验、ADF-Fisher 检验和 PP-Fisher 检验 4 种方法分别对中国东部、中部、西部三大地区水资源绿色效率 TFP 及其分解指数进行平稳性检验，结果如表 9-19 所示。由表 9-19 可知，原始数据序列在 1%显著性水平下，东部地区的技术变化（TC）、纯技术效率变化（PEC），中西部地区的全要素生产率（TFP）和规模效率变化（SEC），均未通过 LLC 检验、IPS 检验和 ADF-Fisher 检验，表明原始数据序列为非平稳序列。对原始数据序列进行差分处理，结果显示，一阶差分序列中部地区全要素生产率和规模效率变化未通过 LLC 检验，西部地区全要素生产率和技术变化未通过 LLC 检验和 ADF-Fisher 检验，而二阶差分序列均通过 1%显著性水平检验。因此，本章中各地区水资源绿色效率 TFP 及其分解指数均为二阶单整序列。

表 9-19　单位根检验结果

地区	变量	LLC 检验	p 值	IPS 检验	p 值	ADF-Fisher 检验	p 值	PP-Fischer 检验	p 值
东部	TFP	−3.0138	0.0013	−2.6230	0.0044	9.4875	0.0087	9.5035	0.0086
	TC	−0.4160	0.3387	−1.3639	0.0863	5.0922	0.0784	5.2570	0.0722
	PEC	−1.5717	0.0580	−1.1221	0.1309	4.3076	0.1160	4.3076	0.1160
	SEC	−4.5863	0.0000	−3.7916	0.0001	13.5722	0.0011	13.8038	0.0010
	D_1（TFP）	−4.1890	0.0000	−5.6485	0.0000	19.2884	0.0001	22.6853	0.0000
	D_1（TC）	−5.2202	0.0000	−4.7666	0.0000	16.5534	0.0003	16.5534	0.0003
东部	D_1（PEC）	−4.1190	0.0000	−3.3394	0.0004	11.9044	0.0026	14.6282	0.0007
	D_1（SEC）	−6.1095	0.0000	−5.3812	0.0000	19.0035	0.0001	21.9941	0.0000
	D_2（TFP）	4.7650	1.0000	−2.3991	0.0082	8.9714	0.0113	18.4207	0.0001
	D_2（TC）	−8.7927	0.0000	−7.8074	0.0000	23.9310	0.0000	18.4207	0.0001
	D_2（PEC）	−5.2720	0.0000	−4.1729	0.0000	14.4294	0.0007	26.5666	0.0000
	D_2（SEC）	−10.5407	0.0000	−7.9162	0.0000	24.2771	0.0000	24.7409	0.0000
中部	TFP	−2.2841	0.0112	−1.8309	0.0336	6.6789	0.0354	6.6756	0.0355
	TC	−5.4394	0.0000	−5.5354	0.0000	19.3175	0.0001	18.9910	0.0001
	PEC	−4.0549	0.0000	−3.0233	0.0012	10.9048	0.0043	12.1282	0.0023
	SEC	1.8362	0.9668	−2.1068	0.0176	8.0061	0.0183	21.3052	0.0000
	D_1（TFP）	−0.9690	0.1663	−2.6352	0.0042	9.8928	0.0071	25.1616	0.0000

续表

地区	变量	LLC 检验	p 值	IPS 检验	p 值	ADF-Fischer 检验	p 值	PP-Fischer 检验	p 值
中部	D_1（TC）	−8.4011	0.0000	−7.7153	0.0000	24.3819	0.0000	18.4207	0.0001
	D_1（PEC）	−4.1458	0.0000	−3.3440	0.0004	12.4116	0.0020	25.2441	0.0000
	D_1（SEC）	14.9361	1.0000	−3.2431	0.0006	12.0448	0.0024	18.4207	0.0001
	D_2（TFP）	−3.9741	0.0000	−3.2049	0.0007	11.7614	0.0028	18.4207	0.0001
	D_2（TC）	−10.0632	0.0000	−8.9352	0.0000	25.6012	0.0000	18.4207	0.0001
	D_2（PEC）	−5.7939	0.0000	−4.5757	0.0000	16.1453	0.0003	18.4207	0.0001
	D_2（SEC）	34.6846	1.0000	−2.2334	0.0128	8.3677	0.0152	18.4207	0.0001
西部	TFP	−2.0312	0.0211	−2.4649	0.0069	8.9232	0.0115	8.9378	0.0115
	TC	−0.7581	0.2242	−1.1638	0.1222	4.4406	0.1086	4.4166	0.1099
	PEC	−8.3781	0.0000	−7.0484	0.0000	23.4828	0.0000	22.6492	0.0000
	SEC	−8.3412	0.0000	−7.1102	0.0000	23.6283	0.0000	24.1483	0.0000
	D_1（TFP）	−2.0793	0.0188	−2.5455	0.0055	9.5618	0.0084	27.0010	0.0000
	D_1（TC）	−2.3279	0.0100	−2.4271	0.0076	9.1268	0.0104	19.6192	0.0001
	D_1（PEC）	−14.4820	0.0000	−12.5403	0.0000	25.6527	0.0000	18.4207	0.0001
	D_1（SEC）	−12.6077	0.0000	−10.4793	0.0000	27.1343	0.0000	18.4207	0.0001
	D_2（TFP）	−1.0470	0.1475	−2.6120	0.0045	9.7280	0.0077	18.4207	0.0001
	D_2（TC）	−2.2073	0.0136	−2.4150	0.0079	9.0290	0.0109	18.4207	0.0001
	D_2（PEC）	0.5452	0.7072	−4.3258	0.0000	15.4333	0.0004	18.4207	0.0001
	D_2（SEC）	−16.6681	0.0000	−14.0748	0.0000	22.6776	0.0000	18.4207	0.0001

注：D_1（TFP）、D_1（TC）、D_1（PEC）、D_1（SEC）分别代表 TFP、TC、PEC、SEC 的一阶差分序列，D_2（TFP）、D_2（TC）、D_2（PEC）、D_2（SEC）分别代表 TFP、TC、PEC、SEC 的二阶差分序列

9.6.2 滞后阶数的确定

继续运用 Eviews 8.0 对 VAR 模型的最大滞后阶数进行判定，结果如表 9-20 所示。由表9-20可知，VAR模型的5个评价统计指标、最终预测误差（final prediction error，FPE）、赤池信息准则（Akichi information criterion，AIC）、施瓦茨信息准则（Schwarz information criterion，SIC）、汉南-奎因信息准则（Hannan-Quinn information criterion for the system，HQ）对三大地区选择出的滞后阶数均为3，因此本章将 VAR 模型的最优滞后阶数确定为 3 阶，以此建立 VAR 模型，并确定协整检验的最优滞后阶数为2。

表 9-20　滞后阶数判断结果

地区	滞后期 Lag	对数似然函数值 lg L	FPE	AIC	SIC	HQ
东部	0	149.5625	2.21e−15	−22.3942	−22.2204	−22.43
	1	163.4704	3.60e−15	−22.07236	−21.20321	−22.251 01
	2	247.3918	3.18e−19*	−32.521 82	−30.957 35	−32.843 39
	3	1269.795	NA	−187.3531*	−185.0933*	−187.8176*
中部	0	149.0637	2.39e−15	−22.317 49	−22.143 66	−22.353 22
	1	172.1509	9.48e−16	−23.407 84	−22.538 68	−23.586 49
	2	218.7751	2.60e−17*	−28.119 25	−26.554 77	−28.440 82
	3	1371.926	NA	−203.0656*	−200.8058*	−203.5301*
西部	0	138.5062	1.21e−14	−20.693 27	−20.519 44	−20.729
	1	150.9194	2.48e−14	−20.141 45	−19.2723	−20.3201
	2	202.0019	3.43e−16*	−25.538 75	−23.974 28	−25.860 32
	3	1413.301	NA	−209.4309*	−207.1711*	−209.8954*

注：以*最多的阶数确定滞后阶数；NA 表示未通过对数似然比检验

9.6.3　协整性检验及模型稳定性检验

协整性检验主要包括 E-G 检验和 Johansen 检验，分别用于两个变量和多个变量之间的协整检验，因此本章运用 Johansen 协整检验方法来检验中国三大地区水资源绿色效率 TFP 与其自身及其分解指数之间是否存在长期且稳定的均衡关系，结果如表 9-21 所示。

表 9-21　协整性检验结果

地区	虚拟的协整方程数	特征值	迹统计量	0.05 的临界值	概率
东部	存在 0 个协整关系*	0.948 693	79.995 67	47.856 13	0
	存在 1 个协整关系*	0.799 427	38.416 59	29.797 07	0.004
	存在 2 个协整关系*	0.601 656	15.924 54	15.494 71	0.0431
	存在 3 个协整关系	0.195 092	3.038 378	3.841 466	0.0813
中部	存在 0 个协整关系*	0.930 154	77.198 55	47.856 13	0
	存在 1 个协整关系*	0.817 539	39.938 14	29.797 07	0.0024
	存在 2 个协整关系*	0.666 636	16.121 08	15.494 71	0.0402
	存在 3 个协整关系	0.051 605	0.741 786	3.841 466	0.3891
西部	存在 0 个协整关系*	0.896 389	49.140 14	47.856 13	0.0377

续表

地区	虚拟的协整方程数	特征值	迹统计量	0.05 的临界值	概率
西部	存在 1 个协整关系	0.585 141	17.400 62	29.797 07	0.6104
	存在 2 个协整关系	0.292 548	5.083 188	15.494 71	0.7999
	存在 3 个协整关系	0.016 856	0.237 989	3.841 466	0.6257

注：**表示显著性水平为 5%，*表示显著性水平为 10%

比较东部地区的迹统计量与 0.05 的临界值可以看出，79.995 67＞47.856 13、38.416 59＞29.797 07、15.924 54＞15.494 71，因此在 5%显著性水平下东部地区 TFP 与 TC、PEC、SEC 之间存在协整关系，并有 3 个协整方程。比较中部、西部地区的迹统计量与 0.05 的临界值可以看出，在 5%显著性水平下，中部、西部地区水资源绿色效率 TFP 与其分解指数之间存在协整关系，并分别有 3 个、1 个协整方程。

为了确保脉冲响应和方差分解的顺利进行，本章还对模型的平稳性进行了检验（图 9-16），结果表明，东部、中部、西部三大地区 VAR 模型的全部特征根均小于 1，即全部落在单位圆内，表明各地区的 VAR 模型系统是稳定的，可以进行后续分析。VAR 模型的具体形式如下。

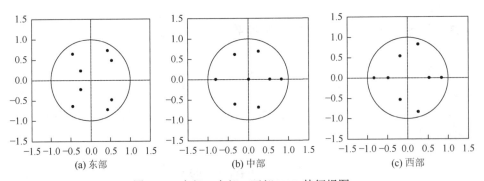

(a) 东部　　　　　　　　(b) 中部　　　　　　　　(c) 西部

图 9-16　东部、中部、西部 VAR 特征根图

$$
\begin{bmatrix} \text{TFP} \\ \text{TC} \\ \text{PEC} \\ \text{SEC} \end{bmatrix} = \begin{bmatrix} -4.887 \\ -17.112 \\ 1.390 \\ 10.786 \end{bmatrix} + \begin{bmatrix} -1.225 & 0.890 & 0.788 & 0.249 \\ -5.989 & 5.408 & 2.679 & 5.372 \\ 0.404 & -0.423 & 0.176 & -0.227 \\ 3.305 & -3.098 & -1.231 & -3.801 \end{bmatrix} \begin{bmatrix} \text{TFP} \\ \text{TC} \\ \text{PEC} \\ \text{SEC} \end{bmatrix}_{t-1}
$$

$$
+ \begin{bmatrix} -3.192 & 3.100 & 2.839 & 2.399 \\ -5.618 & 5.383 & 4.615 & 6.206 \\ 0.015 & 0.069 & -0.275 & -0.131 \\ 2.339 & -2.259 & -1.644 & -3.388 \end{bmatrix} \begin{bmatrix} \text{TFP} \\ \text{TC} \\ \text{PEC} \\ \text{SEC} \end{bmatrix}_{t-2} + \begin{bmatrix} \hat{\varepsilon}_0 \\ \hat{\varepsilon}_1 \\ \hat{\varepsilon}_2 \\ \hat{\varepsilon}_3 \end{bmatrix}_t
$$

(9-10)

$$
\begin{bmatrix} TFP \\ TC \\ PEC \\ SEC \end{bmatrix} = \begin{bmatrix} -3.097 \\ -4.567 \\ 1.919 \\ 1.184 \end{bmatrix} + \begin{bmatrix} -5.384 & 5.639 & 3.191 & 3.514 \\ -7.609 & 7.568 & 4.253 & 4.755 \\ 1.703 & -1.400 & -1.179 & -0.983 \\ 1.117 & -0.846 & -0.150 & -0.553 \end{bmatrix} \begin{bmatrix} TFP \\ TC \\ PEC \\ SEC \end{bmatrix}_{t-1}
$$

$$
+ \begin{bmatrix} 0.579 & -1.305 & -0.852 & -1.239 \\ 0.643 & -1.598 & -0.896 & -1.503 \\ 0.335 & 0.331 & 0.123 & 0.138 \\ -0.474 & 0.298 & -0.009 & 0.439 \end{bmatrix} \begin{bmatrix} TFP \\ TC \\ PEC \\ SEC \end{bmatrix}_{t-2} + \begin{bmatrix} \hat{\varepsilon}_0 \\ \hat{\varepsilon}_1 \\ \hat{\varepsilon}_2 \\ \hat{\varepsilon}_3 \end{bmatrix}_t
$$

$$（9\text{-}11）$$

$$
\begin{bmatrix} TFP \\ TC \\ PEC \\ SEC \end{bmatrix} = \begin{bmatrix} 4.119 \\ 2.801 \\ -2.600 \\ 6.330 \end{bmatrix} + \begin{bmatrix} 0.456 & 0.027 & -0.864 & -1.214 \\ -0.033 & 0.575 & -0.429 & -0.556 \\ 0.375 & -0.220 & 0.048 & 0.287 \\ -0.211 & -0.097 & -0.369 & -0.840 \end{bmatrix} \begin{bmatrix} TFP \\ TC \\ PEC \\ SEC \end{bmatrix}_{t-1}
$$

$$
+ \begin{bmatrix} 0.486 & -0.833 & -0.930 & -0.235 \\ 0.402 & -0.676 & -0.978 & -0.094 \\ -2.217 & 1.753 & 1.829 & 1.721 \\ 2.456 & -2.088 & -1.995 & -2.150 \end{bmatrix} \begin{bmatrix} TFP \\ TC \\ PEC \\ SEC \end{bmatrix}_{t-2} + \begin{bmatrix} \hat{\varepsilon}_0 \\ \hat{\varepsilon}_1 \\ \hat{\varepsilon}_2 \\ \hat{\varepsilon}_3 \end{bmatrix}_t
$$

$$（9\text{-}12）$$

式（9-10）～式（9-12）分别为构建的东部、中部和西部地区的水资源绿色效率 TFP 指数及其分解指数的 VAR 模型。

9.6.4　脉冲响应分析

水资源绿色效率 TFP 对其自身及其分解指数的脉冲响应是指 TFP 本身及其分解指数提升一个标准差单位，水资源绿色效率 TFP 所做出的反应，用来反映 TFP 本身及其分解指数对水资源绿色效率 TFP 的影响。当水资源绿色效率 TFP 对其自身及其分解指数的脉冲响应为正时，表明 TFP 本身及其分解指数有利于水资源绿色效率 TFP 的提升；反之，若脉冲响应为负，则表示 TFP 本身及其分解指数阻碍了水资源绿色效率 TFP 的提升。基于水资源绿色效率 TFP 对其自身及其分解指数的向量自回归模型，对东部、中部、西部三大地区的脉冲响应效果差异进行了分析，结果如图 9-17～图 9-19 所示。

1. 东部地区脉冲响应分析

从图 9-17（a）可以看出，东部地区水资源绿色效率 TFP 对其自身一个标准差单位的冲击响应在第 1 年显著为正,从第 2 年开始逐渐下降至最低点,在第 3 年之后有所回升并达到 0 轴以上,但其效果并不明显,从第 6 年又下降到 0 轴以下,至第 10 年逐渐趋于稳定,表明东部地区水资源绿色效率 TFP 受自身内部影响明显,但波动较大。从图 9-17 (b) 可以看出,水资源绿色效率 TFP 对 TC 的冲击响应在第 1 年没有反应,但第 2 年开始有了明显的正向作用并在第 3 年达到最大值,而后逐渐下降至 0 轴以下,虽然在第 6 年有所回升,但结果始终为负。表明在未来 5 年内,TC 对东部水资源绿色效率 TFP 的提高有着积极作用。从图 9-17 (c) 可以看出,水资源绿色效率 TFP 对 PEC 的冲击响应与对技术变化的冲击响应表现为相同的变化趋势,但其效果明显低于技术变化,冲击响应轨迹与 0 轴几乎重合,表明 PEC 对水资源绿色效率 TFP 的提高影响甚小。TFP 对 SEC 的冲击响应[图 9-17(d)]在前两年为 0,从第 3 年开始表现为正向促进作用,并于第 4 年达到最大值,到第 6 年下降至 0 轴以下,虽说在第 10 年又上升至 0 轴以上,但其效果不明显,之后逐步趋于稳定。综上所述,未来东部地区水资源绿色效率 TFP 的提高主要依靠 TC 和 SEC 的提升,而管理手段对水资源绿色效率 TFP 的增长作用不大。

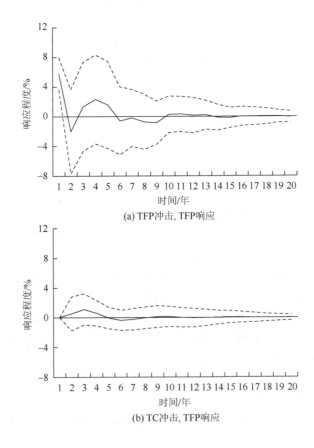

(a) TFP冲击, TFP响应

(b) TC冲击, TFP响应

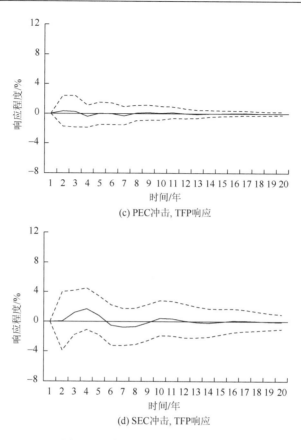

(c) PEC冲击, TFP响应

(d) SEC冲击, TFP响应

图 9-17　东部地区脉冲响应函数图

图中实线为计算值，虚线为响应函数值加或减 2 倍标准差的置信带

2. 中部地区脉冲响应分析

从图 9-18（a）可知，中部地区水资源绿色效率 TFP 对其自身的冲击响应轨迹与东部地区相似，仅在第 1 年有显著的正向作用，而后在波动中趋于稳定，表明中部地区水资源绿色效率 TFP 受自身内部影响明显。从图 9-18（b）可以看出，水资源绿色效率 TFP 对 TC 的冲击响应轨迹波动性强，在第 1 年没有反应，第 2 年下降至 0 轴以下最低点，第 3 年又上升至 0 轴以上，并于第 4 年达到最高点，第 5 年又下降至 0 轴以下，之后逐渐趋于稳定，表明 TC 对水资源绿色效率 TFP 的提高影响较大但波动性强。图 9-18（c）显示，TFP 对 PEC 的冲击响应在当期没有反应，在第 2 年表现为显著的正向作用，而后逐渐下降到 0 轴以下并趋于稳定状态。这说明 PEC 在未来 3 年内会对 TFP 的提升起促进作用，但随着时间的推移，中部地区经营水平和管理手段的优势会逐渐下降。图 9-18（d）显示，TFP 对 SEC 的冲击响应始终为正，表明中部地区扩大生产规模将有利于水资源

绿色效率 TFP 的提升。综上所述，中部地区未来水资源绿色效率 TFP 的提升主要依靠 PEC 和 SEC 的提高，TC 的作用没有发挥出来，因此，中部地区在提高管理水平和扩大生产规模的同时，需要注意对新兴技术的引进与利用，并加大对新技术的研发投入力度，从而使技术进步成为水资源绿色效率 TFP 新的增长动力。

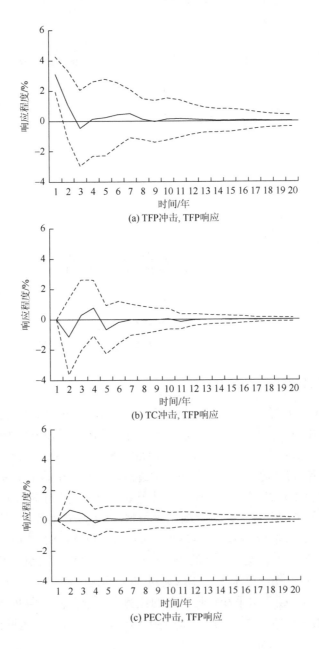

(a) TFP冲击, TFP响应

(b) TC冲击, TFP响应

(c) PEC冲击, TFP响应

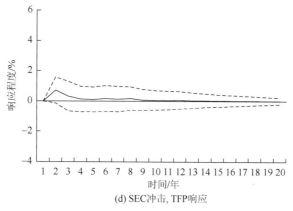

(d) SEC冲击, TFP响应

图 9-18　中部地区脉冲响应函数图

图中实线为计算值；虚线为响应函数值加或减 2 倍标准差的置信带

3. 西部地区脉冲响应分析

从图 9-19（a）可以看出，西部地区水资源绿色效率 TFP 对其自身的冲击响应轨迹波动较大，在当期响应程度最大，第 2 年下降至与 0 轴重合，第 3 年有所回升并发挥正向作用，而后又逐渐下降至 0 轴以下，这种反复发展到第 14 年才逐渐趋于稳定。表明西部地区水资源绿色效率 TFP 受自身影响强烈，但有下降的趋势。从图 9-19（b）可以看出，水资源绿色效率 TFP 对 TC 的冲击响应与对自身的冲击响应态势相同，波动性强，在当期没有发生变化，第 2 年呈现明显的正向影响，而后在第 3 年下降至 0 轴以下最低点，至第 15 年才逐渐保持稳定，总体来看，TC 的负效应大于正效应，表明 TC 对西部水资源绿色效率 TFP 的提升有阻滞作用。从图 9-19（c）可以看出，TFP 对 PEC 的冲击响应在未来 20 期内始终为负，表明未来 PEC 会阻碍西部水资源绿色效率 TFP 的提升，西部地区的管理水平和经营手段有待改善。图 9-19（d）显示，TFP 对 SEC 的冲击响应轨迹与 PEC 表现为相似

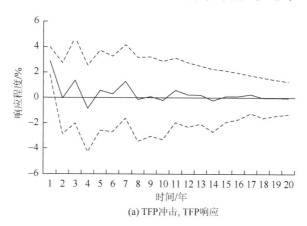

(a) TFP冲击, TFP响应

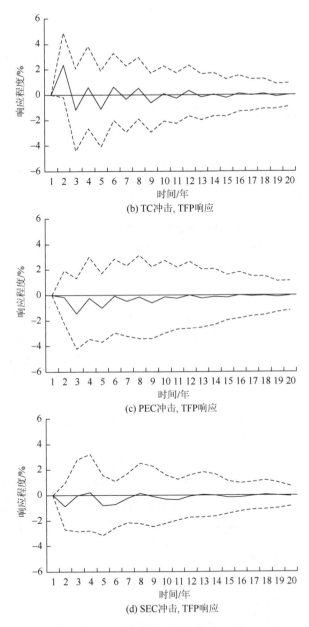

图 9-19　西部地区脉冲响应函数图

的变化趋势，除第 4 年和第 8 年有微弱正向作用外，其他时期均为负向影响。综上所述，西部地区水资源绿色效率 TFP 的提升在前 2 年主要依靠 TC 的发展，而后技术水平、经营水平和管理手段、生产规模均对水资源绿色效率 TFP 的提升起阻碍作用。因此，西部地区在未来的发展中，一方面需要不断提升管理水平，另一方面则要防止生产规模的盲目扩大，并注重新技术的引进和研发，从而使 TC、PEC 和 SEC 齐头并进，共同促进水资源绿色效率 TFP 的增长。

9.6.5 方差分解分析

为了进一步定量分析水资源绿色效率 TFP 在长期变动过程中，各影响因素贡献程度的大小，本章在水资源绿色效率 TFP 与其自身及各分解指数的 VAR 模型基础上，对各地区水资源绿色效率 TFP 进行方差分解，进一步分析各影响因素对 TFP 冲击的重要性，结果如表 9-22 所示。

表 9-22 东部、中部、西部水资源绿色效率 TFP 方差分解

时期	东部				中部				西部			
	TFP	TC	PEC	SEC	TFP	TC	PEC	SEC	TFP	TC	PEC	SEC
1	100.00	0.000	0.000	0.000	100.00	0.000	0.000	0.000	100.00	0.000	0.000	0.000
2	98.995	0.722	0.276	0.007	82.376	9.928	3.727	3.969	56.971	37.535	0.182	5.312
3	92.733	3.481	0.392	3.394	80.186	10.108	5.150	4.556	50.893	34.481	10.727	3.899
4	87.376	3.559	0.637	8.428	76.650	13.804	5.068	4.479	51.524	34.170	10.412	3.894
5	86.882	3.364	0.600	9.154	74.283	16.311	5.014	4.393	46.105	34.672	13.126	6.097
6	86.322	3.586	0.596	9.496	74.250	16.264	4.973	4.513	44.619	34.807	12.626	7.948
7	85.156	3.658	0.767	10.419	74.508	15.975	4.973	4.543	47.242	32.688	12.516	7.555
8	84.584	3.600	0.760	11.057	74.327	15.920	5.026	4.727	46.752	33.268	12.442	7.538
9	84.704	3.570	0.774	10.952	74.268	15.909	5.061	4.762	45.523	33.724	13.380	7.374
10	84.420	3.575	0.773	11.232	74.270	15.896	5.054	4.779	45.401	33.548	13.370	7.681
11	84.224	3.560	0.794	11.423	74.196	15.966	5.056	4.783	45.638	33.100	13.301	7.961
12	84.217	3.563	0.794	11.426	74.186	15.948	5.058	4.809	45.548	33.295	13.224	7.934
13	84.194	3.560	0.810	11.436	74.178	15.938	5.065	4.819	45.496	33.233	13.364	7.906
14	84.140	3.557	0.810	11.494	74.170	15.934	5.066	4.830	45.566	33.164	13.381	7.889
15	84.140	3.558	0.809	11.493	74.163	15.936	5.067	4.834	45.398	33.209	13.437	7.956
16	84.125	3.558	0.810	11.507	74.164	15.932	5.067	4.837	45.366	33.196	13.416	8.021
17	84.110	3.558	0.813	11.519	74.161	15.933	5.068	4.839	45.469	33.120	13.403	8.008
18	84.108	3.560	0.812	11.520	74.159	15.931	5.068	4.841	45.454	33.131	13.402	8.013
19	84.105	3.560	0.813	11.522	74.158	15.931	5.069	4.842	45.414	33.148	13.433	8.006
20	84.099	3.560	0.813	11.529	74.158	15.930	5.069	4.843	45.408	33.138	13.432	8.021

从表 9-22 可以看出，经过 8 个预测期之后，东部、中部、西部三大系统变化趋势已基本稳定，且三大地区水资源绿色效率 TFP 波动的主要影响来源于 TFP 本

身，但从其变化趋势可以看出，其影响力逐渐减弱。就各分解指数而言，东部地区 SEC 对水资源绿色效率 TFP 贡献率最大，超过了 10%，其次是 TC，PEC 最小。从长期来看，TC、PEC 和 SEC 对 TFP 的贡献率都有增大的趋势。中部地区各分解指数对 TFP 的贡献率从高到低依次是 TC、PEC 和 SEC，其中，TC 贡献率超过 15%，但从第 6 期之后有下降的趋势，而 PEC 和 SEC 贡献率逐年上升，增幅分别为 1.34% 和 0.87%；西部地区对水资源绿色效率 TFP 贡献率从高到低依次为 TC、PEC 和 SEC，从第 3 期开始，PEC 贡献率快速增加，增幅高达 10.55%，TC 呈小幅下降趋势，而 SEC 在经过短暂下降之后也呈现上升趋势。综上所述，在未来的发展中，除水资源绿色效率 TFP 本身以外，东部地区 TFP 的增长主要依靠 TC 和 SEC，中西部地区则依靠 TC、PEC 和 SEC 的协同发展。因此，中部、西部地区在不断提高管理水平和扩大生产规模的同时，要注重新技术的研发与引进，不断提高地区水资源利用技术水平，使 TC 成为水资源绿色效率 TFP 增长的新动力，而东部地区需要改善经营水平和管理手段，以此来防止效率损失。

第10章 中国水资源绿色效率驱动机理研究

10.1 "四化"对中国水资源绿色效率的驱动效应研究

当前,我国正处于推行"四化"即新型工业化、信息化、城镇化和农业现代化的重要阶段,社会、经济的快速发展与水资源问题的矛盾日益凸显。我国水资源具有人均占有量少、时空分布不均等特点,作为可持续发展的战略性资源,其短缺问题已经成为区域社会、经济和生态永续发展的主要瓶颈。中共中央、国务院《关于加快推进生态文明建设的意见》首次提出绿色化,并将其与新型工业化、城镇化、信息化、农业现代化并列。因此,"四化"与绿色化协调发展成了现阶段中国社会发展的重要战略和实践目标,也成为当前学术界讨论的热点话题。水资源绿色效率是利用 Malmquist 生产率指数模型,以水足迹、劳动力、资本存量作为投入指标,以 GDP、灰水足迹、社会发展指数作为产出指标计算得出的一种水资源利用效率。水资源绿色效率的三种内涵体现了中华民族永续发展的绿色化内涵,因此水资源绿色效率研究应该与新型工业化、城镇化、信息化、农业现代化的相关研究结合起来,将"四化"作为水资源绿色效率的驱动因素,探究它们之间的协调耦合机理,以促进水资源合理利用与"四化"协调发展,探究水资源绿色效率的驱动机制,为实现经济-生态-社会的可持续发展提供合理依据。

10.1.1 计量模型、变量及数据

1. 模型设定

本章借鉴 Cole 等(2005)的模型思路,在考虑相关因素的基础上,将新型工业化、城镇化、信息化、农业现代化作为核心解释变量,构建如下的中国水资源利用效率影响因素计量模型:

$$\text{EW} = a_0 + \beta_1 \text{IND}_{(i,t)} + \beta_2 \text{URB}_{(i,t)} + \beta_3 \text{INF}_{(i,t)} + \beta_4 \text{AGR}_{(i,t)} + \gamma \text{Con} + \eta_i + \mu_t + \varepsilon_{(i,t)}$$

(10-1)

式中,a_0 为常数项;β 为各变量系数;EW 为水资源利用效率;IND 为新型工业化水平;URB 为城镇化水平;INF 为信息化水平;AGR 为农业现代化水平;i 为省份,t 为年份;Con 为控制变量,包括人口规模 POP、环境治理能力 ENV、水资源禀赋 WAT;η、μ、ε 分别为各地区差异的个体效应、时间差异的年份效应、其他干扰项。

2. 指标选取

1）被解释变量

本章分别选取水资源经济效率、水资源环境效率、水资源绿色效率作为被解释变量，其具体含义如表 10-1 所示。

表 10-1　三种被解释变量

应用模型	投入指标	产出指标	定义
SBM-Malmquist 生产率指数	水足迹、劳动力、资本存量	90 基期 GDP	水资源经济效率
SBM-Malmquist 生产率指数	水足迹、劳动力、资本存量	90 基期 GDP，灰水足迹	水资源环境效率
SBM-Malmquist 生产率指数	水足迹、劳动力、资本存量	90 基期 GDP，社会发展指数，灰水足迹	水资源绿色效率

水资源经济效率以 GDP 作为产出指标体现了其经济内涵；水资源环境效率在以 GDP 作为产出指标的同时，以灰水足迹作为非期望产出，体现了其生态环境内涵；水资源绿色效率又在产出指标中加入了社会发展指数，体现了其绿色化内涵。

2）解释变量

"四化"涉及的方面较多，由于现有的"四化"指标体系尚未统一，本章借鉴现有研究成果（李裕瑞等，2014），依据国家"十三五"规划的最新指示，并遵循全面性、主导性、科学性、可比性、可获得性等原则，选取适宜"四化"的指标，如表 10-2 所示。

表 10-2　"四化"指标的选取

一级指标	二级指标	计算方法	权重
新型工业化水平	工业产出比重	第二产业增加值/地区生产总值（%）	0.022
	工业就业比重	第二产业就业人数/就业总人数（%）	1.031
	工业劳动生产率	工业增加值/第二产业就业人数（元/人）	0.004
	科技投入比重	R&D 经费支出占地区生产总值的比重（%）	0.005
	工业固体废物综合利用率		0.015
信息化水平	移动电话普及率	移动电话/总人口数（户/万人）	0.010
	固定电话普及率	固定电话/总人口数（户/万人）	0.009
	邮电业务指数	邮电业务总量/总人口数（元/人）	0.499
	互联网普及率	宽带互联网接入数/总人数（户/万人）	0.016
	年末邮电局总数		0.938

续表

一级指标	二级指标	计算方法	权重
城镇化水平	人口城镇化率	城镇人口/总人口（%）	0.935
	就业城镇化率	城镇就业人数/就业总人数（%）	0.333
	城镇居民恩格尔系数	城镇居民食品支出/消费支出（%）	0.162
	每万人拥有公共交通车辆	公共交通运营车标台数/（城区人口＋城区暂住人口）（标台）	0.145
	建成区绿化覆盖率	绿化覆盖率/城区面积（%）	0.194
农业现代化水平	农业劳均经济产出	农林牧渔业总产值/第一产业从业人数（元/人）	0.067
	农村居民恩格尔系数	农村居民食品支出/消费支出（%）	0.001
	农业机械化水平	农业机械总动力/耕地面积（kW/hm²）	0.190
	有效灌溉率	实际灌溉面积/灌溉总面积（%）	1.073
	城乡居民收入比	城镇居民家庭人均可支配收入/农村居民家庭人均纯收入（%）	0.001

投影寻踪法直接利用计算机对高维数据进行投影降维分析,进行数据客观投影诊断,自动找出能反映高维空间规律的数据结构。它具有稳健性、抗干扰性和准确度高等优点,因此本章运用投影寻踪综合评价法计算各指标权重,并根据式（10-2）确定"四化"的得分。

$$G = \frac{1}{n}\sum X_{ij} \qquad (10\text{-}2)$$

式中,X_{ij} 为某年区域系统评价指标原始数据依据投影寻踪综合评价法确定权重计算出来的数值;n 为指标的数量;G 为某年相应状态的指数值。G 值越大,发展能力就越强,反之越弱。

3）控制变量

绿色化已上升为国家战略,绿色发展成为关系我国全局发展的重要理念,其内涵除了追求经济增长外,更注重生态文明、社会进步。此外,考虑变量的显著性以及对模型稳健性的影响,本章选取人口规模、环境治理水平、水资源禀赋这些体现绿色发展理念的因素作为控制变量,分别由人口总数、污染治理投资占生产总值的比重、人均水资源占有量表示,以进一步研究水资源利用效率的驱动因素。

4）数据来源

本章使用了 2000～2015 年中国 30 个省（区、市）（不含港、澳、台、西藏）的面板数据,所有数据来源于《中国统计年鉴》（2001～2016 年）以及各省（区、市）统计年鉴,《中国水资源公报》（2000～2015 年）、《中国环境年鉴》（2001～2016 年）、区域统计年鉴（2001～2016 年）。"四化"体系包含较多指标,数据存在部分缺失，但比例很小，本章根据已有年鉴数据，在不影响其统计数据科学性的前提下，以平均值插补处理缺失数据。本章运用 Stata13.0 等软件进行操作。

10.1.2　实验结果与分析

在研究之前，对各个变量的共线性问题进行检验，计算各解释变量的方差膨胀因子（variance inflation factor，VIF）值，如表 10-3 所示。各个变量 VIF 值都小于 10，这表明变量之间不存在多重共线性问题。主要解释变量的描述统计情况如表 10-4 所示。

表 10-3　各个解释变量的方差膨胀因子 VIF 值

变量	IND	INF	URB	AGR	LNPOP	EVN	LNWAT	VIF 平均值
VIF 值	2.68	1.54	1.91	1.74	1.43	1.32	1.35	1.71

注：表中各字母含义同式（10-1）中；LNPOP 和 LNWAT 分别为人口规模和水资源禀赋对数值

表 10-4　主要解释变量的描述统计情况

变量	均值	方差	最大值	最小值
ECEW	0.067	1.000	0.400	0.081
ENEW	0.167	1.000	0.426	0.041
GREW	0.067	1.000	0.387	0.081
IND	0.053	0.288	0.153	0.003
INF	1.264	72.354	72.514	14.613
URB	0.261	1.158	0.751	0.050
AGR	0.087	0.536	0.274	0.013
LNPOP	6.174	11.339	8.125	0.662
EVN	0.380	4.231	1.282	0.430
LNWAT	3.448	9.688	7.011	1.603

1. 总样本估计结果

表 10-5 给出了以水资源经济效率为被解释变量的总样本估计结果。其中模型 1 是不加入任何控制变量，仅考虑"四化" 4 个核心解释变量与水资源经济效率之间关系的回归结果，模型 2～模型 4 是在模型 1 的基础上逐步加入控制变量的估计模型。模型 4 的完整模型估计结果显示，信息化的估计系数显著为正，这说明信息化与水资源经济效率有明显的正相关关系；农业现代化、人口规模的估计系数显著为负，表明农业现代化、人口规模与水资源经济效率呈负相关关系；工业化、城镇化、环境治理能力、水资源禀赋估计系数均不显著，说明这些因素与水资源经济效率无

明显线性关系。以上估计结果表明信息化有利于一定的水资源量投入带来更多的经济产出，人口规模增加会抑制水资源利用经济效益的提高，农业化、工业化、城镇化进程中关于提高水资源利用经济效益的有关建设未受到足够重视，且环境治理过程中水污染治理尚存不足。从估计系数的结果看，各变量对水资源经济效率的影响一致，因此估计结果具有较好的稳健性。

表 10-5　以水资源经济效率为被解释变量的总样本估计结果

项目	模型 1	模型 2	模型 3	模型 4
IND	0.835** (2.21)	0.467 (1.50)	0.477 (1.53)	0.479 (1.49)
INF	0.003* (1.92)	0.014*** (9.18)	0.014*** (9.10)	0.014*** (9.07)
URB	0.029 (0.37)	−0.062 (−0.96)	−0.067 (−1.02)	−0.067 (−1.01)
AGR	−0.308** (−2.07)	−0.247** (−2.03)	−0.255** (−2.07)	−0.254** (−2.03)
LNPOP		−0.229*** (−14.79)	−0.227*** (−14.26)	−0.227*** (−14.23)
ENV			0.009 (0.50)	0.009 (0.49)
LNWAT				0.000 (0.03)
Hausman	16.84 (0.002)	41.38 (0.000)	41.55 (0.000)	41.27 (0.000)
模型	FE	FE	FE	FE
常数项	0.288*** (5.64)	2.102*** (16.22)	2.077*** (14.95)	2.074*** (12.82)
R^2	0.031	0.350	0.351	0.351
F 统计值	3.56 (0.007)	47.97 (0.000)	39.95 (0.000)	34.17 (0.000)
观测值	450	450	450	450

注：括号中为 t 值或 p 值；*、**、***分别表示在 10%、5%、1%水平上显著；FE 表示固定效应模型（fixed effect model）

表 10-6 给出了以水资源环境效率为被解释变量的总样本估计结果。模型 4 的完整模型估计结果显示，工业化、信息化与水资源环境效率呈正相关关系，人口规模、环境治理能力、水资源禀赋与水资源环境效率呈负相关关系，农业现代化、城镇化与水资源环境效率无明显线性关系。以上估计结果表明工业化、信息化有利于减少实际生产过程中非期望产出对生态环境的破坏，人口规模增加会在水资源利用过程中对生态环境造成压力，水资源丰裕会降低人们对水资

源保护的重视程度，农业化、城镇化进程中关于提高水资源利用环境效益的有关建设仍不足，且环境治理过程中存在出现问题再治理的情况。从估计系数的结果看，各变量对水资源环境效率的影响一致，因此估计结果具有较好的稳健性。

表 10-6　以水资源环境效率为被解释变量的总样本估计结果

项目	模型 1	模型 2	模型 3	模型 4
IND	1.385*** （6.38）	1.361*** （6.26）	1.330*** （6.13）	1.211*** （5.44）
INF	0.108*** （11.37）	0.011*** （10.62）	0.011*** （10.05）	0.010*** （9.90）
URB	−0.043 （−0.95）	−0.049 （−1.07）	−0.034 （−0.75）	−0.019 （−0.41）
AGR	−0.101 （−1.19）	−0.097 （−1.14）	−0.073 （−0.86）	−0.107 （−1.23）
LNPOP		−0.014 （−1.34）	−0.020* （−1.84）	−0.019* （−1.74）
ENV			−0.029** （2.29）	−0.037*** （−2.81）
LNWAT				−0.015** （−2.21）
Hausman	41.86 （0.000）	42.22 （0.000）	41.25 （0.000）	38.72 （0.000）
模型	FE	FE	FE	FE
常数项	0.116*** （3.98）	0.231** （2.56）	0.310*** （3.22）	0.437*** （3.91）
R^2	0.373	0.376	0.383	0.390
F 统计值	66.40 （0.000）	53.57 （0.000）	45.94 （0.000）	40.42 （0.000）
观测值	450	450	450	450

注：括号中为 t 值或 p 值；*、**、***分别表示在 10%、5%、1%水平上显著

表 10-7 给出了以水资源绿色效率为被解释变量的总样本估计结果。模型 4 的完整模型估计结果显示，信息化与水资源绿色效率呈正相关关系，农业现代化、人口规模与水资源绿色效率呈负相关关系，工业化、城镇化、环境治理能力、水资源禀赋与水资源绿色效率无明显线性关系。以上估计结果表明信息化有利于利用水资源促进人类社会发展，农业化、工业化、城镇化进程中水资源利用尚不足够切合人类发展需求，人口规模增加会抑制水资源合理利用带来的社会进步，环境治理过程中以人为本的水污染治理尚存不足。从估计系数的结果看，各变量对水资源绿色效率的影响一致，因此估计结果具有较好的稳健性。

表 10-7 以水资源绿色效率为被解释变量的总样本估计结果

项目	模型 1	模型 2	模型 3	模型 4
IND	0.689* (1.83)	0.321 (1.04)	0.343 (1.11)	0.379 (1.18)
INF	0.002 (1.36)	0.013*** (8.60)	0.013*** (8.66)	0.013*** (8.66)
URB	0.143* (1.80)	0.050 (0.78)	0.040 (0.61)	0.036 (0.54)
AGR	−0.429*** (−2.88)	−0.368*** (−3.02)	−0.385*** (−3.14)	−0.375*** (−3.01)
LNPOP		−0.229*** (−14.83)	−0.225*** (−14.18)	−0.225*** (−14.17)
ENV			0.020 (1.12)	0.022 (1.20)
LNWAT				0.004 (0.46)
Hausman	15.68 (0.003)	43.87 (0.000)	43.15 (0.000)	43.26 (0.000)
模型	FE	FE	FE	FE
常数项	0.259*** (5.09)	2.072*** (16.05)	2.016*** (14.59)	1.979*** (12.29)
R^2	0.041	0.359	0.361	0.361
F 统计值	4.86 (0.001)	49.79 (0.000)	41.72 (0.000)	35.73 (0.000)
观测值	450	450	450	450

注：括号中为 t 值或 p 值；*、**、***分别表示在 10%、5%、1%水平上显著

从以上三种回归结果可以看出，信息化与三种水资源效率皆呈正相关关系，人口规模与三种水资源效率皆呈负相关关系。但当水资源经济效率加入生态环境内涵，即将灰水足迹作为非期望产出得到水资源环境效率后，一些解释变量的驱动效应发生了变化。其中，工业化由无明显效应转变为显著正向驱动效应，农业现代化的负向驱动效应转变为无明显驱动效应，环境治理能力、水资源禀赋由无明显驱动效应转变为显著负向驱动效应。在水资源环境效率中加入社会内涵，即将社会维度作为期望产出得到水资源绿色效率后，某些解释变量的驱动效应再次变化。其中，农业现代化由无明显驱动效应转化为显著负向驱动效应，工业化的显著正向驱动效应变为无明显驱动效应，环境治理能力、水资源禀赋的负向驱动效应变为无明显驱动效应。上述关于工业化、农业现代化的转变体现出工业化、农业现代化的发展虽然一定程度上缓解了水资源利用率低下问题，但往往忽略了以人为本的社会发展。环境治理能力的驱动效应转变表明污染治理经费占 GDP 比重虽不断上升，但关于水污染治理的效果仍不理想，同时其他一些环境问题的改

善有效促进了人类社会的可持续发展。水资源禀赋的驱动效应转变可能是因为可用水资源量增加会降低人们对水污染治理以及水资源合理利用的关注程度，同时水资源丰裕也在一定程度上促进了人类社会发展。

2. 分地区回归结果

为了更深入地探究"四化"对我国不同地区水资源绿色效率的影响，笔者将进一步进行分区域研究。按照国家统计局的划分，东部是指最早实行沿海开放政策并且经济发展水平较高的地区（港澳台未计入）；中部是指经济次发达地区，而西部是指经济欠发达的地区。其中东部地区包括北京、天津、河北、辽宁、上海、江苏、浙江、福建、山东、广东和海南共 11 个省（市）；中部地区有 8 个省份，分别是山西、吉林、黑龙江、安徽、江西、河南、湖北、湖南；西部地区包括四川、重庆、贵州、云南、西藏、陕西、甘肃、青海、宁夏、新疆、广西、内蒙古共 12 个省（区、市）。以上对全国东、中、西部的划分能基本代表高、中、低水平的区域经济发展水平，故本章采用此种划分方式。其中西藏地区由于部分数据缺失，暂不纳入研究范围。

表 10-8 显示了分地区估计结果，其中模型 1～模型 3 分别表示东、中、西部以水资源绿色效率为被解释变量的回归模型。从估计结果可以看出，各解释变量的估计系数根据区域不同会出现显著性不同、正负不一等情况，这初步说明"四化"对水资源绿色效率的影响因地区不同而出现分异。模型 1 的回归结果初步表明对于较为发达的东部地区，信息化有利于促进水资源绿色效率的提升，水资源禀赋正向影响水资源绿色效率，而人口规模与水资源绿色效率呈负相关关系；模型 2 的回归结果初步表明对于次发达的中部地区，农业现代化、环境治理能力与水资源绿色效率呈正相关关系，人口规模、水资源禀赋与水资源绿色效率呈负相关关系；模型 3 的回归结果初步表明对于欠发达的西部地区，信息化对水资源绿色效率有正向驱动作用，而工业化、城镇化、人口规模负向影响水资源绿色效率。

表 10-8　以水资源绿色效率为被解释变量的分地区估计结果

项目	模型 1（东部）	模型 2（中部）	模型 3（西部）
IND	0.434 (0.89)	−0.066 (−0.34)	−1.963*** (−3.55)
INF	0.012*** (5.55)	0.000 (0.13)	0.043*** (11.74)
URB	0.177 (1.64)	−0.042 (−1.35)	−0.191* (−1.91)
AGR	−0.189 (−0.77)	0.424*** (4.26)	−0.193 (−0.79)
LNPOP	−0.310*** (−12.77)	−0.204*** (−9.64)	−0.241*** (−9.63)

续表

项目	模型 1（东部）	模型 2（中部）	模型 3（西部）
ENV	0.029 (0.66)	0.034*** (3.21)	0.025 (1.03)
LNWAT	0.057*** (3.35)	−0.034*** (−4.82)	−0.015 (−0.91)
Hausman	68.03 (0.000)	82.56 (0.000)	44.62 (0.000)
模型	FE	FE	FE
常数项	2.191*** (8.41)	2.077*** (10.39)	2.378*** (9.99)
R^2	0.586	0.654	0.505
F 统计值	31.86 (0.000)	30.35 (0.000)	22.94 (0.000)
观测值	165	120	165

注：括号中数据为 t 值或 p 值；*、**、***分别表示在 10%、5%、1%水平上显著

3. 内生性问题

由于模型中可能存在内生性问题，如果运用标准的固定效应模型或随机效应模型进行参数估计，可能会得到有偏的、非一致的估计结果，使分析结果产生扭曲。为解决这一问题，笔者采用广义矩估计方法（generalized method of moments，GMM）对模型进行参数估计。

广义矩估计方法恰当地使用工具变量解决了被解释变量与部分解释变量之间的内生性问题，工具变量可根据现实条件与模型设定等因素自由可控选取，以尽可能减小实际观测结果与理论推测结果之间的差距，直至达到理想效果，在一定程度上克服了一般估计模型因忽略内生性问题而产生的较大偏差。此外，广义矩估计方法不需要知道随机误差项准确的分布信息，允许其存在异方差和序列相关，因而可以比其他估计方法诸如普通最小二乘法、工具变量法等传统计量方法得到更加有效的参数估计量（刘生福等，2014；王景波等，2016）。本章选取内生变量的滞后项作为工具变量，并以第一阶段 F 统计值来检验弱工具变量问题。

模型 1～模型 4 分别是全国及东、中、西部考虑全部解释变量的 GMM 模型估计结果，如表 10-9 所示。模型 1 显示的是全国的 GMM 模型估计结果。估计结果显示农业现代化负向影响水资源绿色效率，这可能是因为，全国范围内农业现代化水平还处于较低水平，关于农业节水方面的建设仍有不足，对水资源绿色效率的促进作用并未体现出来；工业化、城镇化与水资源绿色效率并无明显关系，这可能是因为，国家在大力发展工业化的同时，必然带来资源与能源的大量投入，

却并未严格规制工业等企业的水资源利用情况，也并未充分利用工业化实现提高水效率的工业技术创新，在推进城镇化的同时，未着重改造和建设市政节水基础设施，节水管理制度的建立与完善也未得到充分重视，致使工业的发展与城镇化的建设并未对水资源绿色效率产生积极影响。

表 10-9　以水资源绿色效率为被解释变量的分地区 GMM 模型估计结果

项目	模型 1（总）	模型 2（东部）	模型 3（中部）	模型 4（西部）
IND	0.078 (0.22)	0.487 (1.11)	−0.048 (−0.31)	−2.566*** (−6.11)
INF	0.023*** (4.67)	0.017*** (4.71)	0.000 (0.41)	0.050*** (14.22)
URB	0.028 (0.32)	0.090 (0.87)	−0.037 (−1.37)	−0.108 (−1.28)
AGR	−0.277** (−2.24)	−0.037 (−0.15)	0.406*** (5.04)	−0.189 (−1.35)
LNPOP	−0.281*** (−12.81)	−0.346*** (−16.91)	−0.203*** (−8.54)	−0.302*** (−15.88)
EVN	0.034** (2.23)	0.042 (1.27)	0.033*** (2.57)	0.034* (1.70)
LNWAT	0.008 (0.89)	0.063*** (4.33)	−0.033*** (−4.30)	−0.004 (−0.27)
内生性	6.720 (0.009)	6.781 (0.009)	5.183 (0.022)	8.477 (0.003)
异方差	9.96 (0.001)	3.71 (0.054)	7.51 (0.006)	11.19 (0.000)
F 统计值	37.073 (0.000)	39.955 (0.000)	200 932 (0.000)	408.659 (0.000)
自回归	4755.36 (0.000)	24 029.68 (0.000)	8538.65 (0.000)	2915.05 (0.000)
常数项	2.271*** (12.04)	2.349*** (8.62)	2.065*** (8.71)	2.683*** (12.38)
R^2	0.423	0.593	0.645	0.589
Wald	290.26 (0.000)	620.76 (0.000)	183.50 (0.000)	382.73 (0.000)
观测值	390	154	112	154

注：括号中数据为 z 值或 p 值；*、**、***分别表示在 10%、5%、1%水平上显著

　　模型 2 显示的是东部地区的 GMM 模型估计结果。结果表明环境治理能力与东部地区水资源绿色效率并无明显关系，这可能是因为在环境治理上，发达的东部地区由于过度开发，环境问题十分复杂严峻，如空气污染等，水效率低下这一

问题并未得到足够重视，故虽然政府增加了污染治理投资，但成效并不理想。此外，水资源禀赋正向影响东部水资源绿色效率，说明东部地区能较好地利用自身的水资源条件，提高水资源利用效率。

模型 3 显示的是中部地区的 GMM 模型估计结果。结果显示信息化与中部地区水资源绿色效率并无明显关系，这可能是由于与东部发达地区相比，次发达的中部地区的信息化水平较低，对水资源绿色效率的促进作用并未体现出来。此外，中部地区的水资源禀赋负向影响水资源绿色效率，这说明中部地区存在水资源越丰裕，节水与水污染治理意识越差的状况。

模型 4 显示的是西部地区的 GMM 模型估计结果。结果显示工业化的估计系数显著为负且系数值较大，这可能是由于较为落后的西部地区，在急于推行工业化促进经济发展的同时，采取粗放型、高能耗的发展模式，忽视水资源节约与工业节水创新的情况较东、中部地区更为严重。从 OLS 回归模型和 GMM 回归模型的估计结果看，各变量对水资源环境效率的影响基本一致，因此估计结果具有较好的稳健性。

根据实证分析结果，可以得出以下结论。

第一，工业化、城镇化、信息化、农业现代化并未全部与水资源利用效率呈明显的正相关关系，这说明我国在"四化"建设的过程中，提高水资源利用效率的相关建设并未得到足够重视。第二，"四化"对水资源三种效率体现出不同的驱动效应，通过对其分析发现，工业化、农业化的发展虽然一定程度上缓解了水资源利用率低下的问题，但往往忽略了以人为本的社会发展。第三，三种控制变量对水资源三种效率也体现出不同的驱动效应，这些转变表明污染治理经费虽逐年上升，关于水污染治理的效果仍不理想，但其他环境问题得到改善，有利于人类社会的可持续发展；可用水资源量增加会降低人们对水污染治理以及水资源合理利用的关注程度，但同时水资源丰裕也在一定程度上促进了人类社会发展。第四，人口规模与三种水资源效率皆呈负相关关系，说明人口持续增加会抑制我国水资源效率的提升。第五，从分地区回归结果看，"四化"中信息化对中部水资源绿色效率无明显提升作用，农业现代化仅对中部地区水资源绿色效率存在积极驱动效应，对于西部地区工业化与水资源绿色效率呈显著的负相关关系，且城镇化对全国水资源绿色效率均无明显驱动效应。第六，环境治理能力对东部的水资源绿色效率无明显驱动效应，这说明相对于中、西部地区，东部的环境问题更为突出且治理情况不容乐观，其中水资源问题并未受到足够关注。第七，水资源禀赋与东部地区水资源绿色效率呈正相关关系，与中部地区水资源绿色效率呈负相关关系，与西部地区水资源绿色效率无明显相关关系，这说明水资源丰裕程度在不同地区会产生不同的驱动效应，且全国大部分地区不能根据自身水资源禀赋合理利用水资源。

10.2　基于 GWR 模型的中国水资源绿色效率驱动机理研究

　　水是生命之源、生产之要、生态之基（程永毅和沈满洪，2014），作为人民生产生活不可或缺的重要战略资源，水资源的可持续利用关乎国家民族未来发展的长远大计。当前，水资源短缺和用水效率低下是我国社会发展的限制性因素之一（沈满洪和陈庆能，2008），提高用水效率，实现水资源可持续利用是我国建设生态文明社会的重要任务。2017 年国家在《节水型社会建设"十三五"规划》中明确提出，要把节水贯穿于经济社会发展和生态文明建设全过程，大力提高水资源利用效率和效益，以水资源可持续利用促进经济社会可持续发展。因此，对水资源效率的驱动机理进行研究是时代发展的要求，这对解决中国水资源短缺问题具有重要的理论意义和现实意义。

10.2.1　水资源绿色效率的驱动因素指标选取

　　影响水资源利用效率的因素繁多而复杂，笔者通过对前人研究成果进行总结，将水资源利用效率的影响因素归为五类，分别是自然因素、社会经济因素、环境因素、科技因素和政府影响力。鉴于目前对政府决策和管理能力尚没有量化标准，政府影响力主要通过在环境和科技方面的财政支出能力来体现，因此本章将其纳入环境和科技因素。共选取 4 种类型的 19 个解释变量对水资源绿色效率驱动机理进行分析，如表 10-10 所示。

表 10-10　影响水资源绿色效率的变量指标及描述

因素分类	解释变量	变量描述
自然因素	水资源禀赋	人均水资源量（m³）
		降水量（mm）
社会经济因素	经济水平	人均 GDP（元）
	产业结构	第三产业比重（%）
		三产劳均增加值（万元）
	工业发展水平	规模以上工业企业主要产品利润率（%）
	农业发展水平	谷物单位面积产量(kg/hm^2)
	人口规模	总人口（亿人）
	人口素质	平均受教育年限（年）

续表

因素分类	解释变量	变量描述
社会经济因素	用水结构	工业用水比重（%）
		农业用水比重（%）
	对外开放程度	外商直接投资（亿元）
	交通基础设施	单位面积交通里程(km/km²)
环境因素	污染程度	COD 排放总量（万 t）
	污水处理	城市污水处理率（%）
	环保投入	污染治理投资占地方预算百分比（%）
科技因素	科技成果	万人专利授权数（件）
	科技转化率	科技市场成交额（亿元）
	科技投入	R&D 经费投资总额（亿元）

10.2.2　中国水资源绿色效率空间异质性分析

GWR 模型可以有效解决由空间位置引起的因变量与自变量之间的局部变异问题，因此，运用 GWR 模型之前，要对研究对象是否存在空间相关性和空间异质性进行检验。本章基于 GeoDa 软件平台，利用全局自相关方法，在水资源绿色效率 Moran's I 指数的正态统计量 Z 值均超过 10%置信水平的临界值 1.65 条件下，计算得出 2000 年、2005 年、2010 年和 2015 年中国水资源绿色效率全局 Moran's I 指数。结果显示，4 个时段水资源绿色效率全局 Moran's I 指数分别是 0.2193、0.1575、0.1424 和 0.1534，表明中国各地区水资源绿色效率存在明显的空间自相关特性，即某地区的水资源绿色效率会受到相邻区域水资源绿色效率水平的正向影响。

由于全局 Moran's I 指数不能表明某一具体地区的空间集聚特征，本书结合 Moran 散点图和局部 Moran's I 指数，绘制了 2000 年、2005 年、2010 年和 2015 年中国各地区水资源绿色效率的 LISA 集聚图（图 10-1），以探究中国水资源绿色效率是否存在局部集聚现象。

图 10-1 显示，处于空间正相关（HH 集聚和 LL 集聚）的地区个数在 2000 年、2005 年、2010 年和 2015 年分别有 22 个、20 个、21 个和 18 个，数量的减少表明水资源绿色效率 HH 集聚和 LL 集聚呈减弱的趋势，LH 集聚地区数量有所增加，表现为上升趋势，HL 集聚表现为减弱态势。对比分析 4 种集聚类

型可以发现，HH 集聚在前两个时期主要分布在我国的东北地区和西部地区，且两个时期变动不大，后两个时期则主要分布在东部沿海和西部地区，且数量有所下降；LL 集聚地区在 2000 年和 2005 年主要分布在东部地区和中部地区，2010 年和 2015 年数量有所增加，且在空间格局上有向东北扩散的趋势；LH 集聚地区在研究期内数量有略微上升，但其空间分布格局变化不大，呈发散状态散布在我国东部地区和西部地区；HL 集聚在 2000 年仅有上海、重庆和海南 3 个地区，2005 年数量上升至 6 个，之后数量有所下降并趋于稳定。总体来看，HH 集聚和 LL 集聚地区呈集中式分布，数量较多，LH 集聚和 HL 集聚地区呈发散式分布，数量较少。

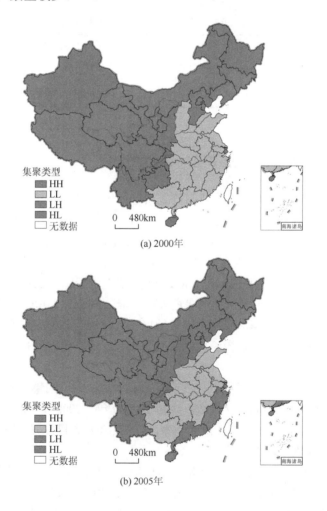

(a) 2000年

(b) 2005年

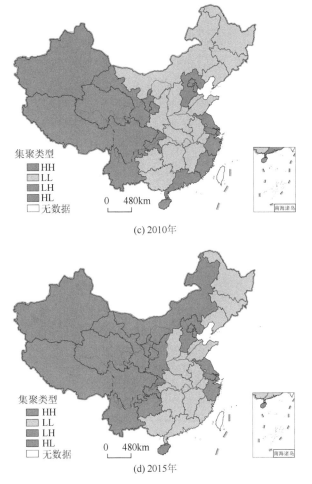

(c) 2010年

(d) 2015年

图 10-1　中国各地区水资源绿色效率 LISA 集聚图（见书后彩图）

10.2.3　中国水资源绿色效率空间差异的影响因素分析

1. 传统回归模型结果分析

为了掌握各影响因素对中国水资源绿色效率的全局（平均）影响，首先基于最小二乘法对中国水资源绿色效率进行一般线性回归分析，通过共线性诊断去掉方差膨胀因子最高的两个变量（三产劳均增加值和外商直接投资），剩余 VIF 平均值为 5.96，低于 10，达到回归分析基本要求。结果如表 10-11 所示。

表 10-11　最小二乘法模型估计结果

因变量	回归系数	标准差	t 值	显著性 p
人均水资源量	−0.0169**	0.0110	−1.54	0.025
降水量	−0.0135	0.0165	−0.82	0.415
人均 GDP	0.1536***	0.0266	5.78	0.000
第三产业比重	0.4806***	0.1499	3.21	0.001
规模以上工业企业主要产品利润率	−0.4073***	0.1125	−3.62	0.000
谷物单位面积产量	−0.2489***	0.0547	−4.55	0.000
总人口	−0.4681***	0.0592	−7.90	0.000
平均受教育年限	−0.0159	0.0137	−1.16	0.245
工业用水比重	−0.5865***	0.1248	−4.70	0.000
农业用水比重	−0.5372***	0.1054	−5.10	0.000
单位面积交通里程	0.0671*	0.0372	1.80	0.072
COD 排放总量	−0.0007*	0.0004	−1.90	0.058
城市污水处理率	−0.5114	0.0490	−10.43	0.109
污染治理投资占地方预算百分比	−0.4572*	0.2428	−1.88	0.060
万人专利授权数	−0.0115	0.0023	−0.05	0.960
科技市场成交额	0.0047**	0.0037	1.25	0.011
R&D 经费投资总额	0.0069	0.0056	1.22	0.222
常数	2.3349***	0.4301	5.43	0.000
调整 R^2	0.650			

注：*、**、***分别表示在10%、5%、1%水平下显著

　　由表 10-11 可知，在 10%及以下显著性水平条件下，共有 12 个因素对中国水资源绿色效率有重要影响。由系数绝对值大小可知，其重要性由大到小依次是工业用水比重、农业用水比重、第三产业比重、总人口、污染治理投资占地方预算百分比、规模以上工业企业主要产品利润率、谷物单位面积产量、人均 GDP、单位面积交通里程、人均水资源量、科技市场成交额和 COD 排放总量。自然因素中，人均水资源量的回归系数显著为负，表明人均水资源量的增加不利于水资源绿色效率的提升，这与胡鞍钢等（2002）、钱文婧和贺灿飞的研究结果相符；社会经济因素中，人均 GDP、第三产业比重和单位面积交通里程对水资源绿色效率的提升有显著正向影响，具体表现为三者每增加 1%，水资源绿色效率相应提高 0.15%、0.48%和 0.07%，产业结构和经济发展起主导作用；在几个负向指标中，工农业用水比重、总人口对中国水资源绿色效率的阻滞作用均很显著，数据显示，我国工业和农业用水比重分别高达 22.89%和 63.08%，它们是我国社会发展耗水

较多的两个部门，且有研究（钱文婧和贺灿飞，2011）表明，当前我国工业用水效率和农业用水效率均较低，与最优配置差距较大，特别是工业生产中高耗水产业所占比重大，传统的农业灌溉模式消耗了大量水资源，导致我国工农业发展水平远低于西方发达国家，这是我国水资源绿色效率低下的主要原因。人口规模的扩大一直是阻碍我国社会发展的重要因素，由人口扩张所引起的水资源压力越发严重，从而抑制了水资源绿色效率的提高。环境因素中，COD 排放总量和污染治理投资占地方预算百分比显著为负，表明我国的环境问题依然严峻，污染治理资金的不合理（低效）使用，对水资源绿色效率的阻碍作用已远大于环境污染本身，这也是我国环境问题一直不能得到有效解决的重要原因。科技因素中，只有科技市场成交额显著为正，其他两项指标均不显著，这表明科技对水资源绿色效率的影响不在于科技成果和科技投入的多少（或者说二者没有直接影响），而在于科技成果的转化，只有将科技成果有效应用于社会生产，将其转化为生产力，科技因素才能成为水资源绿色效率提升的真正驱动力。

2. GWR 模型结果分析

由前文分析可知，中国水资源绿色效率的空间分布具有显著的空间正相关和空间异质性，传统的 OLS 模型忽略了空间地理位置对水资源绿色效率的影响，而 GWR 模型可以有效解决由空间位置引起的因变量和自变量之间的局部变异问题。因此，本章选取各省会城市的投影坐标作为地理坐标，以固定高斯函数为权属函数，以 AIC 法确定带宽，运用 GWR4.9 软件进行回归计算，结果如表 10-12 所示。

表 10-12　中国水资源绿色效率 GWR 模型结果

模型参数	2000 年	2005 年	2010 年	2015 年
带宽	396 939.049	410 258.124	396 070.654	125 358.383
剩余平方	0.878 045	0.412 876	0.548 912	0.457 864
有效个数	27.723	27.708	27.904	31
σ 值	0.168 297	0.115 406	0.133 067	0.121 531
AIC 值	31.738 798	8.347 751	17.176 235	11.553 877
R^2	0.817	0.860	0.861 303	0.935 754
调整 R^2	0.701	0.777	0.779	0.810

由于 GWR 模型得出的结果为各因素对每一个地区都有一个特定的系数值（宋伟轩等，2017），限于版面，本章对上述显著性指标进行回归计算，并仅列出 2000 年和 2015 年各因素系数的统计结果，如表 10-13 所示。

表 10-13　　2000 年与 2015 年 GWR 模型计算结果统计

变量	最小值	下四分位数	中位数	上四分位数	最大值	平均值
人均水资源量	−0.468/−15.232	−0.027/−0.134	0.060/−0.061	0.261/0.230	1.425/0.812	0.129/−0.450
人均 GDP	−3.449/−2.091	−0.356/−0.283	−0.159/0.060	0.094/0.206	1.480/5.017	−0.137/1.554
第三产业比重	−22.896/−10.798	−4.874/−0.941	−1.748/0.000	1.171/1.528	8.942/5.098	−2.554/4.725
规模以上工业企业主要产品利润率	−8.227/−36.330	−2.570/−2.054	−0.443/0.000	−0.006/1.280	5.596/28.083	−0.874/3.175
谷物单位面积产量	−5.125/−6.914	−0.741/−0.374	−0.186/0.375	0.061/1.567	2.174/20.411	−0.348/−0.757
总人口	−7.417/−6.151	−2.917/−0.868	−1.109/−0.589	−0.330/0.000	1.553/32.017	−1.701/3.831
工业用水比重	−19.377/−36.937	−1.971/−2.680	−0.527/−0.322	0.903/0.000	2.678/4.978	−1.633/12.798
农业用水比重	−10.932/−29.492	−2.223/−2.203	−0.738/0.000	2.531/0.764	5.940/19.401	−0.658/5.029
单位面积交通里程	−3.171/−6.629	−1.096/−0.230	0.260/0.164	2.438/0.347	5.237/1.705	0.571/−1.329
COD 排放总量	−0.015/−0.503	−0.001/−0.009	0.005/−0.001	0.016/0.005	0.049/0.030	0.008/−0.030
污染治理投资占地方预算百分比	−7.938/−8.398	0.592/−0.630	1.814/0.279	2.981/3.498	44.268/50.999	3.440/1.147
科技市场成交额	−0.029/−1.852	−0.004/−0.073	0.006/0.027	0.011/0.075	0.044/0.001	0.005/0.089

注:"/"前面数据为 2000 年统计结果,"/"后面数据为 2015 年统计结果

由表 10-12 可知,2000 年、2005 年、2010 年和 2015 年的校正模型拟合优度(调整 R^2)分别为 0.701、0.777、0.779 和 0.810,均高于最小二乘法的拟合优度 0.650,GWR 模型分别能解释 2000 年、2005 年、2010 年和 2015 年因变量的 70.1%、77.7%、77.9%和 81%,表明 GWR 模型的拟合结果要优于 OLS 模型,且解释效果较好。由表 10-13 可知,影响因素的回归系数范围变化幅度较大,且解释变量系数有正有负,可以看出采用传统回归方法得出的回归系数仅能代表总体的平均水平,掩盖了部分局部系数特征,说明水资源绿色效率与影响因素之间并非是稳定的系数关系,而各地区的实际发展情况不同,导致影响因素表现出较强的空间不稳定性,并随时间而发生变化。

为进一步探究各因素对水资源绿色效率影响的空间变异特征,本章将每个研究单元的系数借助 GIS 平台进行可视化表达,从而更直观地对水资源绿色效率的影响因素进行空间变异分析,结果如图 10-2 和图 10-3 所示。

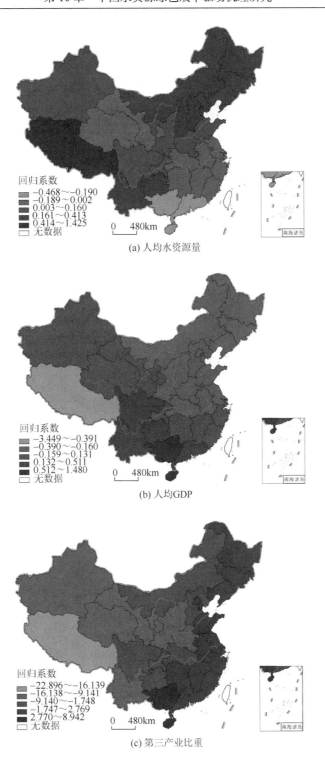

回归系数
■ -0.468~-0.190
　 -0.189~0.002
　 0.003~0.160
　 0.161~0.413
■ 0.414~1.425
□ 无数据

0　　480km

(a) 人均水资源量

回归系数
■ -3.449~-0.391
　 -0.390~-0.160
　 -0.159~0.131
　 0.132~0.511
■ 0.512~1.480
□ 无数据

0　　480km

(b) 人均GDP

回归系数
■ -22.896~-16.139
　 -16.138~-9.141
　 -9.140~-1.748
　 -1.747~2.769
■ 2.770~8.942
□ 无数据

0　　480km

(c) 第三产业比重

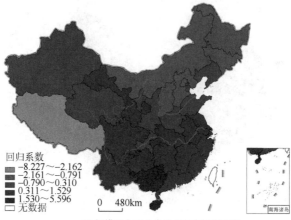

(d) 规模以上工业企业主要产品利润率

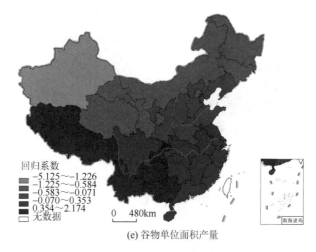

(e) 谷物单位面积产量

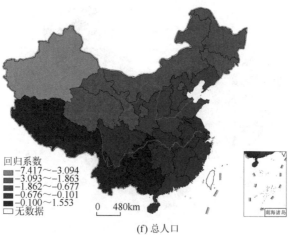

(f) 总人口

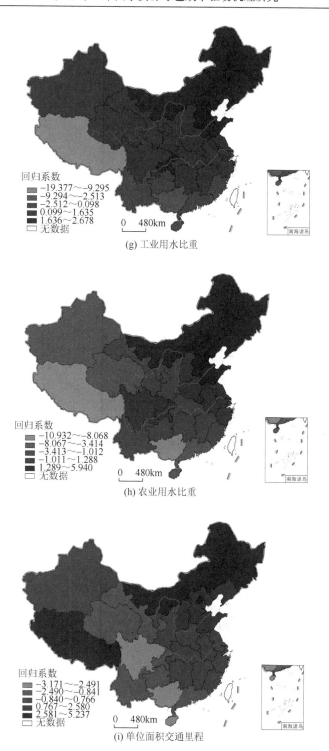

回归系数
- −19.377~−9.295
- −9.294~−2.513
- −2.512~0.098
- 0.099~1.635
- 1.636~2.678
- 无数据

0　　480km

(g) 工业用水比重

回归系数
- −10.932~−8.068
- −8.067~−3.414
- −3.413~−1.012
- −1.011~1.288
- 1.289~5.940
- 无数据

0　　480km

(h) 农业用水比重

回归系数
- −3.171~−2.491
- −2.490~−0.841
- −0.840~0.766
- 0.767~2.580
- 2.581~5.237
- 无数据

0　　480km

(i) 单位面积交通里程

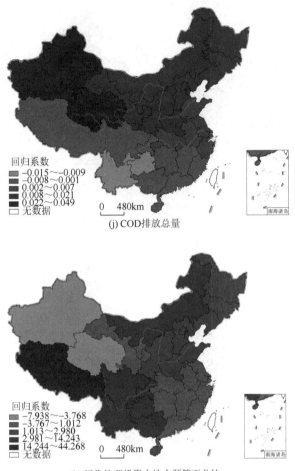

回归系数
■ −0.015~−0.009
■ −0.008~−0.001
■ 0.002~0.007
■ 0.008~0.021
■ 0.022~0.049
□ 无数据

0   480km

(j) COD排放总量

回归系数
■ −7.938~−3.768
■ −3.767~1.012
■ 1.013~2.980
■ 2.981~14.243
■ 14.244~44.268
□ 无数据

0   480km

(k) 污染治理投资占地方预算百分比

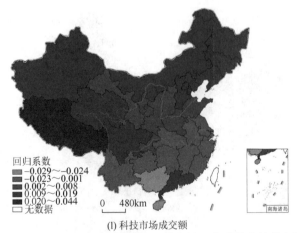

回归系数
■ −0.029~−0.024
■ −0.023~0.001
■ 0.002~0.008
■ 0.009~0.019
■ 0.020~0.044
□ 无数据

0   480km

(l) 科技市场成交额

图 10-2　2000 年水资源绿色效率各影响因素回归系数估计的空间分布

（1）水资源禀赋对水资源绿色效率的影响。由图 10-2（a）可知，研究初期（2000 年）人均水资源量回归系数正值区主要分布在东北地区、华北地区和西南地区，总体表现为自西北向东南递减的趋势，东南水资源丰富地区，其回归系数显著为负，表明人均水资源量越多，越不利于水资源绿色效率的提高；研究末期［图 10-3（a）］，人均水资源量对水资源绿色效率的影响程度有所增强，其空间分布格局变化不大，高值区多分布在 400mm 等降水量线（胡焕庸线）以西地区。水资源量东多西少的基本国情，使西部缺水地区更加注重水资源的高效利用，而东部水资源丰富、取水容易地区，节水意识普遍较差，导致水资源丰度对西部地区水资源绿色效率有促进作用，对东部地区起阻滞作用。

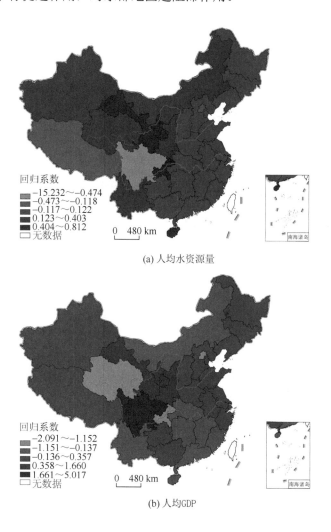

(a) 人均水资源量

(b) 人均GDP

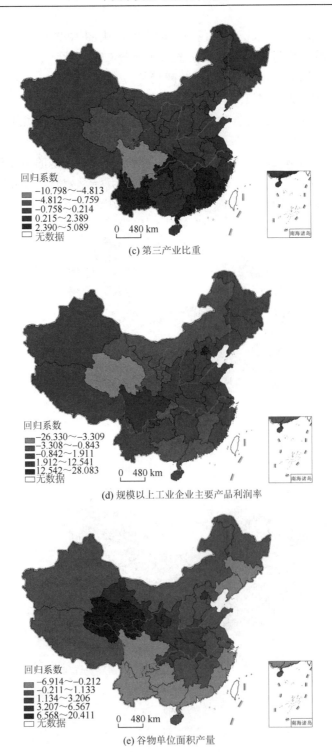

(c) 第三产业比重

(d) 规模以上工业企业主要产品利润率

(e) 谷物单位面积产量

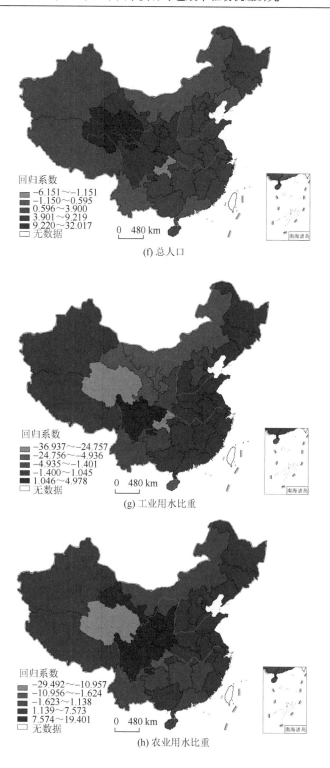

(f) 总人口

(g) 工业用水比重

(h) 农业用水比重

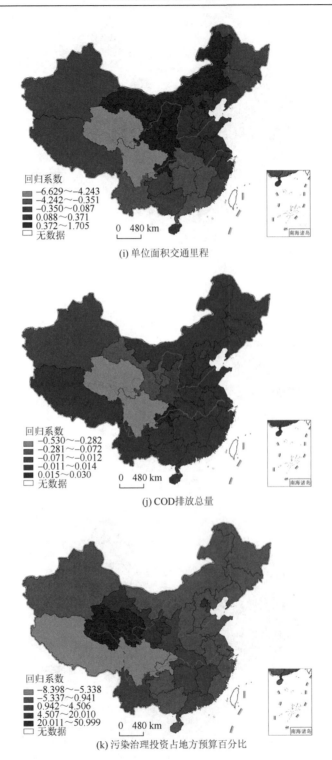

(i) 单位面积交通里程

回归系数
- −6.629～−4.243
- −4.242～−0.351
- −0.350～0.087
- 0.088～0.371
- 0.372～1.705
- □ 无数据

0 480 km

(j) COD排放总量

回归系数
- −0.530～−0.282
- −0.281～−0.072
- −0.071～−0.012
- −0.011～0.014
- 0.015～0.030
- □ 无数据

0 480 km

(k) 污染治理投资占地方预算百分比

回归系数
- −8.398～−5.338
- −5.337～0.941
- 0.942～4.506
- 4.507～20.010
- 20.011～50.999
- □ 无数据

0 480 km

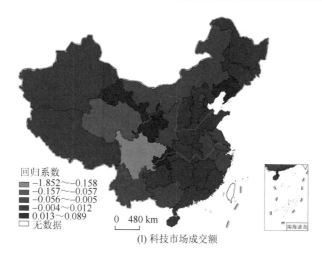

(l) 科技市场成交额

图 10-3　2015 年水资源绿色效率各影响因素回归系数估计的空间分布

（2）经济水平对水资源绿色效率的影响。由图 10-2（b）可知，研究初期人均
GDP 对水资源绿色效率的影响程度表现为自西北向东南递增的趋势，研究末期
［图 10-3（b）］，其空间分布格局呈散乱分布状态；从其正值区数量来看，研究期
内人均 GDP 回归系数正值区数量虽有所上升，但经济发展水平高的地区并不都是
效率高效区。相反，经济发展水平低的西藏、青海等地区，水资源绿色效率却远
高于某些东部发达地区，表明经济发展水平不是水资源绿色效率高低的决定性因
素，这与孙才志等（2017b）的研究结果相符。而马海良等（2012a）有关学者认
为，经济水平同水资源效率呈显著正相关，即人均 GDP 的增加会提高水资源利用
效率（空间上东高西低），这与本章的研究结果有所出入，原因在于，本章所选取
用来测度水资源绿色效率的指标与马海良等有着较大区别，笔者不仅考虑了水资
源利用所产生的经济效益和环境效益，还考虑了体现人文关怀的社会效益，经济
发展水平高的地区，其社会发展指数不一定高，社会发展指数提升速度与经济增
速不匹配，会造成地区发展成果分配不公，社会福利不能共享，从而引发一系列
的社会问题，降低人民幸福感，以致阻碍水资源绿色效率的提高。

（3）产业结构对水资源绿色效率的影响。从第三产业比重回归系数的空间分
布［图 10-2（c）和图 10-3（c）］来看，回归系数由西北向东南逐渐增长，说明第
三产业比重对中国水资源绿色效率的影响程度由西北向东南逐步增大。从回归系
数正值区数量来看，研究初期（2000 年），正值区数量仅有 11 个，在空间上集中
分布在东南沿海地区，到了研究末期（2015 年），正值区数量有所增加，其空间
分布格局有向中西部扩散的趋势，表明第三产业比重增加有利于水资源绿色效率
的提高。总体而言，东南地区的经济结构优于西北地区，在调整产业结构方面，

西北地区的调整潜力大于东南地区，因此，在相同条件下，如果西北地区有意识地增加第三产业比重，就可以获得比东南地区更多的利益。

（4）工农业发展水平对水资源绿色效率的影响。从回归系数的空间分布来看，研究初期［图 10-2（d）和图 10-2（e）］，规模以上工业企业主要产品利润率的回归系数自西向东依次增大，谷物单位面积产量自北向南依次增大，表明工业发展水平对中国水资源绿色效率的影响程度由西向东逐渐增大，农业发展水平对中国水资源绿色效率的影响程度自南向北逐渐增强；研究末期［图 10-3（d）和图 10-3（e）］，两者的空间格局没有明显规律，呈空间散布状态，但从其正值区数量来看，二者正值区数量均有所增加，且回归系数也有所增大，工业发展水平正值区有向中西部扩散的趋势，农业发展水平正值区也逐渐扩展到广大北方地区，这与我国近年来新型工业化和农业现代化建设不可分割。研究初期，西北地区受制于脆弱的生态环境和复杂多变的地形，工农业发展水平不高，随着经济和技术的发展，东南地区先进的工农业产业得以向西北地区扩散转移。因此，西北地区应该抓住机遇，积极引进东南地区的先进技术和资金，大力推进新型工业化和农业现代化进程，使工农业发展对水资源绿色效率的提升产生更多积极影响。

（5）人口规模对水资源绿色效率的影响。由图 10-2（f）可知，研究初期（2000 年），总人口的回归系数由北向南依次增大，说明人口规模对中国水资源绿色效率的影响程度南方大于北方，研究末期［图 10-3（f）］，其空间格局有所变化，回归系数大致呈现自西向东逐渐减小的趋势，表明此时人口规模对中国水资源绿色效率的影响程度西部大于东部。从其回归系数正值区数量来看，研究期内，正值区数量较少且变化不大，集中分布于西部人口稀疏地区，表明人口规模的扩大不利于水资源绿色效率的提高（对大多数地区而言）。因此，各地区应在统一性政策框架下，因地制宜地制定并实施适合本地发展的人口政策，从而降低人口规模对水资源绿色效率的阻滞作用。

（6）用水结构对水资源绿色效率的影响。工业用水比重与农业用水比重表现为相似的空间分布状态。2000 年，工农业用水比重回归系数自东北向西南依次递减［图 10-2（g）和图 10-2（h）］，表明此时工农业用水比重对中国水资源绿色效率的影响程度自东北向西南逐渐减小，这与研究初期我国产业结构的分布有关，东北地区和华北地区是我国工业最发达的地区之一，且是全国粮食主产区，工农业用水比重的增加能够带来巨大的经济利益，推动地区发展，因此其作用效果东北大于西南；2015 年，工农业用水比重的空间分布状态发生改变，且回归系数有所增大［图 10-3（g）和图 10-3（h）］，表明工农业用水比重对水资源绿色效率的影响力加强。回归系数正值区多分布在"胡焕庸线"以东地区，这是因为随着经济的发展，中东部地区对其产业结构进行优化改善，使工农业耗水量不断降低，从而促进水资源绿色效率的提升，而西部地区由于经济的限制，继续保持着传统的生产方式，工农业用水效率低下，浪费严重，从而阻滞了水资源绿色效率的提高。

（7）交通基础设施对水资源绿色效率的影响。从图 10-2（i）可以看出，研究初期，单位面积交通里程回归系数高值区分布在西藏、东北和华北等地，总体表现为自东北向西南递减的趋势。研究末期［图 10-3（i）］，这种趋势有所加强，西藏由正值区转变为了负值区，这是因为西藏地处内陆腹地，经济落后且生态环境脆弱，研究初期交通基础设施的建设能极大地促进经济发展，从而使其对水资源绿色效率的影响表现为正向促进作用，但随着交通基础设施建设的增多，对当地的生态环境造成了极大威胁，生态环境的退化速度快于经济增速，从而使其影响力转变为负。

（8）污染程度和环保投入对水资源绿色效率的影响。从 COD 排放总量回归系数的空间分布来看［图 10-2（j）和图 10-3（j）］，研究初期，回归系数由北向南依次递减，且在大部分地区表现为正；研究末期，空间分布格局表现为自西北向东南逐渐增大的趋势，但正值区数量明显减少，表明以牺牲环境为代价的经济发展越来越不利于水资源绿色效率的提高。由图 10-2（k）和图 10-3（k）可知，研究期内，环境治理投资的回归系数在大多数地区表现为正，表明环境污染治理投资的增加有利于水资源绿色效率的改善，但由于其正值区数量有所下降，说明个别地区的环境治理资金存在使用不当的情况，如西藏、四川、重庆等地。

（9）科技转化率对水资源绿色效率的影响。从科技市场成交额回归系数的空间分布［图 10-2（l）和图 10-3（l）］来看，2000 年回归系数自西北向东南渐次减小，表明研究初期科技对水资源绿色效率的影响力为西北地区大于东南地区，2015 年回归系数高值区均匀分布于东、中、西各部；从回归系数的大小和正值区数量来看，科技市场成交额回归系数虽远小于其他因素，但在绝大多数地区显著为正，表明科技转化率的提高有利于水资源绿色效率的提升。因此，各地区应加大科学研究的投资力度，并注重科研成果的转化，从而使技术成为水资源绿色效率新的增长极。

第11章 中国水资源绿色效率决定力
及提升机制分析

水资源是人类生存和社会发展必不可缺的重要资源。随着我国经济快速发展、城镇化和工业化进程推进，我国用水需求量快速增加而水污染日益严重，加剧了我国水资源短缺的矛盾，逐步制约经济和社会的可持续发展，解决水资源短缺及水污染问题成为迫在眉睫却又任重道远的任务。在今后一段时间内，为经济和社会发展提供充足的水资源支撑，逐步提高水资源利用效率是必然选择。因此，研究水资源效率的驱动因素与提升机制具有时代意义，对解决中国水资源短缺问题具有重要的指导作用。

第10章将水资源利用效率的影响因素主要归结为社会经济因素、自然因素、科技因素、环境因素和政府影响力等，并遵照已有文献研究成果，依据全面性、科学性与数据可获得性原则，选取4种类型共19个解释变量对水资源绿色效率驱动机理进行分析，本章将继续采用上述指标，运用地理探测器模型探索各指标与水资源绿色效率的作用关系，指标体系如表11-1所示。

表 11-1 水资源绿色效率的影响因子指标及描述

因素分类	解释变量	变量描述	自变量 X_i
自然因素	水资源禀赋	人均水资源量（m³）	X_1
		降水量（mm）	X_2
社会经济因素	经济水平	人均 GDP（元）	X_3
	产业结构	第三产业比重（%）	X_4
		三产劳均增加值（万元）	X_5
	工业发展水平	规模以上工业企业主要产品利润率（%）	X_6
	农业发展水平	谷物单位面积产量(kg/hm²)	X_7
	人口规模	总人口（亿人）	X_8
	人口素质	平均受教育年限（年）	X_9
	用水结构	工业用水比重（%）	X_{10}
		农业用水比重（%）	X_{11}
	对外开放程度	外商直接投资（亿元）	X_{12}
	交通基础设施	单位面积交通里程(km/km²)	X_{13}

续表

因素分类	解释变量	变量描述	自变量 X_i
	污染程度	COD 排放总量（万 t）	X_{14}
环境因素	污水处理	城市污水处理率（%）	X_{15}
	环保投入	污染治理投资占地方预算百分比（%）	X_{16}
	科技成果	万人专利授权数（件）	X_{17}
科技因素	科技转化率	科技市场成交额（亿元）	X_{18}
	科技投入	R&D 经费投资总额（亿元）	X_{19}

地理探测器的应用要求自变量 X_i 为类型量，本章利用自然断点法将 19 个自变量分为低值区、中值区、中高值区和高值区 4 类，分别取值 1、2、3 和 4。

11.1　中国水资源绿色效率决定力分析

11.1.1　水资源绿色效率与各因子空间耦合匹配分析

利用 2015 年水资源绿色效率与各因子的自然断点法分类进行空间耦合匹配，水资源绿色效率与各因子分级差值的绝对值表示其耦合水平，差值为"0"表示完全耦合，"1"～"3"表示耦合水平由高至低，如图 11-1 所示。结果显示人均水资源量、平均受教育年限、工业用水比重、外商直接投资、COD 排放总量、城市污水处理率与水资源绿色效率空间匹配程度较高，表明这些因子可能是影响水资源绿色效率的重要因素。

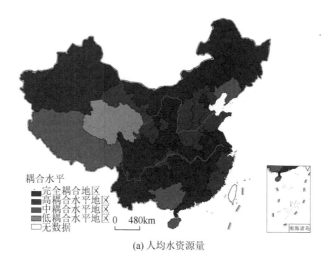

耦合水平
■ 完全耦合地区
■ 高耦合水平地区
■ 中耦合水平地区
■ 低耦合水平地区
□ 无数据

0　480km

(a) 人均水资源量

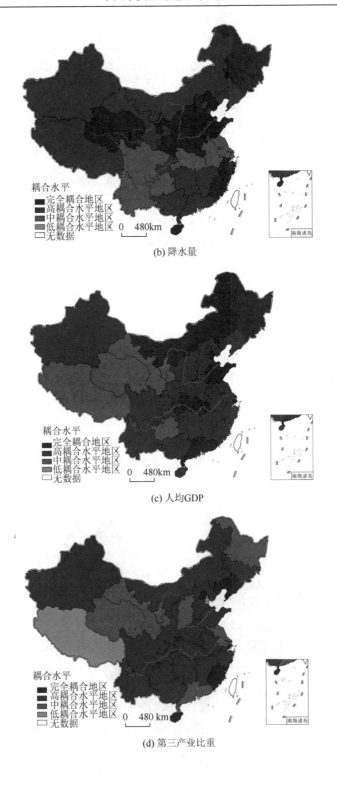

(b) 降水量

(c) 人均GDP

(d) 第三产业比重

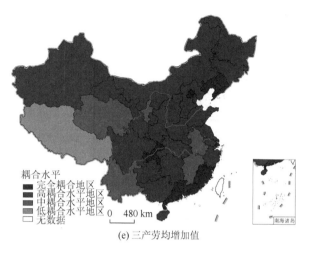

(e) 三产劳均增加值

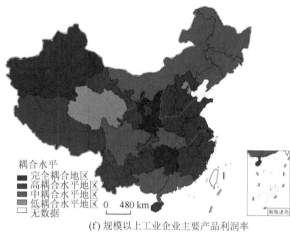

(f) 规模以上工业企业主要产品利润率

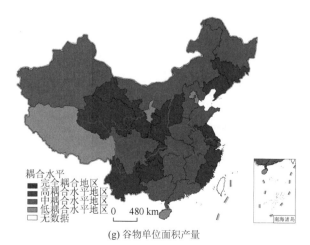

(g) 谷物单位面积产量

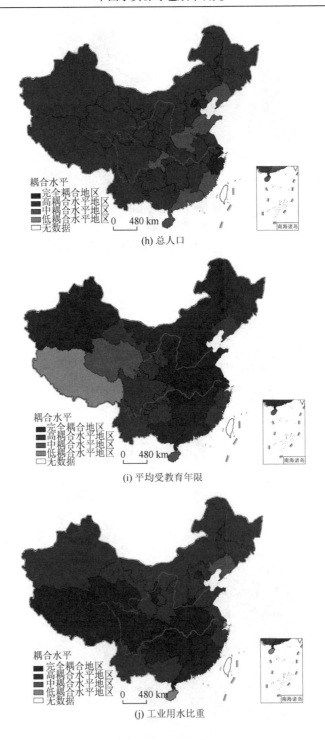

(h) 总人口

(i) 平均受教育年限

(j) 工业用水比重

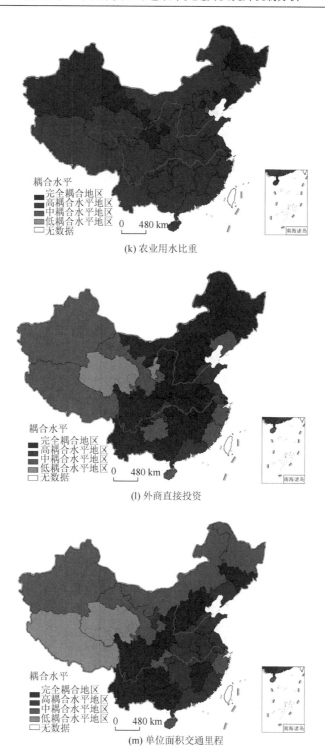

(k) 农业用水比重

(l) 外商直接投资

(m) 单位面积交通里程

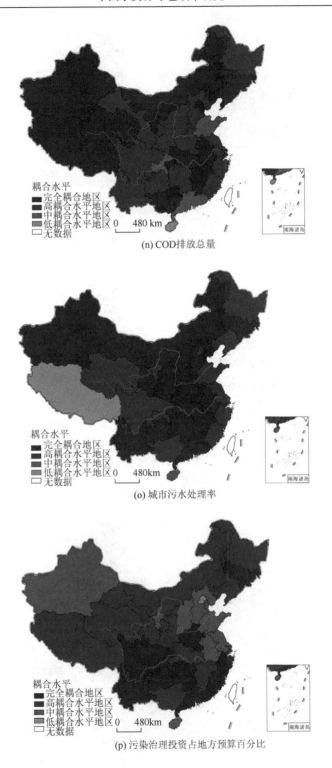

(n) COD排放总量

(o) 城市污水处理率

(p) 污染治理投资占地方预算百分比

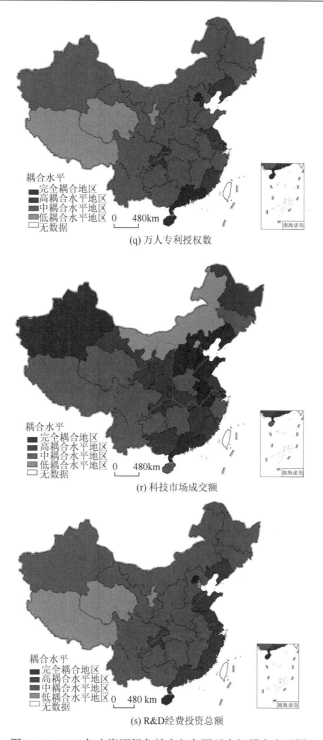

(q) 万人专利授权数

(r) 科技市场成交额

(s) R&D经费投资总额

图 11-1 2015 年水资源绿色效率与各因子空间耦合水平图

11.1.2　全国因子决定力分析

将全国 31 省（区、市）（港澳台未统计）2000～2015 年的数据导入因子探测模型，得出各因子对水资源绿色效率的决定力 q 值，如表 11-2 所示。q 的值域为 [0, 1]，q 值越大表示该因子对水效率变化的解释力越大，q 值越小表示该因子对水效率变化的解释力越小。因素 X_i 的决定力 $q=1$ 时，是水效率的发生分异完全由因素 X_i 决定的理想状态；当 $q=0$ 时，表示因素 X_i 对水效率没有任何关系。并且可以通过地理探测器得到各因子的显著性 p 值，通过比较各因素决定力的大小与显著性水平，探测出水资源绿色效率的主导驱动因素。

表 11-2　全国因子探测结果

X_i	因子	决定力 q 值	显著性 p 值	决定力排名
X_1	人均水资源量	0.1810	0.0000	7
X_2	降水量	0.0518	0.0000	12
X_3	人均 GDP	0.0303	0.0056	14
X_4	第三产业比重	0.2295	0.0000	5
X_5	三产劳均增加值	0.0654	0.0070	11
X_6	规模以上工业企业主要产品利润率	0.0130	0.9546	#
X_7	谷物单位面积产量	0.0517	0.0043	13
X_8	总人口	0.4785	0.0000	1
X_9	平均受教育年限	0.3117	0.0000	2
X_{10}	工业用水比重	0.1053	0.0000	8
X_{11}	农业用水比重	0.2383	0.0000	4
X_{12}	外商直接投资	0.1870	0.0000	6
X_{13}	单位面积交通里程	0.0666	0.0059	10
X_{14}	COD 排放总量	0.2567	0.0000	3
X_{15}	城市污水处理率	0.0838	0.0000	9
X_{16}	污染治理投资占地方预算百分比	0.0011	0.9731	#
X_{17}	万人专利授权数	0.0538	0.0720	#
X_{18}	科技市场成交额	0.0632	0.6574	#
X_{19}	R&D 经费投资总额	0.0194	0.3268	#

注：表中#表示无显著驱动关系，不计入排名

因子探测结果显示，除规模以上工业企业主要产品利润率、污染治理投资占

地方预算百分比、万人专利授权数、科技市场成交额、R&D 经费投资总额外,其余所有变量的因子决定力均通过了 5% 的显著性水平检验,表明上述因子对水资源绿色效率变化具有一定的影响力。其中,总人口对水资源绿色效率的解释力最为突出,决定力 q 值为 0.4785,农业用水比重、工业用水比重、平均受教育年限、外商直接投资、第三产业比重 q 值皆大于 0.1,也是水资源绿色效率的关键因子。由此可知,在研究时段内,全国范围的水资源绿色效率变化与产业结构、对外开放程度、人口规模与素质关系密切,社会经济因素对水资源绿色效率的变化具有至关重要的作用,其解释力远高于其他三类因素。环境因素中 COD 排放总量、城市污水处理率决定力排名靠前,其中 COD 排放总量 q 值为 0.2567,具有一定的解释力度。另外,在自然因素方面,人均水资源量 q 值大于 0.1,其变动也会对水资源绿色效率产生影响。

11.1.3　作用方向分析

因子探测模型主要分析了各个因子对水资源绿色效率的影响程度,却未能阐明其作用方向。风险探测器揭示了各因子内部不同类别分区间的属性均值及显著性差异,有助于揭示各因子对水资源绿色效率的影响方向。以人均水资源量为例,风险探测器发现从低值区到高值区水资源绿色效率的均值分别为 0.8610、0.6450、0.5528、0.3872,且各区间的水效率差异具有统计意义,由此说明人均水资源量的增加不利于水资源绿色效率的提升,两者呈负相关关系。对于其他因子也可做类似分析,结果如表 11-3 所示。

表 11-3　全国风险探测结果

驱动因子	1	2	3	4	驱动方向
人均水资源量	0.8610	0.6450	0.5528	0.3872	−
降水量	0.5319	0.4122	0.3355	0.2532	−
人均 GDP	0.5260	0.4326	0.5316	0.6304	U
第三产业比重	0.2484	0.4284	0.7640	0.9701	+
三产劳均增加值	0.4436	0.4602	0.6386	0.8207	+
规模以上工业企业主要产品利润率	0.4725	0.4291	1.0000	0.5225	#
谷物单位面积产量	0.4049	0.5033	0.6527	0.6781	+
总人口	0.7081	0.3586	0.3353	0.2497	−
平均受教育年限	0.4066	0.6234	0.7301	0.9753	+
工业用水比重	0.8984	0.4926	0.4322	0.3996	−
农业用水比重	0.9160	0.6480	0.6125	0.3841	−

驱动因子	1	2	3	4	驱动方向
外商直接投资	0.8046	0.5145	0.3619	0.5525	U
单位面积交通里程	0.4314	0.4540	0.4695	0.9561	+
COD 排放总量	0.5857	0.3249	0.3018	0.2649	−
城市污水处理率	0.4198	0.4648	0.5376	0.7929	+
污染治理投资占地方预算百分比	0.4724	0.3722	0.4700	0.4622	#
万人专利授权数	0.4522	0.7030	0.4847	0.7114	#
科技市场成交额	0.4570	0.9556	1.0000	0.9777	#
R&D 经费投资总额	0.4616	0.6116	0.4066	0.2514	#

注：表中 + 表示正向驱动，−表示负向驱动，#表示无显著驱动关系，U 表示"U"形关系

风险探测结果发现，在置信度 0.05 水平下，导致水资源绿色效率存在显著差异的因素主要有总人口、农业用水比重、COD 排放总量、第三产业比重、平均受教育年限、外商直接投资，再次证明这些因素是水资源绿色效率的重要影响因素。由表 11-3 可知，第三产业比重、三产劳均增加值、谷物单位面积产量、平均受教育年限、单位面积交通里程、城市污水处理率这 6 个因子与水资源绿色效率表现出明显的正相关性。结合表 11-2 的因子决定力水平可以发现，平均受教育年限的因子决定力 q 值为 0.3117，说明人口素质提高对全国水资源绿色效率有显著的积极影响；第三产业比重增加和三产劳均增加值进步都会对水资源绿色效率的提升产生促进作用，其决定力 q 值分别为 0.2295 和 0.0654，说明两者中第三产业比重的作用效果更为显著；城市污水处理率、单位面积交通里程、谷物单位面积产量的因子决定力 q 值分别为 0.0838、0.0666、0.0517，其决定力大小分别列于第 9 位、第 10 位、第 13 位，说明交通运输的发展与城市化、农业现代化建设水平的提高都将对水资源绿色效率产生一定的积极影响。

此外，人均水资源量、降水量、总人口、工业用水比重、农业用水比重、COD 排放总量与水资源绿色效率呈负相关关系。其中人均水资源量、降水量的决定力 q 值分别为 0.1810、0.0518，说明水资源禀赋是水资源绿色效率的重要影响因素，且人均水资源量的增加会较大程度上抑制水资源绿色效率的提升，即我国还不能根据自身水资源禀赋合理利用水资源，存在水资源越丰裕，节水与水污染治理意识越差的状况。工业用水比重、农业用水比重的决定力 q 值分别为 0.1053、0.2383，规模以上工业企业主要产品利润率与水资源绿色效率无明显线性关系，这说明工业与农业用水效率低于均值，所以工业与农业用水比重的增加会降低水资源绿色效率，其中农业用水效率低下的问题更为严重。并且现阶段在工业化发展中对节约水资源的重视程度仍不够，本质上粗放的用水方式并未得到改善，故而工业的发展不

能对水资源绿色效率的提升产生积极作用。由于水资源绿色效率以 GDP、灰水足迹、社会发展指数作为产出指标，不仅包含经济内涵，还强调社会内涵与生态环境内涵，也体现出现阶段工业、农业的发展并不能满足经济、社会、生态环境共同进步的绿色化发展内涵，不能有效提高水资源绿色效率实现双赢。总人口、COD 排放总量的决定力 q 值分别为 0.4785、0.2567，决定力分列第 1 位、第 3 位，对水资源绿色效率的抑制作用十分显著，这说明人口规模的持续扩大与废水排放总量的不断增加不利于社会的永续发展，也会对水资源绿色效率产生显著的消极影响。

水资源绿色效率与驱动因子之间也并不完全表现为简单的线性关系。其中人均 GDP、外商直接投资与水资源绿色效率的作用关系呈现出"U"形特征，说明这两者对水资源绿色效率的影响存在拐点效应。在人均 GDP 与外商直接投资不断增加的初期阶段，即我国经济发展的初期阶段，水资源绿色效率呈现下降趋势，这说明在早期的粗放式、高能耗经济发展模式下存在着能源资源浪费的现象。后期，随着节能减排的可持续发展逐步推进，两者对水资源绿色效率的提高产生了促进作用，且提升效果显著。其中外商直接投资的决定力 q 值为 0.1870，其影响不容忽视，这表明在当前经济发展阶段，国内外的经济技术交流会显著提升水资源绿色效率。经济发展对水资源绿色效率的影响是全方位的，经济发展水平的提高必然导致人均 GDP 持续增加、对外经贸进一步发展和产业结构变化，如第三产业占比增加，而水资源绿色效率对产业结构、对外开放程度变化具有高度敏感性，因此发展经济必然带动水资源绿色效率不断提升。

此外，万人专利授权数、科技市场成交额、R&D 经费投资总额的显著性 p 值皆大于 0.05，说明科技因素与水资源绿色效率无明显关系。这可能是因为，当前全球创新形态和竞争格局正在发生深刻变化，经济社会发展对科技创新提出了更加紧迫的战略需求。我国是发展中国家，现阶段科学技术的研发更注重其经济效益以促进经济发展，在节能环保方面的科技创新未得到足够重视，尽管科技发展成效显著，创新创业生机勃勃，科技水平大幅度提高，但其并未对水资源绿色效率的提升产生正向作用。污染治理投资占地方预算百分比与水资源绿色效率也无显著关系，这与常识相悖，可能的解释为，过度开发现象普遍存在，环境问题十分复杂严峻，如空气污染等，因此水效率低下这一问题并未得到足够重视，故虽然政府增加了污染治理投资，但成效并不理想。

11.1.4　因子决定力动态分析

从动态的角度考察决定力靠前的 12 项影响因子，绘制 2000 年、2005 年、2010 年、2015 年的因子决定力变化折线图，如图 11-2 所示。

由图 11-2（a）可以发现，第三产业比重与三产劳均增加值随时间呈现倒"U"

形发展趋势。2010 年前，第三产业比重与三产劳均增加值的决定力 q 值不断增大，第三产业对水资源绿色效率的影响力逐步提升；2010 年后第三产业的发展对水资源绿色效率的影响力呈下降趋势，但其影响力仍保持在较高水平。2010 年前农业用水比重的 q 值变化平稳，2010 年后大幅上升，超过了第三产业比重与三产劳均增加值的决定力。工业用水比重的决定力 q 值始终处于较低水平且无明显变动。

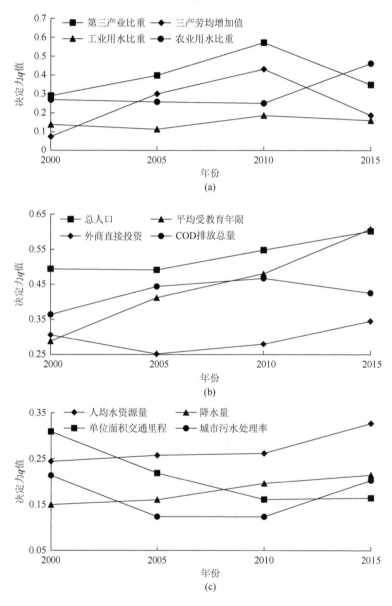

图 11-2　因子决定力变化折线图

观察图 11-2（b）发现，总人口与平均教育年限的决定力在 2000~2015 年持续增加。其中人口规模的影响力一直处于较高水平，q 值虽有增加但整体趋势平缓。而人口受教育水平对水资源绿色效率的决定力 q 值在 16 年间大幅提升，这说明人口素质水平与能力提高对水资源绿色效率的积极作用越发显著。此外，外商直接投资对水资源绿色效率的影响力随时间呈"U"形发展趋势，由于外商直接投资逐年增加，故此发现与上文中外商直接投资与水资源绿色效率的作用关系呈现出"U"形特征相符。COD 排放总量决定力 q 值变动无显著规律。

由图 11-2（c）可以发现，人均水资源量与降水量对水资源绿色效率的决定力 q 值呈上升趋势，这说明水资源越丰裕节水与水污染治理意识越差的问题并未随时间推移而得到重视。单位面积交通里程的决定力随时间呈下降趋势，但在 2010 年后逐渐平稳。城市污水处理率对水资源绿色效率的影响力随时间呈"U"形发展趋势，说明近年来城市化建设对水资源绿色效率的积极作用更加显著。

动态分析再次印证了水资源绿色效率与社会经济因素密切相关。其中平均受教育年限对水资源绿色效率决定力 q 值随时间大幅增强，且在 2015 年居于首位。总人口的影响最为显著，其对水资源绿色效率的决定力 q 值于 2000 年、2005 年、2010 年三个时间断面上皆位列首位，充分表明总人口与平均受教育年限对水资源绿色效率有关键性作用。观察各因子决定力变动可以发现，水资源绿色效率由多要素综合作用的特征不变，但整体上社会经济因素的影响力随时间逐渐增强。

11.1.5　全国交互探测结果分析

探测两因子对研究对象的交互作用是地理探测器的一大优势，为探究两因子对水资源绿色效率的交互作用，发现水资源绿色效率更多驱动机制，本章利用地理探测器中交互探测模块对全国水资源绿色效率影响因子进行探测，如表 11-4 所示。

结果显示，各因子对水资源绿色效率的影响存在交互作用，任意两个因子交互后决定力均大于单个因子的决定力，表现为双因子增强或非线性增强，这说明水资源绿色效率的提升受到四大因素的共同制约。其中，双因子增强表现为两因子交互后的决定力 q 值大于两种因子中任一因子的决定力 q 值，即双因子增强的两种因子交互后对水资源绿色效率的影响力有所提升。非线性增强表现为两因子交互后的决定力 q 值大于两项因子决定力 q 值之和，即非线性增强的两因子交互后对水资源绿色效率的影响力大为提升，故本章重点探究表现为非线性增强的因子交互作用。

表 11-4 全国交互探测结果

	X_1	X_2	X_3	X_4	X_5	X_6	X_7	X_8	X_9	X_{10}	X_{11}	X_{12}	X_{13}	X_{14}	X_{15}	X_{16}	X_{17}	X_{18}	X_{19}
X_1	0.181																		
X_2	0.204	0.052																	
X_3	0.256*	0.112	0.030																
X_4	0.347	0.264	0.264*	0.230															
X_5	0.279*	0.142*	0.104*	0.240	0.065														
X_6	0.200	0.075	0.055	0.254	0.093	0.013													
X_7	0.230	0.095	0.139*	0.331*	0.170*	0.103	0.052												
X_8	0.718*	0.525	0.526*	0.547	0.538	0.502	0.551*	0.478											
X_9	0.436	0.366	0.331	0.341	0.317	0.324	0.390*	0.620	0.312										
X_{10}	0.250	0.173*	0.140	0.272	0.164	0.123	0.203*	0.543	0.362	0.105									
X_{11}	0.382	0.321*	0.307*	0.319	0.280	0.248	0.334*	0.541	0.406	0.291	0.238								
X_{12}	0.289	0.230	0.217	0.353	0.239	0.229	0.290*	0.595	0.392	0.275	0.378	0.187							
X_{13}	0.234	0.144*	0.142*	0.257	0.148*	0.081	0.185*	0.583*	0.361	0.132	0.271	0.278*	0.067						
X_{14}	0.539*	0.306	0.369*	0.397	0.355*	0.311	0.269	0.559	0.480	0.349	0.408	0.441	0.321	0.257					
X_{15}	0.212	0.147*	0.186*	0.309	0.280*	0.118	0.142*	0.519	0.374	0.225*	0.352*	0.241	0.217*	0.303	0.084				
X_{16}	0.196	0.059	0.074	0.234	0.081	0.017	0.077	0.504	0.335	0.136	0.300	0.261	0.072	0.291	0.123	0.001			
X_{17}	0.258	0.141	0.070	0.237	0.096	0.068	0.135	0.524	0.322	0.164	0.254	0.216	0.094	0.324	0.184	0.069	0.054		
X_{18}	0.228	0.103	0.084	0.231	0.095	0.077	0.129	0.497	0.319	0.165	0.252	0.235	0.143	0.295	0.168	0.067	0.100	0.063	
X_{19}	0.199	0.079	0.044	0.248	0.109	0.034	0.097	0.510	0.326	0.120	0.261	0.200	0.077	0.314	0.128	0.054	0.088	0.077	0.019

注：表中*表示非线性增强，数字后无标注表示双因子增强

　　由表 11-4 全国交互探测结果可以发现，第三产业比重、三产劳均增加值与谷物单位面积产量呈非线性增强，交互后 q 值为 0.331、0.170，较两因子 q 值之和 0.281、0.117 明显增大，这说明在提高第三产业比重、发展第三产业的同时发展农业会对水资源绿色效率的提升起到更为显著的驱动作用。农业用水比重、工业用水比重与谷物单位面积产量也呈非线性增强，且增强效果明显，即在发展农业现代化进程中减少农业用水比重与工业用水比重可以有效提高水资源绿色效率。总人口与谷物单位面积产量表现为非线性增强，交互后决定力较高，其值为 0.551，说明在控制人口规模的同时大力开展农业现代化建设可以大幅提升水资源绿色效率。除此之外，平均受教育年限、人均 GDP、外商直接投资、单位面积交通里程、城市污水处理率与谷物单位面积产量皆呈非线性增强，即发展农业的同时，提高人口素质、发展经济与对外贸易合作、加快交通基础设施与城市化建设可以对水资源绿色效率的提升产生更显著的积极影响，由此也可以发现加快农业现代化建设、促进农村经济社会发展是提升水资源绿色效率的重要途径。

　　另外，三产劳均增加值与单位面积交通里程、COD 排放总量、城市污水处理率皆表现为非线性增强关系，即在发展第三产业的同时加快交通基础设施建设、减少工业废水排放、减少生活污水排放量、加快城市化建设多路并行可以更为有效地提高水资源绿色效率。其中，三产劳均增加值与城市污水处理率交互后决定力 q 值为 0.280，相较于两因子 q 值之和 0.149 明显增大，这说明第三产业发展与城市化发展协同推进可以对水资源绿色效率产生更为显著的提升作用。发展第三产业具有促进市场体系发育和完善的作用，第三产业比重、三产劳均增加值与人均 GDP 的交互关系也表现为非线性增强，即第三产业不仅可以协同交通基础建设、城市化建设等措施推进水资源绿色效率，将经济建设的着力点放在第三产业发展也有利于水资源绿色效率的提高。由此得知，发展第三产业也是提升水资源绿色效率的主要环节。

　　此外，人均 GDP 与农业用水比重、单位面积交通里程、COD 排放总量、城市污水处理率、总人口的交互关系皆表现为非线性增强。其中人均 GDP 与 COD 排放总量、城市污水处理率交互后对水资源绿色效率解释力的增加更为显著，决定力 q 值由两因子相加得到的 0.287、0.114 提升为 0.369、0.186，即在发展经济的同时注重环境保护，协调人类与环境的关系，保障经济社会的可持续发展，如减少工业废水与生活污水排放量、提高城市污水处理率对水资源绿色效率的积极影响更加明显。人均 GDP 与总人口协同对水资源绿色效率也有较好的提升效果，同时把经济发展同控制人口数量联系起来进行整体协调也是促进中国实现可持续发展的客观需求。城市污水处理率不仅与谷物单位面积产量、三产劳均增加值、人均 GDP 呈非线性增强，还与农业用水比重、工业用水比重、单位面积交通里程表现为非线性增强关系，且与单位面积交通里程交互后 q 值提升显著，表明城市化建设可以协同减少工业与农业用水比重、加快交通基础设施建设等举措，实现对水资源绿色效率的进一步提高。综上也可以发现，人均 GDP、城市污水处理率与多项因子皆有明显的交互作用，表明发展经济、加快城市化建设对提高水资源绿色效率有重要意义。

再者，总人口与平均受教育年限交互作用表现为双因子增强，但决定力较高，q 值为 0.620，这说明在控制人口规模、保证可持续发展的同时提高人口素质可以对水资源绿色效率起到较为显著的驱动作用。总人口与外商直接投资交互后的决定力也较大，q 值为 0.595，表明坚持对外开放、加强对外经济贸易合作力度与控制人口基数并行也是提升水资源绿色效率的关键举措。此外，总人口与单位面积交通里程的交互决定力 q 值为 0.583，且呈非线性增强，说明在控制人口规模、坚持可持续发展的大背景下，加强交通基础设施建设也会进一步提升水资源绿色效率。除此之外，外商直接投资与单位面积交通里程也表现为非线性增强，即在加强对外经贸合作的同时，推动交通运输业有利于提高水资源利用水平，提升水资源绿色效率。

11.1.6　分地区因子决定力分析

对全国的因子决定力分析发现，社会经济因素为影响水资源绿色效率的核心因素，而我国地区经济社会发展存在一定差异，相同因子对不同地区水资源绿色效率的作用效果也可能出现分异。为了更深入地探究我国不同地区水资源绿色效率的主要驱动因素，笔者进一步进行了分区域研究，分别列出了东、中、西部地区各因子的探测结果，如表 11-5～表 11-7 所示。对全国东、中、西部的划分能基本代表高中低水平的区域经济社会发展水平，故本章采用此种划分方式。分地区进行因子探测后部分因子 q 值显著增大，因子的决定性作用有所凸显，这种结果的原因是，一方面，水资源利用依托的自然本底和社会经济本底在三大区域内相似性强，区域间差异性大；另一方面，国家在三大区域集中建设的时序性明显。所以，各地区内部水资源利用具有相似的发展环境、发展阶段和发展水平，其特定驱动因子的决定力也更为突出。

表 11-5　东部地区因子探测结果

X_i	因子	决定力 q 值	显著性 p 值	决定力排名
X_1	人均水资源量	0.1904	0.0000	7
X_2	降水量	0.0089	0.7573	#
X_3	人均 GDP	0.0263	0.2948	#
X_4	第三产业比重	0.3970	0.0000	3
X_5	三产劳均增加值	0.0845	0.0210	9
X_6	规模以上工业企业主要产品利润率	0.1166	0.1591	#
X_7	谷物单位面积产量	0.0573	0.1434	#

续表

X_i	因子	决定力 q 值	显著性 p 值	决定力排名
X_8	总人口	0.7774	0.0000	1
X_9	平均受教育年限	0.3528	0.0000	4
X_{10}	工业用水比重	0.1917	0.0000	6
X_{11}	农业用水比重	0.3367	0.0000	5
X_{12}	外商直接投资	0.0064	0.9148	#
X_{13}	单位面积交通里程	0.0944	0.0546	#
X_{14}	COD 排放总量	0.6068	0.0000	2
X_{15}	城市污水处理率	0.0376	0.1809	#
X_{16}	污染治理投资占地方预算百分比	0.1499	0.0000	8
X_{17}	万人专利授权数	0.0297	0.7608	#
X_{18}	科技市场成交额	0.0886	0.8574	#
X_{19}	R&D 经费投资总额	0.0256	0.4533	#

注：表中#表示无显著驱动关系，不计入排名

表 11-6　中部地区探测结果

X_i	因子	决定力 q 值	显著性 p 值	决定力排名
X_1	人均水资源量	0.0928	0.0157	8
X_2	降水量	0.2261	0.0000	5
X_3	人均 GDP	0.0703	0.0312	9
X_4	第三产业比重	0.0679	0.4580	#
X_5	三产劳均增加值	0.0222	0.5080	#
X_6	规模以上工业企业主要产品利润率	0.2203	0.1401	#
X_7	谷物单位面积产量	0.2266	0.1682	#
X_8	总人口	0.6675	0.0000	1
X_9	平均受教育年限	0.0270	0.6456	#
X_{10}	工业用水比重	0.0643	0.6681	#
X_{11}	农业用水比重	0.1283	0.0882	#
X_{12}	外商直接投资	0.3158	0.0000	4
X_{13}	单位面积交通里程	0.3233	0.0000	3
X_{14}	COD 排放总量	0.4222	0.0000	2
X_{15}	城市污水处理率	0.1804	0.0050	7
X_{16}	污染治理投资占地方预算百分比	0.0301	0.9745	#
X_{17}	万人专利授权数	0.0608	0.4268	#
X_{18}	科技市场成交额	0.0077	0.9969	#
X_{19}	R&D 经费投资总额	0.1975	0.0000	6

注：表中#表示无显著驱动关系，不计入排名

表 11-7 西部地区探测结果

X_i	因子	决定力 q 值	显著性 p 值	决定力排名
X_1	人均水资源量	0.5285	0.0000	2
X_2	降水量	0.2186	0.0000	6
X_3	人均 GDP	0.0554	0.0563	#
X_4	第三产业比重	0.1622	0.1202	#
X_5	三产劳均增加值	0.0530	0.0315	13
X_6	规模以上工业企业主要产品利润率	0.0708	0.6798	#
X_7	谷物单位面积产量	0.0980	0.0432	11
X_8	总人口	0.6942	0.0000	1
X_9	平均受教育年限	0.2367	0.0000	5
X_{10}	工业用水比重	0.2121	0.0000	7
X_{11}	农业用水比重	0.1818	0.0000	8
X_{12}	外商直接投资	0.3953	0.0000	3
X_{13}	单位面积交通里程	0.1641	0.0000	10
X_{14}	COD 排放总量	0.1675	0.0000	9
X_{15}	城市污水处理率	0.2705	0.0000	4
X_{16}	污染治理投资占地方预算百分比	0.0403	0.2510	#
X_{17}	万人专利授权数	0.0489	0.2547	#
X_{18}	科技市场成交额	0.0266	0.4445	#
X_{19}	R&D 经费投资总额	0.0774	0.0096	12

注：表中#表示无显著驱动关系，不计入排名

　　地理探测分析的结果揭示了影响东、中、西部地区水资源绿色效率的核心因素。对于东部地区（表 11-5），总人口的决定力 q 值高达 0.7774，且高于中、西部地区，说明对于东部地区人口数量增加对水资源绿色效率的抑制作用更加明显，这可能是因为东部地区人口密度远大于中、西部地区，人口规模的持续扩大必将对该地区的可持续发展造成更严峻的考验，也会对水资源绿色效率产生更为明显的负向影响。COD 排放总量决定力在各因子中排名第 2 位，q 值为 0.6068，对水资源绿色效率也有十分关键的作用。此外，第三产业比重仅对东部地区水资源绿色效率有正向驱动作用，q 值为 0.3970，决定力较强，对中、西部地区水资源绿色效率无明显促进作用；相较于中、西部地区，三产劳均增加值也对东部地区水资源绿色效率有着较为明显的提升作用。这可能是因为，东部地区自身第三产业发展优于中、西部地区，在产业配套、资源配比、基础设施建设、相关政策法规、产业发展经验和规划管理等方面的地区支撑力都更利于水资源绿色效率的提高，

故东部地区的第三产业发展会对水资源绿色效率产生更明显的驱动作用。东部地区平均受教育年限、工业用水比重、农业用水比重、人均水资源量探测结果与全国探测结果相似，q 值排名靠前，都对水资源绿色效率表现出重要的影响作用。污染治理投资占地方预算百分比对东部地区水资源绿色效率影响显著，此处与全国范围及中、西部地区不同。风险探测器发现从低值区到高值区水资源绿色效率的均值分别为 0.7422、0.5317、0.4142、0.3282，两者呈负相关关系，由此说明污染治理投资的增加并不能有效改善水污染问题，这与常识相悖。可能的解释为，在环境治理上，发达的东部地区由于过度开发，环境问题十分复杂严峻，如空气污染等，因此水资源利用与污染这一问题并未得到足够重视，故虽然政府增加了污染治理投资，但成效并不理想。除此之外，东、中、西三大地区中，单位面积交通里程、城市污水处理率仅与东部地区水资源绿色效率无明显作用关系，这可能是因为东部地区的交通基础设施建设与城市化建设已达到较高水平，而中、西部地区的相关建设还未完善。因此，加强中、西部的交通基础设施建设与城市化建设可以对社会的可持续发展产生更明显的作用，更为有效地提高水资源绿色效率。

因子探测结果显示，对于中部地区（表 11-6），总人口、COD 排放总量对水资源绿色效率的决定力 q 值分别为 0.6675、0.4222，分列于决定力排名的第 1 位、第 2 位，说明同东部地区相似，人口规模、污染程度也是影响中部地区水资源绿色效率的关键因素。单位面积交通里程、外商直接投资 q 值大于 0.3，也对水资源绿色效率有很强的解释力。R&D 经费投资总额仅对中部地区水资源绿色效率表现出较高的影响力，q 值为 0.1975，与东、西部地区水资源绿色效率无显著作用关系，这说明在提高水资源利用效率实现绿色发展方面，中部地区对 R&D 经费的利用现状优于其他地区，但全国范围内不容乐观，存在环保方面投入强度过低或结构不尽合理的问题。此外，城市污水处理率决定力 q 值为 0.1804，对中部地区水资源绿色效率有一定的正向驱动作用。平均受教育年限的决定力 q 值在全国范围内排名第三，对东、西部地区水资源绿色效率也有显著的正向驱动作用，且东部地区 q 值最大，但与中部地区的水资源绿色效率无明显作用关系。人才是发展的关键，地区人才活跃必然带动经济社会发展，继而有效驱动水资源绿色效率提升，而社会主义市场经济体制为人才流动提供了极大的便利与可能。东部地区自身条件优势显著，人才多在内部流动，致力于当地发展，地区人口受教育水平提高能显著促进水资源绿色效率提升。相较于东部地区，中部地区经济实力不足，存在工作机会少、工资待遇低、个人发展受限等问题，制约人才发展，促使人才外流以谋求高额收入与个人价值的实现。而西部地区虽然经济落后，但国家大力扶持其地区发展，出台各项优惠政策留住人才，如西部计划、三支一扶等，人口素质水平与水资源绿色效率的正相关关系也得以体现。

对于西部地区（表 11-7），总人口对水资源绿色效率的决定力 q 值为 0.6942，与东、中部地区相同，人口规模、污染程度也是影响西部地区水资源绿色效率的首要因素。而 COD 排放总量决定力 q 值较低为 0.1675，这可能是因为西部地区工业废水与生活污水排放总量远低于东、中部地区，故而 COD 排放总量与水资源绿色效率的关系较不明显。人均水资源量对西部地区水资源绿色效率影响显著，q 值为 0.5285，远高于东、中部地区。这可能是因为，中国西部地区 12 个省（区、市），水资源虽较为丰富，但时空分布极不均匀，南多北少，西北与西南有着明显的差异。西北地区气候干旱少雨，蒸发量是降水量的 4～11 倍，是世界上干旱缺水严重的地区之一；西南地区气候湿润，降水丰沛，水资源与水能资源十分丰富，但开发难度很大，这些都对西部地区水资源合理利用提出了挑战。西部地区水利等基础设施建设薄弱，节水技术落后，且在水资源丰裕时，人们节水意识也会降低，故人均水资源量对该地区水资源绿色效率表现出更为显著的负向影响。

与中部地区相似，外商直接投资对西部地区水资源绿色效率变化解释力较强，q 值为 0.3953，但与东部地区水资源绿色效率未表现出明显关系。可能的解释为，虽然中国不同地区对外贸易发展水平参差不齐，三大地区间外贸总量差异不断扩大，但近年来，伴随地区发展、国家区域开发政策演变和全国性产业结构调整，一方面，东部地区已经结束了依靠大进大出实现经济起飞、产业层次提升和结构多元化的状况，进出口贸易在产业结构中的重要性有所降低；另一方面，大量从事进出口贸易的外资在国家区域政策和优惠政策的吸引下流入中、西部地区，推动了这些地区的外向型经济发展，外贸水平变化对中、西部水资源绿色效率的决定力开始凸显。因此，未来进出口贸易水平变化对中、西部地区水资源绿色效率的决定力有可能保持在较高水平。对中、西部地区而言，通过增加政策优惠力度、提高外贸水平等内部要素调控手段，依然可在近期内有效促进水资源绿色效率的增长，但伴随其进一步发展，对外经济水平的影响也将逐步降低，人为调控水资源绿色效率的难度有所增大。此外，城市污水处理率、平均受教育年限、工业用水比重、农业用水比重、单位面积交通里程 q 值不小于 0.16，也对水资源绿色效率有很强的解释力。

11.1.7　分地区交互探测结果分析

各因子在不同地区对水资源绿色效率决定力的变化表现出特定的一致性和差异性。对于东、中、西部地区，影响水资源绿色效率的首要因素皆是总人口，体现出其一致性；而其他关键影响因子不尽相同，体现出其差异性。为更加深入地探究不同地区水资源绿色效率影响机理的差异性，更切实地提出水资源绿色效率提升机制，本章进一步进行分区域交互作用研究，东、中、西部地区交互探测结果如表 11-8～表 11-10 所示。

由表 11-8 东部地区交互探测结果可以发现，农业用水比重与总人口交互后决

定力 q 值高达 0.878，对该地区水资源绿色效率起到至关重要的作用，即在控制人口规模的同时减少农业用水比重能大幅提高水资源绿色效率。此外，工业用水比重与总人口交互后决定力 q 值为 0.873，仅次于农业用水比重与总人口的交互作用，第三产业比重、三产劳均增加值与总人口交互后 q 值分别为 0.855、0.821，对水资源绿色效率也起到关键作用。总人口与多项因子交互后对东部地区水资源绿色效率皆表现出极高的解释力，这说明总人口是影响该地区水资源绿色效率的首要因素，这一结论也与分地区因子探测结果相符。工业用水比重与三产劳均增加值的交互作用表现为非线性增强，表明发展第三产业与减少工业用水比重并行可以对东部地区水资源绿色效率产生更为显著的积极影响。

由表 11-9 中部地区交互探测结果可以发现，总人口与外商直接投资交互后虽为双因子增强，但决定力 q 值较高为 0.828，说明这两项影响因子交互作用于水资源绿色效率可以对其起到显著的提升作用。总人口与城市污水处理率、人均 GDP、COD 排放总量交互后决定力 q 值分别为 0.825、0.818、0.791，仅次于外商直接投资与总人口交互，其中总人口与人均 GDP 为非线性增强，表明总人口也是影响中部地区水资源绿色效率的首要因子，且控制人口规模与发展经济、加强对外合作、减少工业废水与生活污水的排放、提高城市污水处理率多路并行可以实现中部地区水资源绿色效率的进一步提高。此外，COD 排放总量与单位面积交通里程、外商直接投资、城市污水处理率交互后，对水资源绿色效率的解释力皆有较大提升，q 值分别为 0.603、0.577、0.536，即在控制废水排放的同时加强交通基础设施建设、坚持对外经济贸易合作、推进城市化进程、提高城市污水处理率可以对中部地区水资源绿色效率起到更加显著的积极影响。COD 排放总量与 R&D 经费投资总额交互后解释力也有一定提升，q 值为 0.481，说明注重环境保护与提高科技投入同时推进也可以有效提高中部地区水资源绿色效率。除此之外，人均 GDP 与外商直接投资呈非线性增强，这表明对于中部地区，利用发展对外经贸合作、加强国内外交流来提高经济水平可以有效提高水资源绿色效率。以上分析也说明除总人口外，人均 GDP、外商直接投资、COD 排放总量也是影响中部地区水资源绿色效率的关键因子。

由表 11-10 西部地区交互探测结果可以发现，城市污水处理率与总人口交互后决定力最高，q 值为 0.811，说明与东、中部相似，总人口也是影响西部地区水资源绿色效率的关键因素。此外，城市污水处理率与农业用水比重、谷物单位面积产量的交互作用皆表现为非线性增强，q 值分别为 0.480、0.377，说明在提高城市污水处理率的同时提高农业发展水平、减少农业用水比重，可以进一步提高水资源绿色效率。谷物单位面积产量与工业用水比重、农业用水比重交互后决定力 q 值分别为 0.443、0.425，交互作用为非线性增强，且相较于两因子 q 值之和 0.310、0.280 显著增大，表明在推进农业现代化的同时减少工业用水比重与农业

表 11-8 东部地区交互探测结果

	X_1	X_2	X_3	X_4	X_5	X_6	X_7	X_8	X_9	X_{10}	X_{11}	X_{12}	X_{13}	X_{14}	X_{15}	X_{16}	X_{17}	X_{18}	X_{19}
X_1	0.190																		
X_2	0.289	0.009																	
X_3	0.474	0.216	0.026																
X_4	0.557	0.467	0.477	0.397															
X_5	0.457*	0.196	0.138	0.463	0.085														
X_6	0.280	0.128	0.276	0.542	0.288	0.117													
X_7	0.435	0.194	0.192	0.513	0.266	0.324	0.057												
X_8	0.884	0.886	0.832	0.855	0.821	0.788	0.847	0.777											
X_9	0.612*	0.461	0.482	0.483	0.407	0.579	0.492	0.811	0.353										
X_{10}	0.472*	0.432	0.260	0.473	0.303*	0.320	0.338	0.873	0.461	0.192									
X_{11}	0.764*	0.712	0.424	0.423	0.389	0.542	0.562	0.878	0.481	0.470	0.337								
X_{12}	0.409	0.108	0.053	0.481	0.151	0.217	0.142	0.873	0.407	0.289	0.414	0.006							
X_{13}	0.392	0.222	0.139	0.498	0.157	0.302	0.322	0.918	0.470	0.295	0.469	0.205	0.094						
X_{14}	0.774	0.748	0.671	0.689	0.661	0.618	0.661	0.827	0.678	0.767	0.669	0.665	0.671	0.607					
X_{15}	0.255	0.081	0.199	0.524	0.353	0.188	0.155	0.817	0.517	0.278	0.462	0.123	0.261	0.684	0.038				
X_{16}	0.355*	0.226	0.214	0.503	0.237*	0.212	0.350	0.862	0.583*	0.321	0.536*	0.254	0.249	0.676	0.210	0.150			
X_{17}	0.347	0.174	0.057	0.499	0.136	0.169	0.127	0.783	0.398	0.294	0.366	0.079	0.111	0.635	0.168	0.195	0.030		
X_{18}	0.254	0.111	0.108	0.401	0.139	0.226	0.157	0.780	0.358	0.307	0.341	0.107	0.209	0.618	0.144	0.262	0.127	0.089	
X_{19}	0.228	0.052	0.079	0.566	0.223	0.164	0.104	0.792	0.413	0.227	0.403	0.043	0.172	0.633	0.079	0.241	0.111	0.142	0.026

注：表中*表示非线性增强，数字后无标注表示双因子增强

表 11-9　中部地区交互探测结果

	X_1	X_2	X_3	X_4	X_5	X_6	X_7	X_8	X_9	X_{10}	X_{11}	X_{12}	X_{13}	X_{14}	X_{15}	X_{16}	X_{17}	X_{18}	X_{19}
X_1	0.093																		
X_2	0.364*	0.226																	
X_3	0.263*	0.354*	0.070																
X_4	0.292	0.352	0.166	0.068															
X_5	0.167	0.336	0.151	0.129	0.022														
X_6	0.427	0.361	0.271	0.308	0.252	0.220													
X_7	0.503	0.350	0.331	0.288	0.346	0.396	0.227												
X_8	0.755*	0.749	0.818*	0.729	0.819	0.766	0.798	0.668											
X_9	0.141	0.268	0.222	0.108	0.119	0.239	0.351	0.794	0.027										
X_{10}	0.270	0.238	0.156	0.207	0.133	0.276	0.300	0.678	0.132	0.064									
X_{11}	0.329	0.323	0.216	0.227	0.161	0.419	0.484	0.706	0.177	0.162	0.128								
X_{12}	0.503*	0.540	0.403*	0.425	0.450	0.391	0.464	0.828	0.527	0.349	0.425	0.316							
X_{13}	0.524*	0.589*	0.364	0.367	0.412	0.428	0.455	0.696	0.466	0.370	0.403	0.499	0.323						
X_{14}	0.631*	0.642	0.490	0.547	0.493	0.552	0.497	0.791	0.576	0.584	0.540	0.577	0.603	0.422					
X_{15}	0.437*	0.448*	0.217	0.275	0.256	0.339	0.428	0.825	0.345	0.267	0.293	0.435	0.393	0.536	0.180				
X_{16}	0.386	0.274	0.130	0.120	0.109	0.326	0.260	0.704	0.109	0.136	0.284	0.378	0.380	0.486	0.297	0.030			
X_{17}	0.214	0.276	0.100	0.156	0.078	0.263	0.261	0.696	0.119	0.157	0.187	0.331	0.346	0.449	0.202	0.106	0.061		
X_{18}	0.115	0.232	0.079	0.081	0.033	0.229	0.243	0.670	0.040	0.072	0.137	0.322	0.339	0.427	0.187	0.045	0.069	0.008	
X_{19}	0.381*	0.443*	0.232	0.276	0.251	0.337	0.338	0.687	0.301	0.277	0.267	0.380	0.349	0.481	0.268	0.231	0.221	0.205	0.197

注：表中*表示非线性增强，数字后无标注表示双因子增强

表 11-10 西部地区交互探测结果

	X_1	X_2	X_3	X_4	X_5	X_6	X_7	X_8	X_9	X_{10}	X_{11}	X_{12}	X_{13}	X_{14}	X_{15}	X_{16}	X_{17}	X_{18}	X_{19}
X_1	0.529																		
X_2	0.605	0.219																	
X_3	0.636	0.341	0.055																
X_4	0.542	0.380	0.258	0.162															
X_5	0.604*	0.361*	0.117	0.264	0.053														
X_6	0.620	0.353	0.171	0.251	0.128	0.071													
X_7	0.613	0.513*	0.241	0.309	0.151*	0.295	0.098												
X_8	0.702	0.710	0.848	0.707	0.765*	0.769	0.774	0.694											
X_9	0.567	0.548*	0.314	0.307	0.290*	0.360	0.410*	0.786	0.237										
X_{10}	0.601	0.468*	0.365	0.307	0.287*	0.330	0.443*	0.716	0.422	0.212									
X_{11}	0.573	0.466*	0.359	0.271	0.262*	0.290	0.425*	0.723	0.431*	0.302	0.182								
X_{12}	0.595	0.526	0.509	0.433	0.428	0.543	0.470	0.721	0.439	0.546	0.576	0.395							
X_{13}	0.619	0.362	0.201	0.295	0.260*	0.259	0.235	0.772	0.376	0.370	0.397*	0.479	0.164						
X_{14}	0.551	0.363	0.258	0.283	0.209	0.370	0.241	0.740	0.322	0.380*	0.392*	0.426	0.313	0.167					
X_{15}	0.665	0.543*	0.338	0.351	0.299	0.400	0.377*	0.811	0.347	0.467	0.480*	0.426	0.333	0.333	0.271				
X_{16}	0.592	0.491	0.236	0.195	0.191	0.125	0.294	0.765	0.366	0.404	0.414	0.514	0.366	0.229	0.370	0.040			
X_{17}	0.538	0.269	0.091	0.205	0.085	0.131	0.134	0.726	0.257	0.255	0.228	0.404	0.185	0.191	0.279	0.097	0.049		
X_{18}	0.537	0.260	0.077	0.187	0.069	0.101	0.118	0.706	0.248	0.226	0.196	0.401	0.173	0.172	0.279	0.069	0.058	0.027	
X_{19}	0.542	0.321*	0.112	0.220	0.113	0.165	0.179*	0.743	0.265	0.249	0.227	0.403	0.200	0.201	0.289	0.137	0.100	0.082	0.077

注: 表中*表示非线性增强，数字后无标注表示双因子增强

用水比重会对提升西部地区水资源绿色效率产生十分显著的促进作用。另外，谷物单位面积产量与平均受教育年限、R&D 经费投资总额交互后皆呈非线性增强。城市污水处理率、谷物单位面积产量与多项因子皆表现为非线性增强，也间接说明这两项因子是西部地区水资源绿色效率提高的重要因子。三产劳均增加值虽对西部地区水资源绿色效率决定力较小，但与多项因子呈非线性增强，包括总人口、谷物单位面积产量、平均受教育年限、单位面积交通里程、工业用水比重、农业用水比重。其中，总人口与三产劳均增加值交互后 q 值最高，与单位面积交通里程交互后 q 值提升最显著，说明发展第三产业的同时坚持控制人口总数、推进交通基础设施建设对西部地区水资源绿色效率有更显著的提升效果，这也说明发展第三产业对西部水资源绿色效率有重要意义。除此之外，农业用水比重与 COD 排放总量、工业用水比重与 COD 排放总量的交互作用也为非线性增强，农业用水比重与工业用水比重交互作用虽为双因子增强，但 q 值提升较为明显。这说明减少农业用水比重与工业用水比重、减少 COD 排放总量同时进行能更有效地提高西部地区水资源绿色效率。

11.2　中国水资源绿色效率提升机制分析

水资源绿色效率与传统意义上的水资源利用效率不同，其产出除代表经济效益的 GDP 总量与代表环境产出的灰水足迹外，还加入了代表社会发展程度的社会发展指数，即水资源绿色效率是指水资源等生产要素投入和带来的经济、社会和生态环境共同产出的比率。由于水资源绿色效率侧重于水资源服务或者水资源的社会效益，在此基础上实现"经济-社会-生态环境"的三赢，其影响机制也需要从多角度分析考察。上文利用地理探测器的因子探测、风险探测以及交互探测模块探究了社会经济等四大因素共 19 项因子对全国及东、中、西三大地区的水资源绿色效率作用机制，下面根据以上结论对水资源绿色效率的提升机制进行具体分析讨论。

根据对全国范围内 2000~2015 年的因子探测结果、风险探测结果以及 2000 年、2005 年、2010 年、2015 年的动态因子探测结果，发现总人口是对水资源绿色效率影响力最大的因子，且作用方向为负；平均受教育年限影响力次之，作用方向为正。由动态分析可知，平均受教育年限对水资源绿色效率的积极影响正逐步增大，总人口的扩大对水资源绿色效率的抑制作用也在逐年提升。人口问题从本质上讲是发展问题，社会经济发展中遇到的许多问题，如就业问题、教育问题、资源破坏、环境污染、生态失衡等，都与人口基数大、增长快有着直接的关系。没有对人口增长的合理控制，没有人口与经济、社会、资源、环境的协调发展，要实现国民经济持续、快速、健康发展和社会全面进步是很困难的。中国人口基数大、增长量大，给资源、环境和社会经济发展带来了巨大的压力。可以说，中国的经济能否实现可持续发展在很大程度上取决于人口问题的解决，包括人口数量的控制、人口素质的提高和人口结构的优化（张俊芳，2003）。为实现可持续发展，我国政府采取了一系列措施控制人口增长与提升人口素质，如计划生育、九年义务教育等政策，并取得了一定成效。对自然更好地利用与改造依托于人类科学文化水平、思想道德水平的提高，故不仅总人口对水资源绿色效率有关键影响，人口素质也与水资源绿色效率密切相关。但是我国人口基数大，且农村义务教育薄弱，农村和贫困地区学子还不能公平享受公共教育资源，所以人口问题仍将在我国长期存在。

COD 排放总量仅次于总人口与平均受教育年限，位列水资源绿色效率影响因子第 3 位，且作用方向为负，随时间并未明显减弱。这说明工业废水与生活污水排放对水资源绿色效率的抑制作用十分明显，也极不利于社会的绿色发展。尽管我国工业废水排放量逐年减少，但现阶段工业污水排放量依然十分巨大，进一步加剧了我国水资源短缺的困境。由于城市人口的不断增多，城市生活废水处理问题日益凸显，又因为技术落后、资金短缺、治理难度较大，一直影响着城市环境及其建设。如果不尽快解决这些问题，那么随着城市化的推进，用水量的不断增加，污染将会更加严重，影响也会更加恶劣。为了提高水资源绿色效率，为了可持续发展，必须将工业废水与生活污水看作是一种原料，对其进行处理并回用，提高能量利用率。例如，利用废水中丰富的营养物质氮和磷等，在某些处理过程中回收后用于种植农作物。

此外，农业用水比重与工业用水比重对水资源绿色效率也有重要影响，皆为负相关关系，其中农业用水比重影响力更大，且近年来随时间有增强趋势，这说明，工业用水与农业用水效率较低，尤其农业用水效率问题更应予以重视，在提高工业用水效率、农业用水效率的同时减少其用水比重。我国工业企业用水效率不高，导致工业企业用水量大，在水资源紧缺的背景下，进一步加剧了我国水资源问题，故而提高工业用水效率成为生态文明建设的重要部分。工业节水可以通过技术、管理等方面实现，例如，在工业企业中进一步推广循环用水系统，以提高工业用水重复率、减少工业用水总量与废水排放，缓解水资源短缺导致的供需紧张。或借鉴国内外先进生产技术对工业生产中的用水工艺进行提升，例如，采用低污染技术以实现更高比例的工业用水重复使用。提高农业用水效率需要充分利用当地水资源，包括地表水、地下水、土壤水和劣质水资源化，在此基础上引水、调水。提高农业灌溉用水效率是一项综合的系统工程措施。在工程措施方面，实行骨干渠道防渗、井渠结合，渠系配套和平整土地，以提高水资源利用率。在农艺措施方面，结合当地自然资源和经济条件，进行农业生产结构调整，推行节水栽培措施，以增加作物产量及提高水利用效率。在节水管理方面，按流域统一管理地表水、地下水，改革管理体制和机制，建立科学的水价政策。充分发挥农民节水积极性，建立农民参与管理决策的民主管理机制，全面开展节水活动。节水农业的发展和效益的提高最终依靠科学进步来实现，特别是高新技术，这也是中国农业能够在 21 世纪跨进世界前列的重要支撑力之一。它包括分子生物学技术、信息技术、精准农业技术、化学节水技术、新材料技术、自动化管理技术、灌溉新技术以及低水耗高产农业的综合技术等，依靠科技进步，减少农田蒸发和作物奢侈蒸腾以及增加产量，提高农业用水效率是长远的奋斗目标（武素兰，2010）。

第三产业比重对水资源绿色效率影响力排名第 5，作用方向为正，但由动态分析可知，其影响力随时间有逐渐减弱的趋势。积极发展第三产业，可以有效推进我国的工业化和现代化，有利于建立和完善社会主义市场经济体制，加快经济发展。同时也有利于提高国民经济素质和综合国力，扩大就业领域和就业人数，缓解我国就业压力，保证社会安定。此外，加快发展第三产业，还可以显著改善人民生活质量，提高生活水平，推动社会主义精神文明建设，即发展第三产业贴合当今社会的绿色化发展内涵，也必将对水资源绿色效率产生积极作用。外商直接投资对水资源绿色效率影响力仅次于第三产业比重，作用方向为正，且近年来其影响力呈增长趋势。随着对外经济贸易开放政策实行以来，对外经济贸易获取了空前的发展机遇，对于中国国民经济的发展也起到了推动作用。对外经济贸易可以实现互通有无，调剂余缺，实现资源的优化配置，降低单位 GDP 环境的损失，促进中国经济的可持续发展。发展对外贸易意味着接受国际市场的竞争压力和挑战，但同时也可以更加便利地从国外获取所需要的设备、资源、技术等，使企业的水资源利用技术更接近国际化水平，促进国内企业不断更新。目前，我国对外经济贸易正处于飞速上升的阶段，但是不可避免会遇到诸多的挑战，这就需要我国能够把握对外经济贸易现状，积极应对挑战，确保对外经济贸易的可持续发展，以实现其对水资源绿色效率的持续提升。

另外，人均水资源量对水资源绿色效率也有重要影响，作用方向为负，由动态分析可知，其影响力随时间有逐渐增强的趋势。这说明现阶段我国尚不能根据水资源禀赋对水资源进行合理利用，水资源量的丰沛一定程度上会降低社会节水意识。改善这种现况就需要政府宏观调控用水定额，深入推进水资源有偿使用制度，开展水资源现况科普活动，使全民全社会的水资源节约意识得到增强。此外，可以发现科技因素中所有因子对水资源绿色效率皆无提升作用。水资源的合理利用不仅取决于水资源的规划开发、优化配置，依靠现代科学技术实现的科学保护及节约用水也是关键因素。我国目前还是发展中国家，科技研发重点在于实现其经济效益，故应对环境效益和社会效益给予足够重视，使科研在科学保护水资源及节约用水方面得到更丰硕的成果，以实现对水资源绿色效率的有力推动。

　　根据对全国交互探测结果的具体分析，可以发现人均 GDP、谷物单位面积产量、城市污水处理率、三产劳均增加值、单位面积交通里程 5 项因子间两两互为非线性增强，即在发展经济的同时推动农业现代化、城市化、第三产业及交通运输业的发展可以对水资源绿色效率产生十分显著的提升效果，其中第三产业与城市化协同发展对水资源绿色效率的提升效果最为明显。人均 GDP、三产劳均增加值、COD 排放总量 3 项因子间两两互为非线性增强关系，说明在发展经济与第三产业的同时减少工业废水与生活污水的排放也可以实现水资源绿色效率的进一步提升。此外，谷物单位面积产量、城市污水处理率与工业用水比重、农业用水比重间也互为非线性增强关系，说明在发展农业现代化与城市化的同时减少工业用水比重、农业用水比重也会显著提升水资源绿色效率。除此之外，外商直接投资、谷物单位面积产量、单位面积交通里程三者间也互为非线性增强，表明提升水资源绿色效率需要对外经贸合作、农业现代化建设与交通基础设施建设 3 项措施协同推进。总人口、人均 GDP、谷物单位面积产量、单位面积交通里程 4 项因子间互为非线性增强，总人口对水资源绿色效率有着最为关键的影响，即在控制人口规模的同时坚持发展经济、推进农业现代化、加强交通基础设施建设会对水资源绿色效率产生最为显著的提升作用。

　　根据对东、中、西三大地区的因子探测结果分析可知，对于不同地区其特定驱动因子的决定力更为突出，且各因子在不同地区对水资源绿色效率决定力的变化表现出特定的一致性和差异性。总人口对三大地区水资源绿色效率的解释力皆是最强的，但东部 q 值最高，说明相较于中、西部地区，东部更需要控制人口规模以削减其对水资源绿色效率的抑制作用。此外，第三产业比重仅在东部地区 q 值显著，且东部地区三产劳均增加值的 q 值也高于中、西部地区，这说明东部地区的第三产业发展优于中、西部地区，可以对水资源绿色效率产生一定的提升作用。保持东部地区第三产业的蓬勃发展，适当提升该地区第三产业占比，将对当地水资源绿色效率产生进一步的提升作用。污染治理投资占地方预算百分比也仅在东部地区 q 值显著，但其与水资源绿色效率呈反作用关系，这说明东部地区的污染治理投资应用情况较中、西部地区存在更大的问题。长久以来的经济发展以东部沿海地区为主，由此带来的环境污染也较为严重，而我国目前大部分地区的经济发展是以损失环境红利为代价的，在追求经济高速发展的过程中，需要注重其与社会和生态环境的匹配。在不减少社会福利的前提下，降低以环境红利为代价的经济发展，使得水资源绿色效率总体水平提高，最终实现了区域的综合可持续发展。

　　与东部地区不同，城市污水处理率、外商直接投资、单位面积交通里程 3 项因子对中、西部地区水资源绿色效率皆有提升作用，其中外商直接投资对中部与西部的作用都十分显著，即通过增加政策优惠力度、提高外贸水平等内部要素调控手段，可以实现中、西部地区水资源绿色效率的进一步提升。中部地区单位面积交通里程的决定力高于西部地区。人民生活质量的提高离不开交通运输业的发展，同时交通运输业在社会生产、产品消费、对外经济贸易的过程中起枢纽作用，可以有力地推动社会经济的进步，故推进交通运输建设对经济社会与人民生活都会产生积极影响。并且在物流迅速发展的背景下，交通运输的重要性愈加凸显，只有完善发展交通运输业才能满足人民及全国各地区之间不断增长的运输需求。中、西部地区的交通运输业相较于东部尚有很大发展空间，尤其要坚持推进中部交通基础设施建设以提高水资源绿色效率。而城市污水处理率对西部水资源绿色效率的决定力高于中部，城市污水处理率在一定程度上体现了一个城市的发展水平，并且现如今多作为一项重要指标对城市发展程度进行评价。我国中、西部城市发展程度低于东部，故对于中、西部城市，尤其是西部城市，应推广城市污水处理系统，加快城市污水处理新技术的应用，促进城市的绿色永续发展以提高地区水资源绿色效率。

此外，平均受教育年限不能推动中部地区水资源绿色效率提高，这说明中部地区存在人才流失的状况。在科技飞速发展的当下，人才是地区发展的核心竞争力。足够多的大学生及创业人才、高端人才，是地区实现突破、再上新台阶的重要推动力。中部地区应该通过政府和市场协调发挥作用来塑造地方市场的竞争力，优化人才成长环境和机制，建设真正的人才友好型城市，以促进地区的发展和水资源绿色效率的提升。除此之外，相较于东、中部地区，人均水资源量的增加对西部地区水资源绿色效率表现出十分明显的抑制作用。西部地区特定的自然地理条件决定了水资源在西部经济和社会发展进程中的极端重要性。由于自然、历史等多方面的原因，西部水利发展严重滞后，主要存在着水资源配置不合理、开发利用效率低、水土流失和水污染严重、抗御洪涝灾害的能力差等问题。水利已成为西部地区社会经济发展、生态环境改善的重要制约因素，故西部地区根据自身水资源禀赋进行合理利用的能力仍存在很大不足，需要合理开发和优化配置水资源，正确处理水利与发展经济和保护、改善生态环境的关系，促进人与自然和谐相处；解决人畜饮水困难问题；大力推行节水措施，加快以节水增效为重点的大型灌区更新改造和配套建设，调整产业结构，提高用水效率，努力建设节水型农业、节水型工业和节水型社会；抓紧主要江河控制性工程建设、病险水库除险加固和城市防洪工程建设；加强水土保持生态建设和水污染防治。多重措施共同推进，以降低水资源禀赋对水资源绿色效率的负向影响。

根据对东、中、西部三大地区交互探测结果的具体分析，可以发现东部地区总人口与工业用水比重、农业用水比重交互后对水资源绿色效率的决定力有明显提高，同时总人口与第三产业比重、三产劳均增加值交互后决定力的提升也十分显著。这说明控制人口数量是提升东部地区水资源绿色效率的关键，在控制人口规模的同时减少工业用水比重、农业用水比重与加快发展第三产业可以实现水资源绿色效率的进一步提升。对于中部地区，人均 GDP 与总人口、外商直接投资间呈非线性增强，总人口与外商直接投资虽为双因子增强，但交互后 q 值显著增大，故人均 GDP、总人口、外商直接投资三者之间交互作用明显。所以中部地区可以在控制人口数量的同时加强对外经贸合作、提升经济发展水平以促进水资源绿色效率的提高。对于西部地区，三产劳均增加值、谷物单位面积产量、农业用水比重、平均受教育年限 4 项因子间两两互为非线性增强，三产劳均增加值、谷物单位面积产量、农业用水比重、工业用水比重 4 项因子间也表现为非线性增强，这说明在发展第三产业与农业现代化、减少农业用水比重的同时大力扶持教育事业或减少工业用水比重可以对西部地区水资源绿色效率产生十分显著的提升效果。此外，谷物单位面积产量、农业用水比重与城市污水处理率之间互为非线性增强，所以在发展农业现代化、减少农业用水比重的同时提高城市污水处理率也可以进一步提升西部地区水资源绿色效率。平均受教育年限、农业用水比重、单位面积交通里程 3 项因子也互为非线性增强，即在减少农业用水比重的同时协同发展教育事业与交通运输业会对西部地区水资源绿色效率的提升产生更为显著的积极作用。

随着区域经济的发展，各种水平区域创新体系建立，由此产生了水资源利用效率溢出效应，这种溢出效应是否能够起到提高水资源利用效率的作用，关键在于水资源利用效率较低的地区是否会向水资源利用效率较高地区学习水资源利用技术和管理制度。通过中国各省（区、市）水资源利用效率的收敛性分析，发现中国水资源利用效率存在显著的绝对收敛，但收敛缓慢，各省（区、市）水资源利用效率的差距仍然持续存在。同时本书实证研究也显示地理因素对中国水资源利用效率具有显著影响。一个地区的水资源利用效率水平在一定程度上依赖于与之具有相似空间特征的邻近地区的水资源利用效率水平。因此，对各省（区、市）水资源利用效率的长远发展而言，要进一步强化措施促进跨区域的经济技术交流，加快先进地区向落后地区的技术扩散进程，提高落后地区水资源利用效率水平。

研究表明，中国水资源绿色效率地区差异显著，地理位置对中国水资源绿色效率具有重大影响，因此，要实现水资源绿色效率的不断提高，各地区就应该因地制宜地制定适合本地区情况的发展战略。对东部地区而言，资金雄厚、技术先进、人口素质相对较高、市场广阔，这些因素为水资源绿色效率的提高奠定了重要基础。但与发达国家相比，东部地区制度建设较为薄弱，依然存在福利政策不系统，具体规定不实不细、落实不力，在重大问题的决策和保证监督作用方面的制度不够健全和完善，劳动力过剩等问题。因此在今后的发展中，东部地区要重视制度建设，加大对外开放力度，调动地区内一切积极因素，学习外国的先进技术和管理经验，加大市场配置资源改革力度，增加就业岗位，解决劳动力就业问题；加强宏观调控，提高区域发展战略管理水平，通过制定区域经济政策，防止市场经济的自发作用导致地区差距进一步扩大，通过必要的投资和政策倾斜，加强扶植水资源绿色效率落后地区（如河北、山东），达到各个地区协调发展的目的；完善社会福利制度，提高人民幸福感。

对西部地区而言，资金短缺、技术落后，虽然基础设施建设有助于当地水资源绿色效率的提高，但由此造成的生态环境问题却成为水资源绿色效率改善的限制性因素。基础设施落后仍然是制约西部地区水资源绿色效率提升的薄弱环节，生态环境局部改善但整体恶化的趋势还没有完全扭转，经济增长方式粗放，资源和环境约束日趋严重，低水平重复建设现象还在发生，科技、教育、卫生等社会事业发展滞后，人才不足、人才流失现象严重，投资环境亟待改善（丁任重，2009；刘燕，2010）。针对这些问题，一要针对西部地区基础设施比较薄弱的现状，加强交通建设、通信建设；二要重点发展基础产业，发展农林牧业，发展能源、原料工业；三要坚持对外开放，利用外资、吸引人才，大力发展科技产业；四要加强环境保护工作，确保生态平衡。

中部地区作为连接东部、西部的桥梁和纽带，承接着东、西部资金、技术和人才的转移，战略位置极为重要，但在发展过程中却存在着战略观念淡薄、发展环境严峻、三农问题突出、城市化滞后、产业结构不合理等问题。因此，中部地区在提高水资源绿色效率过程中，首先，要强化中部战略意识，确立区域协调发展理念，从转变观念、重新规划、创新制度和机制中解决问题。其次，要改变传统的社会发展模式，把生态环境建设和保护摆在经济社会发展的重要位置，实现人与自然和谐发展。然后，要着力调整产业结构，促进产业结构优化升级，巩固和加强农业的基础地位，提高工业发展质量，特别是科技含量，走新型工业化发展道路。最后，要深化体制改革，创新中部崛起战略机制，加大全方位对外开放的力度，促进中部和国内其他地区，尤其是国外市场的对接，实现双赢。

第 12 章　中国水资源绿色效率保障体系研究

在前面各章节研究的基础上，本章以水资源绿色效率保障体系为研究对象，从指导思想、发展理念、具体措施等几个方面对水资源绿色效率保障体系的构建进行了探讨。当今社会发展速度加快，水资源短缺越来越成为经济社会发展的瓶颈，提高水资源利用效率，成为解决水资源短缺问题的一个重要手段。但是，现代社会科学技术水平的发展程度已经较高，单纯依靠工程体系规模的不断扩大来保证水资源利用效率的不断提高面临困境，人类需要对人水关系进行重新协调，对水资源的理念也迫切需要做出新的改变。在绿色发展的理念下，应当依靠综合措施共同保障水资源的合理利用。在当今水资源日益紧张的全球背景下，人类对水资源的开发利用既不能盲目追求局部地区的短期利益最大化，也不能罔顾现实情况的单纯强调保护和恢复生态环境的至高地位，而应该寻求两者之间的平衡点，从而达到区域整体的长期利益最大化。面对水资源短缺、水环境恶化等现实情况，寻求在一定程度上合理满足经济社会发展对水资源的需求，同时力求在一定时期内重构地区水资源可持续利用的状态，即修复生态环境的可持续发展。

12.1　水资源绿色效率保障体系构建的基本原则

12.1.1　全面协调可持续的科学发展观

发展是当今时代的主题之一，人类社会历史始终围绕发展进行经济活动、社会变革。人类社会文明历经采猎文明、农业文明、工业文明等文明时期，不同的人类文明时期，人与自然的关系也不尽相同，从采猎文明时期的适应自然与崇拜自然，到农业文明时期的主动利用，再到工业文明时期的试图征服自然，特别是自人类进入工业文明时代以来，随着科学技术和商品经济的发展，生产力水平随着大机器生产的普及得到了快速提高，人类创造了巨大的物质财富。但是由于工业化及其带来的城市化进程的加快，人口爆炸、水资源危机等逐渐显现，世界上越来越多的国家面临着不同程度和不同种类的水资源短缺问题。现代文明时期，人类开始意识到人与自然应该和谐相处，人类的生存繁衍离不开自然环境，人类不可能超越自然规律去驾驭自然。因此，人与自然和谐相处的可持续发展思想迅速被世界各国认同和接受,并成为全球促进经济发展的动力和追求文明发展的目标(吴承业,2004;牛文元,2012a)。

科学发展观,第一要义是发展,核心是以人为本,基本要求是全面协调可持续,根本方法是统筹兼顾。科学发展观指导下的水资源绿色效率保障体系的构建,应符合科学发展观的基本内涵,重视发展的科学性,坚持全面、协调、可持续的发展。在水资源绿色效率体系构建过程当中要以经济建设为中心,同时全面顾及经济、政治、文化、社会、生态环境的建设,为各项建设用水科学合理地配置水资源,以期实现经济发展和社会全面进步。以科学发展观为指导,优先为经济建设配置水资源,经济发展是社会以及其他一切方面发展的基础,以经济建设为中心构建水资源绿色效率保障体系,可以为更好地解决当前有关水资源的各种矛盾和问题打下坚实的基础。协调发展就是要把人类社会的发展和生态环境的健康协调统一起来,按照"五个统筹"的要求,协调政治、经济、文化、社会、生态环境等各项建设用水,兼顾经济建设、人口增长与资源利用、生态环境保护的关系,逐渐实现水资源与经济、生态、人口的良性发展。可持续发展观要求水资源绿色效率保障体系在构建过程中既要考虑当前社会发展的用水需求,又要考虑未来人口对水资源的需要,促进人与自然和谐发展,努力实现水资源投入产出,从单纯追求发展数量到侧重于发展质量的转变。要缓解当前水资源短缺的现状,必须坚持可持续发展原则,以清洁生产和文明生产代替从前以"高投入、高污染、高消耗"为特征的生产模式和消费模式,坚持资源开发与节约并举,坚持经济社会发展与环境保护、生态建设相统一。

科学发展观认为,依靠对资源、能源的攫取而推动的发展是不可持续的,依靠科技进步,提高经济发展的质量和效益,才能够实现科学的可持续发展。发展虽然以自然资源和生态环境为基础,但是经济和社会的发展都不能超出当前水资源可承载的范围,必须与水资源的适应能力相协调,否则当自然资源枯竭或生态环境遭到破坏时,这种发展就会难以为继。科学发展观要求转变发展方式、破解发展难题,从根本上解决环境问题,在经济决策中将环境问题全面系统地考虑进去。如果在经济决策中一味地追求经济发展而不顾资源环境的承载力度,治理环境退化和资源破坏的成本就会非常巨大,甚至会抵消经济增长的成果。

在科学发展观指导下所构建的水资源绿色效率保障体系,不仅仅是单纯追求经济数量的增长,还涵盖社会、生态等各方面的用水需求,更加关注以人为本的用水需求。科学发展的最终目标是谋求社会的全面进步,因此社会发展应当保持与经济、资源和环境相协调。水资源绿色效率保障体系与科学发展观的最终目标相适应,体现的不单单是水资源作为投入资料所带来的经济效益,还包括水资源带来的社会效益和生态效益,在可持续发展系统中,经济发展是基础,自然生态环境的改善是保障,社会进步是发展的最终目的,水资源绿色效率这一概念将三者统一起来，成为测度水资源多维收益的重要指标。在新的世纪，人类共同追求的目标，是以人为本的自然-经济-社会复合系统的持续、稳定、健康的发展。

提高水资源绿色效率，是可持续发展对水资源开发利用的具体要求，经济社会的可持续发展必须以水资源的可持续利用作为支撑。摆脱当前我国的水资源困境，必须依赖于经济社会可持续发展观念的全面树立，依赖于以人为本的思想内涵的更新。水资源绿色效率保障体系的建立必须坚持真正的以人为本思想，树立科学发展观，实现全面协调可持续。

12.1.2 水资源和水环境的可持续发展能力

水资源指的是地球上目前和近期人类可直接或间接利用的水，是自然资源的一个重要组成部分（李峰平等，2013）。天然水资源包括河川径流、地下水、积雪和冰川、湖泊水、沼泽水、海水。按水质划分为淡水和咸水。随着科学技术的发展，被人类所利用的水增多，如海水淡化、人工催化降水、南极大陆冰的利用等。由于气候条件变化，各种水资源的时空分布不均，天然水资源量与可利用水量之间并不对等，人们往往采用修筑水库和地下水库来调蓄水源，或采用回收和处理的办法利用工业废水和生活污水，扩大水资源的利用。与其他自然资源相比，水资源具有以下特征：水资源是可再生的资源，可以重复多次使用；水资源量有年内和年际的变化，具有一定的周期和规律；水资源的储存形式和运动过程受自然地理因素和人类活动的影响。

水环境是指自然界中的水在形成、分布和转化过程中所处的空间环境，是围绕人群空间及可直接或间接影响人类生活和发展的水体，保持水体正常功能的各种自然因素和有关社会因素的总体（匡耀求和黄宁生，2013）。地球水体面积约占地球表面积的71%，主要由海洋水和陆地水两部分组成，其中海洋水占地球总水量的97.28%，陆地水占地球总水量的2.72%，虽然陆地水量在地球总水量中的比重较小，但是由于陆面环境的复杂性和多样性，地球陆地水环境十分复杂。水环境在空间形态上由地表水环境和地下水环境两部分组成，其中地表水环境包括河流、湖泊、海洋、冰川、沼泽等自然水环境和池塘、水库等人工水环境，地下水环境主要包括泉水、浅层地下水、深层地下水等。水环境是生态环境的重要组成部分，为人类生存和社会发展提供了必要的水资源和场所，但同时也受到了来自人类的严重破坏和干扰，目前水环境的污染和破坏也是当今世界亟待解决的环境问题之一。

水资源以固态、液态、气态的形式分布于海洋、陆地、大气和生物有机体中，构成了浩瀚的地球水圈。水圈是地球外圈中作用最为活跃的一个圈层，也是一个连续不规则的圈层，它与大气圈、生物圈和地球内圈的相互作用，直接关系到影响人类活动的地球表层系统的演化，同时水圈也是外动力地质作用的主要介质，是塑造地球表面形态的最重要角色。水圈指地壳表层、地壳表面和围绕地球的大气层中存在着的各种形态的水，包括液态、气态和固态的水，水圈中各种水体通过蒸发、水汽输送、降水、下渗和地表与地下径流等水文过程紧密相连、相互转换，处于永不停息的运动状态，从而形成一个巨大的水文循环系统。

水是地球上较活跃的物质之一，通过水文循环系统，地球高低纬度之间进行着热量的运移，同时水资源作为一种载体，在水文循环中还能够运输各种有机物和无机物。水中生活着各种各样的生物，它们在水中繁衍生息，构成水生生物系统，对于保持地球的生态多样性具有重要的作用。根据水能够在固态、液态、气态三种形态之间相互转化的特征，水文循环系统不仅将地球水圈的各种水体紧密联系起来，还成了联系水圈与岩石圈、大气圈、生物圈的纽带，并形成了许多彼此耦合的子系统，如地表水-大气耦合子系统、地表水-土壤水-地下水耦合子系统等。水文循环通过不同的水文循环过程将这些子系统联系了起来，例如，水文循环的大气过程将海洋-大气系统联系起来，水文循环的陆面过程将陆地-大气系统联系起来等。水资源在地球上不断地循环以维持全球水量的动态平衡状态，天然水体中所含的化学成分及其质量，代表了水体在不同自然环境循环过程中的原始理化性质，是衡量水环境质量与水质评价的重要依据。

作为地球上重要和活跃的物质循环之一，水文循环不仅实现了全球的水量转移，还推动着全球能量交换和地球化学物质的迁移、塑造地貌，成为连接全球生命体的纽带。水文循环过程是在诸多因素的控制和影响下形成和变化的，其中既包括大气环流、海陆分布、地形地势等自然影响因素，又包括植树造林、拦坝蓄水、排放污水、路面硬化等人类活动，并且人类活动对水文循环过程的影响正逐渐被重视。水文循环系统为人类提供不断再生的淡水资源，同时也为人类社会不断消解环境中的污染，但是伴随着气候的变化和人类经济社会对水资源的不合理利用，特别是工业革命以来，人类为了满足日益增长的用水需求，在水文循环的陆面过程中肆意拦蓄和开发水量、随意产生和排放污水等，破坏了地表水-土壤水-地下水、陆地-海洋等水文循环子系统，水资源和水环境不断遭受着严重的破坏，进而引发了一系列的社会、经济、生态、环境的问题，水资源和水环境的支撑变得不可持续。

在当今水资源和水环境现状下，要想建立健全水资源绿色效率保障体系，必须考虑人类社会的长远利益，在人类社会经济发展用水和水资源环境持续发展二者之中找到平衡点，从水文循环系统的整体性出发，逐步恢复水资源和水环境的可持续能力，其中人类最容易介入的主要是水文循环系统中的陆面过程，通过恢复河流、湖泊、湿地的自然风貌，恢复下垫面的绿化等手段，逐步恢复整个水文循环系统的健康可持续（崔兴齐等，2013）。

12.1.3　绿色发展理念

2015 年 3 月 24 日，中共中央政治局会议在十八大提出的"新四化"（即新型工业化、城镇化、信息化、农业现代化）概念的基础上，又加入了"绿色化"这一新的建设目标，同时绿色化发展理念也是我国经济社会五大发展理念之一，坚定不移地践行绿色化发展理念是当今社会解决经济增长和能源、资源矛盾的一个重要手段。

绿色化的内涵十分丰富，这一发展理念不仅是一种经济生产方式，还是一种生活方式，还代表一种价值取向。首先，在经济领域，绿色化代表着一种生产方式，它不同于以往的为了追求经济价值最大化而不顾生态环境破坏与否的发展方式，绿色化将生态环境的改善和能源、资源的可持续利用考虑在内，是一种现代化的生产方式。绿色化代表了一种科技含量高、资源消耗低、环境污染少的产业结构和生产方式，代替了传统的"高能耗、高污染、低技术含量"的产业结构和生产方式，带有"经济绿色化"的内涵，是将来经济社会发展新的增长点。其次，绿色化所倡导的是一种勤俭节约、绿色低碳、文明健康的生活方式。最后，绿色化将生态文明纳入社会主义核心价值体系，形成了一种崇尚生态文明的社会价值取向。绿色化的具体要求主要包括以下几点：首先，绿色化要求将环境资源作为社会经济发展的内在要素。其次，绿色化发展的目标是实现经济、社会、生态环境三者的和谐统一及其可持续发展。最后，绿色化的主要内容和途径是将"绿色化""生态化"贯穿到经济活动的过程和结果之中。

水资源作为一种自然资源，必须和其他生产要素结合起来才能带来真正的产出，故水资源效率就是水资源等相关生产要素投入和产出的比例（沈满洪和陈庆能，2008）。绿色发展的本质就是降低资源消耗，减少环境污染，加强生态环境治理和环境保护，实现经济、社会、生态环境全面协调可持续发展（马建堂，2012）。孙才志等（2017b）根据我国实际的水资源利用情况，并结合绿色发展理念，首次将水资源绿色效率的概念定义为水资源等生产要素投入及带来的经济、社会和生态环境的产出的比率。与原有水资源效率的概念相比，水资源绿色效率更加侧重于水资源服务或者水资源的社会效益，在此基础上实现经济-社会-生态环境的三赢局面。水资源绿色效率主要涵盖三个方面的内容：一是经济内涵，即在一定的时期内，一定的生产力水平条件下，以最小的经济投入实现最大的经济产出或者是用相同的或更少的水资源获得更多的经济产出；二是社会内涵，即以人为本，对水资源的利用是以不断地满足人类发展对物质和精神消费需求为目的实现共享、公平分配，提高社会福利水平，增强人类福祉和幸福感，实现社会的包容性发展，这也是人类社会发展的内涵；三是生态环境内涵，即要求水资源的利用要建立在保护和改善自然环境、维护生态平衡的基础上，逐步降低实际生产过程中非期望产出所带来的污染物对生态环境的破坏程度。

水资源绿色效率将水资源投入所带来的经济、社会和生态环境各方面的期望产出和非期望产出都考虑在内，主要从节能减排及污染物治理的角度对水资源的利用状况进行测度，具体内容包括"万元地区生产总值水耗""万元地区生产总值能耗""城市污水处理率"等水资源绿色效率指标（孙才志等，2018a，2018b，2018c）。将社会效益和生态环境效益作为水资源利用效率的一项考察指标，水资源绿色效率将水资源投入的经济产出和社会发展程度作为期望产出，将水资源投入对生态环境的污染作为非期望产出，为实现经济产出最大化、社会服务优质化和环境污染最小化提供了一个度量标准，将水资源使用效率的测度从单纯的经济领域扩展到环境领域和社会领域，符合绿色发展理念在水资源使用方面的要求。

伴随着人口激增和不合理的水资源利用，其带来的水资源紧张和环境破坏问题亟待解决，水资源绿色效率彰显了绿色化发展战略在水资源领域的应用，体现了绿色发展的本质，是社会进步在资源利用观念上的表现。把资源承载能力、生态环境容量作为经济活动的重要条件，积极培育以低污染排放为特征的新的经济增长点，坚持走科学发展和生态文明的道路，把促进经济发展方式的加速转变作为水资源绿色效率提升机制的核心，按照以人为本、全面协调可持续的要求，培育壮大绿色经济，着力提升水资源绿色效率。

12.1.4　创新发展理念与创新驱动发展战略

我国淡水资源总量约占全球水资源总量的 6%，仅次于巴西、俄罗斯和加拿大，但是由于我国人口众多，人均水资源占有量比较少，是全球 13 个人均水资源匮乏的国家之一。另外，由于一些偏远地区的地下水资源和洪水径流等水资源目前难以利用，我国实际上可直接利用的淡水资源量更少，并且水资源分布极不均衡，整体上呈现出由东南向西北逐渐递减的态势。水资源是人类生产生活的最关键资源，可是现如今我国水体污染严重、水资源短缺问题受到越来越多的关注。水污染问题不仅使水体的使用功能受到限制，还使水资源短缺与水资源需求增加之间的矛盾进一步激化，水资源问题越来越成为我国可持续发展战略实施过程中的限制性因素，同时也对城乡居民的饮水安全和人民群众的身体健康造成了严重的威胁，从水资源对社会经济发展的支撑能力的角度上看，我国是一个重度缺水的国家。伴随着城市化的加快和经济社会的发展，土地利用方式由第一产业用地类型大量转为第二产业、第三产业用地类型，非农业灌溉用水需求量的急剧增加，进一步加剧了用水矛盾，水资源短缺的压力随之加剧。农业生产中大量使用化肥和农药，工业生产和居民生活中的废水、污水未经处理直接排入水体中，使得水资源污染负荷持续增加，加重了水体污染程度。水污染不仅加剧了可用水资源短缺的状况，成为社会经济生产用水的一个重要限制性因素，还直接影响人民饮水安全和粮食生产安全，导致巨大的经济损失。

2015 年 10 月 26～29 日，中共十八届五中全会强调，实现"十三五"时期的发展目标，破解发展难题，厚植发展优势，必须牢固树立并切实贯彻创新、协调、绿色、开放、共享的发展理念。创新作为五大发展理念之首，注重的是解决发展动力问题。当前我国水资源开发利用中有许多新问题、新困难，需要用新方法、新思路去解决，要求践行创新发展理念，实施创新驱动发展战略。

水资源绿色效率的提出，是对传统水资源效率概念的进一步拓展和创新，水资源绿色效率将水资源使用效率的测度和评价由单纯的经济产出效率扩展到生态环境和社会发展领域中，首次将社会维度考虑在水资源利用效率之中，丰富了水资源效率的内涵，创新了水资源评价理论。同时，在对待水资源的观念上，水资源绿色效率摒弃了以往的认为水资源取之不尽、用之不竭的片面观点，水资源是非常重要的自然资源，通过水文循环过程，水资源可以不断地循环更新，供人类使用。但是，当人类对水资源的利用超过水资源的循环速度或更新速度时，就会对水资源产生十分严重的破坏，导致水资源枯竭。因此，水资源绿色效率刷新了人们对待水资源的观念，它把水资源的相关投入对环境的影响也计算在内，不仅测度了水资源投入的期望产出，还测度了水资源投入的非期望产出，水资源是一种自然资源，只有十分珍惜和合理利用，才能取之不尽、用之不竭。

当前我国水资源开发利用中，地表水开发和浅层地下水的开采利用程度都已经较高，部分地区的水资源开采潜力已经接近饱和状态，如果不注意水资源的养护和调蓄，水资源将无法满足人类社会经济发展的要求。实行低碳、节约资源的生产方式和生活方式是实现经济发展与资源消耗之间解耦的必要条件，水资源绿色效率的提出为人们科学利用水资源提供了一个新的思路。水资源绿色效率包含水资源投入所带来的生态环境效率和社会发展效率，提高水资源生产效率，同时也必须对水资源投入所产生的环境问题和社会发展速度进行进一步的考量和测度。在水资源绿色效率的测度中，将创新发展理念贯穿在整个社会发展指数的评价中，在社会发展的指标中，加入了许多能够体现地区创新能力的指标，如一定时期 R&D 经费支出占同时期 GDP 的比重、每万人发明专利拥有量、新兴产业增加值占 GDP 的比重等，这些体现了地区创新能力的指标往往具有高度的代表性。

水资源绿色效率保障机制的建立，把水资源保障与经济、社会、生态环境结合起来，将水资源保护的视野从单纯的自然资源领域拓展到社会经济领域，是当今世界解决水资源问题的又一重要创新。供需矛盾是当今世界社会发展所面临的最大矛盾，特别是随着人口的不断增长，人类对资源、能源的需求不断增加，要求越来越高，资源有限性与需求无限性之间的矛盾越来越突出。解决这一矛盾，必须深入实施创新驱动发展策略，发挥科技创新在全面创新中的引领作用。按照水资源绿色效率的概念和内涵，提高水资源使用效率，必须培育发展新动力，优化水资源配置，大力推广节水型新兴产业，淘汰落后的高耗水、高污染产业，促进我国发展方式由规模速度型粗放增长转向质量效率型集约增长，促进经济结构从增量扩能为主转向调整存量、做优增量并举，发展动力从主要依靠资源投入转向主要依靠创新驱动。

建立健全水资源绿色效率保障体系，缓解目前我国部分地区水资源紧张问题，应当在充分提高水资源利用效率的基础上，严格强化节水，建立节水型社会，践行创新发展理念，实施创新驱动发展战略。只有始终以创新的理念作为水资源绿色效率保障体系构建的基本原则之一，才能真正从根本上解决我国发展动力不足、发展方式粗放、产业层次偏低、资源环境约束趋紧等急迫问题，从而为转变经济发展方式、优化经济结构、改善生态环境、提高发展质量和效益开拓广阔空间，促进水资源-经济-社会-生态环境的良性协调发展（汪克亮等，2017；孙才志等，2018a，2018b，2018c）。

12.1.5　多种安全体系的有机结合

国家安全关系国家的基本利益，国家安全指的是一个国家没有危险的客观状态，这种状态包括国家不受外部威胁和侵害，国家内部也没有混乱和疾患。国家安全的概念涵盖的内容十分广泛，主要包括国民安全、领土安全、主权安全、政治安全、军事安全、经济安全、文化安全、科技安全、生态安全、信息安全。其中，生态安全作为其他安全领域的载体和基础，与政治安全、经济安全等有紧密的联系，是国家安全的重要组成部分。而水安全作为生态安全的一个重要组成部分，关系水资源安全，对我国经济社会建设用水的影响极大，因此建立健全水资源绿色效率保障体系与其他安全体系的有机结合，对于水资源安全具有十分重要的意义。

20 世纪后半期，随着生态环境的破坏逐渐成为世界性的问题，"生态安全"这一概念渐渐得到学界研究人员以及各国的重视。"生态安全"表示的是一个国家赖以生存和发展的生态环境处于不受或者少受破坏与威胁的状态，生态安全通常有两个方面的含义：一是指生态系统自身是否处于安全状态，即生态系统本身的结构是否受到破坏，生态系统的功能是否健全；二是指该生态系统对于人类来说是否处于安全状态，即该生态系统所提供的服务能否满足人类生存发展的需要。2000 年，我国发布了《全国生态环境保护纲要》，第一次明确提出了"维护国家生态环境安全"的目标。饮用水安全、食物安全、空气质量与绿色环境等基本要素构成了生态安全这一整体，一个健康的生态系统应该是稳定的、可持续的，从时间上看，该生态系统能够维持其组织结构和自治，从空间上看，健康的生态系统能够保持对胁迫的恢复力。反之，不健康的生态系统则无法保持正常的组织结构，安全状况处于威胁之中（张智光，2013）。

国家安全体系是一个庞大的、统一的综合系统，各层次之间不是独立存在的，而是互相联系、相辅相成的，每个方面的安全相互为其他方面的安全提供保障，共同构成了国家安全体系。国家安全体系是逐步建成和完善的，某一领域或某一方面安全体系的缺失，就会制约其他领域的安全，干扰正常的经济和社会秩序。国家安全是一个整体，各子系统是它的组成部分，根据整体与部分的辩证关系原理，国家安全离不开各子系统之间的密切配合，某一子系统出现异常都有可能会影响整体的国家安全的成效，因此，在研究中要密切关注水资源安全。

水资源安全就是指水资源的可持续利用，或者是水资源的供求平衡（郦建强等，2011）。当前我国水资源问题主要是人均水资源量较少、水资源浪费严重、水污染加剧等，水资源绿色效率保障体系从社会生活、经济生产、环境可持续的要求出发，通过对这些方面的约束和保障，达到确保国家安全的最终目的。水资源绿色效率保障体系有三个层次的目标：首先，水资源绿色效率保障体系的构建要求经济、社会、环境能够不因水资源产生损失或危机。其次，水资源绿色效率体系的构建要求经济、社会、环境能够通过该体系的构建以及水资源的调配管理得到一定的发展。最后，水资源绿色效率保障体系要求经济、社会、环境能够与水资源形成高度协调的状态，相互促进，成为一种良性的循环。水资源绿色效率保障体系应该和当前经济、社会发展的要求相适应，与实际水资源条件相协调，与生态环境改善的目标相承接。

水资源是人类生产生活必不可少的自然资源，但是由于不合理的水资源利用和人口的激增，缺水成为全球普遍现象，尤其是在干旱、半干旱地区。水资源是国家发展的命脉，人民生活、经济生产、生态稳定等对水资源具有多重依赖，水与社会、经济、生态问题紧密相连，由水资源短缺引发的社会安定、生态问题受到越来越多人的重视，水资源短缺对经济发展的瓶颈作用更是有目共睹。目前将水资源与经济、社会、生态结合起来进行耦合研究逐渐成为水资源研究的趋势。

同时随着全球经济一体化进程的加快，水资源通过各种途径在全球范围内进行配置，如虚拟水贸易等，水资源作为社会经济生活中最基本的要素之一，是经济生产的瓶颈资源，生态环境中最活跃的控制性因子，在全球热量的运移中扮演着重要角色，其与社会安全、经济安全、生态安全的耦合研究已上升到全球共同行动的高度。因此，在水资源开发利用中高度重视生态平衡，在社会生活中高度重视水资源的节约，在经济发展中高度重视水资源的高效利用，体现在水资源统一管理和高效利用上，就是要重视社会发展、经济发展与生态环境的用水竞争。

所以，水资源绿色效率保障体系作为确保水资源安全的重要部分，在建立过程中需要与国家宏观安全体系中其他安全体系紧密结合起来，各项工程设施建设和制度建设要与其他安全体系相匹配,各个安全体系之间应最大限度地共用资源、共享信息,共同构成国家安全综合体系,提高国家综合安全体系的整体质量。在构建水资源绿色效率保障体系的同时,不仅要考虑其他安全体系的用水需求,还应当充分利用这些安全系统的现状。所以,构建水资源绿色效率保障体系应当在构建思想上和实施过程中与其他安全体系紧密结合起来。

12.1.6　工程措施与非工程措施的结合

水资源工程是实现水资源科学管理的物质基础,对水资源工程进行妥善高效的管理,能够极大地提高水资源使用的效率。在漫长的历史时期中,世界各国水资源工程体系主要用途为取用自然水源或躲避洪水。自人类社会进入农业时代后,随着生产技术的提高和生产力发展的需求,人类开始修筑局部的或者单一的水利工程、防御工程,甚至对局部的自然水体进行改造,以此来保障重要地区和重要目标的经济生产和人民生活。工业革命以来,随着水利科学与工程技术的迅速发展,人类开始将整条河流甚至整个流域作为改造对象,对流域整体进行规划建设,人们逐渐设计建设了防洪大坝、引水渠道、取水设施、供水设施、堤防工程、分洪道等一系列的工程体系,发展了兼顾防洪、发电、航运、运行、维护、管理、科研等各项系统,人类对河流或者流域的开发利用程度也得到了十分快速的提高。为了充分发挥这些工程体系的作用,又逐步建立了与之配套的非工程体系,如降水测报、产汇流预报、防洪避险应急措施等,同时利用一些相应的法律法规和行政管理手段等对水资源工程体系运行进行一定的规定和保护。工程体系是对水资源进行管理调配的物质基础,非工程体系是水资源工程体系正常运行的保障性措施。因此,工程体系与非工程体系的有机结合,对充分发挥水资源工程的作用,实现水资源的科学高效利用具有十分重要的意义。

从工程体系与非工程体系二者之间的关系来看,非工程体系一直围绕如何管好工程体系,如何更好地为工程体系的运行、管理、维护服务等方面进行建设,虽然非工程体系在水资源管理中的分量越来越重,形式也越来越丰富,但基本上仍然处于较次要的角色,依然是比较薄弱的环节。尤其是在我国,长期的计划经济思维使得管理者在水资源保障体系的建设中更加注重工程体系的建设,而所谓的非工程措施实际上并未形成真正的体系,基本上处于单打独斗的境地。而且在科研领域中,更多的是对工程体系和工程措施的研究,非工程体系或措施大多缺乏有效的研究方法和实施方法,亟待大力加强。而且面对社会经济和生态环境等各方面的需求,这种依靠工程体系为主,非工程体系为辅的方式已经开始面临困境,难以再大幅提高水资源的绿色效率,所以建立更高层次的水资源保障体系,必须将工程体系和非工程体系有机结合起来。

当然，倡导将工程体系和非工程体系有机结合以及加强非工程体系建设的力度并不意味着要削减工程体系的建设，相反，在我国一些地区，工程体系还远远没有完善，例如，地表水、地下水的联合调度仍然缺乏有效的工程措施，废污水处理的数量和质量远远没有达到标准。当前，在我国水资源绿色效率保障体系中，工程体系方面仍然存在一些亟待解决的问题：一是大量水资源工程建成多年，建设质量和建设标准存在一定的差别，特别是20世纪80年代以前的一些水资源工程，疏于养护、年久失修，一些仍在运行的病险工程如不进行修缮，会影响工程效益的发挥，甚至成为防洪、引水、灌溉的安全隐患；二是一些水资源工程未能充分发挥高效利用水资源的作用，例如，长江流域的水资源工程在雨季的调度中，由于片面强调防洪，忽略了水资源的利用，加剧了防洪与水资源利用的矛盾；三是一些地区水资源工程之间匹配度不高，相互之间无法充分配合，这主要是由水资源工程分属于不同的部门管理所决定的。在非工程体系方面，主要有以下一些需要改进之处：一是关于城市防洪和内涝的建设管理亟待加强；二是水文数据监测和预报的预见性较低，数据处理手段较为落后，科技含量不高，难以满足实际应用的要求；三是监测系统的标准和自动化程度偏低，与世界先进水平仍存在一定的差距；四是水资源管理的理念需要转变，建立水权制度，明确水资源的市场定位；五是水资源相关的调查投入不足，调查分析薄弱，数据信息更新不能满足科研和管理的需要；六是相关水资源信息、工程信息、社会经济信息等系统性较差，数据的查询获取较为困难，难以满足科学研究定量分析的需要。

建立健全水资源绿色效率保障体系，要将工程体系与非工程体系有机结合起来，在水资源保障体系的平台上整合工程体系和非工程体系资源，使二者相互配合、相互补充，发挥最大的价值。工程设施施工之前要经过严密的论证，确保工程的实施对经济、社会、生态的负面影响在较小的范围内，同时非工程体系不应仅仅作为工程体系的保障而存在，而应该渗透到工程体系的方方面面，发挥工程体系难以完成甚至无法完成的功能，如水权的确定、水资源分配的公平性等，以工程体系为基础建立完善的社会保障、行政管理、法规政策、资金保障、科教宣传等体系（阮本清和魏传江，2004）。

12.2 水资源绿色效率保障体系的构建

12.2.1 水资源供给保障体系

（1）建立水资源保护补偿机制，把保护水生态和治理水土流失作为工作重点（沈满洪，2006）。鉴于水生态保护具有很强的正外部性特点，加之水生态保护区大多位于欠发达地区的现实，可以通过建立水生态保护补偿制度，调动公众保护水生态的积极性。在国外，大多国家采取政府调控与市场机制相结合的补偿模式，政府在补偿过程中扮演着第二补偿者、管理者或协调者的身份，把公众参与作为评价或监督补偿的重要方式。例如，在美国纽约市与上游卡茨基尔河之间的清洁供水交易中，政府对利益主体进行了调查，并作为平等交易主体参与到生态补偿之中，而公众对调查的反馈体现了公众参与对补偿过程的评价和监督。以国外先进经验为借鉴，针对我国水资源生态补偿的现状，可以从以下方面完善水生态保护补偿机制：第一，矫正目前实践中主体错位的情况，通过法律法规形式明确水资源生态补偿中的主体资格，包括交易主体、实施主体和监督主体；第二，明确水资源生态补偿法律关系的客体，即水资源及其生态系统；第三，开拓水生态保护补偿制度的市场化运作渠道，从而明确补偿资金的筹集途径和使用方式；第四，通过提高技术补偿的比例，以明确水生态保护补偿的方式；第五，规定多样化的参与方式，保障公众在水资源生态补偿中行使参与权和监督权。

（2）建立以源头控制为主、末端治理为辅的水污染防治机制，加强点源、面源和内源污染的综合治理，提高水资源绿色效率。在工业点源污染方面，要严格控制排放总量，加快实现从末端治理为主向源头控制为主的战略转移；在农业面源污染方面，生态农业建设是治理面源污染的有效手段。建设生态农业，一方面要加强化肥、农药和其他污染的控制，科学施用化肥，制定农药、化肥控制计划，禁止使用高残留农药，严格控制持久性有机污染物，减少农业安全生产隐患，保护农牧区的生态环境，加快农业结构调整，促进农业循环经济。另一方面要推广使用有机肥以及利用效率高、毒性低的生物农药，逐步减少化肥过量投入，提高耕地有机质含量，减少耕地污染，对高毒农药残留进行消除，通过合理使用化肥、农药，减少化肥、农药的流失和浪费。与此同时，对于江、河、湖、海湾滞留的内源污染源，也应一并考虑，进行综合治理。

（3）建立常规水资源、非常规水资源和客水资源联合开发机制，增加水资源供给。在合理开发地表水，科学利用地下水的基础上，逐步加大多种非常规水源的开发利用力度，在必要时进行跨流域调入客水资源，是各流域特别是北方缺水地区水资源合理配置的基本做法。

（4）建立高效的水资源功能转换机制，保证洁净供水。根据社会经济发展需要，合理划分水功能区，为水资源的永续利用提供依据。目前的水功能区划比较"刚性"，缺乏灵活性。以水库为例，随着经济发展，水库饮用水的功能更加凸显，同时可替代的发电技术（如核电技术等）又发展迅猛。因此，通过建立高效的具有时空特点的水资源功能转换机制，将部分水库的水资源发电功能调整为供水功能，是提高水资源供给量的可行之策。其他水源也可以在此机制下适时适地地满足社会经济发展的需要。

（5）建立水利工程建管并重机制，重视工程措施与非工程措施相结合，推进水利现代化进程，保障供水的稳定性。水利工程建管是人类社会为了满足对水资源的需求而修建的工程，并对其进行管理（阮本清和魏传江，2004）。它主要包括建设和管理防洪工程、水资源利用工程和水环境工程。为了实现水资源的合理利用，提高水资源绿色效率，应该在管理方面下功夫，加速推进水利现代化，最大限度地降低供水风险，保障供水的稳定性。

12.2.2　水资源需求保障体系

（1）加快建设节水型社会，建立水资源高效利用机制。我国的水资源危机不仅是"短缺危机"，还是"效率危机"。提高用水效率是水资源安全需求保障体系的基础和前提。以提高水的利用效率为核心，以水资源紧缺地区和高用水行业为重点，以建立节水型社会为目标，将节水纳入法制化管理，最终实现水资源的绿色高效利用。

农业节水技术目前应以提高输水效率为主要节水方向，对于条件许可地区可推广节水灌溉，不过目前由于其成本较高、技术复杂，农户自己实施节水灌溉有较大困难，政府应予以扶持，其主要方法为提供低息贷款或直接进行补贴。将农业生产过程不同环节综合考虑是大幅度提升节水效果的主要方法，如改变农作物种植品种、提高整地的精确性、稻田干湿交替灌溉技术等都可以提高农业用水效率。

中国工业单位用水量有较大差异，不同工业用水重复利用程度也各不相同，各地区工业发展总量、产业结构、工业总体技术水平等都各有特点，所以对于工业节水技术应用应根据区域特点进行选择，应从调整工业产业结构、限制高耗水设备的政策导向促进工业节水技术应用。产业调整为节水技术应用的主要政策导向，通过金融、税收等手段，对应用节水技术企业给予优惠，降低企业应用技术成本，促进企业淘汰高耗水设备，同时发展低耗水的替代产业，从根本上降低工业用水。

（2）加快水价改革，建立合理的水价形成原则和调节机制，遏制过度的用水需求。水价是影响水资源需求的直接杠杆。随着时间的推移，水资源的稀缺性呈现加剧趋势，因而水资源价格也必然呈上升趋势。应该本着补偿成本、合理受益、公平负担、健康发展的水价形成原则，逐步建立有利于节约水、保护水的水价体系。

合理确定供水价格，兼顾效率与公平。中国供水企业作为计划配水的重要组成部分，一直以来以垄断经营为主，企业组织形式多样，除了占比例较大的国有企业外，其他经济形式可以通过合作经营，或"特许经营"等方式进入供水市场，中外合资企业、私营企业、股份合作企业等在中国供水市场中影响作用正逐渐增加。在保证供水市场多方参与前提下，应统一成本核算基本内容，对影响水价的取水、净化、输送成本，以及在供水中员工工资、供水漏损率、设备维修等方面综合考虑，形成供水成本的标准计算方式，将标准指标汇总成为规范记录表格，并制定统一审核周期等措施，提高水价中成本核算准确性，定期向公众公布供水成本变动，通过长期记录形成针对某一特定地区的供水成本样本，样本数达到一定量的情况下可以更好地发现行业运营表现的平均水平，进而克服特定区域内"独家经营"而造成的"不可比较"，还可以通过信息公开形式公布供水成本变动，由公众监督保障水价涨跌合理。

（3）加快产业结构调整，转变经济增长方式，建立用水结构不断优化的机制。由粗放型增长方式向集约型增长方式的转变同样适用于水资源配置。在水资源日益成为稀缺性资源的背景下，要大力压缩水资源密集型产业，优先发展节水型产业，促进用水结构的不断优化。目前中国工业推行节水技术主要受地方保护主义和节水技术应用成本限制，由于区域的高耗水工业产业如钢铁、火电、化工等，既是区域经济的利税大户，又是高耗水产业，地方政府面临着节水降耗和发展经济的双重压力，限制高耗水产业发展必然影响区域经济增长，因此产业调整成为节水技术应用的主要政策导向。

12.2.3 水资源贸易保障体系

（1）建立现代水权制度，促使水市场的形成，优化配置水资源。水权即水资源的产权，包括水资源的所有权和使用权。《中华人民共和国水法》明确规定，水资源为国家所有，在此前提下，合理界定水权并探索有效保护、开发利用水资源的产权结构和管理制度，是目前我国水权制度建设亟待解决的问题。我国水资源供需矛盾突出，水资源的大量浪费和污染，进一步加剧了我国的水资源短缺。我国水资源权属管理体系不健全，水权制度弱化或虚置是这些问题产生的主要原因。因此，解决未来我国发展中的水资源短缺问题，需要树立水权观念，建立适合新形势和社会主义市场经济条件下的水资源权属管理体系（高而坤，2007；李小云等，2007）。

水权制度的建立是水资源管理制度改革的关键与核心。建立明晰的水权制度，不仅可以提高水行为的市场效率，优化配置水资源，还可以降低水行为外部性的影响。在明确水资源初始权分配的前提下，通过水市场进行水资源使用权的有偿转让，形成能够反映水资源稀缺性的水价，可强化水权所有者的节水意识，促使水资源向利润产出高的产业流动，实现水资源的高效配置。市场机制的建立，一方面要遵从市场配置资源理论，按照市场规律运作，实施公平竞争，形成投入产出的良性循环；另一方面，要加强政府的宏观调控，统一管理，逐步实现"一龙管水，多龙治水"的局面，以适应国民经济和社会发展对水的量和质的需求。尽快建立起切合实际的市场准入机制，逐步完善包括税收、价格、投资、进出口的市场体系，是实现投入多元化，使水利产业尽快完成资本积累，促进产业良性发展的关键所在（钱正英和张光斗，2001）。

建立完善水权和水市场制度应首先做好以下几项工作。

第一，调查评价水资源量和制定用水定额。建立水权和水市场制度，其首要工作就是要通过水资源调查评价摸清全国、各流域和各行政区域的水资源量。只有搞清楚全国、各流域和各行政区域的水资源量和可利用量，才能在全国范围对各省级区域进行水量分配，进而再向下一级行政区域层层分配水量。制定用水定额是水量分配的前提，通过制定各行业生产用水和生活用水定额，才能在已知全国可利用水资源和各省级区域水资源量以及各省级区域经济发展和生态环境情况的基础上科学分配水量到各省级区域，然后据此再层层分配水量到地（市）级行政区域、县（市）级行政区域。

第二，分配水量。水是人类生活和生产不可或缺的重要自然资源和战略资源，没有水，任何生物都将不能生存，经济社会也不能得到可持续发展。因此，在水量分配过程中，首先要考虑人的基本生活用水需求的水权，即人基本的生活需求的水量，且这种水权不允许转让。其次农业生产为人类和社会发展提供物质保障，没有农业产品的持续供应，经济社会发展将不可持续。因此，在人的基本生活用水得到保障的前提下，水量分配过程中要着重考虑农业用水。然后是生态环境的基本需求用水。最后是工业等其他行业用水的水权。这是水权的一级市场，是政府以水资源所有者的身份将水资源的使用权转让给各个用水者。

第三，建立水市场。水资源市场制度就是既要建立水资源的统一市场和区域、流域市场，又要建立水资源的一级市场（初始）和二级市场，还要建立清洁水市场和污水市场以及资本市场、其他要素市场联姻的互动的水资源市场。在完成水权的初始配置后，就需要建立水市场，以实现水资源产权和水商品产权的有偿转让，优化配置水资源，实现水资源的高效利用，这是水权的二级市场。水权交易是利用价格机制实现权力在取水用户之间流转的方式，市场的作用集中体现在市场价格上，水价是调节水资源供求关系的经济杠杆，是反映水资源稀缺程度的市场信号，是合理配置水资源的"看不见的手"。我国水资源总需求大于总供给的局面之所以迟迟不能得到改善，主要原因就是水价长期偏低，水资源难以实现优化配置。因此，必须建立健全水资源价格调整机制，建立水资源市场，实行水资源市场化管理，根据"使用者付费"的经济原则，利用经济手段和市场刺激，使其成为法律手段的重要补充，充分发挥市场机制在水资源配置中的作用，加快水价改革，确保政府在市场和价格政策扭曲中起调控作用。

建立水价形成机制,需要重点考虑以下几点:①修改完善供水价格管理办法,鼓励实行市场调节协议水价;②适度提高水资源价格,促进节约用水,建立调水基金;③实施用水阶梯价(递增)、时段价、错峰错时价和调节价,以此确定配水轻重缓急优先顺序;④清水和污水分开设立分类价,提高水资源税和污水处理费标准,按照限制开采地下水和鼓励污水处理回用的原则,提高资源水价标准和环境水价标准;⑤衔接调水工程和城市供水价格,完成水资源由"水费"到"水价"、由"福利型"向"商品型"的转变。水利工程供水方面,实行超定额累进加价制度;城市供水方面,推行居民生活用水阶梯式水价和非居民用水超计划超定额加价制度,充分发挥价格杠杆对水供求关系的调节作用。

第四,依据水权交易模式采用不同的宏观调控方式:①对于跨流域水权交易,建设水利工程输送水量,不仅需要巨额资金,还涉及繁多环节,其中主要包括移民、生态保护、输水路线中各地区利益分配、配套工程建设,这些问题导致从开工到实现正常供水周期长。工程沿线各区域地质水文情况复杂,考虑水量输出地的水量变化、引水过程中消耗,买方实际获得水量要小于输出水量,这都使不同流域水权交易管理难度增加,必须由国务院会同各省、自治区、直辖市政府进行管理,其水权交易进行应以宏观调控为主,其分配的水量与转让价格应由国务院相关机构决定,并与强制性的经济约束相配合,对输水沿线水价、供水量必须严格控制。②同一流域、同一区域水权交易则具有工程量小、水量输送损失小、需要资金少、涉及环节相对简单、不涉及省际利益分配等特点,各级政府可通过规范市场、制定优惠政策方法,促进同一流域、同一区域内的水权交易市场的发展。政府主要应从限定最低水价、监督交易水量来源等方面进行宏观调控。其转让价格可根据对工程成本、水污染治理、水资源价值等方面的综合考虑设立最低限价,保护水资源不被过度交易。

全面推行水权制度建设,充分发挥市场机制在水资源配置中的作用,以经济手段鼓励节水和水资源保护,提高水资源的利用效率和效益,是解决或缓解我国日趋严重的水资源供需矛盾,促进经济和社会可持续发展的有效途径。

(2)建立水污染排污权交易制度,优化水环境容量资源的配置(沈满洪,2006)。排污权交易可以有效缓解富于进取的环境保护目标、持续增长的经济和对环境要求的政治反应之间的紧张关系。我国已经实施污染物排放"总量控制",这是实施排污权交易的基础之一。同时,我国的排污许可证制度也是实施排污权交易的制度基础之一。另外,我国也进行过形式多样、程度不同的排污权交易试点工作,因此,从制度上、形式上和实践上我国已经具备实施排污权交易的基础。对于初始排污权分配方案,可分为有偿和无偿两种方法。无偿占有排污权的指标可减少分配核算过程,利于短期推行,而有偿使用可起到产业结构调整作用,同时可以为水污染治理提供一定资金,因此在排污权交易初期可以采用无偿占有方式,而在普及后应以有偿分配为主。有效推行排污权交易的要点是对企业实际排放量进行严格监测，否则排污权交易对企业毫无意义。增加对水污染物的监测网点，通过实时监测形成连续记录，是鼓励企业提高水污染治理效果的必要手段。

（3）建立虚拟水贸易制度，缓解水资源"农转非"问题诱发的水权矛盾。虚拟水贸易是指贫水国家或地区通过贸易的方式从富水国家或地区购买水资源密集型农产品（尤其是粮食）来获得水和粮食的安全。从全球来看，我国粮食生产并不具备比较优势，完全可以在不威胁国家粮食安全的条件下，多进口一些粮食，使剩余的水资源以"农转非"方式实现高效利用。将虚拟水战略真正地用于实践，制定成为政策还有一个过程，但随着全球化进程的加快、国家综合国力的不断提高，可以考虑通过虚拟水战略的实施，利用国外水资源来解决我国的水资源短缺问题。

12.2.4　水资源政策保障体系

（1）建立权威的水资源管理体制。水资源管理是实现水资源合理配置的有效手段，目前，我国存在着水资源管理机制和体制不健全，政策法规建设滞后，水利信息的收集渠道少，存储、加工、整理和传输的手段落后，水文、水利规划、科学研究等前期基础工作薄弱，行业从业人员素质低等问题，要解决中国日益复杂的水资源问题，必须进一步加强水资源管理和能力建设，实行最严格的水资源管理制度，以水资源的可持续利用保障经济社会的可持续发展。为了增强水资源对经济、社会可持续发展的保障能力，应该把建立健全现代水资源管理体制作为国家可持续发展的战略问题对待。通过建立符合市场经济规律的行政管理措施、经济管理措施和具有时代特征的技术管理措施，逐步推进水资源管理法规体系、水利投资体系、水权水市场体系和水价体系的改革，对江河上下游、城乡工农业用水、水量和水质、地表水和地下水、用水和治污等实行统一规划与管理，最终实现水资源管理的"一体化"，从而达到经济效益、社会效益与生态效益的高度协调统一。

（2）建立多元化的水利工程投融资体制，提高水利建设投入的稳定性。水利工程具有公益性和半公益性强、投资规模大、建设周期长、投资效益巨大但回报期滞后等特点，长期以来投资渠道比较单一，不能满足加大水利基础设施建设的要求。今后应该扩大资金筹措渠道，提高征收比例，进一步加大政府的投入、扶持力度，建立与国家公共财政框架体系相适应的水利投资机制；同时积极运用市场经济规律，按照责、权、利统一的原则，划分事权，明确投资主体，扩大包括外资在内的建设资金来源，保障水利工程的健康运行。

（3）建立可靠的社会保障机制，有效降低水危机损失。任何技术措施都难以完全阻止水资源短缺、超标准洪水和水环境污染等问题，水危机的解决必须依靠可靠的社会保障机制。缺水保险属于商业保险，可以采取自愿原则；洪水保险和污染保险属于公益性保险，可以采取强制性保险。通过保险机制的补偿作用、救灾作用和防灾作用，真正将水危机损失降到最低水平。

（4）建立灵活的经济补偿机制，提高水资源利用的公平性。尽管水资源从效益低的行业流向效益高的行业是水资源价值的合理体现，但其中涉及的水权问题是一个不可回避的矛盾，而灵活的经济补偿机制是解决这些矛盾的最佳手段。一方面，国家可以采取收取产品费、排污费和发放排污许可证等方法，对利益受到损害的水权所有者进行经济补偿。另一方面，经济补偿机制能够充分调动各省（区、市）节约用水和防控水资源污染的积极性。对工业企业而言，建立财政补贴制度，能够提高企业预防和控制水污染的热情，具体做法有对积极投资预防和控制水污染的企业给予相当大的财政补贴，加快水污染防治设备折旧等。对农业而言，农业是用水大户，用水量占总用水量的70%左右，而农民对节水水价的承受能力非常有限。因此，在确保以城市和工业供水为主的供水目标的同时，也要实行向农业和生态供水水费的补偿标准，以利于农业的可持续发展和生态环境的恢复与改善。目前，广大农村地区依然采用大水漫灌的灌溉方式，极大地浪费了水资源。因此，需要在政府的参与下，积极引导农民采用节水设备进行农业灌溉，对购买的设备进行财政补贴。在实行政策补贴的同时，也要同步开征农业灌溉水资源费，提高农民的水资源有偿使用意识和节水意识。

（5）建立全面的公众参与机制，提高社会的水文明水平。水资源的合理开发、高效利用、全面节约、有效保护和综合管理，都需要社会群体的积极关注、广泛参与和密切配合。公众参与机制的实施可以有效降低水资源管理成本，提高人们对水资源开发、利用和保护的满意度，提高整个社会的水文明水平，在一定程度上促进社会文明的发展。

（6）建立高效的水资源安全预警及应急机制，减少水危机损失。水资源安全预警是指对因自然和人类社会因素引起的重大水资源不安全进行预期性评价，以提前发现未来有关水资源可能出现的不安全问题及其成因，为制定消除或缓解水资源不安全的措施提供依据。水资源安全应急机制是指受技术、经济条件的制约，对已经发生的超过标准的洪水、干旱或者偶然的环境事故等必须采取的各项应急措施体系。

（7）建立初步的现代水资源储备机制，提高风险抵御能力。目前，资源储备主要运用于粮食、石油和一些具有战略意义的矿产品领域，对水资源储备的研究并没有引起社会的重视。根据现有各种水资源开发利用方式的系统归纳，结合考虑未来技术的发展水平，可以总结出水资源储备的主要模式：地面储备（水库、调水）、地下储备（深层地下水、地下水库）、空中储备（大气水）、海洋储备（海水淡化、海水直接与综合利用）、置换储备（雨洪、中水、微咸水等）和贸易储备（虚拟水）等。每一种模式都有自己的应用条件，各地区可以根据具体情况，选择合适的储备模式与储备规模，提高风险抵御能力。

（8）实行严格的循环经济政策，有效降低水资源消耗与水环境污染。《中华人民共和国国民经济和社会发展第十一个五年规划纲要》指出"落实节约资源和保护环境基本国策，建设低投入、高产出，低消耗、少排放，能循环、可持续的国民经济体系和资源节约型、环境友好型社会。"发展循环经济是实现上述目标的必然选择，其基本特征是自然资源的低投入、高利用和废弃物的低排放，从而在根本上解决长期以来环境与发展之间存在的尖锐矛盾。

12.2.5　水资源技术保障体系

长期以来，粗放型的资源消耗是我国经济运行的基础，这极大地破坏和浪费了水资源。因此，要把粗放型经济发展模式改变为集约型发展模式，根本在于节约水资源，而节约水资源的动力在于科技进步。在当今知识经济时代，未来国家间的竞争关键是科技与知识资源的竞争，其核心是善于创新，并且关键是增加国家对基础科学研究项目的投入（夏军等，2005）。总之，节约水资源和提高研究与开发的投入是保障中国长期水资源安全的战略之举。

水资源技术保障体系是人类社会为保障水资源可持续开发利用所采取的一系列方法和手段，包括研究与开发体系、技术创新体系和技术推广体系。科技创新是最具有革命性的影响因素，也是潜力最可观的因素，如海水淡化技术出现革命性的进步，则海水将成为重要的水源。在技术方面，高效低耗的海水淡化、人工增雨、污水处理、节水灌溉、地下水回灌等技术、工艺和成套设备的研制开发显得十分重要。解决中国水资源安全问题的根本出路是科技创新和科技进步，科技创新是产业健康发展的不竭力量之源，科技进步是企业生存和发展的强大驱动力。要促进高耗水企业的健康发展，就必须进一步提高技术创新的强度，努力促进水资源利用效率的提高。水资源的很多科学问题，如气候变化和人类活动影响下的水循环时空变化规律、海水淡化技术的突破、云水资源的控制、用水效率的提高、污染水的快速处理和水灾的准确预报等尚未得到有效解决，上述问题的突破或解决可有效促进水资源绿色效率的提高。水资源绿色效率技术保障体系的建立可以从以下几个方面入手。

（1）水科学领域应以建设创新型国家为契机，以科技创新为导向，明细资源产权，建立国家、科研、企业一体化的水资源技术创新模式，加强水资源综合研究，开发重大资源工程技术和发展资源工程学科的深入研究，提高污水资源化、海水资源化、雨水资源化以及水环境治理的效率。在水资源开发利用、防洪与减灾、水环境保护与生态建设、水利水电工程建设与管理、水利信息等方面开展科学研究和科技创新，为水资源绿色效率保障体系建设提供坚实的基础支撑。

（2）要加强产品制造业技术创新，鼓励尚属空白产品的研究开发和现有产品的技术改造、质量保障、性能提高，鼓励各企业引进先进技术。根据国家行业标准的制定和修订，要求环境保护产品和技术性能达到国际先进水平，促进中国环保产品的研究和开发工作按照高标准和高要求来做。可以通过调整工业结构、改革生产工艺、改造生产技术和加强生产管理等手段大力推行清洁生产，提倡绿色产品、绿色工艺，淘汰掉物耗高、能耗高、用水量大的落后生产技术，并将保护环境战略逐步应用于生产和消费的全过程中；调动市场经济机制，鼓励产品开发与技术创新，确保高质量产品的发展，适当实施鼓励和奖励办法，在包括小额研发经费补贴、中小企业科技创新基金、优秀装置等项目上给予政策倾斜。

（3）鼓励水科学理论研究，强化需水管理与耗水控制技术、多水源安全高效利用技术、复杂水资源系统精细化配置技术研究。加强自然-社会水循环系统耦合特征和关键过程的数学表达研究，发现地区水量和能量循环通量变化规律，研发适用于强人类活动扰动条件下的自然-社会二元水循环模型，揭示强人类活动区水循环演变机理，构建地区水资源绿色保障科学基础体系；在以水定城、以水定人发展战略的指导下，研究水资源与经济社会系统适应性评价、互馈、监测与调控技术，研发经济社会与生态环境系统水资源高效利用技术，建立适水经济社会与产业布局，提高用水效率，构建地区水资源需求侧控制技术体系；分类研究地下水、非常规水和外调水安全高效利用技术，研发多水源利用风险管控与对冲机制，提升不同水源供给保障能力，实现多水源互补格局，整体形成各地区多水源安全高效利用技术体系；研究供需双侧协同调控技术方法，建立全口径多层次水资源平衡机制配置方法，创新水资源合理配置技术，支撑构建水资源绿色效率保障方案。

（4）利用科技手段，加快水务信息化建设，建成以计算机、网络通信设备和其他信息采集设备组成的税务系统信息网，以数据库建设为核心，以 GIS 平台为数据采集基础，以仿真、模拟为实现手段，以信息共享、建立科学快速高效的决策支撑系统为目标，实现税务信息采集、传输、存储、分析、处理、应用等全过程的数字化、网络化，从而推动水务机构管理水平提高、决策手段科学化。

12.2.6　水资源法律保障体系

水资源法律保障体系是其他体系的重要保障。目前我国水法规体系存在着法律覆盖范围不全面、不同部门颁布的法律法规之间存在冲突与矛盾、法律规定不易操作等缺陷。今后应该从以下几方面加强水资源法律保障体系的建设。

（1）加强国际水法研究，以便为我国跨境共享水资源利用与安全维护领域的国际法制建设提供坚实的理论基础。我国的跨境水量达 7320 亿 m^3，约占全国天然河川径流的 27%。跨境水分配不仅直接关系我国的水资源安全、跨境生态安全和"西部大开发"等全局性问题，还影响着我国与亚洲邻国区域合作战略的实施。因此，在思想观念上必须重视国际水法在维护中国水资源安全方面的作用。

（2）重视国内水法规体系的完善、修订和制定工作。在不断完善《中华人民共和国水法》的基础上，加快修订《取水许可制度实施办法》，研究制定水资源管理法、流域水资源保护法、饮用水安全法、水资源危机特别管理条例、地下水资源条例、气态水资源条例、节水条例、水价条例和水权管理条例等法规，规范各类水事行为，初步建立起有关我国水资源绿色效率的法律保障体系。与此同时，针对我国现有水资源制度的缺陷，逐步完善水资源产权制度，完善水资源税制和其他税收法律制度，矫正水资源价格。建立起水资源循环利用制度，健全与完善水资源贸易与投资制度，建立水资源储备制度。

（3）严格执行水资源法律制度，尽快建立水资源安全公益诉讼制度（陈德敏和乔兴旺，2003）。公民的水资源安全权是公民生命健康权利在水资源安全法律制度中的体现。公民对任何侵害或威胁水资源安全的行为可以以水资源安全权利受到侵害或威胁为由请求法律保护。在水资源绿色效率保障体系的 6 个部分中，供给体系与需求体系是基础，立足于开源与节流；贸易体系是手段，立足于优化配置；政策体系是导向，立足于科学管理；技术体系是支撑，立足于目标服务；法律体系是保障，立足于强化规范。它们有机地组合在一起，共同保障水资源的可持续开发与利用。

（4）完善侵害水资源权利行为的法律责任体系。水资源权利侵害行为是指行为人非法侵犯国家、法人或其他组织、自然人的水资源权利的行为。可表现为两类形式：一类是侵害水资源所有权的行为，如非法取水、污染水资源、流失水资源、超量取水等行为；另一类是侵害水资源使用权的行为，如妨害水资源使用权行使的行为、非法剥夺或限制水资源使用权人的水资源使用权的行为、非法侵占他人水资源使用权的行为。在市场经济条件下，如果违法行为带来的经济效益大于由该行为引致的制裁时，或者当违法成本低于守法成本时，该违法行为将会被再次实施。因此，需要研究成本-效益分析的经济学分析方法，在行政处罚或罚款措施的确定上，确保违法成本大于守法成本。

12.2.7　水务一体化管理体系

水资源管理是指水行政主管部门运用法律、行政、经济、技术等手段对水资源的分配、开发、利用、调度和保护进行管理，其目的是提高水资源利用效率，保证社会经济可持续发展和改善环境对水资源的需求，从而实现经济-环境-社会系统的协调发展（陈家琦，1987）。解决我国日益复杂的水资源问题，提高水资源利用效率，根本上要靠制度、靠政策、靠改革，这要求中国各省（区、市）必须完善水资源环境法律体系，完善水资源生态环境政策体制，以此协调各省（区、市）经济增长与水资源生态环境之间的关系。

（1）推进水行政主管部门的职能转变，建立职责明确、运转协调、权威高效的水务一体化运作模式。水资源统一管理体制大体存在两种模式：一种是一条龙的直接管理，另一种是政企分开的管理模式，不论哪种管理模式，职能转变是关键，权属管理是核心。由于各地区自然资源条件和经济发展水平不一致，各地区应该因地制宜地制定水资源管理政策，但都必须以水资源的优化配置、高效可持续利用、社会经济可持续发展为出发点和落脚点。在城乡水务管理中，其管理的目的是在有效的组织体系下，实现城乡水资源的可持续利用（刘淑英等，2008）。对采用"设立水务局，实施一龙治水"模式的城市而言，可借鉴海南省、广州市的立法经验，明确规定水务行政主管部门的统管地位：水务行政主管部门负责本行政区域内防洪、排涝、水源、供水、用水、节水、排水、污水处理及中水回用等涉水事务的统一管理和监督工作；县级以上人民政府有关部门按照职责分工，协同水务行政主管部门开展有关涉水事务管理工作。强化水利规划在规范和约束社会涉水方面的作用，依法管理和规范水事活动，提高运用经济手段和法律手段的能力。建立以公共财政体系为主的多元化、多层次、多渠道的水利投资体制，形成科学规范的水价体制。加强水利信息发布，强化社会监督，推进水利政务公开。建立公众参与、专家论证和政府决策相结合的水行政决策咨询机制，推进决策科学化、民主化（畅明琦和黄强，2006）。

（2）构建并完善协调机制。水务一体化改革的关键在于职能转移，将由建设部门、市政部门、环保部门掌控的包括城市供水、排水、污水处理、水环境等水行政管理的内容向水利部门转移。无论是公共利益还是部门利益，都有必要打破原有的利益格局。重新分配已确立的利益格局将遭遇阻力，因此，我国各地都需要建立和完善制度化的协调机制，规范涉水事务管理行为。由于过去的水资源管理制度划分和行业立法，不同部门参与的城市水资源管理政策并不一致（孔慕兰，2002）。水资源管理工作缺乏对政策法规的系统保护，不同的"治水"部门之间还经常发生矛盾（林晓惠，2008）。为了充分调动各地区实施水一体化的积极性，必须从根本上消除部门利益对政策制定的不当影响。建议清理或废除国家涉水管理部门颁发的不适应水务一体化管理要求的规范性文件，逐步建立适合我国国情、有助于推动水资源开发、利用、节约、保护等统一管理的有效政策体系。

（3）以国家法律形式推行水务一体化。从长远来看，水务一体化的良性发展离不开国家法律体系的有力支撑。我国应以国家法律形式明确规定水务一体化管理体制的内涵、具体运作模式、相关机构职责划分、冲突协调机制等内容，从而为我国各地水务一体化实践提供科学的、统一的行为规范指引。实现水资源的高效可持续利用，需要完善一系列的法律法规和制度保障，坚持依法行政，依法治水。以《中华人民共和国水法》的修订和实施为契机，建立健全各地区用水相关的政策、制度体系，全面提高水利法制工作水平和工作效能，健全监督机制，为水资源的高效利用和水资源的可持续发展提供法制基础。其中，制度建设主要包括完善取水许可制度、健全水资源论证制度、建立计划用水制度以及完善用水统计和管理制度。制定节水法，将节水纳入法制化轨道，进一步明晰有关水资源利用和保护的法律法规条款，增加可操作性。此外，需要加强节水制度和标准建设，调整和完善行业用水标准和产品用水定额，在严重缺水地区率先强制执行。

（4）因地制宜开展制度创新。在明确水务一体化运作模式，建立和完善协调机制的基础上，各地要大胆实施水利一体化实践中突出问题或个别问题的制度创新，为当地水务一体化发展提供有效的制度保障。例如，信息化在水务一体化改革过程中扮演着至关重要的角色（田亦毅等，2010），有条件的城市可以考虑可操作的政策，鼓励建立水情信息网络平台，及时实现科学信息采集、信息沟通、信息公开透明化，提高当地水资源一体化管理的效率。

12.2.8　基础设施建管体系

（1）实现多元主体合作管理方式。①政府集中管理模式。水资源短缺与用水效率低下的严峻形势要求我国政府从战略高度来整治水利，从财力、物力和人力等各方面来保障我国水利设施的建设。②政府与农户合作管理模式。允许小型农田水利设施的产权可以私有化，允许各种形式的小型农田水利设施的综合经营。从产权意义来说，大多都是政府与农户合作的管理模式，国家或集体具有所有权、农户或小集体具有经营权，我国小型水利设施存在着国家建好没人管理或没人经营的难题，这种模式既能够很好地解决该难题，又能在关键时刻保证国家控制水利设施的灌溉和抗旱排涝的作用。③多元主体合作管理模式。国家可以通过承包、租赁、股份制、股份合作制和拍卖等方式改变水利设施的所有权，同时也可以通过户办、联户办、个人承包、股份合作制等形式兴办小型农田水利工程，增加资金来源渠道，改变单纯由国家来投资兴办水利的传统模式，以此调动农民群众参与兴建水利工程的积极性。

（2）鼓励地方政府拓宽融资平台，吸引社会资金参与水利设施建设。提高农民建设、维护与管理小型农田水利设施的积极性。创新制度和机制，构建管理主体间的纵向协作。在国家宏观政策指导下，政府、企业、金融机构和农民各主体应充分落实团队生产理论，互相协作并开展工作，通过市场化运作，做到"明确所有权，放开建设权，搞活经营权"，使水利工程建设和管理的各个环节互相连通，形成一个有机整体。坚持"综合性治理、规模化推进、新技术支撑、高标准建设、文明式发展、用水户参与"的发展思路，利用新阶段新格局的优势，把我国的小型水利基础设施建设工作提升到一个新台阶。

12.2.9　资金保障体系

水资源合理配置是一项投资大、工期长、跨越空间且需保证质量调配的大工程，需要源源不断的资金投入来保障，专家表示，如果水利基本建设的投资不能在近期达到国家基本建设投资的 5%～6%，并一直保持到 2050 年前后，将不能有效解决水资源供需矛盾和水质污染问题。水利资金的投入可以促进水资源的开发与高效利用，保护饮用水源地，从而确保生活、生产、生态用水安全；增加水利投资还可以合理开发再生水回用工程和海水淡化工程等项目，拓宽取水渠道。加快推进水利建设，必须大幅度增加水利投入，必须建立水利投入稳定增长机制。水利建设中，一方面要积极发挥政府的主导作用，将水利作为公共财政投入的重点领域，加大公共财政对水利的投入；另一方面要广泛吸引社会资金的参与，拓宽水利投融资渠道，鼓励符合条件的地方政府融资公司通过过桥贷款、保险债权计划、基金、公私合营（public-private-partnership，PPP，又称 PPP 模式）、市县"分贷"模式等直接、间接融资方式筹措资金，以保证水资源合理配置工作的顺利开展。

（1）用于省份重点水利工程建设、维护和治理的专项基金，分为本级水利建设基金和县（市）、区水利建设基金，各级人民政府应当按照其相应的管理权限和预算管理水平，筹集和使用与提取水利建设资金有关的政府机关资金、行政事业性收费和其他资金。

（2）拓宽水利建设资金筹集渠道。目前，我国的水利建设资金主要从车辆通行费、城市基础设施配套费、征地管理费等政府性基金和行政事业性收费收入中提取，我国水利建设资金缺口很大，水利基础设施的建设除了政府拨款、国内贷款外，还应通过利用外资、企业自筹、股票债券等多种投资、融资渠道筹集。此外，还需明确水利建设资金的使用范围，主要包括水资源配置工程建设项目，城市防洪设施和区域内河流等的建设、维护和治理，病险水库的除险加固，水土流失防治工程建设，农村水利、水电工程建设，水利工程维修养护和更新改造，防汛和应急度汛，其他经市、县人民政府批准的水利工程项目等，做到专款专用，避免水利建设资金的浪费。

（3）各级财政部门应当建立健全水利建设基金的预决算管理和财务管理办法，

保证资金及时缴入国库，并按规定及时拨付资金。对擅自扩大征收范围、提高征收标准，以及截留、挤占、挪用水利建设基金的，由财政、审计、监察等部门依法处理。

12.2.10　社会保障体系

社会保障体系建设主要包括两方面的内容：一是要把低水价的"福利水"转变为"商品水"。因为低水价严重背离了价值规律，过低的水价导致了水资源的浪费。二是应该重新认识水资源的福利性，纠正"低水价就是福利"的错误观念（李勇和班福忱，2006）。具体可以通过以下措施来实现。

（1）加强立法。制定相关法律以保证水资源绿色效率社会保障体系的构建，将其制度化、法律化，使这种制度和法律不因领导人的改变而改变，不因领导人的看法和注意力的改变而改变。加快完善和建立水权和水市场制度的立法。水市场是一个不完全市场，因此水市场的建立需要政府的积极推动，需要国家制定法律法规加以支持和约束。我国的水权和水市场制度是在社会主义市场经济条件下建立和运行的一种新制度，而市场经济本身是法制经济。法律和制度反映市场经济内在要求，是调节市场经济关系的主要手段，可以说法律是市场经济内在要求的法律化。制定水权交易的相关法律法规，对在水权交易过程中如何保护第三方利益，减少对环境的污染和破坏，以及为解决水事冲突提供有效办法等方面具有极为重要的意义。因此，要建立水权和水市场制度，就必须加快立法进程。

（2）提高水价，增强人们的节水意识。建立水资源绿色效率社会保障体系，不仅要依靠行政手段和法律手段，还要依靠经济手段、市场手段，形成适合中国国情的水利发展机制。水权交易是运用市场机制优化配置水资源的重要手段，党的十八大从建设生态文明高度提出了积极开发水权交易试点的建议，十八届三中全会要求推行水权交易制度，十八届五中全会更是从绿色发展的角度，提出了建立健全用水权等初始分配制度，培养和发展水市场的战略决策。目前，我国水资源供需矛盾突出，一方面水资源短缺，另一方面用水浪费严重；一方面许多城市缺水，另一方面许多地区农业用水仍为大水漫灌。长期的低水价制度造成人们节水意识淡薄，形成粗放经营的生产模式，造成水资源的极大浪费，已经严重阻碍了我国经济社会的发展。因此，提高水价，实现水资源的节约及高效利用，是实现可持续发展战略的必然措施。以水价为杠杆，迫使人们提升节水意识，改变粗放的生产方式，使"商品水"概念深入人心。在具体实施方面，首先是确定各行业的水价，对于高耗水、低产出行业，以提高水价的方式增加高耗水企业的用水成本，从而迫使高耗水企业采用节水设备。其次要鼓励企业提高水的重复利用率，以达到节水目的。此外，对于诸如餐饮业、洗浴业、洗车业等用水较大的行业，除严格实行用水定额和用水总量双控制外，还应实行阶梯水价制度，对超计划用水单位，实行超量加价收费，以促进其节水。

（3）创新农民补贴方式，加大对农民直接补贴的力度。创新农民补贴方式是中国农村政策的重大调整，是建立新型水资源社会保障制度的有效手段，是在中国农村经济发展和市场取向改革进入新阶段后采取的一项重要决策。建立新型的水资源分配社会保障制度，可以从国家对粮食主产区的农业补贴、水价制度改革及农村医疗保险出发，将三者有机结合，形成水资源可持续利用与保护技术、提高农村医疗保障水平的良性循环，实现多方共赢。

（4）加强生态用水的保护。水价上涨后，水的价值得到进一步的确认，更要严格控制对地下水的开采量，确保生态供水，防止生态用水的挤占挪用，避免造成新的生态危机。保障生态用水不只是保障所需的水量，还要保障所需的水质，不然难以达到保护生态的要求。

12.2.11 科教宣传体系

水资源管理政策和措施是节水的外部保障，深刻的水资源危机意识才是节水最根本的内在动力，是水资源可持续利用的基础。公民环境保护和可持续发展意识水平是一个国家和民族文明程度的集中体现，也是国家环境政策制定的基础（杨子生和吴德美，2012）。节约用水、保护环境工作的社会性很强，要在保障社会稳定的基础上，动员包括新闻媒介、产业界、科研文化界、非政府组织、社会团体、社区组织和公民个体在内的社会力量，补充和支持政府的环境保护工作。节约用水、保护环境需要调整社会消费行为，也需要公众承担一定的经济责任，这都需要公众的理解和支持。

（1）应当赋予公民生存权性质的水资源权利，并通过法律保障将其具体化、可操作化。对水资源的不合理开发利用，造成污染、破坏或者危害公民的生存和生命的，公民可以通过裁判要求撤销或者中止企业的污染破坏行为，或者要求取消可能造成严重水污染的项目行政许可，同时要求政府采取积极措施。此外，还应当赋予公民向法院提起诉讼的权利，通过司法途径强迫政府履行水资源保护职责。

（2）要积极提高公众参与意识。水是一个社会话题，公众意识则是行业和社会的桥梁，水资源的可持续利用与公众的节水、爱水、保护水资源生态环境的意识有直接联系。把传统宣传教育方式改变为参与互动的形式，是切实提高公民水资源保护意识的有效途径。加强科普教育能够使公众认识到水资源污染的严重性；加强法制教育可以提高全民对环境保护法律及法规的认识水平；公众对环境状况具有知情权，增加政府决策的透明度，公开环境信息，鼓励公民参与环境政策制定，提高政府决策的民主参与程度和科学决策水平，使社会各界能够充分了解水危机的严重性、水价改革的必要性、水工业发展的重要性、公众的责任和义务（李勇和班福忱，2006），能够加强对环境管理的监督。废水是废物的错误观念在民众心中长期存在且根深蒂固，通过支持民间环保组织发起的环境保护活动可以消除这种观念，鼓励公众从身边的小事做起，将废污水进行资源化处理，以提高污水的有效利用率，节约有限的水资源。

（3）要开展水资源保护警示教育，提高全民忧患意识。水资源保护警示教育的目的是把我国水资源短缺状况及其风险向公众广泛宣传，唤醒全民特别是决策层人员的水危机意识和忧患意识，激发广大干部群众的紧迫感和责任感，以使国家环境保护战略得到广泛的、深刻的理解支持。要通过电视、广播、报刊、网络、展览、书籍等各种媒介，加大水资源保护警示教育的力度，深入宣传节水的重大意义，不断提高公众的水资源忧患意识和节约意识，特别是要利用世界水日、中国水周、节水宣传月等，推出"节约、保护水资源"主题实践活动，鼓励社会广泛参与水资源管理，加强全面推广使用节水型生活用水器具力度，加快淘汰非节水型生活用水器具，提高全社会的节水意识。积极组织节水公益歌曲征集、漫画和 flash 征集等活动，制作能够直击心灵的节水宣传短片，类似于"世界上最后一滴水——人类的眼泪"等，并进行多渠道全覆盖播出，让节水宣传不但能深入人心，而且能引导公众将节约用水付诸实际行动。

（4）要把节约资源、保护环境的观念渗透到精神文明建设的细节之中。通过乡规民约、社区守则、公民道德纲要等形式广泛普及，组织社区干部、居民代表、企业等利用宣传栏、宣传横幅、集中在广场和居民小区发放节约用水倡议书、宣传图册、节水器具展示等，进行广泛的节水知识宣传，引导大家树立节约每一滴水的思想意识。各地区水务主管部门要加强企业节水宣传，将节水效应与企业效益相结合，介绍先进的节水技术、工艺和产品，推动节水科技成果的转化和推广应用；将调水以及水的处理工艺流程等制作成演示片或者宣传图册等，在科技馆等公共场所投放，让孩子及家长们了解每一滴水的来之不易，从而提高节约用水意识。要推行节水宣传进学校、幼儿园等活动，通过对青少年学生甚至是学龄前儿童进行"节约型社会"的宣传教育，使他们从小养成节约用水的好习惯，以孩子节水来带动家庭节水，营造全社会共同节水的良好氛围。在社会上大力提倡可持续消费，反对不合国情的资源、能源浪费型消费，鼓励有益于节约水资源、保护环境的消费行为，使生态文明、生态伦理的道德观念深入人心，并成为 21 世纪社会发展的新时尚，从而在全社会范围内形成一种保护水资源意识，实现水资源绿色发展。

参 考 文 献

白颖, 王红瑞, 许新宜, 等. 2010. 水资源利用效率及评价方法若干问题研究[J]. 水利经济, 28（3）: 1-4.

毕硕本, 计晗, 陈昌春, 等. 2015. 地理探测器在史前聚落人地关系研究中的应用与分析[J]. 地理科学进展, 34（1）: 118-127.

蔡芳芳, 濮励杰. 2014. 南通市城乡建设用地演变时空特征与形成机理[J]. 资源科学, 36（4）: 731-740.

蔡守华, 张展羽, 张德强. 2004. 修正灌溉水利用效率指标体系的研究[J]. 水利学报, 5（5）: 111-115.

蔡振华, 沈来新, 刘俊国, 等. 2012. 基于投入产出方法的甘肃省水足迹及虚拟水贸易研究[J]. 生态学报, 32（20）: 6481-6488.

曹东, 赵学涛, 杨威杉. 2012. 中国绿色经济发展和机制政策创新研究[J]. 中国人口·资源与环境, 22（5）: 48-54.

畅明琦, 黄强. 2006. 水资源安全理论与方法[M]. 北京: 中国水利水电出版社.

陈昌玲, 张全景, 吕晓, 等. 2016. 江苏省耕地占补过程的时空特征及驱动机理[J]. 经济地理, 36（4）: 155-163.

陈澄, 付伟. 2017. 国内绿色发展研究综述[J]. 经贸实践, （9）: 8-9.

陈德敏, 乔兴旺. 2003. 中国水资源安全法律保障初步研究[J]. 现代法学, 25（5）: 118-121.

陈东景. 2008. 中国工业水资源消耗强度变化的结构份额和效率份额研究[J]. 中国人口·资源与环境, 18（3）: 211-214.

陈关聚, 白永秀. 2013. 基于随机前沿的区域工业全要素水资源效率研究[J]. 资源科学, 35（8）: 1593-1600.

陈颢, 任志远, 郭斌. 2011. 陕西省近10年来水资源足迹动态变化研究[J]. 干旱区资源与环境, 25（3）: 43-48.

陈家琦. 1987. 合理开发水资源确保永续利用[J]. 自然资源, （2）: 1-6.

陈家琦, 王浩, 杨小柳. 2013. 水资源学[M]. 北京: 科学出版社.

陈磊, 吴继贵, 王应明. 2015. 基于空间视角的水资源经济环境效率评价[J]. 地理科学, 35（12）: 1568-1574.

陈培阳, 朱喜钢. 2013. 中国区域经济趋同: 基于县级尺度的空间马尔科夫链的分析[J]. 地理科学, 33（11）: 1302-1308.

陈琪, 金康伟. 2007. 新农村建设中发展绿色经济的动力源探究[J]. 生态经济, （8）: 67-70.

陈午, 许新宜, 王红瑞, 等. 2015. 梯度发展模式下我国水资源利用效率评价[J]. 水力发电学报, 34（9）: 29-38.

陈晓光, 徐晋涛, 季永杰. 2007. 华北地区城市居民用水需求影响因素分析[J]. 自然资源学报, 22（2）: 275-280.

程永毅, 沈满洪. 2014. 要素禀赋、投入结构与工业用水效率——基于2002~2011年中国地区数据的分析[J].自然资源学报，29（12）：2001-2012.

丛海彬，邹德玲，蒋天颖. 2015.浙江省区域创新平台空间分布特征及其影响因素[J].经济地理，35（1）：112-118.

崔兴齐，孙文超，鱼京善，等.2013.河南省近十年水环境承载力动态变化研究[J].中国人口·资源与环境，23（S2）：359-362.

邓朝晖，刘洋，薛惠锋.2012.基于 VAR 模型的水资源利用与经济增长动态关系研究[J].中国人口·资源与环境，22（6）：128-135.

丁任重. 2009.西部资源开发与生态补偿机制研究[M].成都：西南财经大学出版社.

丁悦，蔡建明，任周鹏，等. 2014.基于地理探测器的国家级经济技术开发区经济增长率空间分异及影响因素[J].地理科学进展，33（5）：657-666.

董斌，崔远来，黄汉生. 2003.国际水资源管理研究院水量平衡计算框架和相关评价指标[J].中国农村水利水电，（1）：5-7.

董传岭.2012.资源环境约束下的中部地区县域经济发展研究[D].武汉：华中科技大学.

董毅明，廖虎昌. 2011.基于 DEA 的西部省会城市水资源利用效率研究[J].水土保持通报，31（4）：134-139.

董玉祥，徐茜，杨忍，等.2017.基于地理探测器的中国陆地热带北界探讨[J].地理学报，72（1）：135-147.

窦明，王艳艳，李胚.2014.最严格水资源管理制度下的水权理论框架探析[J].中国人口·资源与环境，12（24）：132-137.

杜伟.2009.我国水权制度探析[D].北京：中国政法大学.

段爱旺.2005.水分利用效率的内涵及使用中需要注意的问题[J].灌溉排水学报，24（1）：8-11.

樊欢欢，刘荣，等.2014.EViews 统计分析与应用[M]. 2 版. 北京：机械工业出版社.

樊重俊. 2010.贝叶斯向量自回归分析方法及其应用[J].数理统计与管理，29（6）：1060-1066.

范丹，王维国.2013.中国区域全要素能源效率及节能减排潜力分析[J].数学实践与认识，43（7）：12-21.

范斐，杜德斌，李恒. 2012.区域科技资源配置效率及比较优势分析[J].科学学研究，30（8）：1198-1205.

范群芳，董增川，柱芙蓉. 2007.农业用水和生活用水效率研究与探讨[J].水利学报，（Sl）：465-469.

方行明，魏静，郭丽丽.2017.可持续发展理论的反思与重构[J].经济学家，（3）：24-31.

方叶兵，王礼茂，牟初夫，等.2017.中国石油终端利用碳排放空间分异及影响因素[J].资源科学，39（12）：2233-2246.

方叶林，黄震方，陈文娣，等.2013.2001～2010 年安徽省县域经济空间演化[J].地理科学进展，32（5）：831-839.

冯向东.2004.比较有时也是竞争力——营造企业比较优势之策[J].中外企业家，（1）：42-44.

付永虎，刘黎明，起晓星，等.2015.基于灰水足迹的洞庭湖区粮食生产环境效应评价[J].农业工程学报，31（10）：152-160.

傅朝阳，陈煜. 2006.中国出口商品比较优势：1980～2000 年[J].经济学（季刊），5（2）：579-590.

盖美，连冬，田成诗，等.2014.辽宁省环境效率及其时空分异[J].地理研究，12（33）：2345-2357.

高而坤.2007.中国水权制度建设[M].北京：中国水利水电出版社.

高铁梅.2006.计量经济分析方法与建模：EViews 应用及实例[M].北京：清华大学出版社.

高媛媛，许新宜，王红瑞. 2013.中国水资源利用效率评估模型构建及应用[J].系统工程理论与实践，33（3）：776-784.

耿伟. 2006.内生比较优势演化——基于中国制造业的经验研究[J].财经研究，32（10）：60.

关嘉麟. 2013.转型时期中国对外贸易政策研究[D].长春：吉林大学.

郭戈英，郑钰凡. 2011.我国绿色转型动力结构形成的原因分析[J].科技创新与生产力，（1）：53-54.

郭浩淼. 2013.中国出口产品结构优化路径研究[D].沈阳：辽宁大学.

韩琴，孙才志，邹玮. 2016.1998～2012年中国省际灰水足迹效率测度与驱动模式分析[J].资源科学，38（6）：1179-1191.

韩增林，孙嘉泽，刘天宝，等. 2017.东北三省创新全要素生产率增长的时空特征及其发展趋势预测[J].地理科学，37（2）：161-171.

何安华，楼栋，孔祥智. 2012.中国农业发展的资源环境约束研究[J].农村经济，（2）：3-9.

贺灿飞，刘洋. 2006.产业地理集聚与外商直接投资产业分布——以北京市制造业为例[J].地理学报，61（12）：1259-1270.

洪国斌. 2003.中国水资源现状和可持续利用对策初探[J].湖北水力发电，（S1）：8-9.

洪国志，李郇. 2011.基于房地产价格空间溢出的广州城市内部边界效应[J].地理学报，66（4）：468-476.

侯伟丽. 2004. 21世纪中国绿色发展问题研究[J].南都学坛（人文社会科学学报），24（3）：106-110.

胡鞍钢. 2012.中国创新绿色发展[M].北京：中国人民大学出版社.

胡鞍钢，周绍杰. 2014.绿色发展：功能界定、机制分析与发展战略[J].中国人口·资源与环境，24（1）：14-20.

胡鞍钢，王亚华，过勇. 2002.新的流域治理观：从"控制"到"良治"[J].经济研究参考，（20）：34-44.

胡彪，付业腾. 2016.中国生态效率测度与空间差异实证——基于SBM模型与空间之相关性的分析[J].干旱区资源与环境，6（30）：6-12.

黄晶，宋振伟，陈阜. 2010.北京市水足迹及农业用水结构变化特征[J].生态学报，30（23）：6546-6554.

黄凯，王梓元，杨顺顺，等. 2013.水足迹的理论、核算方法及其应用进展[J].水利水电科技进展，33（4）：78-83.

黄伦宽. 2004.我国水资源安全面临的挑战及对策[J].甘肃行政学院学报，（2）：39-41.

季铸. 2012.中国300个省市绿色经济与绿色GDP指数：绿色发展是中国未来的唯一选择[J].中国对外贸易，（2）：24-33.

贾佳，严岩，王辰星，等. 2012.工业水足迹评价与应用[J].生态学报，32（20）：6558-6565.

贾康. 2018.供给侧改革及相关基本学理的认识框架[J].经济与管理研究，39（1）：13-22.

姜蓓蕾，耿雷华，卞锦宇，等. 2014a.中国工业用水效率水平驱动因素分析及区划研究[J].资源科学，36（11）：2231-2239.

姜蓓蕾，耿雷华，刘恒，等. 2014b.基于最严格水资源管理制度的水资源计量与统计管理模式浅析[J].中国农村水利水电，（4）：87-89.

焦雯珺，闵庆文，成升魁，等. 2011.污染足迹及其在区域水污染压力评估中的应用——以太湖流域上游湖州市为例[J].生态学报，31（19）：5599-5606.

金英姬，宋玉霞，赵淑英. 2008.发展东北地区绿色经济的理论及对策研究[J].生态经济，（12）：92-95.

孔慕兰.2002.城乡水务一体化管理体制的探索与思考[J].水利发展研究，2（11）：71-73.

匡耀求，黄宁生．2013.中国水资源利用与水环境保护研究的若干问题[J].中国人口·资源与环境，23（4）：29-33.

雷明,虞晓雯.2015.我国低碳经济增长的测度和动态作用机制——基于非期望 DEA 和面板 VAR 模型的分析[J].经济科学，37（2）：44-57.

雷玉桃，黄丽萍.2015.中国工业用水效率及其影响因素的区域差异研究——基于 SFA 的省际面板数据[J].中国软科学，（4）：155-164.

冷淑莲，冷崇总.2007.资源环境约束与可持续发展问题研究[J].价格月刊，（11）：3-9.

李峰平,章光新,董李勤.2013.气候变化对水循环与水资源的影响研究综述[J].地理科学,33（4）：457-464.

李国平，陈晓玲.2007.中国省区经济增长空间分布动态[J].地理学报，62（10）：1051-1062.

李华，刘瑞.2001.国民经济管理学[M].北京：高等教育出版社.

李佳.2012.发展绿色经济的财税政策研究——基于江西省环境税试点的分析[D].南昌：江西财经大学.

李佳洺，陆大道，徐成东，等.2017.胡焕庸线两侧人口的空间分异性及其变化[J].地理学报，72（1）：148-160.

李进涛，刘彦随，杨园园，等.2018.1985～2015 年京津冀地区城市建设用地时空演变特征及驱动因素研究[J].地理研究，37（1）：37-52.

李静，马潇璨.2014.资源与环境双重约束下的工业用水效率——基于 SBM-Undesirable 和 Meta-frontier 模型的实证研究[J].自然资源学报，6（29）：920-933.

李宁宁.2011.中国绿色经济的制度困境与制度创新[J].现代经济探讨，（11）：19-22.

李鹏，张俊飚.2013.森林碳汇与经济增长的长期均衡及短期动态关系研究——基于中国 1998～2010 年省级面板数据[J].自然资源学报，28（11）：1835-1845.

李少林.2013.资源环境约束下产业结构的变迁、优化与全要素生产率增长[D].大连：东北财经大学.

李世祥，成金华，吴巧生.2008.中国水资源利用效率区域差异分析[J].中国人口·资源与环境，18（3）：215-220.

李涛，廖和平，褚远恒，等.2016.重庆市农地非农化空间非均衡及形成机理[J].自然资源学报，31（11）：1844-1857.

李小萌.2010.综合比较优势与中国服务业的发展研究[D].北京：北京邮电大学.

李小云，靳乐山，左停，等.2007.生态补偿机制：市场与政府的作用[M].北京：社会科学文献出版社.

李颖，冯玉，彭飞，等.2017.基于地理探测器的天津市生态用地格局演变[J].经济地理，37（12）：180-189.

李应中.2003.比较优势原理及其在农业上的运用[J].中国农业资源与区划，24（2）：5-9.

李勇，班福忱.2006.建设节水型社会，保障城市水资源可持续利用[J].中国环境管理干部学院学报，16（1）：57-59.

李裕瑞，王婧，刘彦随，等.2014.中国"四化"协调发展的区域格局及其影响因素[J].地理学报，69（2）：199-212.

李云峰，李仲飞.2011.汇率沟通、实际干预与人民币汇率变动——基于结构向量自回归模型的实证分析[J].国际金融研究，（4）：30-37.

李志敏,廖虎昌. 2012.中国 31 省市 2010 年水资源投入产出分析[J].资源科学,34(12):2274-2281.

郦建强,王建生,颜勇.2011.我国水资源安全现状与主要存在问题分析[J].中国水利,(23):42-51.

连健,李小娟,宫辉力,等.2010.基于 ESDA 的北京市乡镇农业经济空间特性分析[J].地域研究与开发,29(1):130-135.

梁小民.2002. 入世经济学[J].前线,(4):31-33.

梁艳.2012.我国水资源污染的现状、原因及对策[J].科技资讯,(24):146,148.

廖虎昌,董毅明.2011.基于 DEA 和 Malmquist 指数的西部 12 省水资源利用效率研究[J].资源科学,33(2):273-279.

廖颖,王心源,周俊明.2016.基于地理探测器的大熊猫生境适宜度评价模型及验证[J].地球信息科学学报,18(6):767-778.

林晓惠.2008.深化水务一体化管理体制改革的研究[D].福建:厦门大学.

林毅夫,李永军.2003.比较优势、竞争优势与发展中国家的经济发展[J].管理世界,(7):23-27.

林毅夫,蔡昉,李周.1999.比较优势与发展战略——对"东亚奇迹"的再解释[J].中国社会科学,(5):4-20.

刘纯彬,张晨.2009.资源型城市绿色转型内涵的理论探讨[J].中国人口·资源与环境,19(5):6-10.

刘华军,杨骞.2014.资源环境约束下中国 TFP 增长的空间差异和影响因素[J].管理科学,27(5):133-144.

刘金培,汪官镇,陈华友,等.2016.基于 VAR 模型的 $PM_{2.5}$ 与其影响因素动态关系研究——以西安市为例[J].干旱区资源与环境,30(5):78-84.

刘金朋.2013.基于资源与环境约束的中国能源供需格局发展研究[D].北京:华北电力大学.

刘立红.2016.中国水资源利用效率研究[D].大连:辽宁师范大学.

刘满凤,唐厚兴.2010.基于空间 Durbin 模型的区域知识溢出效应实证研究[J].科技进步与对策,27(18):28-33.

刘锐,胡伟平,王红亮,等.2011.基于核密度估计的广佛都市区路网演变分析[J].地理科学,31(1):81-86.

刘莎莎.2012.从资源税角度思考绿色经济与绿色财政[J].商情,(31):38-40.

刘生福,李成.2014. 货币政策调控、银行风险承担与宏观审慎管理——基于动态面板系统 GMM 模型的实证分析[J].南开经济研究,(5):24-39.

刘淑英,梁有祥,贾立忠,等.2008.天津水务一体化势在必行[J].水利发展研究,(7):52-55.

刘薇. 2012.北京实现创新驱动绿色发展的制约因素与促进机制研究[J].生产力研究,(12):126-128.

刘文兆.1998.作物生产、水分消耗与水分利用效率间的动态联系[J].自然资源学报,13(1):21-23.

刘相锋.2016.环境与资源双重约束下的中国制造业产业结构优化研究[D].沈阳:辽宁大学.

刘彦随,李进涛. 2017.中国县域农村贫困化分异机制的地理探测与优化决策[J].地理学报,72(1):161-173.

刘燕.2010.西部地区生态建设补偿机制及配套政策研究[M].北京:科学出版社.

刘耀彬,杨新梅.2011.基于内生经济增长理论的城市化进程中资源环境"尾效"分析[J].中国人口·资源与环境,21(2):24-30.

刘拥军.2005.论比较优势与产业升级[J].财经科学,212(5):159-164.

刘永懋,宿华,刘巍.2001.中国水资源的现状与未来——21 世纪水资源管理战略[J].水资源保护,(4):13-15,71.

刘勇，李志祥，李静. 2010.环境效率评价的比较研究[J].数学的实践与认识，40（1）：84-92.

刘渝，王岌. 2012.农业水资源利用效率分析——全要素水资源调整目标比率的应用[J].华中农业大学学报（社会科学版），(6)：26-30.

刘宇. 2012.资源、环境双重约束下辽宁省产业结构优化研究[D].沈阳：辽宁大学.

龙爱华，徐中民，张志强. 2003.西北四省（区）2000年的水资源足迹[J].冰川冻土，25（6）：692-700.

龙爱华，徐中民，王新华，等. 2006.人口、富裕及技术对2000年中国水足迹的影响[J].生态学报，26（10）：3358-3365.

卢丽文，宋德勇，李小帆. 2016.长江经济带城市发展绿色效率研究[J].中国人口·资源与环境，26（6）：35-42.

陆世峰. 2015.我国水资源污染的现状及对策[J].农民致富之友，(6)：288.

吕晨，蓝修婷，孙威. 2017.地理探测器方法下北京市人口空间格局变化与自然因素的关系研究[J].自然资源学报，32（8）：1385-1397.

吕政. 2003.论中国工业的比较优势[J].中国工业经济，181（4）：5-9.

马海良，黄德春，张继国，等. 2012a.中国近年来水资源利用效率的省际差异：技术进步还是技术效率[J].资源科学，34（5）：794-801.

马海良，黄德春，张继国. 2012b.考虑非合意产出的水资源利用效率及影响因素研究[J].中国人口·资源与环境，22（10）：35-42.

马海良，丁元卿，王蕾. 2017.绿色水资源利用效率的测度和收敛性分析[J].自然资源学报，32（3）：406-417.

马建堂. 2012.中国绿色发展指数报告[M].北京：北京师范大学出版社.

马静，陈涛，申碧峰，等. 2007.水资源利用国内外比较与发展趋势[J].水利水电科技进展，27（1）：6-10，13.

马平川，杨多贵，雷莹莹. 2011.绿色发展进程的宏观判定——以上海市为例[J].中国人口·资源与环境，21（12）：454-458.

买亚宗，孙福丽，石磊，等. 2014.基于DEA的中国工业水资源利用效率评价研究[J].干旱区资源与环境，28（1）：42-47.

曼昆. 2006.经济学原理微观经济学分册：第4版[M].梁小民，译. 北京：北京大学出版社.

毛伟，赵新泉，居占杰. 2014.纳入土地要素的中国全要素生产率再估算及收敛性分析[J].资源科学，10（36）：2140-2148.

孟晓军. 2008.西部干旱区单体绿洲城市经济增长中的水资源约束研究[D].乌鲁木齐：新疆大学.

缪国书. 2006.比较优势、竞争优势与中部崛起的路径依赖[J].中南财经政法大学学报，156（3）：124.

牟海省，刘昌明. 1994.我国城市设置与区域水资源承载力协调研究刍议[J].地理学报，49（4）：338-343.

牛文元. 2012a.可持续发展理论的内涵认知——纪念联合国里约环发大会20周年[J].中国人口·资源与环境，22（5）：9-14.

牛文元. 2012b.中国可持续发展的理论与实践[J].中国科学院院刊，27（3）：280-289.

牛文元. 2014.可持续发展理论内涵的三元素[J].中国科学院院刊，29（4）：410-415.

潘丹，应瑞瑶. 2013.中国农业生态效率评价方法与实证——基于非期望产出的SBM模型分析[J].生态学报，33（12）：3837-3888.

潘美玲. 2010.基于共同前沿函数的FDI生产率溢出效应的实证研究[J].经济问题，10（18）：33-38.

潘文卿. 2010.中国区域经济差异与收敛[J].中国社会科学，(1)：72-84.

庞鹏沙，董仁杰. 2004.浅议中国水资源现状与对策[J].水利科技与经济，10（5）：267-268.

彭述华. 2006.中国视角的国际贸易理论——比较优势战略理论评析[J].贵州财经学院学报，（6）：40-46.

彭水军，包群. 2006.资源约束条件下长期经济增长的动力机制——基于内生增长理论模型的研究[J].财经研究，32（6）：110-119.

蒲英霞，马荣华，葛莹，等. 2005.基于空间马尔科夫链的江苏区域趋同时空演变[J].地理学报，60（5）：817-826.

齐绍洲，罗威. 2007.中国地区经济增长与能源消费强度差异分析[J].经济研究，（7）：74-81.

齐晔，蔡琴. 2010.可持续发展理论三项进展[J].中国人口·资源与环境，20（4）：110-116.

钱文婧，贺灿飞. 2011.中国水资源利用效率区域差异及影响因素研究[J].中国人口·资源与环境，21（2）：54-60.

钱争鸣，刘晓晨. 2014.资源环境约束下绿色经济效率的空间演化模式[J].吉林大学社会科学学报，54（5）：31-39，171-172.

钱正英，张光斗. 2001.中国可持续发展水资源战略研究综合报告及各专题报告[M].北京：中国水利水电出版社.

秦承敏. 2011.绿色经济的财税政策思考[J].会计之友，（26）：96-97.

秦丽杰，靳英华，段佩利. 2012.吉林省西部玉米生产水足迹研究[J].地理科学，32（8）：1020-1025.

覃成林，唐永. 2007.河南区域经济增长俱乐部趋同研究[J].地理研究，26（3）：548-556.

邱琳，田景环，段春青，等. 2005.数据包络分析在城市供水效率评价中的应用[J].人民黄河，27（7）：33-39.

任宇飞，方创琳. 2017.京津冀城市群县域尺度生态效率评价及空间格局分析[J].地理科学进展，36（1）：87-98.

阮本清，魏传江. 2004.首都圈水资源安全保障体系建设[M].北京：科学出版社.

单豪杰. 2008.中国资本存量K的再估算：1952～2006年[J].数量经济技术经济研究，25（10）：17-31.

沈大军. 2007.水资源配置理论、方法与实践[M].北京：中国水利水电出版社.

沈满洪. 2006.中国水资源安全保障体系构建[J].中国地质大学学报（社会科学版），6（1）：30-34.

沈满洪，陈庆能. 2008.水资源经济学[M].北京：中国环境科学出版社.

宋国君，何伟. 2014.中国城市水资源利用效率标杆研究[J].资源科学，36（12）：2569-2577.

宋松柏，蔡焕杰，徐良芳. 2003.水资源可持续利用指标体系及评价方法研究[J].水科学进展，14（5）：647-652.

宋涛，程艺，刘卫东，等. 2017.中国边境地缘经济的空间差异及影响机制[J].地理学报，72（10）：1731-1745.

宋伟轩，毛宁，陈培阳，等. 2017.基于住宅价格视角的居住分异耦合机制与时空特征——以南京为例[J].地理学报，72（4）：589-602.

苏立宁，李放. 2011.全球绿色新政与我国绿色经济政策改革[J].科技进步与对策，28（8）：9-99.

苏时鹏，黄森慰，孙小霞，等. 2012.省域水资源可持续利用效率分析[J].中国生态农业学报，20（6）：803-809.

苏云森. 2012.水资源状况及开发利用分析[J].中国高新技术企业，（11）：111-112.

孙爱军，董增川，王德智. 2007.基于时序的工业用水效率测算与耗水量预测[J].中国矿业大学学报，36（4）：547-553.

孙才志，李红新. 2008.辽宁省水资源利用相对效率的时空分异[J].资源科学，30（10）：1442-1448.

孙才志，赵良仕. 2013.环境规制下的中国水资源利用环境技术效率测度及空间关联特征分析[J].经济地理，33（2）：26-32.

孙才志，李欣. 2015.基于核密度估计的中国海洋经济发展动态演变[J].经济地理，35（1）：96-103.

孙才志，杨俊，王会. 2007.面向小康社会的水资源安全保障体系研究[J].中国地质大学学报（社会科学版），（1）：52-56，62.

孙才志，刘玉玉. 2009a.基于 DEA-ESDA 的中国水资源利用相对效率的时空格局分析[J].资源科学，31（10）：1696-1703.

孙才志，王妍，李红新. 2009b.辽宁省用水效率影响因素分析[J].水利经济，27（2）：1-5.

孙才志，刘玉玉，陈丽新，等. 2010a.基于基尼系数和锡尔指数的中国水足迹强度时空差异变化格局[J].生态学报，30（5）：1312-1321.

孙才志，谢巍，姜楠，等. 2010b.我国水资源利用相对效率的时空分异与影响因素[J].经济地理，30（11）：1878-1884.

孙才志，陈栓，赵良仕. 2013.基于 ESDA 的中国省际水足迹强度的空间关联格局分析[J].自然资源学报，28（4）：571-582.

孙才志，赵良仕，邹玮. 2014.中国省际水资源全局环境技术效率测度及其空间效应研究[J].自然资源学报，29（4）：553-563.

孙才志，韩琴，郑德凤. 2016. 中国省际灰水足迹测度及荷载系数的空间关联分析[J]. 生态学报，36（1）：86-97.

孙才志，郭可蒙，邹玮. 2017a. 中国区域海洋经济与海洋科技之间的协同与响应关系研究[J]. 资源科学，39（11）：2017-2029.

孙才志，姜坤，赵良仕. 2017b. 中国水资源绿色效率测度及空间格局研究[J]. 自然资源学报，32（12）：1999-2011.

孙才志，郜晓雯，赵良仕. 2018a.“四化”对中国水资源绿色效率的驱动效应研究[J].中国地质大学学报（社会科学版），18（1）：57-67.

孙才志，马奇飞，李素娟. 2018b.中国水资源绿色效率 TFP 变化趋势预测[J].人民黄河，40（2）：42-48.

孙才志，马奇飞，赵良仕. 2018c.基于 SBM-Malmquist 生产率指数模型的中国水资源绿色效率变动研究[J].资源科学，40（5）：993-1005.

孙黄平，黄震方，徐冬冬，等. 2017.泛长三角城市群城镇化与生态环境耦合的空间特征与驱动机制[J].经济地理，37（2）：163-170，186.

孙克，徐中民. 2016.基于地理加权回归的中国灰水足迹人文驱动因素分析[J].地理研究，35（1）：37-48.

孙伟，周磊. 2012.“十二五”时期我国发展绿色经济的对策思考[J].湖北社会科学，（8）：81-84.

谭少华. 2001.我国水资源与城市规划协调研究[J].地域研究与开发，20（2）：47-50.

谭秀娟，郑钦玉. 2009.我国水资源生态足迹分析与预测[J].生态学报，29（7）：3559-3568.

汤萌，木明. 2003.比较优势、竞争优势与区域经济发展战略选择[J].理论前沿，（17）：42-43.

陶磊，刘朝明，陈燕. 2008.可再生资源约束下的内生经济增长模型研究[J].中南财经政法大学学报，（1）：16-19.

田亦毅，吉海，祁洁. 2010.论城市水务一体化的业务模型与管理架构[J].水利信息化，（6）：14-17.

通拉嘎，徐新良，付颖，等. 2014.地理环境因子对螺情影响的探测分析[J].地理科学进展，33（5）：625-635.

佟金萍，马剑锋，王慧敏，等.2014.农业用水效率与技术进步：基于中国农业面板数据的实证研究[J].资源科学，36（9）：1765-1772.

万金.2012.中国农产品贸易比较优势动态研究[D].武汉：华中农业大学.

汪党献，王浩，马静.2001.中国区域发展的水资源支撑能力[J].水利规划设计，（4）：13-18.

汪党献，王建生，王晶.2011.水资源合理开发与用水总量控制[J].中国水利，（23）：59-63.

汪行，范中启.2017.技术进步、能源结构与能源效率的动态关系研究——基于 VAR 模型的实证分析[J].干旱区地理，40（3）：700-704.

汪克亮，刘悦，史利娟，等.2017.长江经济带工业绿色水资源效率的时空分异与影响因素——基于 EBM-Tobit 模型的两阶段分析[J].资源科学，39（8）：1522-1534.

汪恕诚.2005.在国际灌溉排水委员会第 19 届国际灌排大会暨第 56 届国际执行理事会上的讲话[J].中国水利，（20）：21-23，39.

汪小勤，邹书刚.2002.比较优势与地区发展战略[J].华中科技大学学报（社会科学版），16（6）：90-94.

王福林.2013.区域水资源合理配置研究[D].武汉：武汉理工大学.

王海建.2000.资源约束、环境污染与内生经济增长[J].复旦大学（社会科学版），（1）：76-80.

王海芹，高世楫.2016.我国绿色发展萌芽、起步与政策演进：若干阶段性特征观察[J].改革，（3）：6-26.

王浩，汪林.2004.水资源配置理论与方法探讨[J].水利规划与设计，（S1）：50-56，70.

王浩，游进军.2008.水资源合理配置研究历程与进展[J].水利学报，（10）：1168-1175.

王建军.2008.资源环境约束下的钢铁产业整合研究[D].成都：西南财经大学.

王劲峰，徐成东.2017.地理探测器：原理与展望[J].地理学报，72（1）：116-134.

王景波，孙涛，张佳.2016.基于 GMM 模型的山东省能源消费主要驱动因素分析研究[J].环境科学与管理，41（6）：39-44.

王久顺，张欣莉，倪长健，等.2007.水资源优化配置原理及方法[M].北京：中国水利水电出版社.

王军，邹广平，石先进.2013.制度变迁对中国经济增长的影响——基于 VAR 模型的实证研究[J].中国工业经济，（6）：70-82.

王军.2005.比较优势原理对发展中国家的误导[J].经济论坛，（15）：7-9.

王琳，唐瑞.2012.绿色经济约束下的企业经济责任审计探析[J].商业会计，（2）：39-40.

王录仓，武荣伟，李巍.2017.中国城市群人口老龄化时空格局[J].地理学报，72（6）：1001-1016.

王瑞祥，穆荣平.2003.三种优势理论及政府在产业发展中的作用[J].研究与发展管理，15（4）：66-72.

王少剑，王洋，赵亚博.2015.1990 年来广东区域发展的空间溢出效应及驱动因素[J].地理学报，70（6）：965-979.

王少剑，王洋，蔺雪芹，等.2016.中国县域住宅价格的空间差异特征与影响机制[J].地理学报，71（8）：1329-1342.

王舒健，李钊.2007.中国地区经济增长互动关系的脉冲响应分析[J].数理统计与管理，26（3）：385-390.

王熹，王湛，杨文涛，等.2014.中国水资源现状及其未来发展方向展望[J].环境工程，32（7）：1-5.

王晓娟，李周.2005.灌溉用水效率及影响因素分析[J].中国农村经济，（7）：11-18.

王昕，陆迁.2014.中国农业水资源利用效率区域差异及趋同性检验实证分析[J].软科学，28（11）：133-137.

王新华, 徐中民, 李应海. 2005a.甘肃 2003 年的水足迹评价[J].自然资源学报, 20 (6): 909-915.

王新华, 徐中民, 龙爱华. 2005b.中国 2000 年水足迹的初步计算分析[J].冰川冻土, 27(5):774-780.

王影. 2013.中国生产性服务贸易国际竞争力研究[D].长春: 东北师范大学.

王有森, 许皓, 卞亦文. 2016. 工业用水系统效率评价: 考虑污染物可处理特性的两阶段 DEA[J]. 中国管理科学, 24 (3): 169-176.

王元颖. 2005.从斯密到杨小凯: 内生比较优势理论起源与发展[J].技术经济, 206 (2): 37.

王瑗, 盛连喜, 李科, 等.2008.中国水资源现状分析与可持续发展对策研究[J].水资源与水工程学报, 19 (3): 10-14.

王云中. 2004.论马克思资源配置理论的依据、内容和特点[J].经济评论, (1): 31-38.

王泽宇, 卢函, 孙才志. 2017.中国海洋资源开发与海洋经济增长关系[J].经济地理, 37 (11): 117-126.

魏楚, 沈满洪. 2014.水资源效率的测度及影响因素: 基于文献的述评[J].长江流域资源与环境, 23 (2): 197-204.

魏后凯. 2004.比较优势、竞争优势与区域发展战略[J].福建论坛 (人文社会科学版), (9): 11-12.

魏娜. 2013."绿色财政"与"绿色经济"——以辽宁省为例[J].科技管理研究, 33 (7): 214-217.

吴承业. 2004.环境保护与可持续发展[M].北京: 方志出版社.

吴丹, 吴仁海. 2011.不同地区经济增长与环境污染关系的 VAR 模型分析——基于广州、佛山、肇庆经济圈的实证研究[J].环境科学学报, 31 (4): 880-888.

吴凡, 刘雪娇, 谢文秀. 2016.基于共同前沿 DEA 的中西部地区全要素能源效率研究[J].经济问题探索, (11): 33-38.

吴凤平, 贾鹏, 张丽娜. 2013.基于格序理论的水资源配置方案综合评价[J].资源科学, 35 (11): 2232-2238.

吴洪鹏, 刘璐. 2007.挤出还是挤入: 公共投资对民间投资的影响[J].世界经济, (2): 13-22.

吴华清, 黄志斌, 张根文. 2009.省域城市水资源综合利用效率评价及其差异分析[J].生态经济, (6): 37-40.

吴九红, 曾开华. 2003.城市水源承载力的系统动力学研究[J].水利经济, 21 (3): 36-39.

吴胜男, 李岩泉, 于大炮, 等.2015.基于 VAR 模型的森林植被碳储量影响因素分析——以陕西省为例[J].生态学报, 35 (1): 196-203.

吴玉鸣. 2007.中国区域研发、知识溢出与创新的空间计量经济研究[M].北京: 人民出版社.

武翠芳, 柳雪斌, 邓晓红, 等.2015.张掖市甘州区农业水资源利用效率分析[J].冰川冻土, 37(5): 1333-1342.

武素兰. 2010.浅论提高农业用水率的必要性及技术途径[J].现代农村科技, (16): 48-49.

夏军, 朱一中. 2002.水资源安全的度量: 水资源承载力的研究与挑战[J].自然资源学报, 17 (3): 262-269.

夏军, 黄国和, 庞进武, 等.2005.可持续水资源管理——理论·方法·应用[M].北京: 化学工业出版社.

夏军, 翟金良, 占车生. 2011.我国水资源研究与发展的若干思考[J].地球科学进展, 26 (9): 905-915.

夏军, 邱冰, 潘兴瑶, 等. 2012.气候变化影响下水资源脆弱性评估方法及其应用[J].地球科学进展, 27 (4): 443-451.

谢鸿宇, 陈贤生, 杨木壮, 等. 2009.中国单位畜牧产品生态足迹分析[J].生态学报, 29 (6):

3264-3270.

谢花林，王伟，姚冠荣，等. 2015.中国主要经济区城市工业用地效率的时空差异和收敛性分析[J].地理学报，8（70）：1327-1338.

邢利民. 2012.资源型地区经济转型的内生增长研究[D].太原：山西财经大学.

许昌，高源. 2012.绿色经济与税收政策[J].环境经济，（4）：1-2.

许新宜，刘海军，王红瑞，等. 2010.去区域气候变异的农业水资源利用效率研究[J].中国水利，21（21）：12-15.

闫飞. 2016.绿色发展理念下对水资源可持续发展的探讨[J].经济研究导刊，（15）：166-169.

严红. 2017.内生增长——西部民族地区打破"资源诅咒"的路径选择[J].生态经济，33（9）：54-58.

杨勃，石培基. 2014.甘肃省县域城镇化地域差异及形成机理[J].干旱区地理，37（4）：838-845.

杨朝飞. 2015.绿色发展与环境保护[J].理论视野，190（12）：35-36.

杨朝飞，里杰兰德. 2012.中国绿色经济发展机制和政策创新研究[M].北京：中国环境科学出版社.

杨朝飞，相沢元子. 2010a.绿色信贷，绿色刺激，绿色革命？（上）——中国鼓励银行业支持环境保护[J].环境保护，（1）：15-20.

杨朝飞，相沢元子. 2010b.绿色信贷，绿色刺激，绿色革命？（下）——中国鼓励银行业支持环境保护[J].环境保护，（2）：30-34.

杨骞，刘华军. 2015.污染排放约束下中国农业水资源效率的区域差异与影响因素[J].数量经济技术经济研究，32（1）：114-128，158.

杨丽英，许新宜，贾香香. 2009.水资源效率评价指标体系探讨[J].北京师范大学学报（自然科学版），45（Z1）：642-646.

杨丽英，李宁博，刘洋. 2015.我国水资源利用效率评估及其方法研究[J].中国农村水利水电，（1）：63-67.

杨林，成前，王悦. 2014.海洋灾害与海洋经济发展的脉冲响应分析[J].海洋环境科学，33（3）：431-435.

杨忍，刘彦随，龙花楼，等. 2015.基于格网的农村居民点用地时空特征及空间指向性的地理要素识别——以环渤海地区为例[J].地理研究，34（6）：1077-1087.

杨忍，刘彦随，龙花楼，等. 2016.中国村庄空间分布特征及空间优化重组解析[J].地理科学，36（2）：170-179.

杨雪. 2015.资源环境约束下我国钢铁产业出口贸易研究[D].青岛：中国海洋大学.

杨正林，方齐云. 2008.能源生产率差异与收敛：基于省际面板数据的实证分析[J].数量经济技术经济研究，25（9）：17-30.

杨子生，吴德美. 2012.中国水治理与可持续发展研究[M].北京：社会科学文献出版社.

姚聪莉. 2009.资源环境约束下的中国新型工业化道路研究[D].西安：西北大学.

殷克东，方胜民. 2008.海洋强国指标体系[M].北京：经济科学出版社.

殷克东，金雪，李雪梅，等. 2016.基于混频 MF-VAR 模型的中国海洋经济增长研究[J].资源科学，38（10）：1821-1831.

尹敬东，周绍东. 2015.基于劳动价值论的资源配置理论研究[J].经济学动态，（5）：30-36.

由沙丘. 2016.我国不同区域城市绿色全要素水资源效率研究[J].学术交流，（6）：173-176.

由沙丘. 2017.我国工业绿色全要素水资源效率研究[D].哈尔滨：哈尔滨工业大学.

余华义. 2011.中国省际能耗强度的影响因素及其空间关联性研究[J].资源科学，33（7）：1353-1365.

余兴奎，何士华，高飞.2012.云南省水资源利用效率评价[J].中国农村水利水电，（3）：87-90.

俞雅乖，刘玲燕.2017.中国水资源效率的区域差异及影响因素分析[J].经济地理，37（7）：12-19.

岳立，赵海涛.2011.环境约束下的中国工业用水效率研究——基于中国13个典型工业省区2003年—2009年数据[J].资源科学，33（11）：2071-2079.

岳良文.2015.绿色增长视角下中国全要素资源效率评价研究[D].大连：大连理工大学.

臧正.2015.基于生态系统服务价值理论的中国大陆省域绿色经济评价研究[D].大连：辽宁师范大学.

湛东升，张文忠，余建辉，等.2015.基于地理探测器的北京市居民宜居满意度影响机理[J].地理科学进展，34（8）：966-975.

张春霞.2002.绿色经济发展研究[M].北京：中国林业出版社.

张二震.2003.国际贸易分工理论演变与发展述评[J].南京大学学报（哲学·人文科学·社会科学），151（1）：67.

张帆，赵鹏.2013.论发展绿色经济的两大助手——绿色审计与绿色会计[J].中国证券期货，（6）：198-199.

张风丽.2016.资源环境约束下新疆产业转型路径研究[D].石河子：石河子大学.

张桂铭，朱阿兴，杨胜天，等.2013.基于核密度估计的动物生境适宜度制图方法[J].生态学报，33（23）：7590-7600.

张浩然，衣保中.2012.基础设施、空间溢出与区域全要素生产率——基于中国266个城市空间面板杜宾模型的经验研究[J].经济学家，（2）：61-67.

张浩文.2012.兰州市水资源利用效率研究[D].兰州：西北师范大学.

张洁.2011.综合比较优势视角下的中国产业集群竞争力研究[D].长春：吉林大学.

张金萍，郭兵托.2010.宁夏平原区种植结构调整对区域水资源利用效用的影响[J].干旱区资源与环境，24（9）：22-26.

张俊芳.2003.中国城市社区空间组织管理研究[D].上海：华东师范大学.

张伟丽，张翠.2015.中原经济区增长俱乐部趋同及其演变——基于县域尺度的加权马尔科夫链分析[J].干旱区资源与环境，29（8）：14-19.

张小刚.2011.长株潭城市群绿色经济发展的制约因素及路径选择[J].湘潭大学学报（哲学社会科学版），35（5）：87-90.

张学波，陈思宇，廖聪，等.2016.京津冀地区经济发展的空间溢出效应[J].地理研究，9（35）：1753-1766.

张延群.2012.向量自回归（VAR）模型中的识别问题——分析框架和文献综述[J].数理统计与管理，31（5）：805-812.

张燕，徐建华，吕光辉.2008.西北干旱区新疆水资源足迹及利用效率动态评估[J].中国沙漠，28（4）：775-780.

张叶，张国云.2010.绿色经济[M].北京：中国林业出版社.

张莹，刘波.2011.我国发展绿色经济的对策选择[J].开放导报，（5）：73-75.

张玉柯，马文秀.2001.比较优势原理与发展中国家的经济发展[J].太平洋学报，（1）：91-96.

张郁，张峥，苏明涛.2013.基于化肥污染的黑龙江垦区粮食生产灰水足迹研究[J].干旱区资源与环境，27（7）：28-32.

张振龙，孙慧.2017.新疆区域水资源对产业生态系统与经济增长的动态关联——基于VAR模型[J].生态学报，37（16）：5273-5284.

张志栋，靳玉英. 2011.我国财政政策和货币政策相互作用的实证研究——基于政策在价格决定中的作用[J].金融研究，（6）：46-60.

张智光. 2013.人类文明与生态安全：共生空间的演化理论[J].中国人口·资源与环境，23（7）：1-8.

赵晨，王远，谷学明，等. 2013.基于数据包络分析的江苏省水资源利用效率[J].生态学报，33（5）：1636-1644.

赵丹丹，胡业翠. 2016.土地集约利用与城市化互相作用的定量研究——以中国三大城市群为例[J].地理研究，35（11）：2105-2115.

赵继芳. 2013.我国水资源污染的现状、原因及对策[J].科技创新与应用，（35）：134.

赵良仕. 2014.中国省际水资源利用效率测度、收敛机制与空间溢出效应研究[D].大连：辽宁师范大学.

赵良仕，孙才志. 2013.基于 Global-Malmquist-Luenberger 指数的中国水资源全要素生产率增长评价[J].资源科学，35（6）：1229-1237.

赵良仕，孙才志，郑德凤. 2014.中国省际水资源利用效率与空间溢出效应测度[J].地理学报，69（1）：121-133.

赵鹏. 2007.区域水资源配置系统演化研究[D].天津：天津大学.

赵映慧，郭晶鹏，毛克彪，等. 2017.1949～2015 年中国典型自然灾害及粮食灾损特征[J].地理学报，72（7）：1261-1276.

郑德凤，郝帅，孙才志. 2018a.基于 DEA-ESDA 的农业生态效率评价及时空分异研究[J].地理科学，38（3）：419-427.

郑德凤，郝帅，孙才志，等. 2018b.中国大陆生态效率时空演化分析及其趋势预测[J].地理研究，37（5）：1034-1045.

周丽，谢舒蕾. 2016.基于空间马尔科夫链的农村经济发展水平分析——以四川省为例[J].中国农业资源与区划，37（12）：186-208.

周亮，周成虎，杨帆，等. 2017.2000～2011 年中国 $PM_{2.5}$ 时空演化特征及驱动因素解析[J].地理学报，72（11）：2079-2092.

朱鹤，刘家明，陶慧，等. 2015.北京城市休闲商务区的时空分布特征与成因[J].地理学报，70（8）：1215-1228.

朱慧明，刘智伟. 2004.时间序列向量自回归模型的贝叶斯推断理论[J].统计与决策，（1）：11-12.

朱慧明，韩玉启，郑进城. 2005.基于正态-Gamma 共轭先验分布的贝叶斯 AR（p）预测模型[J].统计与决策，（2）：8-9.

朱庆芳. 2001.衡量城市经济社会发展的新指标体系[J].中国经贸导刊，（13）：11.

朱喜安，魏国栋. 2015.熵值法中无量纲化方法优良标准的探讨[J].统计与决策，（2）：11-15.

朱显成，刘则渊. 2006.基于 IPAT 方程的大连水资源效率研究[J].大连理工大学学报（社会科学版），27（3）：39-42.

朱一中，夏军，谈戈. 2003.西北地区水资源承载力分析预测与评价[J].资源科学，25（4）：43-48.

左其亭，胡德胜，窦明，等. 2014.基于人水和谐理念的最严格水资源管理制度研究框架及核心体系[J].资源科学，36（5）：906-912.

Hoekstra A Y，Chapagain A K，Aldaya M M，et al. 2012.水足迹评价手册[M].刘俊国，曾昭，赵乾斌，等译. 北京：科学出版社.

Aghion P，Howitt P. 1992. A model of growth through creative destruction [J]. Econometrica，60（2）：321-351.

Allen P, Morzuch B. 2006. Twenty-five years of progress, problems, and conflicting evidence in econometric forecasting. What about the next 25 years？[J]. International Journal of Forecasting, 22（3）: 475-492.

An Q X, Chen H, Wu J, et al. 2015. Measuring slacks-based efficiency for commercial banks in China by using a two-stage DEA model with undesirable output [J]. Annals of Operations Research, 235（1）: 13-35.

Andrews D W K, Marmer V. 2008. Exactly distribution-free inference in instrumental variables regression with possibly weak instruments[J]. Journal of Econometrics, 142（1）: 183-200.

Anselin L. 1988. Models in Space and Time[M]//Spatial Econometrics: Methods and Models. Berlin: Springer Netherlands.

Anselin L. 1995. Local indicators of spatial association-LISA[J]. Geographical Analysis, 27（2）: 93-116.

Anselin L. 2003. Spatial externalities[J]. International Regional Science Review, 26（2）: 147-152.

Anselin L. 2006. Non-nested tests on the weight structure in spatial autoregressive models: some Monte Carlo results[J]. Journal of Regional Science, 26（2）: 267-284.

Anselin L. 2013.Spatial Econometrics: Methods and Models[M]. Berlin: Springer Science & Business Media.

Anselin L, Bera A K, Florax R, et al. 1996. Simple diagnostic tests for spatial dependence[J]. Regional Science and Urban Economics, 26（1）: 77-104.

Anselin L, Hudak S. 1992. Spatial econometrics in practice: a review of software options[J]. Regional Science and Urban Economics, 22（3）: 509-536.

Anwandter L. 2000. Can Public Sector Reforms Improve the Efficiency of Public Water Utilities an Empirical Analysis of the Water Sector in Mexico Using Data Envelopment Analysis[D]. Maryland: University of Maryland.

Arora V, Vamvakidis A. 2005. Economic spillovers. Exploring the impact trading partners have on each other's Growth[J]. Finance and Development, 42（3）: 48-50.

Arrow K J. 1962. The economic implication of learning by doing[J]. Review of Economic Studies, 29（3）: 155-173.

Audretsch D B. 2003. Innovation and spatial externalities[J]. International Regional Science Review, 26（2）: 167-174.

Audretsch D B, Feldman M P. 2004. Knowledge Spillovers and the Geography of Innovation[M] // Handbook of Regional and Urban Economics. North-Holland: Amsterdam.

Baltagi B H, Bresson G, Pirotte A. 2007. Panel unit root tests and spatial dependence[J]. Journal of Applied Econometrics, 22（2）: 339-360.

Banker R D, Charnes R F, Cooper W W. 1984. Some models for estimating technical and scale inefficiencies in data envelopment analysis[J]. Management Science, 30（9）: 1078-1092.

Barro R J. 1990. Pay, performance, and turnover of bank CEOs[J]. NBER Working Papers, 8（4）: 448-481.

Barro R J, Sala-i-Martin X. 1992. Convergence[J]. Journal of Political Economy, 100（2）: 223-250.

Battese G E, O'Donnell C J, Rao D S P. 2004. A meta-frontier frameworks production function for estimation of technical efficiency and technology gap for firms operating under different technology[J]. Journal of Productivity Analysis, 21（1）: 91-103.

Becker G S, Barro R J. 1988. A reformulation of the economic theory of fertility[J]. Quarterly Journal of Economics, 103: 1-26.

Beer C, Riedl A. 2012. Modelling spatial externalities in panel data the spatial Durbin model revisited[J]. Regional Science, 91 (2): 299-318.

Bian Y, Yan S, Xu H. 2014. Efficiency evaluation for regional urban water use and wastewater decontamination systems in China: a DEA approach[J]. Resources, Conservation & Recycling, 83(1): 15-23.

Bocchiola D, Nana E, Soncini A. 2013. Impact of climate change scenarios on crop yield and water footprint of maize in the Po valley of Italy[J]. Agricultural Water Management, 116: 50-61.

Bouman B A M. 2007. A conceptual framework for the improvement of crop water productivity at different spatial scales[J]. Agricultural Systems, 93 (3): 43-60.

Bulsink F, Hoekstra A Y, Booij M J. 2010. The water footprint of Indonesian provinces related to the consumption of crop products[J]. Hydrology and Earth System Sciences, 14 (1): 119-128.

Cao F, Ge Y, Wang J F. 2013. Optimal discretization for geographical detectors-based risk assessment[J]. GIScience & Remote Sensing, 50 (1): 78-92.

Carvalho P, Marques R C. 2016. Estimating size and scope economies in the Portuguese water sector using the Bayesian stochastic frontier analysis[J]. Science of the Total Environment, 544: 574-586.

Chapagain A K, Orr S. 2009. An improved water footprint methodology linking global consumption to local water resources: a case of Spanish tomatoes [J]. Journal of Environmental Management, 90 (2): 1219-1228.

Chapagain A K, Hoekstra A Y, Savenije H H G, et al. 2006. The water footprint of cotton consumption: an assessment of the impact of worldwide consumption of cotton products on the water resources in the cotton producing countries[J]. Ecological Economics, 60 (1): 186-203.

Charnes A, Cooper W W, Rhodes E. 1978. Measuring the efficiency of decision making units[J]. European Journal of Operational Research, 2 (6): 429-444.

Chung Y H, Fare R, Grosskopf S. 1997. Productivity and undesirable outputs: a directional distance function approach[J]. Journal of Environmental Management, 51 (3): 229-40.

Cliff A D, Ord J K. 1974. Spatial autocorrelation[J]. Biometrics, 30 (4): 729.

Cliff A D, Ord J K. 1982. Spatial processes: models & applications[J]. Quarterly Review of Biology, 24 (16): 266.

Cole A, Elliott R, Shimamoto K. 2005. Why the grass is not always greener: the competing effects of the environmental regulations and factor intensities on US specialization[J]. Ecological Economics, (54): 95-109.

Dall'erba S. 2005. Productivity convergence and spatial dependence among Spanish regions[J]. Journal of Geographical Systems, 7 (2): 207-227.

Deng G, Li L, Song Y. 2016. Provincial water use efficiency measurement and factor analysis in China: based on SBM-DEA model[J].Ecological Indicators, 69: 12-18.

Elhorst J P. 2003. Specification and estimation of spatial panel data models[J]. International Regional Science Review, 26 (3): 244-268.

Elhorst J P, Freret S. 2007. Yardstick competition among local governments: French evidence using a two-regimes spatial panel data model[C]. European and North American RSAI meetings paper. Paris.

Ene S A, Teodosiu C. 2011. Grey water footprint assessment and challenges for its implementation[J]. Environmental Engineering & Management Journal, 10 (3): 333-340.

Ercin A E, Aldaya M M, Hoekstra A Y. 2011. Corporate water footprint accounting and impact assessment: the case of the water footprint of a sugar-containing carbonated beverage[J]. Water Resources Management, 25 (2): 721-741.

Fare R, Grosskopf S, Pasurka J R. 2007. Environmental production functions and environmental directional distance functions[J]. Energy, 32 (7): 1055-1066.

Fare R, Grosskopf S, Lindergren B, et al. 1992. Productivity changes in Swedish Pharmacies 1980—1989: a nonparametric Malmquist approach[J]. Journal of Productivity Analysis, 3 (1): 85-101.

Fare R, Grosskopf S, Lovell C A K, et al. 1989. Multilateral productivity comparisons when some outputs are undesirable: a nonparametric approach[J]. Review of Economics and Statistics, 71 (1): 90-98.

Fare R, Grosskopf S. 2003. New Directions: Efficiency and Productivity[M]. Boston: Kluwer Academic Publishers.

Fare R, Grosskopf S. 2004. Modeling undesirable factors in efficiency evaluation: comment[J]. European Journal of Operational Research, 157 (1): 242-245.

Filippini M, Hrovatin N, Zorić J. 2008. Cost efficiency of Slovenian water distribution utilities: an application of stochastic frontier methods[J]. Journal of Productivity Analysis, 29 (2): 169-182.

Fingleton B. 2003. Increasing returns: evidence from local wage rates in Great Britain[J]. Oxford Economic Papers, 55: 716-739.

Fischer M M. 2006. Innovation, Networks, and Knowledge Spillovers: Selected Essays[M]. Berlin: Springer.

Florax R, Folmer H. 1992. Specification and estimation of spatial linear regression models: Monte Carlo evaluation of pre-test estimators. Regional Science and Urban Economics, 22 (3): 405-432.

Fotheringham A S, Charlton M, Brunsdon C. 1997.Measuring Spatial Variations in Relationships with Geographically Weighted Regression[M]. Recent Developments in Spatial Analysis. Berlin Heidelberg: Springer.

Fu X X, Chen Y J, Zhang W Y. 2011. Modeling for Water Resources Utilization of Beijing[J]. Procedia Engineering, 24: 629-633.

Garrett T A, Wagner G A, Wheelock D C. 2007. Regional disparities in the spatial correlation of state income growth, 1977—2002[J]. Annals of Regional Science, 41 (3): 601-618.

Geng X H, Zhang X H, Song Y L. 2014. Measurement of irrigation water efficiency and analysis of influential factors: an empirical study based on stochastic production frontier and cotton farmers' data in Xinjiang[J]. Journal of Natural Resources, 29 (6): 934-943.

Gerbens-Leenes W, Hoekstra A Y. 2011. The water footprint of sweeteners and bio-ethanol[J]. Environment International, 70: 749-758.

Getis A, Ord J K. 1992. The analysis of spatial association by use of distance statistics[J]. Geographical Analysis, 24: 189-206.

Gregg T T, Gross D. 2007. Water efficiency in Austin, Texas, 1983—2005: an historical perspective[J]. Journal American Water Works Association, 77 (2): 76-86.

Grimaud A, Rouge L. 2003. Non-renewable resources and growth with vertical innovations: optimum, equilibrium and economic policies[J]. Journal of Environmental Economics and Management, 45 (4): 433-453.

Hailu A, Veeman T S. 2001. Non-Parametric productivity analysis with undesirable outputs: an application to the Canadian pulp and paper industry[J]. American Journal of Agricultural Economics, 83 (3): 805-816.

Hernández-Sancho F, Sala-Garrido R. Technical efficiency and cost analysis in wastewater treatment processes: a DEA approach[J]. Desalination, 249 (1): 230-234.

Hoekstra A Y, Hung P Q. 2002. Virtual Water Trade: A Quantification of Virtual Water Flows Between Nations in Relation to International Crop Trade, Value of Water Research Series No. 11[M]. Delft, The Netherlands: IHE: 15-17.

Hoekstra A Y. 2003. The concept of 'virtual water' and its applicability in Lebanon[C]// Proceedings of the International Expert Meeting on Virtual Water Trade. The Netherlands: IHE DELFT: 171-182.

Hoekstra A K, Chapagain A K. 2007a. Water footprints of nations: water use by people as a function of their consumption pattern[J]. Water Resour Manage, 21: 35-48.

Hoekstra A Y, Chapagain A K. 2007b. The water footprint of coffee and tea consumption in the Netherlands[J]. Ecological Economics, 64: 109-118.

Hoekstra A Y, Chapagain A K. 2008. Globalization of Water: Sharing the Planet's Freshwater Resources[M]. Oxford: Blackwell Publishing.

Hu J L, Wang S C, Yeh F Y. 2006. Total-factor water efficiency of regions in China[J]. Resources Policy, 31 (4): 217-230.

Hu J L, Wang S C. 2006. Total-factor energy efficiency of regions in China[J]. Energy Policy, 34 (17): 3206-3217.

Hubacek K, Guan D B, Barrett J, et al. 2009. Environmental implications of urbanization and lifestyle change in China: ecological and water footprints[J]. Journal of Cleaner Production, 17 (14): 1241-1248.

Hubacek K, Feng K S, Siu L Y, et al. 2012. Assessing regional virtual water flows and water footprints in the Yellow River Basin, China: a consumption based approach[J]. Applied Geography, 32 (2): 691-701.

Hugot J P, Zouali H, Lesage S, et al. 1999. Etiology of the inflammatory bowel diseases[J]. International Journal of Colorectal Disease, 14 (1): 2-9.

Jenerette G D, Wu W L, Goldsmith S, et al. 2006. Contrasting water footprints of cities in China and the United States[J]. Ecological Economics, 57 (3): 346-358.

Kaneko S, Tanaka K, Toyota T. 2004. Water efficiency of agricultural production in China: regional comparison from 1999 to 2002 [J]. International Journal of Agricultural Resources, Governance and Ecology, 3 (3-4): 213-251.

Karagiannis G, Tzouvelekas V, Xepapadeas A. 2003. Measuring irrigation water efficiency with a stochastic production frontier: an application to greek out-of-season vegetable cultivation[J]. Environmental & Resource Economics, 26 (1): 57-72.

Kelejian H H. Prucha I R. 2007. The relative efficiencies of various predictors in spatial econometric models containing spatial lags[J]. Regional Science and Urban Economics，37（3）：363-374.

Kuykendtiema J L，Bjorklund G，Najlis P. 1997. Sustainable water future with global implications：everyone's responsibility[J]. Natural Resources Forum，21（3）：181-190.

Le Gallo J. 2004. Space-time analysis of GDP disparities among European regions：a Markov chains approach[J]. International Regional Science Review，27（2）：138-163.

Leamer E E. 1980. The Leontief paradox，reconsidered[J]. Journal of Political Economy，88（3）：495-503.

Lee M J. 2001. First-difference estimator for panel censored-selection models[J]. Economics Letters，70（1）：43-49.

LeSage J P.1999. The theory and practice of spatial econometrics[Z]. Working Paper, Department of Economics，University of Toledo.

LeSage J P.2008. An Introduction to spatial econometrics[J]. Revue D'économie Industrielle，123：513-514.

Li Y，Barker R. 2004. Increasing water productivity for paddy irrigation in China[J]. Paddy & Water Environment，2（4）：187-193.

Liu X，Feng X，Fu B. 2020. Changes in global terrestrial ecosystem water use efficiency are closely related to soil moisture[J].The Science of the Total Environment，698：1-8.

Lucas R. 1988. On the mechanics of economic development [J]. Journal of Monetary Economics，22（1）：3-22.

Luenberger D G. 1995. Microeconomic Theory[M]. Boston：McGraw-Hill.

Ma H，Shi C，Chou N T.2016. China's water utilization efficiency：an analysis with environmental considerations[J]. Sustainability，8（6）：516.

Maite M，Aldaya P，Martínez-Santos M，et al. 2010. Incorporating the water footprint and virtual water into policy：reflections from the Mancha Occidental Region，Spain [J]. Water Resour Manage，24：941-958.

Markandya A，Pedroso-Galinato S，Streimikiene D. 2006. Energy intensity in transition economies：is there convergence towards the EU average[J]. Energy Economics，28（1）：121-145.

Matheron G. 1963. Principles of geostatistics[J]. Economic Geology，58（8）：1246-1266.

Matheron G. 1967. Elements Pour une Théorie des Milieux Poreux[M]. Paris：Masson.

Messner S F，Anselin L，Baller R D，et al. 1999. The spatial patterning of county homicide rates：an application of exploratory spatial data analysis [J]. Journal of Quantitative Criminology，15（4）：423-450.

Mo X，Liu S，Lin Z，et al. 2005. Prediction of crop yield，water consumption and water use efficiency with a SVAT-crop growth model using remotely sensed data on the North China Plain[J]. Ecological Modelling，183（2）：301-322.

Moran P A P.1950. Notes on continuous stochastic phenomena[J]. Biometrika，37（1/2）：17.

Oh D H. 2010. A global Malmquist-Luenberger productivity index[J]. Journal of Productivity Analysis，34（3）：183-197.

Pace R K，LeSage J P.2009. A sampling approach to estimate the log determinant used in spatial likelihood problems[J]. Journal of Geographical Systems，11（3）：209-225.

Paelinck J H P，Klaassen L. 1979. Spatial Econometrics[M]. Gower：West-mead，Farnborough，UK.

Pekka J，Korhonen M L. 2004. Eco-efficiency analysis of power plants: an extension of data envelopment Analysis[J]. European Journal of Operational Research，154（2）: 437-446.

Pesaran H，Timmermann A .2005. Real-time econometrics[J]. Econometric Theory，21（1）: 212-231.

Porter M E. 1991. America's green strategy[J]. Scientific American，264（4）: 168.

Qin X，Sun C，Zou W. 2015. Quantitative models for assessing the human-ocean system's sustainable development in coastal cities: the perspective of metabolic-recycling in the Bohai Sea Ring Area，China[J]. Ocean & Coastal Management，107（2）: 46-58.

Rees W E. 1992. Ecological footprints and appropriated carrying capacity: what urban economics leaves out[J]. Environment and Urbanization，4（2）: 121-130.

Renault D，Wallender W W. 2000. Nutritional water productivity and diets[J]. Agricultural Water Management，45（3）: 275-296.

Rey S. 2001. Spatial empirics for economic growth and convergence[J]. Geographical Analysis，33（2）: 195-214.

Rey S，Montouri B. 1999. US regional income convergence: a spatial econometric perspective[J]. Regional Studies，33（2）: 143-156.

Ridoutt B G，Juliano P，Sanguansri P，et al. 2010. The water footprint of food waste: case study of fresh mango in Australia[J]. Journal of Cleaner Production，18（16-17）: 1714-1721.

Robinson P M.2009. Large-sample inference on spatial dependence[J]. The Econometrics Journal，12（S1）: 68-82.

Romer P M. 1986. Increasing returns and long-run growth[J]. Journal of Political Economy，94（5）: 1002-1037.

Romer P M. 1994. The origins of endogenous growth[J]. Journal of Economic Perspectives，8（1）: 3-22.

Ruini L，Marino M，Pignatelli S. 2013.Water footprint of a large-sized food company: the case of Barilla pasta production[J]. Water Resources and Industry，（2）: 7-24.

Sala-Garrido R，Hernández-Sancho F，Molinos-Senante M. 2012. Assessing the efficiency of wastewater treatment plants in an uncertain context: a DEA with tolerances approach[J]. Environmental Science and Policy，18: 34-44.

Sala-i-Martin X. 1996. The classical approach to convergence analysis[J]. The Economy Journal，106（437）: 1019-1036.

Sanders S D. 1999. Data envelopment analysis for benchmarking public sector utilities operations[D]. Dallas: Southern Methodist University.

Scheel H. 2001. Undesirable outputs in efficiency valuations[J]. European Journal of Operational Research，132: 400-410.

Scholz C M，Georg Z. 1999. Exhaustible resources，monopolistic competition，and endogenous growth[J]. Environmental and Resource Economics，13（2）: 169-185.

Schou P. 2000. Polluting non-renewable resources and growth[J]. Environmental and Resource Economics，16（2）: 211-227.

Seiford L M，Zhu J. 2002. Modeling undesirable factors in efficiency evaluation[J]. European Journal of Operational Research，142（1）: 16-20.

Sims C A. 1980. Macroeconomics and reality[J]. Econometrica，48（1）: 1-48.

Statyukha G，Kvitka O，Shakhnovsky A，et al. 2009. Water-efficiency as indicator for industrial plant sustainability assessment[J]. Computer Aided Chemical Engineering，26（9）：1227-1232.

Steven M，Suranovic. 1998-07-08. The Heckscher-Ohlin（Factor Proportions）Model [EB/OL]. http://internationalecon.com/v1.0/ch60/60c010.html.

Tobler W R. 1979. Smooth pycnophylactic interpolation for geographical regions[J]. Journal of the American Statistical Association，74（367）：519-530.

Tone K. 2001. A slacks-based measure of efficiency in data envelopment analysis[J]. European Journal of Operational Research，130（3）：498-509.

Tone K. 2003. Dealing with undesirable outputs in dea：a slacks-based measure（SBM）approach[R]. GRIPS Research Report Series.

Tong T T，Yu T E，Cho S，et al. 2013. Evaluating the spatial spillover effects of transportation infrastructure on agricultural output across the United States[J]. Journal of Transport Geography，（30）：47-55.

van Oel P R，Mekonnen M M，Hoekstra A Y. 2009.The external water footprint of Netherlands：geographically-explicit quantification and impact assessment[J]. Ecological Economics，69：82-92.

Vanham D，Bidoglio G. 2014.The water footprint of agricultural products in European river basins[J]. Environmental Research Letters，9（6）：064007.

Wang J F，Hu Y. 2012. Environmental health risk detection with geog detector[J]. Environmental Modelling & Software，33：114-115.

Wang J F，Li X H，Christakos G，et al. 2010. Geographical detectors-based health risk assessment and its application in the neural tube defects study of the Heshun region，China[J]. International Journal of Geographical Information Science，24（1）：107-127.

Wu J，Lv L，Sun J S，et al. 2015a. A comprehensive analysis of China's regional energy saving and emission reduction efficiency：from production and treatment perspectives [J]. Energy Policy，84：166-176.

Wu J，Zhu Q，Chu J，et al. 2015b. Two-stage network structures with undesirable intermediate outputs reused：a DEA based approach [J]. Computational Economics，46（3）：455-477.

Yu N N，Jong M D，Storm S，et al. 2013. Spatial spillover effects of transport infrastructure：evidence from Chinese regions[J]. Journal of Transport Geography，（28）：56-66.

Yu Y，Hubacek K，Feng K，et al. 2010. Assessing regional and global water footprints for the UK[J]. Ecological Economics，69（5）：1140-1147.

Yunos J M，Havdon D. 1997. The efficiency of the National Electricity Board in Malaysia：an intercountry comparison using DEA[J]. Energy Economics，19（2）：255-269.

Zhao N Z，Tilottama G，Nathan A C，et al. 2011. Relationships between satellite observed lit area and water footprints [J]. Water Resources Management，25（9）：2241-2250.

Zhu J. 2003. Quantitative Models for Performance Evaluation and Benchmarking：Data Envelopment Analysis with Spreadsheets and DEA Excel Solver[M]. Dordrecht：Kluwer Academic Publishers.

彩 图

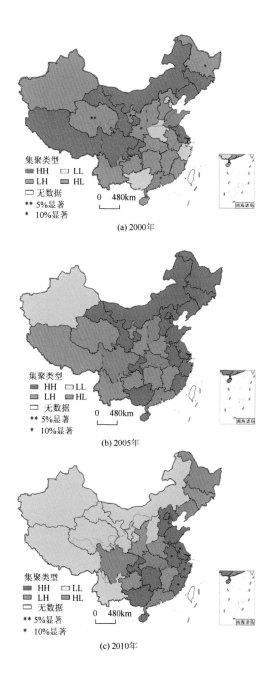

(a) 2000年

(b) 2005年

(c) 2010年

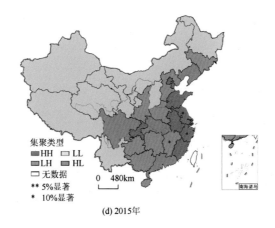

(d) 2015年

图 7-5　中国各地区水资源经济效率的 LISA 集聚图

HH，高高；LL，低低；LH，低高；HL，高低

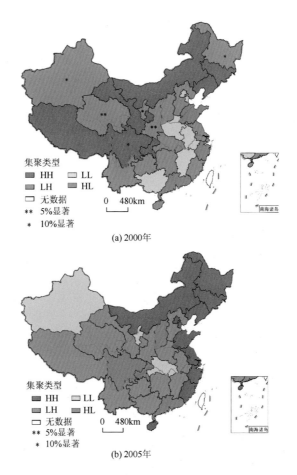

(a) 2000年

(b) 2005年

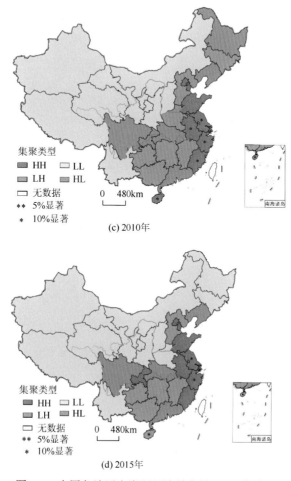

集聚类型
- ◼ HH　☐ LL
- ◼ LH　◼ HL
- ☐ 无数据
- ＊＊ 5%显著
- ＊ 10%显著

0　480km

(c) 2010年

集聚类型
- ◼ HH　☐ LL
- ◼ LH　◼ HL
- ☐ 无数据
- ＊＊ 5%显著
- ＊ 10%显著

0　480km

(d) 2015年

图 8-3　中国各地区水资源环境效率的 LISA 集聚图

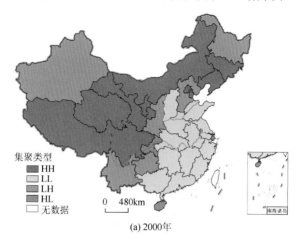

集聚类型
- ◼ HH
- ☐ LL
- ◼ LH
- ◼ HL
- ☐ 无数据

0　480km

(a) 2000年

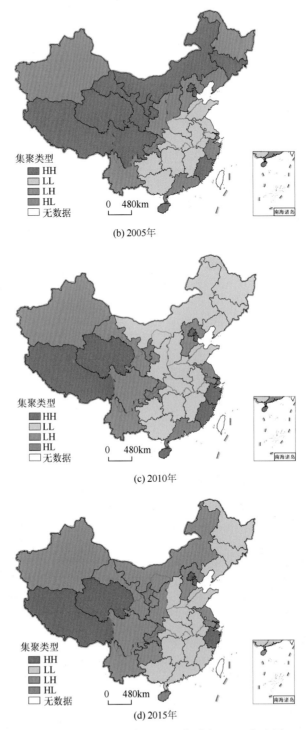

图 10-1 中国各地区水资源绿色效率 LISA 集聚图